水利水电
工程定额与造价

陈全会　谭兴华　王修贵　主编

内 容 提 要

本书从我国水利水电工程的实际出发，以水利水电工程概预算造价编制的全过程为主线，系统地介绍了基本建设和工程造价的基本概念，工程定额原理，概预算造价的编制内容、方法和程序，以及招标投标、业主预算、概预算及造价的审查、竣工结算与决算、国际工程估价、经济评价等内容。本书内容丰富，重点突出，可供水利水电工程技术人员和大学有关专业师生参考使用。

图书在版编目（CIP）数据

水利水电工程定额与造价/陈全会等主编．—北京：中国水利水电出版社，2003（2017.1重印）
ISBN 978-7-5084-1270-2

Ⅰ．电… Ⅱ．陈… Ⅲ．①水利工程-经济定额②水力发电工程-经济定额③水利工程-工程造价④水力发电工程-工程造价 Ⅳ．TV512

中国版本图书馆CIP数据核字（2002）第097728号

书　　名	**水利水电工程定额与造价**
作　　者	陈全会　谭兴华　王修贵　主编
出版发行	中国水利水电出版社 （北京市海淀区玉渊潭南路1号D座　100038） 网址：www.waterpub.com.cn E-mail：sales@waterpub.com.cn 电话：(010) 68367658（营销中心）
经　　售	北京科水图书销售中心（零售） 电话：(010) 88383994、63202643、68545874 全国各地新华书店和相关出版物销售网点
排　　版	中国水利水电出版社微机排版中心
印　　刷	北京嘉恒彩色印刷有限责任公司
规　　格	184mm×260mm　16开本　23.25印张　551千字
版　　次	2003年1月第1版　2017年1月第10次印刷
印　　数	41101—43100册
定　　价	**40.00元**

凡购买我社图书，如有缺页、倒页、脱页的，本社营销中心负责调换
版权所有·侵权必究

前　言

随着社会主义市场经济体制的建立和逐步完善，我国的基本建设造价管理模式也逐步由与计划经济相适应的概预算定额管理，向与市场经济相适应的工程造价管理转换，初步建立起了由工程定额作为指导的通过市场竞争形成工程造价的机制。另外，2002年水利部颁发了新的工程概预算定额和编制标准。为了适应以上这些变化，更好地满足当前我国水利水电工程建设的需要，我们通过调整、修改、补充1999年出版的《水利水电工程定额与概预算》，编写出《水利水电工程定额与造价》一书。本书以水利系统水利水电工程为对象，兼顾电力系统水力发电工程。在内容编排上，力求反映最新的工程造价理论和编制方法，力求全面系统地介绍造价方面的知识，使读者学习后能够独立地编制水利水电工程概预算造价。

本书第一章和第二章结合水利水电工程介绍了基本建设概念和工程造价概念，第三章介绍了工程定额原理，第四章至第九章介绍了水利水电工程费用、基础单价、设计概算、投资估算、施工图预算、施工预算和设计总概算的编制方法，第十章介绍了招标与投标、业主预算、竣工结算与决算的编制方法以及概预算审查方法，第十一章介绍了国际工程估价的编制方法，第十二章介绍了水利水电工程经济评价方法，本书内容由浅入深、通俗易懂，可供水利水电工程技术人员和大学有关专业师生使用、参考。

本书第一章～第三章和第九章～第十一章由陈全会、彭玉编写，第四章由谭兴华、刘东雨编写，第五章由李国亮、刘东雨编写，第八章由李国亮编写，第六章魏焕发、岳玉民编写，第七章由岳玉民、魏焕发编写，第十二章由王修贵编写。谭兴华组织了第四章至第八章的编写工作，全书由陈全会进行统稿。

本书在编写过程中参考和引用了许多专业书籍的论述，同时也得到了有关专家和编制单位的支持。在此，编者向有关人员致以谢意。

因编者水平有限，缺点和错误在所难免，恳请读者批评指正。

编　者

2002年10月26日

目 录

前言
第一章 基本建设 ……………………………………………………………………… 1
 第一节 基本建设概述 …………………………………………………………… 1
 第二节 基本建设项目种类和项目划分 ………………………………………… 3
 第三节 基本建设程序 …………………………………………………………… 6
第二章 工程造价概论 …………………………………………………………………… 11
 第一节 工程造价的概念 ………………………………………………………… 11
 第二节 工程造价的理论基础 …………………………………………………… 15
 第三节 水利水电工程造价计算的种类与程序 ………………………………… 28
第三章 工程定额 ………………………………………………………………………… 36
 第一节 工程定额概述 …………………………………………………………… 36
 第二节 施工过程分析 …………………………………………………………… 43
 第三节 施工定额 ………………………………………………………………… 53
 第四节 预算定额 ………………………………………………………………… 70
 第五节 概算定额 ………………………………………………………………… 75
第四章 水利水电工程概预算项目划分及费用构成 ………………………………… 77
 第一节 概预算项目划分 ………………………………………………………… 77
 第二节 费用的构成及计算程序 ………………………………………………… 82
 第三节 建筑及安装工程费 ……………………………………………………… 85
 第四节 设备费 …………………………………………………………………… 91
 第五节 独立费用 ………………………………………………………………… 92
 第六节 预备费、建设期融资利息、静态总投资、总投资 …………………… 98
第五章 水利水电工程基础单价 ………………………………………………………… 100
 第一节 人工预算单价 …………………………………………………………… 100
 第二节 材料预算价格 …………………………………………………………… 104
 第三节 施工用电、水、风价 …………………………………………………… 109
 第四节 施工机械使用费 ………………………………………………………… 118
 第五节 砂石料单价 ……………………………………………………………… 123
第六章 水利水电建筑工程概算编制 …………………………………………………… 126
 第一节 概述 ……………………………………………………………………… 126
 第二节 工程概算单价计算 ……………………………………………………… 127
 第三节 工程量计算 ……………………………………………………………… 154
 第四节 工程概算编制 …………………………………………………………… 157
 第五节 工料分析 ………………………………………………………………… 160
第七章 水利水电设备及安装工程、施工临时工程概算编制 ……………………… 162

第一节	设备及安装工程概算概述	162
第二节	设备及安装工程费用	166
第三节	施工临时工程概算编制	170

第八章 水利水电工程设计总概算编制 174
| 第一节 | 工程部分总概算编制 | 174 |
| 第二节 | 工程实例 | 186 |

第九章 水利水电工程投资估算、施工图预算和施工预算 203
第一节	投资估算	203
第二节	施工图预算	207
第三节	施工预算	209

第十章 水利水电工程造价管理与控制 213
第一节	工程造价管理	213
第二节	工程招标与投标	224
第三节	项目管理预算的编制	244
第四节	概预算的审查	246
第五节	工程竣工结算和竣工决算	249

第十一章 国际工程估价 252
第一节	国际工程估价概述	252
第二节	国际工程工程量计算规则	257
第三节	国际工程工程师估价	262
第四节	国际工程估价实例分析	277

第十二章 水利水电工程经济评价 290
第一节	概述	290
第二节	国民经济评价	291
第三节	财务评价	294
第四节	不确定性分析	297
第五节	实例分析	299

附录1	水利工程项目划分	310
附录2	常用计量单位换算	325
附录3	普通热轧钢筋有关参数	332
附录4	混凝土、砂浆配合比及材料用量参数	334
附录5	常用建筑材料单位重量	342
附录6	水利水电工程设计工程量计算规定	347
附录7	工程勘察设计收费标准	349
附录8	关于工程建设监理费的有关规定	355
附录9	有关降低部分收费标准的规定	356
附录10	混凝土温控费用计算参考资料	358

参考文献 363

第一章 基本建设

第一节 基本建设概述

一、基本建设的涵义

基本建设是发展社会生产、增强国民经济实力的物质技术基础，是改善和提高人民群众物质生活水平和文化水平的重要手段，是实现社会扩大再生产的必要条件。基本建设是指国民经济各部门利用国家预算拨款、自筹资金、国内外基本建设贷款以及其他专项基金进行的以扩大生产能力（或增加工程效益）为主要目的的新建、扩建、改建、技术改造、更新和恢复工程及有关工作。如建造工厂、矿山、港口、铁路、电站、水库、医院、学校、商店、住宅和购置机器设备、车辆、船舶等活动以及与之紧密相连的征用土地、房屋拆迁、勘测设计、培训生产人员等工作。换言之，基本建设就是指固定资产的建设，即建筑、安装和购置固定资产的活动及其与之相关的工作。

基本建设通过一系列的投资活动来实现。基本建设投资是为了进行固定资产再生产活动而预付的货币资金，是为取得预期效益而进行的一种经济行为，是反映基本建设规模和增长速度的综合性指标。基本建设投资的组成要素有以下三个部分：

（1）建筑、安装工程费。包括建筑工程费和设备安装工程费。这部分投资通过建筑施工和设备安装活动才能实现。

（2）设备、工具、器具购置费。即购置或自制达到固定资产标准的设备、工具、器具的价值。

（3）其他基本建设费。包括建设管理费，勘测设计费，科研试验费，场地征用费，淹没及迁移赔偿，水库清理，联合试运转费，生产人员培训费，生产准备费等。

"基本建设"一词是20世纪50年代我国从俄文翻译过来的，西方国家称之为固定资本投资，日本叫建设投资。需要指出的是，对于基本建设的涵义，我国学术界历来有所争议。一种观点认为，基本建设是指固定资产的扩大再生产，不包括固定资产的恢复、更新和技术改造，即将固定资产的投资分为基本建设投资和更新改造投资；另一种观点认为，基本建设就是固定资产的再生产，既包括固定资产的扩大再生产，又包括固定资产的简单再生产，即基本建设投资就是通常所说的固定资产投资。此外，还存在介于上述两种观点之间的观点，认为基本建设是指固定资产扩大再生产和部分简单再生产。在实际工作中，要区分基本建设投资和更新改造投资是困难的，加上资金分散管理，硬性划分它们，反而给计划统计工作增加很多困难。因此，用固定资产投资代替基建投资，概念上比较明确，范围亦更清楚，不仅可以清除计划统计工作中的许多困难，而且与国外的固定资本投资统计资料进行对比分析时，口径上更为一致。

二、我国水利水电基本建设情况

1. 水资源概况

我国幅员辽阔，河流众多，全国大小河流长度约 42 万 km，流域面积大于 $100km^2$ 的河流有 50000 多条，其中流域面积大于 $1000km^2$ 的大中河流有 1500 余条。大于 $1km^2$ 的天然湖泊 2300 多个。我国水资源的主要特点是：

(1) 水资源总量很多，但人均水量贫乏。河流的年径流量反映了水资源的主要特征，它不仅包含大气降水和高山冰雪融水产生的动态地表水，而且包含了绝大部分的动态地下水，所以各国常用多年河川平均径流量来表示水资源数量。我国多年平均年水资源总量为 28124 亿 m^3，其中河川年平均径流总量 27115 亿 m^3，仅次于巴西、俄罗斯、加拿大，居世界第 4 位。由于中国人口众多，人均占有水资源量低，2000 年人均占有水资源量仅为 $2170m^3$，相当于世界人均占有量的 1/4，亩均占有水量 $1800m^3$，是世界亩均水量的 76%，属于贫水国家，所以应该节约用水，珍惜水资源。

(2) 水量在地区上分布不均。北方水少，南方水多。水资源在各地区分布不均主要是由于降水分布不均造成的，我国降水量从东南沿海向西北内陆递减，全国有 45% 的土地面积处于降水量小于 400mm 的干旱和半干旱地区。由于降水的影响，造成了全国水土资源严重不平衡现象。黄河、淮河、海河三大流域内耕地面积占全国的 1/3，但其径流量占全国径流量还不到 5%。西北广大地区年降水量少于 250mm。黄河流域平均每亩耕地占有地表水资源只有 $286m^3$，淮河流域为 $281m^3$。缺水已成为严重制约北方广大地区国民经济发展的重要因素。长江流域及其以南地区耕地只占全国的 36%，而径流量却占全国总量的 80%。长江流域平均每亩耕地占有地表水资源 $2643m^3$，大大高于北方地区。

(3) 水量在时间上分布不均，年际变化大。大部分地区冬春雨少、夏秋雨多，汛期雨量过于集中，北方汛期雨量占其全年降水量的 70%～80%，南方汛期雨量占全年的 50%～60%。年际间丰枯变化大。由于雨量分配不均，在一些地区时常造成干旱或洪涝，或干旱洪涝交替出现的现象。

(4) 水能资源丰富。我国的大江大河多发源于高原山区，源远流长，落差大，径流多，构成了我国水能资源丰富的有利因素。我国水能蕴藏量 6.76 亿 kW，年发电量 5.92 万亿 kW·h，尚能开发水能资源的装机容量 3.78 亿 kW，年发电量 1.92 万亿 kW·h。以上各项指标均居世界第一位。

由于以上特点，决定了我国水利水电建设工作的艰巨性、长期性和复杂性。

2. 水利水电建设

由于我国的水量在空间和时间上分配很不均匀，造成水旱灾害频繁。历史上的黄河 3 年两决口、百年一大改道，长江、淮河等江河也时常发生水灾，同时旱灾也经常不断，这些都给中华民族带来了深重的灾难。劳动人民世世代代为除水害、兴水利而斗争。很早以前就修建了黄河下游堤防、四川都江堰、陕西郑国渠、京杭大运河等一大批水利工程。进入 20 世纪，逐渐有了电力工业，但解放以前，我国电力工业基础薄弱，水力发电站更是少得可怜，1949 年水电站装机容量仅为 16.3 万 kW，发电量为 7 亿 kW·h。

解放以后，我国水利建设进入了大发展的新时期。到 1996 年，完成水利基建投资 1700 亿元，建成大量的防洪、排涝、灌溉等工程设施。建设大、中、小水库 8.5 万座，总库容

4571亿 m³，其中大型水库394座，库容3260亿 m³，建设万亩以上的灌区5606处，有效灌溉面积76741万亩。整修、新修堤防长度25万 km。建设机井340万眼，水利结合发电装机2430万 kW，总共新建的工程形成了约3000亿元的固定资产。目前，长江三峡、南水北调等特大型水利工程正在建设中。

我国还在各个河流上建设了一大批大型水力发电工程，如新安江、三门峡、丹江口、刘家峡、龙羊峡、乌江渡、葛洲坝等，到1996年水电装机容量已达到5558万 kW，比1949年增加340倍，水电发电量占总电量的比重也由1949年的16.3％提高到23％。

经过50多年的努力，虽然取得了以上伟大的成就，但大江大河的防洪标准仍很低，抗御洪水灾害的能力还不强。全国639座有防洪任务的城市中，近70％没有达到规定的防洪标准，与国民经济的发展很不适应。已建的水库中有三分之一是病险水库，其中大型水库100座，中型水库800多座。农田灌溉率不高，不少地方还未摆脱靠天吃饭的状况。中国共产党十五届三中全会强调了新时期加强水利建设的重要性和紧迫性，指出："洪涝灾害历来是中华民族的心腹大患，水资源短缺越来越成为我国农业和经济社会发展的制约因素，必须引起全党高度重视。要加强全民族的水患意识，动员全社会力量把兴修水利这件安民兴邦的大事抓紧抓好"。并且提出："水利建设要坚持全面规划，统筹兼顾，标本兼治，综合治理的原则，实行兴利除害结合，开源节流并重，防洪抗旱并举"。这是我国水利建设总的指导思想和方针。目前国家加大了对水利的投资力度，水利建设面临着前所未有的发展机遇和有利条件。同时，水电作为清洁能源，发展潜力还很大，目前我国把水电作为国民经济发展的重点，多元化、多层次、多渠道的水电投资和建设体系正在形成。

第二节　基本建设项目种类和项目划分

基本建设项目是指在行政上有独立的组织形式，在经济上实行独立核算，由一个或几个单项工程组成，按照一个总体设计进行施工的建设单位。一般以一个企业或联合企业单位、事业单位或独立工程作为一个建设项目，例如，独立的工厂、矿山、水库、水电站、港口、灌区工程等。凡属于一个总体设计中的主体工程和相应的附属配套工程、综合利用工程、环境保护工程、水土保持工程、供水工程、供电工程以及水库的干渠配套工程等，只作为一个建设项目。企业、事业单位按照规定用基本建设投资单纯购买设备、工具、器具，如车、船、勘探设备、施工机械等，虽然属于基本建设范围，但不作为基本建设项目。由于分类方法不同，基本建设项目有许多种分类。

一、基本建设项目种类

1. 按性质划分

按照建设项目的建设性质不同，基本建设项目可分为新建、扩建、改建、恢复和迁建项目。技术改造项目一般不作这种分类。一个建设项目只有一种性质，在项目按总体设计全部建成之前，其建设性质是始终不变的。

（1）新建项目。即原来没有，现在新开始建设的项目。有的建设项目并非从无到有，但其原有基础薄弱，经过扩大建设规模，新增加的固定资产价值超过原有固定资产价值的三倍以上，也可称为新建项目。

(2) 扩建项目。即在原有的基础上为扩大原有产品生产能力或增加新的产品生产能力而新建的主要车间或工程项目。

(3) 改建项目。指原有企业以提高劳动生产率，改进产品质量，或改变产品方向为目的，对原有设备或工程进行改造的项目。有的为了提高综合生产能力，增加一些附属或辅助车间和非生产性工程，也属于改建项目。在现行管理上，将固定资产投资分为基本建设项目和技术改造项目，从建设性质看，后者属于基本建设中的改建项目。

(4) 恢复项目。指企业、事业单位因自然灾害、战争等原因，使原有固定资产全部或部分报废，以后又按原有规模恢复建设的项目。

(5) 迁建项目。指原有的企业、事业单位，由于改变生产布局或环境保护和安全生产以及其他特别需要，迁往外地建设的项目。

水利水电基本建设项目一般包括新建、续建、改建、加固、修复工程建设项目。

2. 按用途划分

基本建设项目还可以按用途分为生产性建设项目和非生产性建设项目。其中：

(1) 生产性建设项目。指直接用于物质生产或满足物质生产需要的建设项目，如工业、建筑业、农业、水利、气象、运输、邮电、商业、物资供应、地质资源勘探等建设项目。

(2) 非生产性建设项目。指用于满足人民物质生活和文化生活需要的建设项目，如住宅、文教、卫生、科研、公用事业、机关和社会团体等建设项目。

3. 按规模或投资大小划分

基本建设项目按建设规模或投资大小分为大型项目、中型项目和小型项目。国家对工业建设项目和非工业建设项目均规定有划分大、中、小型的标准，各部委对所属专业建设项目也有相应的划分标准，如水利水电建设项目就有对水库、水电站、堤防等划分为大、中、小型的标准。

4. 按隶属关系划分

建设项目按隶属关系可分为国务院各部门直属项目、地方投资国家补助项目、地方项目、企事业单位自筹建设项目。1997年10月国务院印发的《水利产业政策》把水利工程建设项目划分为中央项目和地方项目两大类。

5. 按建设阶段划分

建设项目按建设阶段分为预备项目、筹建项目、施工项目、建成投产项目、收尾项目和竣工项目等。

(1) 预备项目（或探讨项目）。按照中长期投资计划拟建而又未立项的建设项目，只作初步可行性研究或提出设想方案供参考，不进行建设的实际准备工作。

(2) 筹建项目（或前期工作项目）。经批准立项，正在进行建设前期准备工作而尚未开始施工的项目。

(3) 施工项目。指本年度计划内进行建筑或安装施工活动的项目。包括新开工项目和续建项目。

(4) 建成投产项目。指年内按设计文件规定建成主体工程和相应配套的辅助设施，形成生产能力或发挥工程效益，经验收合格并正式投入生产或交付使用的建设项目。包括全部投产项目、部分投产项目和建成投产单项工程。

(5) 收尾项目。以前年度已经全部建成投产，但尚有少量不影响正常生产使用的辅助工程或非生产性工程，在本年度继续施工的项目。

国家根据不同时期国民经济发展的目标、结构调整任务和其他一些需要，对以上各类建设项目制定不同的调控和管理政策、法规、办法。因此，系统地了解上述建设项目各种分类对建设项目的管理具有重要意义。

二、基本建设项目划分

一个基本建设项目往往规模大、建设周期长、影响因素复杂。因此，为了便于编制基本建设计划，编制概预算，组织材料供应，组织招标投标，安排施工，控制投资，进行质量控制，拨付工程款项，进行经济核算等生产经营管理的需要，通常按项目本身的内部组成，将其划分为建设项目、单项工程、单位工程、分部工程和分项工程。

建设项目也称为基本建设项目，如前所述，是指在一个场地或几个场地上按一个总体设计进行施工的各个工程项目的总和。如一个独立的工厂、水库、水电站等。

单项工程是建设项目的组成部分。单项工程具有独立的设计文件，建成后可以独立发挥生产能力或效益。例如一个工厂的生产车间，一所学校的教学楼、食堂、宿舍，一个水利枢纽的拦河坝、电站厂房、引水渠等都是单项工程。一个建设项目可以是一个单项工程，也可以包含几个单项工程。由于专业不同，单项工程的名称叫法也不尽相同。

单位工程是单项工程的组成部分，一般是指不能独立发挥生产能力，但具有独立施工条件的工程。一般以建筑物建筑及安装来划分，如灌区工程中进水闸、分水闸、渡槽；水电站引水工程中的进水口、调压井等都是单位工程。

分部工程是单位工程的组成部分，一般以建筑物的主要部位或工种来划分。例如房屋建筑工程可划分为基础工程、墙体工程、屋面工程等。也可以按照工种来划分，如土石方工程、钢筋混凝土工程、装饰工程等；隧洞工程可以分为土石方开挖工程、衬砌工程等。

分项工程是分部工程的细分，是建设项目最基本的组成单元，也是最简单的施工过程。例如砖石工程按工程部位，划分为内墙、外墙等分项工程。建设项目分解如图1-1所示。

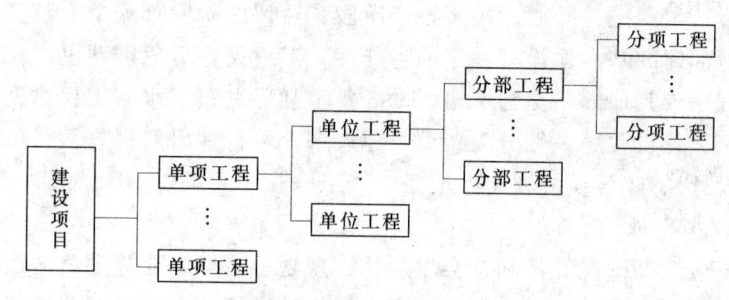

图1-1 项目分解示意图

由于水利水电工程是个复杂的建筑群体，同其他工程相比，包含的建筑群体种类多，涉及面广。例如大中型水电工程除拦河坝（闸）、主副厂房外，还有变电站、开关站、引水系统、输水系统、泄洪设施、过坝建筑、输变电线路、公路、铁路、桥涵、码头、通信系统、给排水系统、供风系统、制冷设施、附属辅助企业、文化福利建筑等，难以严格按单项工程、单位工程、分部工程和分项工程来确切划分。因此，对于水利水电基本建设项目有专门的项目划分规定。

水利系统将水利水电建设项目划分为两种类型：第一种类型为枢纽工程，包括水库、水电站和其他大型独立建筑物；第二种类型为引水工程及河道工程，包括供水工程、灌溉工程、河湖整治工程、堤防工程。按照项目费用划分将枢纽工程（或引水工程及河道工程）划分为建筑工程、机电设备及安装工程、金属结构设备及安装工程、临时工程、独立费用等五个部分，每部分从大到小又划分为一级项目、二级项目、三级项目等。一级项目相当于单项工程，二级项目相当于单位工程，三级项目相当于分部、分项工程。

电力系统对水力发电工程的划分，在大的方面与水利系统的划分基本相同，不同点在于将上述水利工程项目划分第四部分的临时工程改为施工辅助工程，作为第一部分。

第三节　基本建设程序

基本建设的特点是投资多，建设周期长，涉及的专业和部门多，工作环节错综复杂。为了保证工程建设顺利进行，达到预期的目的，在基本建设的实践中，逐渐总结出一套大家共同遵守的工作顺序，这就是基本建设程序。基本建设程序是基本建设全过程中各项工作的先后顺序和工作内容及要求。

基本建设程序是客观存在的规律性反映，不按基本建设程序办事，就会受到客观规律的惩罚，给国民经济造成严重损失。严格遵守基本建设程序是进行基本建设工作的一项重要原则，1982年国务院关于控制投资规模的规定中指出："所有建设项目必须严格按照基本建设程序办事，事前没有进行可行性研究和技术经济论证，没有做好勘察设计等建设前期工作的，一律不得列入年度建设计划，更不准仓促开工。"

我国的基本建设程序，最初是1952年由政务院颁布实施。40多年来，随着各项建设的不断发展，特别是近20年来建设管理所进行的一系列改革，基本建设程序也得到进一步完善。现行的基本建设程序可分为项目建议书阶段、可行性研究阶段、设计阶段、开工准备阶段、施工阶段、生产准备阶段、竣工投产阶段、后评估阶段等八个阶段。鉴于水利水电基本建设较其他部门的基本建设有一定的特殊性，工程失事后危害性也比较大，因此水利水电基本建设程序较其他部门更为严格。1998年水利部发布了水利工程建设程序管理暂行规定，把水利工程建设程序一般分为：项目建议书、可行性研究报告、初步设计、施工准备（包括招标设计）、建设实施、生产准备、竣工验收、后评价等阶段。

1. 项目建议书阶段

项目建议书应根据国民经济和社会发展长远规划、流域综合规划、区域综合规划、专业规划，按照国家产业政策和国家有关投资建设方针进行编制，是对拟进行建设项目的初步说明。

项目建议书是由主管部门（或投资者）对准备建设的项目做出大体轮廓性设想和建议，为确定拟建项目是否有必要建设、是否具备建设的基本条件、是否值得投入资金和人力、是否需要再作进一步的研究论证工作提供依据。

项目建议书编制一般委托有相应资格的设计单位承担，并按国家规定权限向上级主管部门申报审批。项目建议书被批准后由政府向社会公布，若有投资建设意向，应及时组建项目法人筹备机构，开展下一建设程序工作。

2. 可行性研究报告阶段

可行性研究应对项目进行方案比较，在技术上是否可行和经济上是否合理进行科学的分析和论证。经过批准的可行性研究报告，是项目决策和进行初步设计的依据。可行性研究报告，由项目法人（或筹备机构）组织编制。

这一阶段的工作主要是对项目在技术上和经济上是否可行进行综合的、科学的分析和论证。可行性研究应对项目在技术上是否先进、适用、可靠，在经济上是否合理可行，在财务上是否盈利做出多方案比较，提出评价意见，推荐最佳方案。可行性研究报告是建设项目立项决策的依据，也是项目办理资金筹措、签订合作协议、进行初步设计等工作的依据和基础。

可行性研究报告，按国家现行规定的审批权限报批。申请项目可行性研究报告，必须同时提出项目法人组建方案及运行机制、资金筹措方案、资金结构及回收资金办法，并依照有关规定附具有管辖权的水行政主管部门或流域机构签署的规划同意书，对取水许可预申请的书面审查意见，审批部门要委托有项目相应资质的工程咨询机构对可行性研究报告进行评估，并综合行业归口主管部门、投资机构（公司）、项目法人（或项目法人筹备机构）等方面的意见进行审批。项目可行性研究报告批准后，应正式成立项目法人，并按项目法人责任制进行管理。

3. 初步设计阶段

初步设计是根据批准的可行性研究报告和必要而准确的设计资料，对设计对象进行通盘研究，阐明拟建工程在技术上的可行性和经济上的合理性，规定项目的各项基本技术参数，编制项目的总概算。初步设计任务应择优选择有项目相应资格的设计单位承担，依照有关初步设计编制规定进行编制。

承担设计的单位在进行设计以前，要认真研究可行性研究报告，并进行勘测、调查和试验研究工作。对水利水电工程来说，要全面收集建设地区的工农业生产、社会经济、自然条件，包括水文、地质、气象等资料；要对坝址、库区的地形、地质进行勘测、勘探；对岩土地基进行分析试验；对于建设区的建筑材料的分布、储量、运输方式、单价等要调查、勘测。总之，设计是复杂的综合性很强的技术经济工作，它建立在全面正确的勘测、调查工作之上。不仅设计前要有大量的勘测、调查、试验工作，在设计中以及工程施工中都要有相当细致的勘测、调查、试验工作。

初步设计是解决建设项目的技术可靠性和经济合理性问题。因此，初步设计具有一定程度的规划性质，是建设项目的"纲要"设计。初步设计要提出设计报告、初设概算和经济评价三项资料。主要内容包括：工程的总体规划布置，工程规模（包括装机容量、水库的特征水位等），地质条件，主要建筑物的位置、结构形式和尺寸，主要建筑物的施工方法，施工导流方案，消防设施、环境保护、水库淹没、工程占地、水利工程管理机构等。对灌区工程来说，还要确定灌区的范围，主要干支渠道的规划布置，渠道的初步定线、断面设计和土石方量的估计等。还应包括各种建筑材料的用量，主要技术经济指标，建设工期，设计总概算等。

对大中型水利水电工程中一些水工、施工中的重大问题，如新坝型、泄洪方式、施工导流、截流等，应进行相应深度的科学研究，必要时，应有模型试验成果的论证。

初步设计报批前，一般由项目法人委托有相应资格的工程咨询机构或组织专家，对初步设计中的重大问题进行咨询论证。设计单位根据咨询论证意见，对初步设计文件进行补充、修改和优化。初步设计由项目法人组织审查后，按国家现行规定权限向主管部门申报审批。

4. 施工准备阶段

项目在主体工程开工之前，必须完成各项施工准备工作，其主要内容包括：施工现场的征地、拆迁；完成施工用水、电、通信、路和场地平整等工程；完成必须的生产、生活临时建筑工程；组织招标设计、咨询、设备和物资采购等服务；组织建设监理和主体工程招标投标，并择优选定建设监理单位和施工承包队伍。这一阶段的工作对于保证项目开工后能否顺利进行具有决定性作用。

施工准备工作开始前，项目法人或其代理机构，必须按照规定向水行政主管部门办理报建手续，项目报建须交验工程建设项目的有关批准文件。工程项目进行项目报建登记后，方可组织施工准备工作。工程建设项目施工，除某些不适应招标的特殊工程项目外（须经水行政主管部门批准），均须实行招标投标。

水利工程项目进行施工准备必须满足如下条件：初步设计已经批准；项目法人已经建立；项目已列入国家或地方水利建设投资计划，筹资方案已经确定；有关土地使用权已经批准；已办理报建手续。

5. 建设实施阶段

建设实施阶段是指主体工程的建设实施，项目法人按照批准的建设文件，组织工程建设，保证项目建设目标的实现。项目法人或其代理机构必须按审批权限，向主管部门提出主体工程开工申请报告，经批准后，主体工程方能正式开工。主体工程开工须具备如下条件：前期工程各阶段文件已按规定批准，施工详图设计可以满足初期主体工程施工需要；建设项目已列入国家或地方水利建设投资年度计划，年度建设资金已落实；主体工程招标已经决标，工程承包合同已经签订，并得到主管部门同意；现场施工准备和征地移民等建设外部条件能够满足主体工程开工需要。

随着社会主义市场经济机制的建立，实行项目法人责任制，主体工程开工前还须具备以下条件：建设管理模式已经确定，投资主体与项目主体的管理关系已经理顺；项目建设所需全部投资来源已经明确，且投资结构合理；项目产品的销售，已有用户承诺，并确定了定价原则。

要按照"政府监督、项目法人负责、社会监理、企业保证"的要求，建立健全质量管理体系，重要建设项目，须设立质量监督项目站，行使政府对项目建设的监督职能。

施工是把设计变为具有使用价值的建设实体，必须严格按照设计图纸进行，如有修改变动，要征得设计单位的同意。施工单位要严格履行合同，要与建设、设计单位和监理工程师密切配合。在施工过程中，各个环节要相互协调，要加强科学管理，确保工程质量，全面按期完成施工任务。要按设计和施工验收规范验收，对地下工程，特别是基础和结构的关键部位，一定要在验收合格后，才能进行下一道工序施工，并做好原始记录。

6. 生产准备阶段

生产准备是项目投产前所要进行的一项重要工作，是建设阶段转入生产经营的必要条件。项目法人应按照建管结合和项目法人责任制的要求，适时做好有关生产准备工作。生产准备应根据不同类型的工程要求确定，一般应包括如下主要内容：

（1）生产组织准备。建立生产经营的管理机构及相应管理制度。

（2）招收和培训人员。按照生产运营的要求，配备生产管理人员，并通过多种形式的培训，提高人员素质，使之能满足运营要求。生产管理人员要尽早介入工程的施工建设，参加设备的安装调试，熟悉情况，掌握好生产技术和工艺流程，为顺利衔接基本建设和生产经营阶段做好准备。

（3）生产技术准备。主要包括技术资料的汇总、运行技术方案的制定、岗位操作规程制定和新技术准备。

（4）生产的物资准备。主要是落实投产运营所需要的原材料、协作产品、工器具、备品备件和其他协作配合条件的准备。

（5）正常的生活福利设施准备。

7. 竣工验收阶段

竣工验收是工程完成建设目标的标志，是全面考核基本建设成果、检验设计和工程质量的重要步骤。竣工验收合格的项目即从基本建设转入生产或使用。当建设项目的建设内容全部完成，并经过单位工程验收，符合设计要求并按有关规定的要求完成了档案资料的整理工作；完成竣工报告、竣工决算等必须文件的编制后，项目法人按规定向验收主管部门提出申请，根据国家和部颁验收规程，组织验收。竣工决算编制完成，并由审计机关组织竣工审计，其审计报告作为竣工验收的基本资料。工程规模较大、技术较复杂的建设项目可先进行初步验收。不合格的工程不予验收；有遗留问题的项目，对遗留问题必须有具体处理意见，且有限期处理的明确要求并落实责任人。

水利水电工程按照设计文件所规定的内容建成以后，在办理竣工验收以前，必须进行试运行。例如，对灌溉渠道来说，要进行放水试验；对水电站、抽水站来说，要进行试运转和试生产，检查考核是否达到设计标准和施工验收中的质量要求。如工程质量不合格，应返工或加固。

竣工验收的目的是全面考核建设成果，检查设计和施工质量；及时解决影响投产的问题；办理移交手续，交付使用。

竣工验收程序，一般分两个阶段：单项工程验收和整个工程项目的全部验收。对于大型工程，因建设时间长或建设过程中逐步投产，应分批组织验收。验收之前，项目法人要组织设计、施工等单位进行初验并向主管部门提交验收申请，根据国家和部颁验收规程，组织验收。

项目法人要系统整理技术资料，绘制竣工图，分类立卷，在验收后作为档案资料，交生产单位保存。项目法人要认真清理所有财产和物资，编好工程竣工决算，报上级主管部门审批。竣工决算编制完成后，须由审计机关组织竣工审计，审计报告作为竣工验收的基本资料。

水利水电工程把上述验收程序分为阶段验收和竣工验收，凡能独立发挥作用的单项工程均应进行阶段验收，如截流、下闸蓄水、机组启动、通水等。

8. 后评价阶段

后评价是工程交付生产运行后一段时间内，一般经过1~2年生产运行后，对项目的立项决策、设计、施工、竣工验收、生产运行等全过程进行系统评价的一种技术经济活动，是基本建设程序的最后一环。通过后评价达到肯定成绩、总结经验、研究问题、提高项目决策水平和投资效果的目的。评价的内容主要包括：

（1）影响评价。通过项目建成投入生产后对社会、经济、政治、技术和环境等方面所产生的影响来评价项目决策的正确性。如项目建成后没达到决策时的目标，或背弃了决策目标，则应分析原因，找出问题，加以改进。

（2）经济效益评价。通过项目建成投产后所产生的实际效益的分析，来评价项目投资是否合理，经营管理是否得当，并与可行性研究阶段的评价结果进行比较，找出二者之间的差异及原因，提出改进措施。

（3）过程评价。前述两种评价是从项目投产后运行结果来分析评价的。过程评价则是从项目的立项决策、设计、施工、竣工投产等全过程进行系统分析。

上述八项内容反映了水利水电工程基本建设工作的全过程。电力系统中的水力发电工程与此基本相同，不同点是，将初步设计阶段与可行性研究阶段合并，称为可行性研究阶段，其设计深度与水利系统初步设计接近，增加"预可行性研究阶段"，其设计深度与水利系统的可行性研究接近。其他基本建设工程除没有流域（或区域）规划外，其他工作也大体相同。

基本建设过程大致上可以分为三个时期，即前期工作时期、工程实施时期、竣工投产时期。从国内外的基本建设经验来看，前期工作最重要，一般占整个过程的50%~60%的时间。前期工作搞好了，其后各阶段的工作就容易顺利完成。

同我国基本建设程序相比，国外通常也把工程建设的全过程分为三个时期，即投资前时期、投资时期、投资回收时期。内容主要包括：投资机会研究、初步可行性研究、可行性研究、项目评估、基础设计、原则设计、详细设计、招标发包、施工、竣工投产、生产阶段、工程后评估、项目终止等步骤。国外非常重视前期工作，建设程序与我国现行程序大同小异。

不同的国家，在具体的项目划分上有所不同。美国把设计工作划分成一些更为详细的工作阶段。例如，编制工艺流程图、总布置图、系统技术说明、工艺和仪表系统图、项目准则、设备清单、设备技术规定、施工图、施工技术规定等，这些工作或相继进行，或交错进行，其工作成果则陆续完成，陆续送审，这样便于及时听取雇主意见，并取得雇主的认可。美国把上述工作分别归类于ENGINEERING（可译为原则设计或方案设计）和DESIGN（可译为详细设计或具体设计），这并不是把设计工作分为两个截然不同的设计阶段，而是指设计中两类不同性质的工作，属于确定技术方案和技术原则的工作，称为ENGINEERING，一些具体的计算和画图工作，则属于DESIGN的工作范畴。

第二章 工程造价概论

第一节 工程造价的概念

一、工程造价的含义和特点

1. 工程造价的含义

工程造价的直意就是工程的建造价格。水利水电工程造价是指各类水利水电建设项目从筹建到竣工验收交付使用全过程所需的全部费用。工程造价有两种含义。其中：

（1）第一种含义。工程造价是指建设项目的建设成本，即完成一个建设项目所需费用的总和，包括建筑工程费、安装工程费、设备费，以及其他相关的必需费用。对上述几类费用可以分别称为建筑工程造价、安装工程造价、设备造价等。显然，这一含义是从投资者的角度来定义的，投资者选定一个投资项目，为了获得预期的效益，就要通过项目评估进行决策，然后进行设计招标、工程招标，直至竣工验收等一系列投资管理活动。在投资活动中所支付的全部费用形成了固定资产和无形资产，所有这些开支就构成了工程造价。从这个意义上说，工程造价就是工程投资费用，建设项目工程造价就是建设项目固定资产投资。

（2）第二种含义。工程造价是指建设项目的工程价格。换句话说，就是为建成一项工程，预计或实际在土地市场、设备市场、技术劳务市场以及承包市场等交易活动中所形成的建筑安装工程的价格和建设工程总价格。它是在社会主义市场经济条件下，以工程这种特定的商品形式作为交易对象，通过招投标、承发包或其他交易方式，由市场形成的价格。工程的范围和内涵既可以是涵盖范围很大的一个建设项目，也可以是一个单项工程，甚至也可以是整个建设工程中的某个阶段，如水库的土石坝工程、溢洪道工程、渠首工程等；或者其中的某个组成部分，如土方工程、混凝土工程、砌石工程等。随着技术的进步、社会分工的细化和交易市场的完善，工程建设中的中间产品也会越来越多，商品交换会更加频繁，工程价格的种类和形式也会更为丰富。特别是在投资体制改革以后，投资主体形成多元格局，资金来源变成多种渠道，使相当一部分建设工程的最终产品作为商品进入了流通。如写字楼、公寓、商业设施和住宅等，很多都是投资者为卖而建的工程，它们的价格是商品交易中现实存在的。在市场经济条件下，由于商品的普遍性，即使投资者是为了追求工程的使用功能，如用于生产产品或商业经营，但货币的价值尺度职能，同样也赋予它以价格，一旦投资者不再需要它的使用功能，它就会立即进入流通，成为真实的商品。无论是采取抵押、拍卖、租赁，还是企业兼并其性质都是相同的。

一般把工程造价的第二种含义认定为工程的承发包价格，它是在建筑市场通过招投标方式，由需求主体投资者和供给主体建筑商共同认可的价格。鉴于建筑安装工程价格在项目固定资产中占有 50%～60% 的份额，又是工程建设中最活跃的部分，把工程的承发包价格界定为工程价格,有着现实意义。

所谓工程造价的两种含义是从不同的角度把握同一事物的本质。从建设工程的投资者来说,面对市场经济条件下的工程造价就是项目投资,是"购买"项目要付出的价格;同时也是投资者在作为市场供给主体时"出售"项目时订价的基础。对于承包商、供应商和规划、设计等机构来说,工程造价是他们作为市场供给主体出售商品和劳务的价格的总和。

工程造价的两种含义可以简单地概括为建设成本和工程承发包价格,它们既有区别又相互联系。最主要的区别在于需求主体和供给主体在市场追求的经济利益不同,因而管理的性质和管理目标不同。从管理性质看,前者属于投资管理范畴,后者属于价格管理范畴,但二者又互相交叉。从管理目标看,作为项目投资或投资费用,投资者在进行项目决策和项目实施中,首先追求的是决策的正确性。投资是一种为实现预期收益而垫付资金的经济行为,项目决策是重要一环。项目决策中投资数额的大小、功能和价格是投资决策的最重要的依据。其次,在项目实施中完善项目功能,提高工程质量,降低投资费用,按期或提前交付使用,是投资者始终关注的问题。作为工程价格,承包商所关注的是利润和高额利润,为此,他追求的是较高的工程造价。不同的管理目标,反映他们不同的经济利益,但他们都要受支配价格运动的那些经济规律的影响和调节。他们之间的矛盾正是市场的竞争机制和利益风险机制的必然反映。区别两种含义的现实意义在于,为实现不同的管理目标,不断充实工程造价的管理内容,完善管理方法,更好地为实现各自的目标服务,从而有利于推动全面的经济增长。

2. 工程造价的特点

基本建设工程造价有以下特点:

(1) 工程造价的大额性。能够发挥投资效用的任一项工程,不仅实物形体庞大,而且造价高昂。一项工程的造价可以达到上千万、上亿元人民币,特大的工程项目造价可达千亿元人民币。如长江三峡工程,初步设计静态总概算(1993年5月末价格)为900.9亿元,工程施工期长达17年,计入物价上涨及施工期贷款利息,估算动态总投资约为2000亿元。工程造价的大额性使它关系到有关各方面的重大经济利益,同时也会对宏观经济产生重大影响。

(2) 工程造价的差异性。由于基本建设产品的单件性、露天性、建设地点的不固定性,并且用途、功能、规模一般也都不一样,这样就决定了工程造价的差异性。如二滩水电站和丹江口水利枢纽,一个以发电为主,一个以防洪为主,并且所处地区、河流也不一样,工程的空间布置、建筑结构、机电设备配置等都有自己的具体特点,造成工程造价差别很大。

(3) 工程造价的动态性。任一项工程从决策到竣工交付使用,都有一个较长的建设期间,特别是水利水电工程更是如此,在预计工期内,存在许多影响工程造价的动态因素,如工程变更,设备材料价格变动,工资标准以及费率、利率、汇率会发生变化。这种变化必然会影响到造价的变动,所以,工程造价在整个建设期中处于不确定状态,直至竣工决算后才能最终确定工程的实际造价。如黄河小浪底工程1994年主体工程开工,2001年全部竣工,总工期11年,静态总投资为253.49亿元(1997年),工程总概算经过调整并经国家计委批准为:动态总投资347亿元人民币。

(4) 工程造价的层次性。造价的层次性取决于工程的层次性,一个建设项目往往含有多个能够独立发挥设计效能的单项工程，如一个水库工程项目由挡水工程、泄洪工程、引水工程等组成。一个单项工程又是由能够各自发挥专业效能的多个单位工程组成，如引水工程由进（取）水口工程、引水明渠工程、引水隧洞工程、调压井工程、高压管道工程等组成。与此相适应，工程造价也有3个层次，建设项目总造价、单项工程造价和单位工程造价。如果专业分工更细，单位工程的组成部分——分部分项工程也可以成为交易对象，如土方工程、基础工程、混凝土工程等，这样工程造价的层次就增加分部工程和分项工程而成为5个层次。

3. 工程造价的职能

工程造价的职能除具有一般商品价格职能以外，它还有自己特殊的职能，这些职能如以下几点：

（1）预测职能。由于建设工程，特别是水利水电工程，造价一般都很大，无论是投资者或是建筑商都要对拟建工程进行预先测算。投资者预先测算工程造价不仅作为项目决策依据，同时也是筹措资金、控制造价的依据。承包商对工程造价的测算，既为投标决策提供依据，也为投标报价和成本管理提供依据。

（2）控制职能。工程造价的控制职能表现在两方面：一方面是它对投资的控制，即在投资的各个阶段，根据对造价的多次性预估，对造价进行全过程多层次的控制；另一方面，是对以承包商为代表的商品和劳务供应企业的成本控制。在价格一定的条件下，企业实际成本开支决定企业的盈利水平。成本越高盈利越低，成本高于价格就危及企业的生存。所以企业要以工程造价来控制成本，利用工程造价提供的信息资料作为控制成本的依据。

（3）评价职能。工程造价是评价总投资和分项投资合理性和投资效益的主要依据之一。为评价各项工程价格的合理性时，就必须利用工程造价资料。在评价建设项目偿贷能力、获利能力和宏观效益时，也可依据工程造价。工程造价也是评价建筑安装企业管理水平和经营效益的重要依据。

（4）调控职能。工程建设直接关系到经济增长，也直接关系到国家重要资源分配和资金流向，对国计民生都产生重大影响。所以国家对建设规模、结构进行宏观调控在任何条件下都是不可缺少的，对政府投资项目进行直接调控和管理也是非常必要的；这些都要用工程造价作为经济杠杆，对工程建设中的物质消耗水平、建设规模、投资方向等等进行调控和管理。

工程造价上述四个方面的职能是由建设工程自身特点决定的，但在不同的经济体制下这些职能的实现情况很不相同。在单一计划经济的体制下，工程造价的职能很难得到实现；只有在社会主义市场经济体制下，才能充分发挥工程造价的职能。工程造价职能实现的条件，最主要的是市场竞争机制的形成。在现代市场经济中，要求市场主体要有自身独立的经济利益，并能根据市场信息和利益取向来决定其经济行为。无论是购买者还是出售者，在市场上都处于平等竞争的地位，他们都不可能单独地影响市场价格，更没有能力单方面决定价格。价格是按市场供需变化和价值规律运动的，需求大于供给，价格上扬；供给大于需求，价格下跌。作为买方的投资者和作为卖方的建筑安装企业，以及其他商品和劳务的提供者，是在市场竞争中根据价格变动，根据自己对市场走向的判断来调节自己的经济活动。这种不断调节使价格总是趋向价值，形成价格围绕价值上下波动的基本运动规律。也只有在这种条件下价格才能实现它的职能。所以,建立和完善市场机制,创造平等竞争的环境是十分重要的。

4. 工程造价的作用

工程造价涉及社会再生产中的各个环节,涉及国民经济各个部门、各行各业,也直接关系到人民群众的生产和生活条件,所以它的作用范围和影响程度都很大。其主要作用如下:

(1) 工程造价是进行建设项目决策的工具。建设工程一般投资都很大,生产和使用周期也长,因此项目决策至关重要。工程造价决定着项目的一次投资费用。投资者是否有足够的财务能力支付工程费用,是否认为值得支付这项费用,是项目决策中要考虑的主要问题。财务能力是一个独立的投资主体必须首先要解决的,如果建设工程的价格超过投资者的支付能力,就会迫使投资者放弃拟建的项目;如果项目投资的效果达不到预期目标,投资者也会自动放弃拟建的工程。因此在项目决策阶段,建设工程造价就成为项目财务分析和经济评价的重要依据。

(2) 工程造价是编制建设项目投资计划和控制投资的工具。投资计划是按照建设工期、工程进度和建设工程价格等逐年逐月加以制定的,制定正确的投资计划有助于合理和有效地使用资金。在控制投资方面,工程造价是通过多次性预估,最终通过竣工决算确定下来的,每一次预估的过程就是对造价的控制过程;而每一次估算对下一次估算又都是对造价严格的控制,具体说后一次估算不能超过前一次估算的一定幅度。这种控制是在投资者财务能力的限度内为取得既定的投资效益所必需的。建设工程造价对投资的控制也表现在利用制定各类定额、标准和参数,对建设工程造价的计算依据进行控制。在市场经济利益风险机制的作用下,造价对投资控制作用成为投资的内部约束机制。

(3) 工程造价是筹措建设资金的依据。工程造价基本决定了建设资金的需要量,从而为筹集资金提供了比较准确的依据。当建设资金来源于金融机构的贷款时,金融机构在对项目的偿贷能力进行评估的基础上,也需要依据工程造价来确定给予投资者的贷款数额。

(4) 工程造价是分配合理利益和调节产业结构的手段。工程造价的高低,涉及国民经济各部门和企业间的利益分配。在市场经济中,工程造价也无例外地受供求状况的影响,并在围绕价值的波动中实现对建设规模、产业结构和利益分配的调节。加上政府正确的宏观调控和价格政策导向,工程造价在这方面的作用会充分发挥出来。

(5) 工程造价是评价投资效果的重要指标。就一个工程项目来说,工程造价既是建设项目的总造价,又包含单项工程的造价和单位工程的造价,同时也包含单位生产能力的造价,或一个平方米建筑面积的造价等。所有这些,使工程造价自身形成了一个指标体系。所以它能够为评价投资效果提供出多种评价指标,并能够形成新的价格信息,为今后类似项目的投资提供参考。

由于受传统观念和旧体制的影响,目前在我国的基本建设中,工程造价的作用还没有得到充分发挥。

二、工程造价的有关概念

1. 静态投资与动态投资

静态投资是以某一基准年、月的建设要素的价格为依据所计算出的建设项目的投资。水利水电工程静态投资包括：建筑工程费、机电设备及安装工程费、金属结构设备及安装工程费、施工临时工程费、独立费用、基本预备费等。

动态投资是指为完成一个工程项目的建设，预计投资需要量的总和。它除了包括静态投资所含内容之外，还包括建设期融资利息、价差预备费等。动态投资适应了市场价格运行机制的要求，使投资的计划、估算、控制更加符合实际，符合经济运动规律。

静态投资和动态投资虽然内容有所区别，但二者有密切联系。动态投资包含静态投资，静态投资是动态投资最主要的组成部分，也是动态投资的计算基础。

2. 建设项目总投资

建设项目总投资是投资主体为获取预期收益，在选定的建设项目上投入所需全部资金的经济行为。生产性建设项目总投资包括固定资产投资和流动资产投资两部分。而非生产性建设项目总投资只有固定资产投资，不含上述流动资产投资。建设项目总造价是项目总投资中的固定资产投资的总额。

3. 固定资产投资

建设项目的固定资产投资就是建设项目的工程造价，二者在量上是一样的。其中建筑安装工程投资也就是建筑安装工程造价，二者在量上也是一样的。

固定资产投资包括基本建设投资、更新改造投资和房地产开发投资和其他固定资产投资四部分。其中基本建设投资是用于新建、改建、扩建和重建项目的资金投入行为，是形成固定资产的主要手段，在固定资产投资中占的比重最大，约占全社会固定资产投资总额的50%～60%。更新改造投资是在保证固定资产简单再生产的基础上，通过以先进科学技术改造原有技术，实现以内涵为主的固定资产扩大化再生产的资金投入行为，约占全社会固定资产投资总额的20%～30%，是固定资产再生产的主要方式之一。房地产开发投资是房地产企业开发厂房、宾馆、写字楼、仓库和住宅等房屋设施和开发土地的资金投入行为，目前在固定资产投资中已占20%左右。其他固定资产投资，是按规定不纳入投资计划和用专项资金进行基本建设和更新改造的资金投入行为，它在固定资产投资占的比重较小。

4. 基本建设工程造价

基本建设工程造价，是基本建设产品价值的货币表现。基本建设工程造价是比较典型的生产领域价格。从投资的角度看，它是建设项目投资中的基本建设工程投资。基本建设工程造价是投资者和承包商双方共同认可的由市场形成的价格。在建筑市场，建筑安装企业所生产的产品作为商品既有使用价值也有价值。由于这种商品所具有的技术经济特点,使它的交易方式、计价方法、价格的构成因素，以至付款方式都存在许多特点。

第二节 工程造价的理论基础

工程造价是属于价格范畴，下面重点介绍商品价格的基本原理。

一、价格的概念

价格是以货币形式表现的商品价值。在商品交换中，同一商品价格会经常发生变动，不同的商品会有不同的价格。引起商品价格变化的原因固然多样，但影响价格的决定因素是商品内在的价值。

（一）价值是价格的基础

价值是凝结在商品中的人类的一般社会劳动。因此，商品的价值量是由社会必要劳动时间来决定的。商品生产中社会必要劳动时间消耗越多，商品中所含的价值量就越大。反之，商品中凝结的社会必要劳动时间越少，商品的价值量就越低。

商品价值由两部分构成。一是商品生产中消耗掉的生产资料价值，二是生产过程中活劳动所创造出的价值。活劳动所创造的价值又由两部分组成，一部分是补偿劳动力的价值；另一部分是剩余价值。价值构成与价格形成有着内在的联系，同时也存在直接的对应关系。

生产中消耗的生产资料的价值 C，在价格中表现为物质资料耗费的货币支出；劳动者为自己创造的价值 V，表现为价格中的劳动报酬的货币支出；劳动者创造的剩余价值 m 在价格中表现为盈利。前两部分货币支出形成商品价格中的成本，因此价格形成的基础是价值。

价格是随着商品生产和商品交换的产生而产生的一个历史范畴，价格的形成基础也随着商品经济条件的变化而改变。在简单商品生产条件下，通过生产者在市场交换中比较和竞争，单位产品平均必要劳动时间为社会所承认，从而由它所决定的平均价值成为价格形成的基础。在资本主义自由竞争阶段，由于社会分工和市场范围的扩大，要求各生产部门所生产的商品总量及为此而付出的劳动时间要符合社会对该商品的需要。因此，部门平均必要劳动时间就成为市场价格摆动的重心，成为价格形成的基础。马克思把这个重心称为"市场价值"。资本主义的进一步发展，使竞争越出部门的界限在部门之间充分展开，结果部门之间利润率趋于平均化，于是，价值转化为生产价格。生产价格（平均成本加上平均利润）成为这个阶段价格形成的基础。在垄断资本主义阶段，由于商品生产集中在少数大企业手中，于是产生了垄断价格。但是垄断价格仍然以价值为基础。从上述价值形态的转化情形也可以看出价格形成的基础是价值。在社会主义条件下并无例外，价格形成的基础依然是价值，我国工程造价形成的基础同样以价值为基础。

（二）价格中的成本

1. 成本的经济性质

在微观经济学中，成本是指生产活动中所使用的生产要素的价格，也称生产费用。它属补偿价值的性质，是商品价值中 C 和 V 的货币表现。

价格中的成本不同于个别成本。个别企业的成本取决于企业的技术装备和经营管理水平，也取决于劳动者的素质和其他因素。每个企业由于各自拥有的条件不同，成本支出自然也不会相同。所以个别成本不能成为价格形成中的成本。价格形成中的成本是社会平均成本，但企业的个别成本确系形成社会成本的基础。社会成本是反映企业必要的物质消耗支出和工资报酬支出，是各个企业成本开支的加权平均数。企业只能以社会成本作为商品定价的基本依据，以社会成本作为衡量经营管理水平的指标。

2. 成本在价格中的地位

（1）成本是影响价格的最重要的因素。成本反映价格中的 C 和 V，在价值构成中占的比例很大。这是因为，一般情况下商品中凝结的劳动，总是转移劳动的价值量较大，再加劳动者为自己所创造的那部分价值，当然比重很大，迅猛发展的现代科学技术使资本的有机构成和技术构成不断提高，更会增加 C 在价值中的比重。

（2）成本是价格最低的经济界限。C 和 V 货币表现为成本。成本是维持商品简单再生产的最起码条件。如果价格不能补偿 C 和 V 的劳动消耗,商品的简单再生产就会中断,更不要说为保证社会经济的发展而需要进行扩大再生产了。就企业来说,如果价格低于社会成本,势必相当一批企业不能维持它的生产经营,而最终会影响供给的不足,社会经济不能协调发展。所以,只有成本作为价格的最低界限,才能满足企业补偿物质资料支出和劳动报酬支出的最起码要求。

(3) 成本的变动在很大程度上影响价格。成本是价格中最重要的因素,成本变动必然导致价格变动。成本变动因素首先是受价值变动因素的影响。劳动生产率和经济效益的提高,表明单位商品中凝结的劳动消耗量的减少和价值量的减少。在其他条件不变的情况下,成本也会随之降低。成本和价值变动的方向是一致的,但是成本变动也会受其他因素的影响。由于成本是货币支出,因此生产资料价格的降落和工资的变动都会影响到成本的变动,从而影响价格的变动,此时成本和价值的变动方向就可能不一致。无论是哪种原因引起的成本变动,都会影响到价格的变动。

3. 正常成本

所谓正常成本,从理论上说是反映社会必要劳动时间消耗的成本,也即商品价值中的 C 和 V 的货币表现。社会必要劳动时间,是指在现有的社会正常的生产条件下,在社会平均的劳动熟练程度和劳动强度下制造某种使用价值所需要的劳动时间。这就要求价格形成中的成本必须是既能较好地补偿企业资金合理耗费,又不能包含由于非正常因素引起的企业成本支出。

在现实经济活动中,正常成本是指新产品正式投产成本,或是新老产品在生产能力正常、效率正常条件下的成本。非正常因素形成的企业成本开支属非正常成本。非正常成本一般是指新产品试制成本、小批量生产成本、其他非正常因素形成的成本。在价格形成中不能考虑非正常成本的影响。

(三) 价格中所包含的盈利

价格中所包含的盈利是价值构成中的 m 的货币表现,它由企业利润和税金两部分组成。

盈利在价格形成中虽然所占份额不大,远低于成本。但它是社会扩大再生产的资金来源,对社会经济的发展具有十分重要的意义。价格形成中没有盈利,再生产就不可能在扩大的规模上进行,社会也就不可能发展。

价格中所包含的盈利多少在理论上取决于劳动者为社会创造的价值量,但要准确地计算是相当困难的。一般说来,在市场经济条件下,盈利是通过竞争形成的,但从宏观调控和微观管理的角度出发,在制定商品价格时要计算平均利润。计算盈利的方法如下:

(1) 按社会平均成本盈利率计算盈利和价格。即按部门平均成本和社会平均成本盈利率计算的盈利和价格,它反映着商品价格中利润和成本之间的数量关系。其计算公式为

$$社会平均成本盈利率 = \frac{全社会产品盈利额}{全社会产品年成本总额} \times 100\% \qquad (2-1)$$

商品价格=商品部门平均成本+商品部门平均成本×社会平均成本盈利率 (2-2)

成本盈利率比较全面地反映了商品价值中活劳动和物化劳动的耗费,特别是成本在价格中比重很大的情况下,它可以使价格不至于严重背离价值。工程造价就是采用成本盈利

率计算的,但是,由于计算盈利的基础是成本,所以成本中物质消耗和活劳动消耗越多,盈利就越多,在理论上显然是不合理的,在实践上它不利于物化劳动和活劳动消耗的节约,也不利于物化劳动消耗和活劳动消耗比较低的产业部门的发展。

(2) 按社会平均工资盈利率计算盈利和价格。即是按部门平均成本和社会平均工资盈利率计算的盈利和价格,它反映工资报酬和盈利之间的数量关系,直接以价值为基础计算盈利。其计算公式为

$$社会平均工资盈利率 = \frac{全社会商品年盈利率总额}{全社会商品年工资总额} \times 100\% \quad (2-3)$$

$$商品价格 = 商品部门平均价格 + 商品平均耗费工资数 \times 社会平均工资盈利率 \quad (2-4)$$

从活劳动创造价值的角度看,按工资盈利率计算盈利和价格,能比较近似地反映社会必要劳动量的消耗。因此,能比较准确地反映活劳动的效果,比较准确地反映国民经济各部门的劳动比例和国民收入初次分配中为自己劳动与为社会的扣除之间的关系。但是,平均工资盈利率忽视了物质技术在生产中的作用,从而使资金密集和技术密集的部门盈利水平不高,处于不利地位,所以它不利于技术进步。尤其是进入知识经济时代,科学技术迅猛发展,它就更加不适应发展的潮流了。

(3) 按社会平均资金盈利率计算盈利和价格。即按部门平均成本和社会平均资金盈利率计算盈利和价格,也称它为生产价格。它反映全部资金占用和全年总盈利额之间的数量关系,其计算公式为

$$社会平均工资盈利率 = \frac{全社会商品年盈利率}{全社会商品占用资金总额} \times 100\% \quad (2-5)$$

$$商品价格 = 商品部门平均成本 + 商品平均占用资金 \times 社会平均资金占用率 \quad (2-6)$$

按资金盈利率计算盈利和价格,是社会化大生产发展到一定程度的必然要求,它承认物质技术装备和资金占用情况对提高劳动生产率的作用,能适应市场经济发展的需要。但是,它不利于劳动密集型部门和生产力水平较低的部门发展,同时在实践中也难以计算。

(4) 按综合盈利率计算的盈利和价格。成本盈利率、工资盈利率和资金盈利率是各自以不同时角度计算商品价格中的盈利额,所以各有利弊。如果能取其利避其害当然是最理想的,这就是提出按综合利润率计算盈利和价格的初衷。所谓综合盈利率,就是按社会平均工资盈利率和社会平均资金盈利率,分别以一定比例分配社会盈利总额,并进而计算价格。设前者占30%,后者占70%,其计算公式为

$$综合盈利率 = 社会平均工资盈利率 \times 30\% + 社会平均资金盈利率 \times 70\% \quad (2-7)$$

$$商品价格 = 部门平均成本 + 部门平均成本 \times 综合盈利率 \quad (2-8)$$

综合盈利率较全面地反映了劳动者和生产资料的作用,但二者各占多大比例则应视各部门和整个国民经济发展水平加以选择。从发展的眼光看,以资金盈利率为主进行商品价格计算应是一种趋势。

(四) 影响价格的市场机制

价格要受到市场机制的制约,市场机制是指在竞争市场上需求与供给的相互关系对商品价格和生产要素价格的决定作用。

商品供求状况对价格形成的影响，是通过价格波动对生产的调节来实现的。社会必要劳动时间有两种含义，第一种含义是指单个商品的社会必要劳动时间，第二种含义是商品的社会需要总量的社会必要劳动时间。在商品交换不发达的情况下，第一种含义是主要的。在市场经济发达的情况下，第二种含义则成了主要的。在通常情况下，价格上升，需求减少；价格下降，需求增加，这种价格与数量间的反比关系，称为需求原则，可用需求曲线表示（见图2-1）。但是，价格越高，卖主愿意提供的商品越多，因此，供给随着价格的升降而增减。可根据商品价格与其供给量之间的相对关系绘制出一条曲线，我们称这条曲线为供给曲线，如图2-2所示。

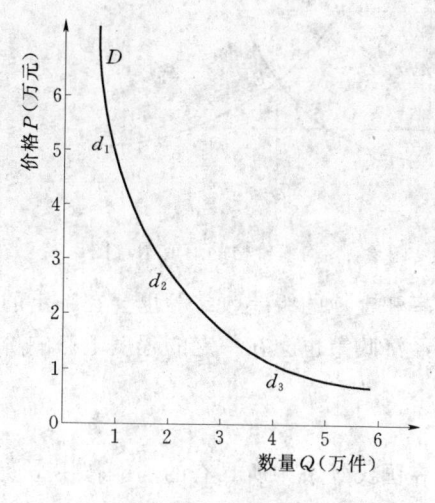 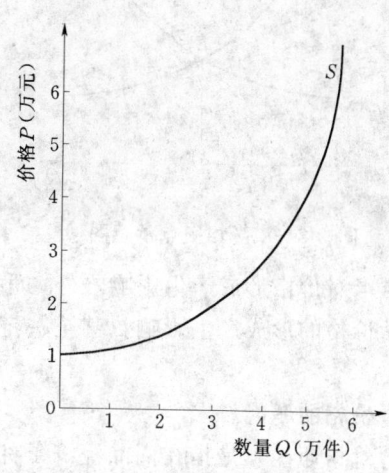

图2-1 需求曲线　　　　　　　　　图2-2 供给曲线

市场供求状况取决于社会必要劳动时间在社会总产品中的分配是否和社会需要相一致。如果某种商品供给大于需求，多余的商品在市场上就难以找到买主。此时尽管第一种含义的社会必要劳动时间并没有变化，但商品却要低于其价值出售，价格只能被迫下降。相反，在供不应求的情况下，商品就会高于其价值出卖，价格就会提高。但是，商品价格的降低，会调节生产者减少供应量，价格提高又会调节生产者增加供应量，从而使市场供需趋于平衡。特别重要的是，价格首先取决于价值，价格作为市场最主要的也是最重要的信号以其波动调节供需，然后供需又影响价格，价格又影响供需。二者是相互影响、相互制约的。从短时期看，供求决定价格，而从长时期看，则是价格通过对生产的调节决定供求，使供求趋于平衡。这样就形成了一个均衡价格，均衡价格是指一种商品的需求量与供给量相等时的市场价格，这时的供求量称为均衡数量。将需求曲线与供给曲线画在同一图上可以看出两条曲线相交于 E 点，如图2-3所示。这说明消费者愿意以价格 P_0 购买数量为 Q_0 的商品，生产者也愿意以价格 P_0 出售数量为 Q_0 的商品，市场在 E 点达到均衡，E 点所对应的价格 P_0 称为均衡价格，其所对应的数量 Q_0 则称为均衡数量。均衡价格形成的过程是一个自动调节的过程，被称为有"一只看不见的手"在指挥着整个市场运动。一旦市场价格背离均衡价格，则有自动恢复均衡的趋势。我们可以用图2-4来说明。当市场价格高于均衡价格时，如 $P_1 > P_0$，P_1 价格线与供给曲线 S 和需求曲线 D 分别交于 L 和 K 点。在此价格水平上供给大于需求，市场出现商品过剩（如点 K、L）。于是生产者被迫降低价格刺激需求,并同时减少供给,直至市场价格等于均衡价格 P_0 时,供求达到均衡。当市场价格低于均衡价格时,如 $P_2 < P_0$,此时市场上的需求大于供给,出现商品短缺(如点 M、N),市场价格将自动上升,一方面抑制需求,一方面刺激生产,最后达到均衡价格 P_0 为止。

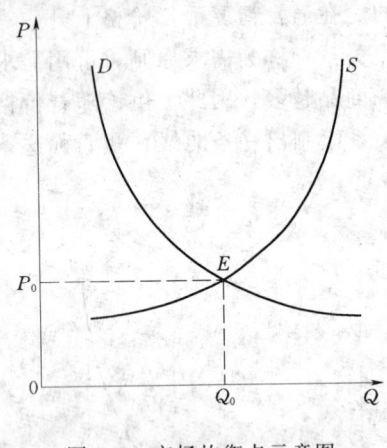

图 2-3　市场均衡点示意图

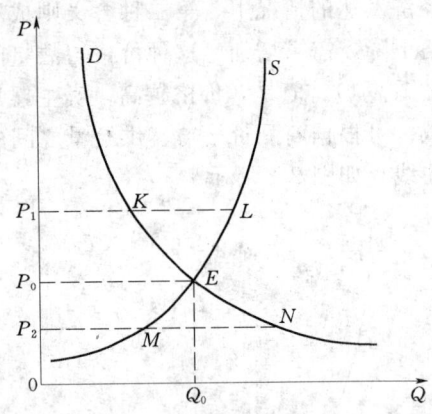

图 2-4　均衡价格的形成示意图

除供求对价格形成产生影响之外,币值、汇率和土地的级差收益等也会在一定的条件下对商品价格的形成产生影响,甚至一定时期的经济政策也会在一定的程度上影响价格的形成。

二、价格的职能

所谓价格职能,是指在商品经济条件下价格在国民经济中所具有的功能作用。商品价格职能,就其生成机制来看,可以分基本职能和派生职能。

1. 价格的基本职能

(1) 表价职能。价格的最基本职能就是表现商品价值的职能。表价职能是价格本质的反映,它用货币形式把商品内含的社会价值量表现了出来,从而使交换行为得以顺利地实现,也向商品市场的主体(买者和卖者)提供和传递了信息。商品交换和市场经济越发达,价格的表价职能越能得到充分体现,也越能显示出它的重要性。

表价职能虽然是在商品交换中通过货币媒介产生的,但价格执行表价职能既在商品交换中,又不在商品交换中。表价职能在商品交换中,使价格成为交换双方完成经济行为的主要条件,也可以衡量商品交换经济效果和功能要求的满足程度。在非现实的商品交换中,价格的表价职能则主要是向市场主体传递信息,是提供他们决策的市场行为的主要依据。

价格的表价职能本质上要求价格符合价值基础。只有价格符合其价值时,表价职能才得以实现。所以,表价职能既是价格本质的反映,也是价格本质的要求。但是表价职能要求商品价格符合价值既有其绝对性,也有其相对性。就其绝对性而言,价格在总体上,在长时期中不会也不能脱离价值基础,这是价值规律。违背这一规律就会产生灾难性后果,这已被经济发展的历史充分证明。就其相对性而言,一定的商品,在一定的时点总是表现为价格与价值不完全一致。在市场经济的条件下,供求状况、新技术和新产品的出现,以及其他经济的和非经济因素的影响,都会使某种商品在一定的时期价格脱离其价值。但这现象并不表明价格表价职能的消失,恰恰是表价职能实现的运动形式,也不表明违背了价值规律。

(2) 调节职能。如果说价格的表价职能是价格本质的反映,那就应该说价格的调节职能是价格本质的要求,是价值规律作用的表现。

所谓价格的调节职能,是指它在商品交换中承担着经济调节者的职能。一方面它使生产者确切地而不是模糊地,具体地而不是抽象地了解了自己商品个别价值和社会价值之间的差别,了解了商品价值实现的程度,即商品在市场上的供求状况。当商品生产者的个别价值低于社会价值时,则可以获得补偿其劳动耗费以外的额外收入;反之,生产者的劳动耗费就不能得到完全补偿,甚至会发生亏损。这就促使以追求价值实现和更多利润为目的的生产者去适应科学技术和管理水平的发展,降低自己的个别价值,适应市场的需求,不断调整产品结构、产品规模和投资方向。另一方面,价格的调节职能对消费者既能刺激需求,也能抑制需求。消费者在购买商品时所追求的是其使用价值的高效和多功能,同时也追求价格的低廉,并在商品的功能和价格比较中作出选择。在商品功能一定的条件下,价格则是消费者进行购买决策的主要依据。当然,这里的需求均只指有效需求。在有效需求一定时,价格高则需求降低,价格低则需求增加。由此可见,价格对生产和消费起着双向调节的职能,而这种调节职能是通过调节收益分配实现的。价格调节收益分配,从而调节生产和消费的职能,促使资源的合理配置、经济结构的优化和社会再生产的顺利进行。

2. 商品价格的派生职能

商品价格的派生职能是从上述两项基本职能派生延伸出来的,其中包括价格的核算职能和国民收入再分配的职能。

(1) 核算职能。商品价格的核算职能是指通过价格对商品生产中企业乃至部门和整个国民经济的劳动投入进行核算、比较和分析的职能。价格的核算职能是以表价职能为基础的。由于商品内在的价值难以精确计算,它不能不借助于价值的货币形式价格来核算、比较和分析商品生产中的劳动投入和产出量。我们知道,具体劳动和不同商品的使用价值是不可能综合的,也不可能进行比较,不同的商品没有可比性。价格所提供的核算职能使我们走出这一困境,这不仅为企业计算成本和核算盈亏创造了可能,而且也为社会劳动在不同的产业部门、不同产品间进行合理分配,提供了计算工具。

(2) 分配职能。价格的分配职能是由价格的表价职能和调节职能派生延伸的。所谓价格的分配职能是指它对国民收入有再分配的职能。国民收入再分配可以通过税收、保险、国家预算等手段实现,也可以通过价格这一经济杠杆来实现。当价格实现调节职能时,它同时也已承担了国民收入在企业和部门间再次分配的职能。在供求关系的影响下,把低于价值出售商品的企业、部门创造的国民收入,部分地分配给高于价值出售商品的企业和部门。在市场经济的条件下,这一职能是在商品交换中随着供求状况的变化自发地产生,并在分配的方向和数量上不断地调整。显然,价格对国民收入再分配是在分配方向和数量上不断调整中实现的。国民收入的价值形态是 $V+m$,因此价格的分配职能只能在表价职能的基础上产生。脱离价格的基本职能,价格的分配职能就毫无意义。价格的分配职能虽然决定于基本职能,但是,它对基本职能的实现有积极的促进作用。在商品经济条件下,价格的再分配职能既可以用来发展或抑制某些商品和行业的生产,也可以用来抑制或发展某些商品的消费。在不违背价值规律的前提下，它能加快实现政府在一定时期的社会经济发展目标。如果违背了价值规律，把利用价格分配职能变成主观任意的行为，那就必然事与愿违，对社会经济发展产生负效应。

以上所述，说明了价格的基本职能和派生职能之间的密切关系，也说明了价格职能的客观性质。

3. 价格职能的实现

价格职能的实现是发挥价格作用的前提，是社会经济发展的客观要求，对此必须有明确认识。但是要使价格职能得以实现，应了解不同价格职能之间的关系，同时也应了解实现价格职能应具备的条件。

（1）不同价格职能的统一性和矛盾性。不同的价格职能是统一于价格之中的，同一商品价格总是同时具有价格的两项基本职能，而且缺一不可。没有表价的职能就不可能有调节的职能，而没有调节的职能，表价职能就没有实际意义。同时，商品价格的派生职能也共生于同一商品的同一价格之中。只有存在表价职能，才必然派生出核算职能，只有存在表价和调节职能，才必然派生出国民收入再分配的职能。如果没有派生职能，价格的两项基本职能也不能得到充分实现。因此，在认识上不能把价格的诸职能割裂开来，不能强调某一职能忽视甚至否认另一职能，更不能基于这种认识去指导实践，这在我们过去的经济生活中不乏值得认真总结的许多经验。应该明确的是，商品价格的各项职能是在其相互作用中实现的，但是不同的价格职能之间也存在矛盾。价格职能之间的矛盾首先表现为它们之间的差别性。尽管不同的职能处于同一价格之中，但相互之间具有很大差别，不可能替代。其次，不同的价格职能实现的条件不同，作用的方向也不同。因此不同的价格职能就存在被割裂、被利用的可能。不适当地割裂价格的职能，有意识强化某一职能而削弱另一些职能，其结果就会削弱价值规律和价格的职能作用，造成价格扭曲现象的发生，从而破坏国民经济协调发展的进程。

（2）价格职能实现的条件。实现价格职能需要一个市场机制发育良好的客观条件。一般说来，商品经济的高度发展必然要求全面实现价格的职能，同时商品经济的高度发展也为价格职能的实现创造了条件。

由于社会分工更加细密，每一个商品生产者都是面向市场，努力以更高的价格出售自己的商品，每一个消费者也都是到市场上去购买功能更好、价格更低的商品。在频繁的、规模宏大的商品交换中，商品生产者之间，商品生产者和消费者之间，以至消费者和消费者之间就会展开激烈的竞争。这种竞争，关系到每个生产者和消费者的利益和风险，竞争的焦点则往往是集中在价格上。竞争促使价格趋向于价值，使价格的表价职能得以实现。竞争中形成的价格实现对供需的调节，从而也实现了对生产者和消费者的调节。同理，价格的基本职能得以实现，其派生职能也就能够实现。

竞争虽然是价格职能实现的最主要条件，但市场的自发性和盲目性仍然会造成价格扭曲。因此，适当的宏观调控对价格职能的实现也是不可或缺的条件。

4. 价格的作用

实现价格职能对国民经济所产生的效果就是价格的作用。价格作用主要表现在以下方面：

（1）价格是实现交换的纽带。价格是伴随商品交换和货币的产生而产生的。商品交换是以不同商品含有的价值量为基础的，但不同商品价值量的比较存在很大的技术障碍，使商品交换难以实现，从而割断生产者和生产者、生产者和消费者之间的联系，导致流通阻断，经济发展停滞。可是，价格以货币形式表现价值使不同商品的价值可以进行量的比较，克服了商品价值量比较的技术性障碍，促使商品交换得以顺利实现。价格的这一作用是随着商品经济的发展而不断得到强化的。也就是说商品经济越发达，价格的这一作用越能得到充分发挥。

（2）价格是衡量商品和货币比值的手段。货币具有价值尺度的职能是由于它作为商品的等价物自身具有价值。在商品——货币——商品的公式中，货币在商品交换中起着中间环节的作用。在这里商品首先和货币交换，然后再完成货币和另一种商品的交换，而商品价值量和货币价值量的比较是通过价格表现出来的。价格是衡量商品和货币价值比例关系的手段，是二者交换的比例指数。它随着货币价值和商品价值的变动而变动，和货币价值成反比变化，和商品价值则成正比变化。价格的这一作用即使货币的价值尺度职能、流通手段和支付手段等职能得以实现，也使商品的价值得到了表现。商品和货币比值的确定，为商品与货币的交换创造了现实的可能。

（3）价格是市场信息的感应器和传导器。价格能够最灵敏地反映市场供求状况和动向。现代市场的任何信息，包括经济、社会、心理以至政治因素的变动，都会在价格上反映出来。例如，市场上某种商品供给不足或需求增大，都会引起价格上浮，反之，供给过剩或需求减少，则会引起价格下降。经济发展速度、社会心理状态和政局是否稳定等，也都会在商品价格上反映出来。所以可以说价格是市场的晴雨表和最灵敏的感应器。

价格自身又是市场最重要的信息，是不可缺少的市场要素。价格在作为市场信息感应器发生作用的同时，自身又形成了新的价格信号。新的价格信号通过商品交易活动和某些媒介，传导给各个有着切身利益关系的市场主体。关心自身利益的商品生产者和消费者、经营者，就会接受这些价格信号作为自己经济行为的决策依据。

（4）价格是调节经济利益和市场供需的经济手段。价格直接关系着交换双方的经济利益，价格水平的任何变动都会引起经济利益的重新分配。价格反映商品价值，反映凝结在商品中的社会必要劳动时间被承认的程度。当价格与其价值基础相符时，就是等价交换，消耗在商品中的社会必要劳动时间就被社会承认和接受了。如价格高于价值或低于价值交换，就是不等价交换，低于价值出售的企业和个人所消耗的必要劳动时间就不能完全被社会承认，而高于价值出售的企业和个人则能通过价格无偿地占有一部分他人创造的价值，价格在这里调节着交换双方的经济利益。价格对经济利益的调节就迫使和刺激企业去适应价格调节，并追踪价格信号的变动，研究价格变动趋势。在此基础上决定如何调整自己的生产经营活动，调整商品的供给和需求的数量。这种调整，最终有利于优化资源配置，有利于推动技术进步和提高劳动生产率。

总之，价格在国民经济的发展中起着重要的经济杠杆的作用。

三、价格构成

1. 价格构成与价值构成的关系

价格构成是指构成商品价格的组成部分及其状况，商品价格一般由4个因素构成，即生产成本、流通费用、利润和税金。但是由于商品价格所处的流通环节和纳税环节不同，其构成因素也不完全相同。比如，工业品出厂价格是由生产成本、税金和利润构成，工业品批发价格是由出厂价格、批发环节流通费用、税金和利润构成，工业品零售价格是由批发价格、零售环节流通费用、税金和利润构成。

价格构成以价值构成为基础，是价值构成的货币表现。价格构成中的成本和流通费用，是价值中 $C+V$ 的货币表现，价格构成中的税金和利润，是价值中 m 的货币表现。

2. 生产成本

（1）价格构成中成本的内容。生产成本按经济内容主要包括以下几个部分：原材料和燃料费、折旧费、工资及工资附加、其他（如利息支出、电信、交通差旅费等）。

（2）企业财务成本。它比价格构成中成本内容广泛，包括以下成本开支范围：原材料、辅助材料、备品配件、外购半成品、燃料、动力、包装物、低值易耗品的原价和运输、装卸、整理费；固定资产折旧费，计提的更新改造资金，租赁费和维修费；科学研究、技术开发和新产品试制，购置样品样机和一般测试仪器的费用；职工工资、福利费和原材料节约、改进技术奖；工会经费和职工教育经费；产品包修、包换、包退费用，废品修复或报废损失，停工工资、福利费、设备维护费和管理费，削价损失和坏账损失；财产和运输保险费，契约、合同公证费和鉴定费，咨询费、专有技术使用费及应列入成本的排污费；流动资金贷款利息；商品运输费、包装费、广告费和销售机构管理费；办公费、差旅费、会议费、劳动保护用品费、取暖费、消防费、检验费、仓库经费、商标注册费、展览费等管理费；其他费用。不同产业部门企业成本开支范围，因其生产特点和产品形态不同而存在一定差异。

财务成本和价格构成中的成本性质不同，前者反映的是企业在商品生产中的实际开支，是后者的计算基础。

（3）影响成本变动的因素。影响成本变动的因素很多，主要有以下几个方面：技术发展水平，各类物质资源利用状况，原材料等物质资料的价格水平，劳动生产率水平，工资水平，产品质量，管理水平等。

（4）成本变动对价格的影响。从社会经济发展的总趋势看，科学技术的发展促使生产效率的大幅提高，从而降低商品生产中社会必要劳动的消耗。在货币与价值比值不变的条件下，成本必然显现下降的趋势。此时成本与价值变动的方向是一致的，变动的幅度也趋于一致。但由于国民经济各部门或同一部门不同时期，影响成本变动的因素或作用的程度不同，成本变动的情况也会不同。例如工业部门成本下降趋势要比农业部门明显。在工业部门内部，技术和管理水平提高得越快的部门，成本下降越明显，如信息行业。有的部门由于资源或原料供应等因素影响，成本也会有上升趋势，如煤炭工业和石油加工工业。农业部门由于技术和管理水平相对较低，同时受自然条件的影响，成本下降较慢，甚至在一段时期出现上升。成本的变动会直接影响价格的变动。成本下降速度较快和幅度较大的部门，价格也会有相应的变动。成本是价格的基本组成，但是价格变动和成本变动有时也不一致。这说明价格变动还受其他因素的影响，如市场因素、宏观政策因素等。

（5）总成本、平均成本和边际成本。

总成本是生产某特定产量所需要的成本总额，它包括固定成本和可变成本两部分。固定成本是在一定生产规模下不随产量变动而变动的费用，如泵站厂房和设备的折旧费、一般管理费用、厂部管理人员的工资等。只要企业存在，不管是否进行生产都要支出固定成本；可变成本是随产量变动而变动的费用，如原材料、燃料和动力支出、生产工人的工资等。总成本曲线图如图 2-5 所示。

平均成本是平均每个单位产品的成本，即

$$平均成本 = \frac{固定成本 + 可变成本}{产量} \tag{2-9}$$

边际成本是每增加或减少一个单位产品而使总成本变动的数值。用下面的公式计算为

$$边际成本 = \frac{总成本的增量}{产量的增量} \tag{2-10}$$

边际成本曲线与平均成本曲线如图 2-6 所示，边际成本曲线 M 与平均成本曲线 A 在平均成本曲线 A 的最低点 E 相交。如果边际成本小于平均成本，那么每增加一个单位产品，单位平均成本就比以前小一些，所以平均成本曲线在 E 点的左边是下降的。反之，如果边际成本大于平均成本，那么，每增加一个单位产品，单位平均成本就比以前大一些，所以平均成本在 E 点的右边是上升的。这样，边际成本曲线只能在平均成本曲线的最低点与之相交。

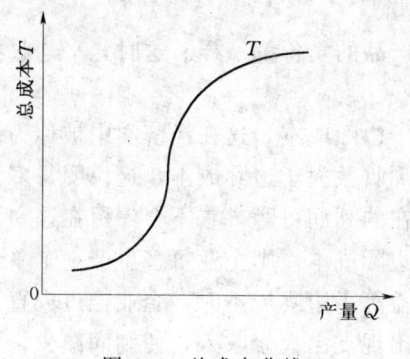

图 2-5 总成本曲线

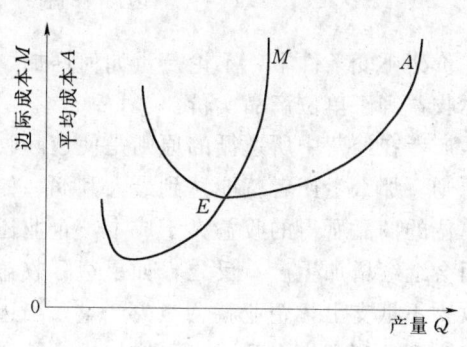

图 2-6 边际成本和平均成本曲线

3. 流通费用

流通费用是指商品在流通过程中所发生的费用。它包括由产地到销地的运输、保管、分类、包装等费用，也包括商品促销和管理费用。它是商品一部分价值的货币表现。对流通费用可以按不同方法分类。

(1) 按经济性质分类，可分为生产性流通费用和纯粹流通费用。生产性流通费用，是由商品的物理运动引起的费用，如运输费、保管费、包装费等，它们是生产过程在流通领域的延续。纯粹流通费用是与商品的销售活动有关的费用，如广告费、人员工资、销售活动发生的其他一些费用。

(2) 按与商品流转额关系分类，可分为直接费用和间接费用。直接费用随商品流转额增加而增加，如运输费、保管费等；间接费用的发生与商品流转额没有直接关系，绝对额相对稳定，所以商品流转额上升会使间接费相对下降，反之则会上升。

(3) 按计入价格的方法不同分类，可分为从量费用和从值费用。从量费用就是以单位

商品的量作为计算流通费用的依据，直接计入价格，如运杂费、包装费等。从值费用就是以单位商品的值，如销售价或销价中的部分金额，作为计算流通费用的依据，计算时一般按规定费率通过一定公式计入价格。

在市场经济条件下，由于竞争的日益激烈和商品流通环节的增加、市场规模的扩大，流通费用在价格中所占份额呈现增加的趋势。

4. 收益和利润

(1) 收益。在微观经济学中，收益是指生产者出卖商品的收入。有三个基本的收益概念，即总收益、平均收益、边际收益。用下面的公式计算为

$$总收益 = 单位商品的出售价格 \times 产量 = 平均收益 \times 产量 \tag{2-11}$$

平均收益是指生产者出售一定量的商品时，从单位商品中所得到的收入，即平均每个商品的卖价。用下面的公式计算为

$$平均收益 = \frac{商品的总出售价格}{产量} \tag{2-12}$$

边际收益是指生产者每多出售单位商品而使总收益增加的值，也就是最后一个商品的卖价，即

$$边际收益 = \frac{总收益增量}{产量增量} \tag{2-13}$$

在价格不变条件下，不论产量如何增加，单位产品的卖价都一样。这时，平均收益等于边际收益等于单位产品卖价。

生产者在经营中所遵循的原则是使边际收益等于边际成本，这在经济学中被称为最大利润原则。那么生产者就能达到最大利润。如果边际收益大于边际成本，这说明每多生产一个单位的商品所得的收益大于成本，企业还有潜在的利润可赚，它不会停留在这一水平上，而会继续增加生产。反之，如果边际收益小于边际成本，则企业每多生产一个单位商品的收入不抵支出，企业就会减少产量。当边际收益等于边际成本时，企业把过去直至现在可能赚到的利润都得到了，再增加生产就会开始出现支出大于收入，使利润减少。所以边际收益等于边际成本时，企业得到的利润最大，企业正是根据这一原则和市场的需求状况来决定其生产的数量和产品的价格。

(2) 利润。利润是收益中的一部分，是价格与生产成本、流通费用和税金之间的差额。价格中的利润可分为生产利润和商业利润两部分。

生产利润包括工业利润和农业利润两部分。工业利润是工业企业销售价格和除生产成本和税金后的余额。农业利润也称为农业纯收益，是农产品出售价格扣除生产成本和农业税后的余额。

商业利润是商业销售价格扣除进货价格、流通费用和税金以后的余额。包括批发价格中的商业利润和零售价格中的商业利润。

四、影响价格的经济规律

运动是价格存在的形式，也是价格职能实现的形式。价格运动是由价格形成因素的运动性决定的。价格运动受一定规律支配，支配价格运动的经济规律主要是价值规律、供求规律和纸币流通规律。

1. 价值规律对价格的影响

价值规律是商品经济的一般规律,是社会必要劳动时间决定商品价值量的规律。价值规律要求商品交换必须以等量价值为基础,商品价格必须以价值为基础。但这并不是说,每一次商品交换都是等量价值的交换,也不是说商品价格总是和价值相一致。在现实的经济生活中,价格和价值往往是不一致的。价格通常是或高或低地偏离价值。当商品中所含价值量降低时,价格就会下降;价值的含量高,价格也就会高。价格是价值的表现。在市场经济条件下,当投入某种商品的社会劳动低于社会需求时,它的价格就会因市场供不应求而价格上升;当投入商品的社会劳动多于社会需求时,价格就会因商品供大于求而下降。供给者的趋利行为会不断改变供求状况,使价格时而高于价值,时而低于价值。因此从个别商品和某个时点上看,价格和价值往往是偏离的。但从商品总体上和一定时期看,价格是符合价值的。价格总是通过围绕价值上下波动的形式来实现价值规律。如果价格长期背离价值,脱离价值基础,就反映了价格的扭曲,反映价格违背了价值规律。在这种情况下,价格的职能非但无从实现,还会对经济发展产生负面影响。在我国改革开放前,工程造价就存在严重背离价值的现象,造成了资源浪费、效率低下和建筑业发展滞后等不良后果。

2. 商品供求规律对价格的影响

供求规律是商品供给和需求变化的规律。从价值规律对价格的影响已经可以看出,价值规律和供求规律是共同对价格发生影响的。供求关系的变动影响价格的变动,而价格的变动又影响供求关系的变动。供求规律要求社会总劳动应按社会需求分配于国民经济各部门。如果这一规律不能实现,就会产生供求不平衡,从而就会影响价格。供求关系就是从不平衡到平衡,再到不平衡的运动过程,也就是价格从偏离价值到趋于价值,再到偏离价值的运动过程。

3. 纸币流通规律对价格的影响

纸币流通规律就是流通中所需纸币量的规律。它取决于货币流通规律。货币能够表现价值,是因为作为货币的黄金自身有价值,每单位货币的价值越大,商品的价格就越低,价格与货币是反比关系。在商品价值与货币比值不变的情况下,流通中需要多少货币,是由货币流通规律决定的。货币流通规律的表达式为

$$流通中货币需求量 = \frac{商品价格总额}{货币平均周转次数} \qquad (2-14)$$

在货币流通速度不变的条件下,商品数量越大则货币需要量越大,商品价格越高则货币需要量也越大。反之,货币需要量则减少。同理,在商品总量不变,价格不变的条件下,货币流通速度越快,货币需要量越小。当流通中的货币多于需要量,作为货币的黄金就会退出流通执行贮藏手段的职能;当流通中的货币不能满足需要时,货币又会从贮藏手段转化为支付手段进入流通。

纸币是由国家发行、强制通用的货币符号,本身没有价值,但可代替货币充当流通手段和支付手段。纸币作为金属货币的符号,它的流通应等同于金币的流通量。但纸币没有贮藏手段职能,如果纸币流通量超过需要量,纸币就会贬值。此时,它所代表的价值就会低于金属货币的价值量,商品的价格就会随之提高。纸币流通量不能满足需要时,它所代表的价值就会高于金属货币的价值,此时价格就会下降。

$$\text{单位纸币所代表的价值量} = \frac{\text{流通中货币必要量}}{\text{流通中纸币总量}} \tag{2-15}$$

第三节 水利水电工程造价计算的种类与程序

一、建筑产品特点和价格特点

（一）建筑产品特点

与一般工业生产品相比，建筑产品具有以下特点。

（1）建筑产品的建设地点不固定性。建筑产品都是在选定的地点上建造的，如水利水电工程一般都是建筑在河流上或河流旁边，它不能像一般工业产品一样在工厂里重复地、批量地进行生产，工业产品的生产条件一般不受时间及气象条件限制。由于建筑产品的施工地点不同，使得对于用途、功能、规模、标准等基本相同的建筑产品，因其建设地点的地质、气象、水文条件等不同，其造型、材料选用、施工方案等，都有很大的差异，从而影响着产品的造价。此外，不同地区工人的工资标准以及某些费用标准，例如材料运输费、冬雨季施工增加费、特殊地区施工增加费等，都会由于建设地点的不同而不同，使建筑产品的造价有很大的差异。水利水电工程一般都是建筑在河流上或河流旁边，受水文、地质、气象因素的影响大，形成价格的因素比较复杂。

（2）建筑产品的单件性。建筑产品一般各不相同，千差万别，特别是水利水电工程一般都随所在河流的特点而变化，每项工程都要根据工程的具体情况进行单独设计，在设计内容、规模、造型、结构和材料等各方面都互不相同。同时，因为工程的性质（新建、改建、扩建或恢复等）不同，其设计要求不一样。即使工程的性质或设计标准相同，也会因建设地点的地质、水文条件不同，其设计也不尽相同。

（3）建筑产品生产的露天性。建筑产品的生产一般都是在露天进行的，季节的更替，气候、自然环境条件的变化，会引起产品设计的某些内容和施工方法的变化，也会造成防寒、防雨或降温等费用的变化。水利水电工程还涉及施工期工程防汛，这些因素都会使建筑产品的造价发生相应的变动，使得各建筑产品的造价不相同。

此外，由于建筑产品规模大，大于任何工业产品，由此决定了它的生产周期长，程序多，涉及面广，社会协作关系复杂，这些特点也决定了建筑产品价值构成不可能一样。

建筑产品的上述特点，决定了它不可能像一般工业产品那样，可以采用统一的价格，而必须通过特殊的计划程序或基建程序，逐个来确定其价格。

（二）建筑产品的价格特点

1. 建筑产品的属性

商品是用来交换的、能满足他人需要的产品，它具有价值和使用价值两种因素。建筑产品也是商品，建筑企业进行的生产是商品生产。

（1）建筑企业生产的建筑产品是为了满足建设单位或使用单位需要的。由于建筑产品的建设地点的不固定性、建筑产品的单件性和生产的露天性，建筑企业（承包者）必须按使用者（发包者）的要求（设计）进行施工，建成后再移交给使用者。这实际上是一种"加工定做"的方式，先有买主，再进行生产和交换。因此，建筑产品是一种特殊的商品，它有着特殊的交换关系。

（2）建筑产品也有使用价值和价值。建筑产品的使用价值表现在它能满足用户的需要，这是由它的自然属性决定的。在市场经济条件下，建筑产品的使用价值是它的价值的物质承担者。

建筑产品的价值是指它凝结了物化劳动和活劳动成果，是物化了的人类劳动，正因为它具有价值，才使得建筑产品可以进行交换，在交换中体现了价值量，并以货币形式表现为价格。

2. 建筑产品的价格特点

建筑产品作为商品，其价格与所有商品一样，是价值的货币表现，是由成本、税金和利润组成。但是，建筑产品又是特殊的商品，其价格有其自身的特点，其定价要解决两方面的问题：一是如何正确反映成本；二是盈利如何反映到价格中去。

承包商的基本活动，是组织并建造建筑产品，其投资及施工过程，也就是资金的消费过程。因此，建造工程过程中耗费的物化劳动（表现为耗费的劳动对象和劳动工具的价值）和活劳动（体现为以工资的形式支付给劳动者的报酬），就构成了工程的价值。在工程价值中物化劳动消耗及活劳动消耗中的物化劳动部分就是建筑产品的必要消耗，用货币形式表示，就构成建筑产品的成本。所以，工程成本按其经济实质来说，就是用货币形式反映的已消耗的生产资料价值和劳动者为自己所创造的价值。

事实上在实际工作中，工程成本或许也包括一些非生产性消耗，即包括由于企业经营管理不善所造成的支出、企业支付的流动资金贷款利息和职工福利基金等。

由此可见，实际工作中的工程成本，就是承包商在投资及工程建设的过程中，为完成一定数量的建筑工程和设备安装工程等所发生的全部费用。需要指出的是，成本是部门的社会平均成本，而不是个别成本，应准确地反映生产过程中物化劳动和活劳动消耗，不能把由于管理不善而造成的损失都计入成本。

关于盈利问题有多种计算类型。一是按预算成本乘以规定的利润率计算；二是按法定利润和全部资金比例关系确定；三是按利润与劳动者工资之间的比例关系定；四是利润一部分以生产资金为基础，另一部分以工资为基础，按比例计算。

建筑产品的价格主要有以下两个方面的特点。一是建筑产品的价格不能像工业产品那样有统一的价格，一般都需要通过基建程序逐个进行定价。建筑产品的价格是一次性的。二是建筑产品的价格具有地区差异性。建筑产品坐落的地区不同，特别是水利水电工程所在的河流和河段不同，其建造的复杂程度也不同，这样所需的人工、材料和机械的价格就不同，最终决定建筑产品的价格具有多样性。

从形式上看，建筑产品价格是不分段的整体价格，在产品之间没有可比性。实际上，它是由许多共性的分项价格组成的个性价格。建筑产品的价格竞争也正是以共性的分项价格为基础进行的。

二、水利水电工程造价的计价特征

熟悉水利水电工程造价的计价特征，对工程造价的确定与控制是非常有益的。主要计价特征如下：

（1）单件性计价特征。水利水电建筑产品的个体差异性决定每项工程都必须单独计算造价。

(2) 多次性计价特征。由于水利水电工程建设周期长、规模大、造价高，因此必须按照基本建设程序分阶段进行有关的建设工作，相应地也要在不同的阶段多次性计价，以保证工程造价确定与控制的科学性。多次性计价是一个逐步深化、逐步细化和逐步接近实际造价的过程。这个过程包括编制投资估算、概算造价、修改概算造价、预算造价、合同价、结算价、实际造价。实际造价是指竣工决算阶段，通过为建设项目编制竣工决算，最终确定的实际工程造价。

(3) 计价过程的组合性特征。水利水电工程一般分为三级项目，工程造价的计算是分部组合而成。这一特征和建设项目的组合性有关。一个建设项目是一个工程综合体，这个综合体可以分解为许多有内在联系的独立和不能独立的工程。建设项目的这种组合性决定了计价的过程是一个逐步组合的过程，这一特征在计算概算造价和预算造价时尤为明显。

(4) 计价方法的多样性特性。适应多次性计价有各不相同的计价依据，以及对造价的不同精确度要求，造成计价方法有多样性特征。计算和确定概、预算造价有两种基本方法，即单价法和实物法。计算和确定投资估算的方法有设备系数法、生产能力指数估算法等。不同的方法利弊不同，适应条件也不同，所以计价时要加以选择。

(5) 依据的复杂性特征。由于影响水利水电工程造价的因素比较多，造成计价依据比较复杂，这要求有关人员一定要熟悉各类依据，并加以正确利用。

三、水利水电基本建设工程造价计算的种类

基本建设工程概预算，是根据不同设计阶段的具体内容和有关定额、指标分阶段进行编制的。

基本建设在国民经济中占有重要的地位。国家每年用于基本建设的投资占财政总支出的40%左右。其中用于建筑安装工程方面的资金占基本建设总投资的50%～60%。为了合理而有效地利用建设资金，降低工程成本，充分发挥投资的效益，必须对基本建设项目进行科学的管理和有效的监督。

基本建设工程概预算所确定的投资额，实质上是相应工程的计划价格。这种计划价格在实际工作中，通常称为概算造价和预算造价，它是国家对基本建设实行科学管理和有效监督的重要手段之一，对于提高企业的经营管理水平和经济效益，节约国家建设资金具有重要的意义。

根据我国基本建设程序的规定，水利水电工程在工程的不同建设阶段，要编制相应的工程造价，一般有以下几种：

(1) 投资估算。它是指在项目建议书阶段、可行性研究阶段对建设工程造价的预测，它应考虑多种可能的需要、风险、价格上涨等因素，要打足投资、不留缺口，适当留有余地。它是设计文件的重要组成部分，是编制基本建设计划，实行基本建设投资大包干、控制其中建设拨款、贷款的依据；也是考核设计方案和建设成本是否合理的依据。它是可行性研究报告的重要组成部分，是业主为选定近期开发项目、做出科学决策和进行初步设计的重要依据。投资估算是工程造价全过程管理的"龙头"，抓好这个"龙头"有十分重要的意义。它主要是根据估算指标、概算指标或类似工程的预决算资料进行编制。

投资估算是建设单位向国家或主管部门申请基本建设投资时，为确定建设项目投资总额而编制的技术经济文件，它是国家或主管部门确定基本建设投资计划的重要文件。主要根据估算指标、概算指标或类似工程的预（决）算资料进行编制。投资估算控制初设概算，它是工程投资的最高限额。

（2）设计概算。它是指在初步设计阶段，设计单位为确定拟建基本建设项目所需的投资额或费用而编制的工程造价文件。它是设计文件的重要组成部分。由于初步设计阶段对建筑物的布置、结构形式、主要尺寸以及机电设备型号、规格等均已确定，所以概算是对建设工程造价有定位性质的造价测算，设计概算不得突破投资估算。设计概算是编制基本建设计划，实行基本建设投资大包干，控制其中建设拨款、贷款的依据；也是考核设计方案和建设成本是否合理的依据。设计单位在报批设计文件的同时，要报批设计概算，设计概算经过审批后，就成为国家控制该建设项目总投资的主要依据，不得任意突破。水利水电工程采用设计概算作为编制施工招标标底、利用外资概算和执行概算的依据。

工程开工时间与设计概算所采用的价格水平不在同一年份时，按规定由设计单位根据开工年的价格水平和有关政策从新编制设计概算，这时编制的概算一般称为调整概算。调整概算仅仅是在价格水平和有关政策方面的调整，工程规模及工程量与初步设计均保持不变。

水利水电工程的建设特点决定了在水利水电工程概预算工作中，概算比施工图预算重要；而对一般建筑工程，施工图预算更重要。水利水电工程到了施工阶段其总预算还未做，只做到局部的施工图预算，而一般建筑工程则常用施工图预算代替概算。

（3）修改概算。对于某些大型工程或特殊工程当采用三阶段设计时，在技术设计阶段随着设计内容的深化，可能出现建设规模、结构造型、设备类型和数量等内容与初步设计相比有所变化的情况，设计单位应对投资额进行具体核算，对初步设计总概算进行修改，即编制修改设计概算，作为技术文件的组成部分。修改概算是在量（指工程规模或设计标准）和价（指价格水平）都有变化的情况下，对设计概算的修改。由于绝大多数水利水电工程都采用两阶段设计（即初步设计和施工图设计），未作技术设计，故修改概算也就很少出现。

（4）业主预算。它是在已经批准的初步设计概算基础上，对已经确定实行投资包干或招标承包制的大中型水利水电工程建设项目，根据工程管理与投资的支配权限，按照管理单位及分标项目的划分，进行投资的切块分配，以便于对工程投资进行管理与控制，并作为项目投资主管部门与建设单位签订工程总承包（或投资包干）合同的主要依据。它是为了满足业主控制和管理的需要，按照总量控制、合理调整的原则编制的内部预算，业主预算也称为执行概算。

（5）标底与报价。标底是招标工程的预期价格，它主要是以招标文件、图纸，按有关规定，结合工程的具体情况，计算出的合理工程价格。它是由业主委托具有相应资质的设计单位、社会咨询单位编制完成的，包括发包造价、与造价相适应的质量保证措施及主要施工方案、为了缩短工期所需的措施费等。其中主要是合理的发包造价，应在编制完成后报送招标投标管理部门审定。标底的主要作用是招标单位在一定浮动范围内合理控制工程造价，明确自己在发包工程上应承担的财务义务。标底也是投资单位考核发包工程造价的主要尺度。

投标报价，即报价，是施工企业（或厂家）对建筑工程施工产品（或机电、金属结构设备）的自主定价。它反映的是市场价格，体现了企业的经营管理、技术和装备水平。中标报价是基本建设产品的成交价格。

（6）施工图预算。它是指在施工图设计阶段，根据施工图纸、施工组织设计、国家颁布的预算定额和工程量计算规则、地区材料预算价格、施工管理费标准、计划利润率、税金等，计算每项工程所需人力、物力和投资额的文件。它应在已批准的设计概算控制下进行编制。它是施工前组织物资、机具、劳动力，编制施工计划，统计完成工作量，办理工程价款结算，实行经济核算，考核工程成本，实行建筑工程包干和建设银行拨（贷）工程款的依据。它是施工图设计的组成部分，由设计单位负责编制的。它的主要作用是确定单位工程项目造价，是考核施工图设计经济合理性的依据。一般建筑工程以施工图预算作为编制施工招标标底的依据。

（7）施工预算。它是指在施工阶段，施工单位为了加强企业内部经济核算，节约人工和材料，合理使用机械，在施工图预算的控制下，通过工料分析，计算拟建工程工、料和机具等需要量，并直接用于生产的技术经济文件。它是根据施工图的工程量、施工组织设计或施工方案和施工定额等资料进行编制的。

（8）竣工结算。它是施工单位与建设单位对承建工程项目的最终结算（施工过程中的结算属于中间结算）。竣工结算与竣工决算是完全不同的两个概念，其主要区别在于：一是范围不同，竣工结算的范围只是承建工程项目，是基本建设的局部，而竣工决算的范围是基本建设的整体；二是成本不同，竣工结算只是承包合同范围内的预算成本，而竣工决算是完整的预算成本，它还要计入工程建设的其他费用、临时费用、建设期还贷利息等工程成本和费用。由此可见，竣工结算是竣工决算的基础，只有先办竣工结算才有条件编制竣工决算。

（9）竣工决算。它是指建设项目全部完工后，在工程竣工验收阶段，由建设单位编制的从项目筹建到建成投产全部费用的技术经济文件。它是建设投资管理的重要环节，是工程竣工验收、交付使用的重要依据，也是进行建设项目财务总结，银行对其实行监督的必要手段。

水利水电基本建设程序与各阶段的工程造价之间的关系如图 2-7 所示。从图 2-7 中可以看出，建设项目估算、概算、预算及决算，从确定建设项目，确定和控制基本建设投资，进行基本建设经济管理和施工企业经济核算，到最后来核定项目的固定资产，它们以价值形态贯穿于整个基本建设过程中。其中设计概算、施工图预算和竣工决算，通常简称为基本建设的"三算"，是建设项目概预算的重要内容，三者有机联系，缺一不可。设计要编制概算，施工要编制预算，竣工要编制决算。一般情况下，决算不能超过预算，预算不能超过概算，概算不能超过估算。此外，竣工结算、施工图预算和施工预算一起被称为施工企业内部所谓的"三算"，它是施工企业内部进行管理的依据。

建设项目概预算中的设计概算和施工图预算，在编制年度基本建设计划，确定工程造价，评价设计方案，签订工程合同，建设银行据以进行拨款、贷款和竣工结算等方面有着共同的作用，都是业主对基本建设进行科学管理和监督的有效手段，在编制方法上也有相

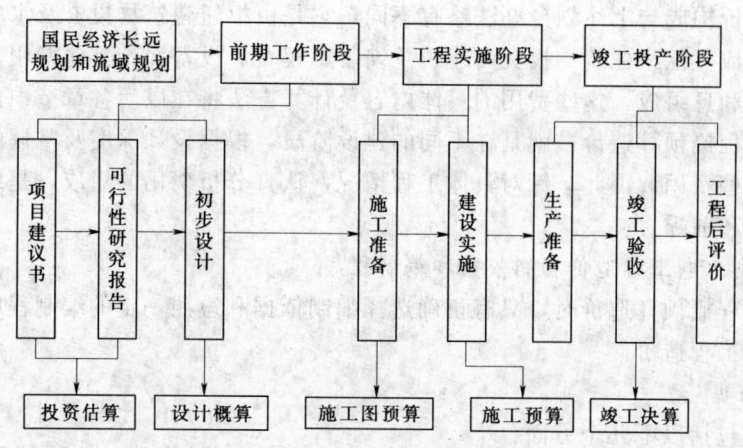

图 2-7 水利水电工程建设程序与概预算关系简图

似之处。但由于二者的编制时间、依据和要求不同，它们还是有区别的。设计概算与施工图预算的区别有以下几点：

(1) 编制费用内容不完全相同。设计总概算包括建设项目从筹建开始至全部项目竣工和交付使用前的全部建设费用。施工图预算一般包括建筑工程、设备及安装工程、临时工程等。建设项目的设计总概算除包括施工图预算的内容外，还应包括水库淹没处理补偿费和其他费用等。

(2) 编制阶段不同。建设项目设计总概算的编制，是在初步设计阶段进行的，由设计单位编制。施工图预算是在施工图设计完成后，由设计单位编制的。

(3) 审批过程及其作用不同。设计总概算是初步设计文件的组成部分，由有关主管部门审批，作为建设项目立项和正式列入年度基本建设计划的依据。只有在初步设计图纸和设计总概算经审批同意后，施工图设计才能开始，因此它是控制施工图设计和预算总额的依据。施工图预算是先报建设单位初审，然后再送交建设银行经办行审查认定，就可作为拨付工程价款和竣工结算的依据。

(4) 概预算的分项大小和采用的定额不同。设计概算分项和采用定额，具有较强的综合性，设计概算采用概算定额。施工图预算用的是预算定额，预算定额是概算定额的基础。另外设计概算和施工图预算采用的分级项目不一样，设计概算一般采用三级项目，施工图预算一般采用比三级项目更细的项目。

四、水利水电工程造价编制程序

(一) 水利水电工程概预算造价构成

水利水电工程一般投资多，规模庞大，包括的建筑物及设备种类繁多，形式各异，因此，在编制概预算时，必须深入工程现场，搜集第一手资料，熟悉设计图纸，认真划分工程建设包含的各项费用，既不重复又不遗漏。水利工程建设项目概预算造价构成按现行划分办法分为工程部分、移民和环境部分，其中工程部分包括：建筑工程费、机电设备及安装工程费、金属结构及安装工程费、施工临时工程费、独立费用等。移民和环境部分包括：水库移民征地补偿费、水土保持工程费用、环境保护工程费。电力系统水力发电工程建设项目概预算造价构成与上述划分办法略有不同，它是由枢纽建筑物投资及水库淹没补偿投资两大部分组成，枢纽建筑物投资由建筑及安装工程费、设备费、其他费用、预备费和工程建设期贷款利息组成。这些费用的具体内容及计算方法将在以后各章节中详细介绍。编制水利水电工程概预算造价，就是在不同的建设阶段，根据设计深度及掌握的资料，按设计要求编制这些费用。因此，针对具体工程情况，认真分析费用的组成，是编制工程概预算造价的基础和前提。

（二）水利水电工程造价编制依据和编制程序

在编制工程概预算造价时，只有正确选择编制依据和遵照一定的编制程序，才能编制好切合实际的工程造价。

1. 编制依据

编制依据包括以下几个方面：

（1）国家、地方政府和主管部门颁发的有关法令法规、制度、规程。

（2）水利水电工程设计概（估）算编制规定。

（3）水利水电建筑工程概预算定额、水利水电设备安装工程概预算定额、水利水电工程施工机械台时费定额和有关行业主管部门颁发的定额。

（4）水利水电工程设计工程量计算规则。

（5）初步设计文件及图纸。

（6）有关合同协议及资金筹措方案。

（7）其他。

在这里，选择好现行的定额与费用标准很重要。由于在每个具体工程项目施工时，实际情况和定额规定的劳动组合、施工措施不可能完全一致，这时应选用定额条件与实际情况相近的规定，不允许对定额水平作修改和变动。当定额条件与实际情况相差较大时，或定额缺项时，应按有关规定编制补充定额，经上级主管部门审批后，作为编制概预算的依据。随着社会、经济和科学技术的发展，各种定额也是在发展的，在编制概预算时必须选用现行定额。目前水利系统水利水电工程执行水利部1999年颁发的《水利水电设备安装工程概算定额》、《水利水电设备安装工程预算定额》，2002年颁发的《水利建筑工程概算定额》、《水利建筑工程预算定额》、《水利工程施工机械台时费定额》、《水利工程设计概（估）算编制规定》。对于大中型水力发电工程，采用原电力部1997年颁发的《水力发电建筑工程概算定额》、《水力发电设备安装工程概算定额》、《水力发电工程施工机械台时费定额》，以及有关的费用标准、编制办法、规定。在使用定额编制概预算的过程中，要密切注意现行定额的变化和有关费用标准、编制办法、规定的变化，做到始终采用现行定额和规定。

2. 编制程序

由水利水电工程建设项目的特点决定其概预算的编制程序与一般建筑工程的编制程序是有所不同的。水利水电工程概预算的编制程序如下：

（1）熟悉工程的基本情况。编制概预算前要熟悉上一阶段设计文件和本阶段设计成果。从而了解工程规模、主要水工建筑物的结构形式和技术数据、工程布置、设备型号、地形地质、施工场地布置、对外交通方式、施工导流、施工进度及主体工程施工方法等。

（2）搜集所需的资料。深入实地进行踏勘，了解工程和工地现场情况、砂砾料与天然建筑材料料场开采运输条件、场内外交通运输条件等情况。搜集人工工资、运杂费、供电价格、设备价格等各项基础资料。并且注意新技术、新工艺、新定额资料的搜集与分析。

（3）编制基础单价。基础单价是编制工程单价时计算人工费、材料费和机械使用费所必需的最基本的价格资料，水利水电工程概预算基础单价有：人工预算单价、材料预算价格和施工机械台班费，水、电、风、砂、石单价等。

（4）计算工程量。按照设计图纸和工程量计算的有关规定计算并列出工程量清单。要对工程量进行检查和复核，以确保工程量计算的准确性。

（5）编制分部分项工程概预算价格和工程总概预算。划分工程项目，按照造价的计算种类，根据基础单价和相应的工程量，计算分部分项工程概预算价格，汇总分部分项工程概预算以及其他费用，计算出工程总概预算。

（6）编制各种概预算表、说明书及附件。按照有关的概预算编制办法编制概预算表格、编制说明和相应的附件。附件一般是前述各项工作的计算书及成果汇总表。

本书以下各章节主要以水利系统水利水电工程（以下称水利工程）为对象进行阐述，兼顾电力系统水力发电工程（以下称水力发电工程），由于水利工程和水力发电工程编制概预算的基本方法大同小异，本书介绍的基本原理和方法对两者都是适用的。

第三章 工程定额

第一节 工程定额概述

一、定额的概念

在社会生产中，为了生产出合格的产品，就必须消耗一定数量的人力、材料、机具、资金等。由于受各种因素的影响，生产一定量的同类产品，这种消耗量并不相同。消耗越大，产品的成本就越高，在产品价格一定的条件下，企业的盈利就会降低，对社会的贡献也就较低，对国家及企业本身都是不利的，因此降低产品生产过程中的消耗具有十分重要的意义。产品生产过程中的消耗不可能无限降低，在一定的技术组织条件下，必然有一个合理的数额。根据一定时期的生产力水平和产品的质量要求，规定在产品生产中人力、物力或资金消耗的数量标准，这种标准就称为定额。确切地说，定额就是在合理的劳动组织和合理地使用材料和机械的条件下，完成单位合格产品所消耗的资源数量标准。

定额水平是一定时期社会生产力水平的反映，它与操作人员的技术水平、机械化程度及新材料、新工艺、新技术的发展和应用有关，与企业的组织管理水平和全体技术人员的社会主义劳动积极性有关。所以定额不是一成不变的，而是随着生产力水平的变化而变化的。一定时期的定额水平，必须坚持平均先进的原则，也就是在一定生产条件下大多数企业、班组和个人，经过努力可以达到或超过的标准。因此，定额必须从实际出发，根据生产条件、质量标准和工人现有的技术水平等经过测算、统计、分析而制定，并随着上述条件的变化而进行补充和修订，以适应生产发展的需要。

二、定额的产生与发展

定额是随着社会生产力的发展而逐步产生和发展的，人类在与大自然的斗争过程中逐步形成了定额的概念。

在中国漫长的封建社会中，有不少官府建筑和其他工程建筑规模很大，技术要求也高，如万里长城、北京故宫等。在建造工程的过程中，历代工匠积累了丰富的经验，逐步形成了一套工料限额管理制度，即我们常说的人工、材料定额。据记载，我国唐代就已有夯筑城台用的定额——功。北宋著名的建筑家李诚所著的《营造法式》（公元1100年）一书共34卷，包括释名、名作制度、工限、料例、图样五部分，其中"工限"相当于现在的劳动定额，"料例"相当于材料消耗定额，该书实际上是官府颁布的建筑规范和定额，它汇集了北宋以前的技术精华，吸取了历代工匠的经验，对控制工料消耗，加强设计监督和施工管理起到很大的作用，并一直沿用到明清。由此可以看出，那时已有了造价管理的雏形。

英国在16世纪，随着工程建设的发展，设计和施工相分离，并各自形成一个独立的专业，出现了"工料测量师"（Quantity Surveiyor），帮助施工工匠对已完成的工程量进行测量和估价，以确定工匠应得到的报酬。这时的工料测量师是在工程设计和工程施工完了以后，才去测量工程量和估价工程造价的。从19世纪初期开始，资本主义国家在工程建设中开始推行招标投标制，这就要求工料测量师在工程设计以后和开工以前就进行测量和估价，根据图纸算出实物工程量并汇编成工程量清单，为招标确定标底或为投标者做出报价。但是，这还远没有形成定额体系。定额体系的产生和发展与企业管理的产生和发展紧密相连。

工业革命以前的工业是家庭手工业，谈不上企业管理，工业革命以后有了工厂才有了企业管理。1771年英国建造了世界上第一个纺织工厂，从此各种类型的工厂如雨后春笋般不断涌现。在工厂里劳动者、劳动手段、劳动对象集中了，为了能生产出更多更好的产品，降低产品的生产成本，获得更多的利润，这就需要合理的管理，企业管理因此也就诞生了。不过当时的企业管理是很落后的，工人凭经验操作，新工人的培养靠老师傅来传授。由于生产规模小，产品比较单纯，生产中需要多少人力、物力，如何组织生产，往往只凭简单的生产经验就可以了。这个阶段延续了很长时间，这就是所谓的传统管理阶段。

19世纪末至20世纪初，资本主义生产日益扩大，生产技术迅速发展，劳动分工和协作也越来越细，对生产进行科学管理的要求也就更加迫切。资本主义社会生产的目的是为了攫取最大限度的利润。为了达到这个目的，资本家就要千方百计降低单位产品中的活劳动和物化劳动的消耗，就必须加强对生产消费的研究和管理，因此定额作为现代化科学管理的一门重要学科也就出现了，当时在美国、法国、英国、俄国、波兰等国家中都有企业科学管理这类活动的开展，而以美国最为突出。

企业管理成为科学应该说是从泰罗制开始的。泰罗制的创始人是19世纪末的美国工程师弗·温·泰罗（F.W.Taylor，1856～1915年）。他22岁在贝斯勒海姆（Bethlehem）钢铁公司当学徒，同时进入哈佛大学的函授班学习，后来他取得了工程师的职称，当上了这个公司的总工程师。当时美国资本主义正处于上升时期，工业发展得很快，但由于采用传统的旧的管理方法，工人劳动生产率低，而劳动强度很高，每周劳动时间平均在60h以上。在这种背景下，泰罗开始了企业管理的研究，其目的是要解决如何提高工人的劳动效率，从1880年开始，他进行了各种试验（如"铁锹作业的研究"），努力把当时科学技术的最新成就应用于企业管理，他着重从工人的操作方法上研究工时的科学利用，把工作时间分成若干组成部分（工序），并利用秒表来记录工人每一动作及消耗的时间，制定出工时定额，作为衡量工人工作效率的尺度。他还十分重视研究工人的操作方法，对工人劳动中的操作和动作，逐一记录，分析研究，把各种最经济、最有效的动作集中起来，制定出最节约工作时间的所谓标准操作方法，并据以制定更高的工时定额。为了减少工时消耗，使工人完成这些较高的工时定额，泰罗还对工具和设备进行了研究，使工人使用的工具、设备、材料标准化。

泰罗通过研究，提出了一套系统的、标准的科学管理方法，1911年他发表的《科学管理原理》一书是他的科学管理方法的理论成果，成果的核心是泰罗制。泰罗制可以归纳为，制定科学的工时定额，实行标准的操作方法，强化和协调职能管理，有差别的计件工资，进行科学而合理的分工。泰罗给资本主义企业管理带来了根本性变革，使资本家获得了巨额利润，泰罗被资产阶级尊称为"科学管理之父"。列宁对泰罗制有过透彻的分析，列宁认为：

"这个科学的内容是什么呢？就是在同一个工作日内从工人身上榨出比原来多两倍的劳动。强迫最强壮最灵巧的工人工作，用特殊的时钟——以秒和几分之一秒为单位记录下完成的每一道工序，每一个动作的时间，研究出最经济而且生产效率最高的工作方法，把技术最好的工人的工作情况拍成电影等。结果资本家以三倍于原先的速度榨取雇用奴隶一点一滴的神经和肌肉的能力"（《列宁全集》第18卷，第594页）。列宁深刻地揭露了泰罗制作为资本家用来残酷榨取工人血汗的工具的实质。但同时列宁也对泰罗制科学性的一面作了科学论证和肯定，他指出："资本主义在这方面的最新发明——泰罗制——也同资本主义其他一切进步的东西一样，有两个方面，一方面是资产阶级剥削的最巧妙的残酷手段，另一方面是一系列的最丰富的科学成就，即按科学来分析人在劳动中的机械动作，省去多余笨拙的动作，制定最精确的工作方法，实行最完善的统计和监督制等等"（《列宁全集》第27卷，第237页）。我们应当运用马克思列宁主义的立场、观点和方法去研究资本主义国家的企业管理和定额，在揭露其反动本质的同时，注意吸收其科学的部分，不断提高我们的科学管理水平。与泰罗制紧密相关的这一阶段被称为科学管理阶段，它一直持续到第二次世界大战前后。

继泰罗制以后，伴随着世界经济的发展，企业管理又有许多新的进展和创新，对于定额的制定也有了许多更新的研究。20世纪40年代到60年代，一个"投资计划和控制制度"在英国等经济发达的国家应运而生，出现了所谓的资本主义管理科学。20世纪70年代以后，出现了行为科学和系统管理理论，前者从社会心理学的角度研究管理，强调和重视社会环境和人的相互关系对提高工效的影响；后者把管理科学和行为科学结合起来，其特点是利用现代数学和计算机处理各种信息，提供优化决策。这一阶段被称为企业管理的第三阶段——现代企业管理阶段。但在这一阶段中泰罗制仍是企业管理不可缺少的。

三、我国工程定额的发展过程

我国的工程定额，是随着国民经济的恢复和发展而逐步建立起来的。建国以后，国家对建立和完善定额工作十分重视，工程定额从无到有，从不健全到逐步健全，经历了一个复杂的发展过程。

国民经济恢复时期（1949～1952年），我们在借鉴原苏联的管理经验基础上，逐步形成了适合我国当时国情的企业管理方式。我国东北地区开展定额工作较早，从1950年开始，该地区铁路、煤炭、纺织等部门相继实行了劳动定额，1951年制定了东北地区统一劳动定额。1952年前后，华东、华北等地也陆续编制劳动定额或工料消耗定额。这一时期是我国劳动定额工作创立阶段。

第一个五年计划时期（1953～1957年），随着大规模社会主义经济建设的开始，为了加强企业管理，合理安排劳动力，推行了计件工资制，劳动定额工作因此得到迅速发展。为了适应经济建设的需要，各地区各部门编制了一些定额或参考手册，如原水利电力部组织编印了《水利工程施工技术定额手册》。为了统一定额水平，劳动部和建筑工程部于1955年联合主持编制了全国统一劳动定额，这是建筑业第一次编制的全国统一定额。1956年国家建委对1955年统一劳动定额进行了修订，增加了材料消耗和机械台班定额部分，编制了1956年全国统一施工定额。

从"大跃进"到"文化大革命"前的时期（1958～1966年），由于中央管理权限部分下放，劳动定额管理体制也进行了探讨性的改革。劳动定额的编制和管理工作下放给省（市）以后，在适应地方特点上起到了一定的作用。但也存在一些问题，主要是定额项目过粗，工作内容口径不一，定额水平不平衡。地区之间，企业之间失去了统一衡量的尺度，不利于贯彻执行，同时，各地编制定额的力量不足，定额中技术错误也不少。为此，1959年，国务院有关部委联合做出决定，定额管理权限回收中央，1962年正式修订颁发了全国建筑安装工程统一劳动定额。这一时期，有关部委也相继颁发了适合行业特点的定额，如1958年水利部颁发了《水利水电建筑安装工程施工定额》，以及《水利水电建筑工程设计预算定额》，这基本上满足了水利水电工程建设的需要。

"文化大革命"时期（1967～1976年），全盘否定了按劳分配原则，将劳动定额工作看做是"管、卡、压"，致使劳动无定额，效率无考核等，阻碍了生产的发展。文化大革命的后半段一度对这种情况进行了扭转和整顿，有些单位重新又搞起了定额、计件工资和超额奖。如原水利电力部组织修改预算定额并在此基础上，1975年第一次编辑出版了《水电工程概算指标》，可是不久又被"批回潮"给干扰破坏了。中央一些重要措施没有得到实施，思想没有得到统一，企业管理出现了一片混乱，生产遭到严重破坏，定额工作也就随之烟消云散。

1976年粉碎"四人帮"后，特别是十一届三中全会以后，国家对整顿和加强企业管理和定额管理非常重视，进行了一系列的政治、经济改革，使国民经济迅速得到了恢复和发展，使我国进入了社会主义现代化建设的新的历史时期。国家有关部门明确指出要加强建筑企业劳动定额工作，全国大多数省、市、自治区先后恢复、建立了劳动定额机构，充实了定额专职人员，同时对原有定额进行了修订，颁布了新的定额，这大大地调动了工人的生产积极性，对提高建筑业劳动生产率起到了明显的作用。1978～1981年原国家建委和各主管部门分别组织修编了施工定额、预算定额。如水利电力部1980年组织修订了《水利水电工程设计预算定额》，1981～1982年又组织修编了《施工机械保修技术经济定额》和《水利水电建筑安装工程统一劳动定额》。1983年以后着手对1980年修订的预算定额和1975年概算指标进行修编。为了适应新时期水利水电工程建设的需要，原水电部及能源部、水利部1986年颁发了《水利水电设备安装工程概算定额》、《水利水电建筑工程预算定额》、《水利水电设备安装工程预算定额》，1988年颁发了《水利水电建筑工程概算定额》，1991年颁发了《水利水电工程施工机械台班费定额》；原电力部1997年颁发了《水力发电建筑工程概算定额》、《水力发电设备安装工程概算定额》、《水力发电工程施工机械台时费定额》。1999年水利部颁发了《水利水电设备安装工程概算定额》、《水利水电设备安装工程预算定额》，2002年水利部颁发了《水利建筑工程概算定额》、《水利建筑工程预算定额》、《水利工程施工机械台时费定额》和《水利工程设计概（估）算编制规定》。

综上所述，新中国成立50多年来，在工程定额工作的发展过程中，既有经验，也有教训。事实证明，凡是按客观经济规律办事，用合理的劳动定额组织生产，实行按劳分配，劳动生产率就提高，经济效益就好，建筑生产就向前发展；反之，不按客观经济规律办事，否定定额作用，否定按劳分配，劳动生产率就明显下降，经济效益就很差，生产就大幅度下降。因此，实行科学的定额管理，发挥定额在组织生产、分配、经营管理中的作用，是社会主义生产的客观要求。定额工作必须更好地为生产服务，为科学管理服务。

四、定额的作用与特性

1. 定额的作用

建筑工程、安装工程定额是建筑安装企业实行科学管理的必备条件。无论是设计、计划、生产、分配、估价、结算等各项工作，都必须以它作为衡量工作的尺度。具体地说，定额主要有以下几方面的作用。

（1）定额是编制计划的基础。无论是国家计划还是企业计划；无论是中长期计划，还是短期计划；无论是综合性的技术经济计划，还是施工进度计划，都直接或间接地以各种定额为依据来计算人力、物力、财力等各种资源需要量，所以，定额是编制计划的基础。

（2）定额是确定基本建设产品成本的依据，是评比设计方案合理性的尺度。基本建设产品的价格是由其产品生产过程中所消耗的人力、材料、机械台班数量以及其他资源、资金的数量所决定的，而它们的消耗量又是根据定额计算的，因此定额是确定产品成本的依据。同时，同一基本建设产品的不同设计方案的成本，反映了不同设计方案的技术经济水平的高低。因此，定额也是比较和评价设计方案是否经济合理的尺度。

（3）定额是提高企业经济效益的重要工具。定额是一种法定的标准，具有严格的经济监督作用，它要求每一个执行定额的人，都必须严格遵守定额的要求，并在生产过程中尽可能有效地使用人力、物力、资金等资源，使之不超过定额规定的标准，从而提高劳动生产率，降低生产成本。

企业在计算和平衡资源需要量、组织材料供应、编制施工进度计划和作业计划、组织劳动力、签发任务书、考核工料消耗、实行承包责任制等一系列管理工作时，都要以定额作为标准。因此，定额是加强企业管理，提高企业经济效益的工具。

（4）定额是贯彻按劳分配原则的尺度。由于工时消耗定额反映了生产产品与劳动量的关系，可以根据定额来对每个劳动者的工作进行考核，从而确定他所完成的劳动量的多少，并以此来支付他的劳动报酬。多劳多得、少劳少得，体现了社会主义按劳分配的基本原则，这样企业的效益就同个人的物质利益结合起来了。

（5）定额是总结推广先进生产方法的手段。定额是在先进合理的条件下，通过对生产和施工过程的观察、实测、分析，综合制定的，它可以准确地反映出生产技术和劳动组织的先进合理程度。因此，我们可以用定额标定的方法，对同一产品在同一操作条件下的不同生产方法进行观察、分析，从而总结比较完善的生产方法，并经过试验、试点，然后在生产过程中予以推广，使生产效率得到提高。

合理制定并认真执行定额，对改善企业经营管理，提高经济效益具有重要的意义。

2. 定额的特性

定额的特性是由定额的性质决定的，社会主义定额的特性有以下五个方面：

（1）定额的法令性。定额是由被授权部门根据当时的实际生产力水平而制定，并经授权部门颁发供有关单位使用。在执行范围内任何单位必须遵照执行，不得任意调整和修改。如需进行调整、修改和补充，必须经授权编制部门批准。因此，定额具有经济法规的性质。

（2）定额的群众性。定额是根据当时的实际生产力水平，在大量测定、综合、分析、研究实际生产中的有关数据和资料的基础上制定出来的，因此它具有广泛的群众性；同时，当定额一旦制定颁发，运用于实际生产中，则成为广大群众共同奋斗的目标。总之，定额的制定和执行都离不开群众，也只有得到群众的充分协助，定额才能定得合理，并能为群众所接受。

(3) 定额的相对稳定性。定额水平的高低，是根据一定时期社会生产力水平确定的。当生产条件发生了变化，技术水平提高，原定额已不适应了，在这种情况下，授权部门应根据新的情况制定出新的定额或补充原有的定额。但是，社会的发展有其自身的规律，有一个量变到质变的过程，而且定额的执行也有一个时间过程，所以每一次制定的定额必须是相对稳定的，决不可朝订夕改，否则会伤害群众的积极性。

(4) 定额的针对性。一种产品（或者工序）一项定额，而且一般不能互相套用。一项定额，它不仅是该产品（或工序）的资源消耗的数量标准，而且还规定了完成该产品（或工序）的工作内容、质量标准和安全要求。

(5) 定额的科学性。制定工程定额要进行"时间研究"、"动作研究"及工人、材料和机具在现场的配置研究，有时还要考虑机具改革、施工生产工艺等技术方面的问题等。工程定额必须符合建筑施工生产客观规律，这样才能促进生产的发展，从这一方面来说定额是一门科学技术。

五、定额的种类

定额的种类很多，按其性质、用途、内容、管理体制的不同，可以划分为很多的类别。

1. 按生产因素分

(1) 劳动定额。劳动定额也称人工定额或工时定额，是在正常施工技术组织条件下，完成单位合格产品所必需的劳动消耗数量的标准。劳动定额有两种表示形式，即时间定额和产量定额，时间定额和产量定额互为倒数。

(2) 材料消耗定额。它是指在节约与合理使用材料条件下，生产单位合格产品所必须消耗的一定规格的建筑材料、成品、半成品或配件的数量标准。

(3) 机械作业定额。它是指施工机械在正常的施工条件下，合理地、均衡地组织劳动和使用机械时，在单位时间内应当完成合格产品的数量，称机械产量定额。或完成单位合格产品所需的时间，称机械时间定额。

(4) 综合定额。它是指在一定的施工组织条件下，完成单位合格产品所需人工、材料、机械台班（时）数量。

(5) 机械台班（时）定额。它是指施工过程中使用施工机械一个台班（时）所需机上人工、动力、燃料、折旧、修理、替换配件、安装拆卸以及牌照税、车船使用税、养路税等的定额。

(6) 费用定额。它是指除以上定额以外的其他直接费定额、间接费定额、其他费用定额等。

2. 按建设阶段分

(1) 投资估算指标。它是在可行性研究阶段作为技术经济比较或建设投资估算的依据。是由概算定额综合扩大和统计资料分析编制而成的。

(2) 概算定额或概算指标。它是编制初步设计概算和修正概算的依据。它规定生产一定计量单位的建筑工程扩大结构构件或扩大分项工程所需的人工、材料和施工机械台班（时）消耗量及其金额。主要用于初步设计阶段预测（概算）工程造价。

(3) 预算定额。它是在施工图设计阶段编制施工图预算或招标阶段编制标底的依据，由施工定额综合扩大而成。

(4) 施工定额。它是指一种工种完成某一计量单位合格产品（如打桩、砌砖、浇筑混凝土等）所需的人工、材料和施工机械台班（时）消耗量的标准。是施工企业内部作为编制施工作业计划、进行工料分析、签发工程任务单和考核预算成本完成情况的依据。主要用于施工阶段施工企业编制施工预算。

3. 按我国现行管理体制和执行范围分

(1) 全国统一定额。它是指在工程建设中，各行业、部门普遍使用，在全国范围内统一执行的定额。一般由国家计委或授权某主管部门组织编制颁发。如送电线路工程预算定额、电气工程预算定额、通信设备安装预算定额等。

(2) 全国行业定额。它是指在工程建设中，部分专业工程在某一个部门或几个部门使用的专业定额。经国家计委批准，由一个主管部门或几个主管部门组织编制颁发，在主管部部属单位执行。如水利水电建筑工程预算定额、水力发电建筑工程概算定额、公路工程预算定额等。

(3) 地方定额。一般指省、自治区、直辖市根据地方工程特点，在不宜执行国家统一或行业定额情况下组织编制颁发的、在本地区执行的定额。

(4) 企业定额。它指建筑、安装企业在其生产经营过程中，在国家统一定额、行业定额、地方定额的基础上，根据工程特点和自身积累资料，结合本企业具体情况自行编制的定额，供企业内部管理和企业投标报价用。

4. 按费用性质划分

(1) 直接费定额。它是指由直接进行施工所发生的人工、材料、成品、半成品、机械消耗及其他直接费组成。是计算工程单价的基础。

(2) 间接费用定额。它是指企业为组织和管理施工所发生的各项费用，一般以直接费或直接人工工资作为基础计算。

(3) 其他基本建设费用定额。是指不属于建筑安装工作量的独立费用定额，如科研、勘测、设计费定额，技术装备费定额等。

(4) 施工机械台班（时）费用定额。是指施工过程中所使用的施工机械每运转一个台

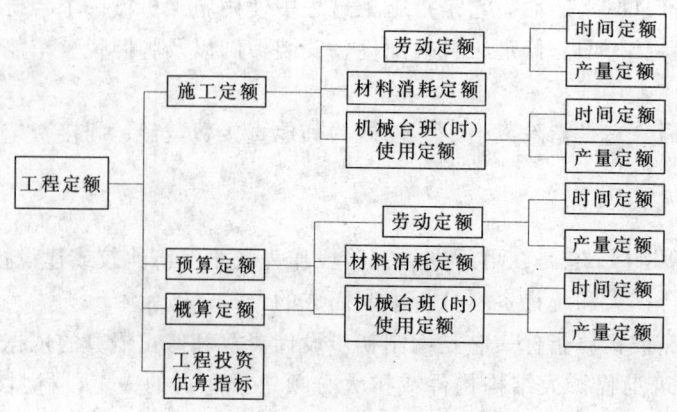

图 3-1 工程定额组成

班（时）所发生的机上人员、动力、燃料消耗数量和折旧、大修理、经常修理、安装拆卸、保管等摊销费用的定额。

根据编制工程概预算的需要，本章在以后的各节中还将分别介绍施工定额、预算定额、概算定额的编制原则和编制方法等内容。按建设阶段划分的工程定额的组成如图 3-1 所示。

第二节 施工过程分析

一、概述

1. 施工过程的概念

施工过程就是在建筑工地上进行的各种建筑物的兴建过程，包括建造、改建、扩建、修复或拆除工业及民用建筑物和构筑物的全部或其中一部分。例如，浇筑混凝土、安装机组、敷设管道等都是施工过程。对施工过程的研究是制定劳动定额的基本环节。施工过程，按其使用的工具、设备的机械化程度不同，分为手工施工过程、机械施工过程和机手并动施工过程。

每个施工过程的结果都获得一定的产品，该产品的尺寸、形状、表面结构、空间位置、强度等质量因素，必须符合建筑和结构设计及现行技术规范要求。只有合格的产品才能计入施工过程中消耗工作时间的劳动成果。

施工过程包括生产力三要素，即劳动者、劳动对象、劳动工具。这是施工过程必须具备的三个要素。

在许多施工过程中还要使用用具，用具是用来使劳动者、劳动对象、劳动工具和产品处于必要的位置上。如电气安装工程使用的人字梯，木工使用的工作台，砖瓦工使用的灰浆槽等。

在施工过程中，有时还要借助自然或人为的作用，使劳动对象发生物理和化学变化。如混凝土的养护，预应力钢筋的时效，石灰砂浆的砌筑过程等。

2. 施工过程的分解

对施工过程按其不同的劳动分工，不同的操作方法，不同的工艺特点，以及不同的复杂程度进行分解。通过分解来区分和认识其内容和性质，以便采取技术测定的方法，研究其必需的作业时间消耗，进而取得编制定额和改进施工管理所需要的技术资料。

施工过程可分解为综合工作过程、工作过程、工序、操作、动作。

综合工作过程是指同时进行的、并在组织上彼此有直接关系、而又为一个最终产品结合起来的各个工作过程的总和，如浇筑混凝土的施工过程，是由搅拌、运输、浇灌和捣实等工作过程组成。

工作过程是由同一工人或同一小组所完成的、在技术上互相联系的工序的综合。工作过程的特征是劳动者不变，工作地点不变，而仅仅是使用的材料和工具改变。

工序是一个工人（或一个小组）在一个工地上，对同一个（或几个）劳动对象所进行的一切连续活动的总和。工序是最简单的施工过程，它是组织上不可分割、技术上相同的施工过程，它的外观特征是劳动者、劳动工具、劳动对象都不变。例如，钢筋制作的施工过程是由调直、除锈、切断、弯曲等工序组成的。

工序由一个工人来完成时叫做个人工序，由几个工人或者小组共同来完成时，则为小组工序。工序按照完成的方法通常分为手工工序和机械工序两种。机械工序由人工操纵施工机械来完成，如用搅拌机拌搅混凝土或砂浆，用起重机吊装各种预制构件等。

操作是一个个动作的综合，它是工序按劳动过程所划分的组成部分，若干个操作构成一道工序。例如，"弯曲钢筋"工序，是由"把钢筋放在工作台上"、"对准位置"、"弯曲钢筋"、"把弯好的钢筋放置一边"等操作组成。而"把钢筋放在工作台上"这一操作，又由"走向放钢筋处"、"拿起钢筋"、"返回工作台"、"把钢筋放在工作台上"、"把钢筋靠近立柱"等动作组成。

施工过程中的工人、劳动对象、劳动工具、用具及其产品等的活动空间，称为工作地点。施工过程的各个工序，如果以同样的次序不断重复，并且每重复一次都可以生产出同一产品，则称为循环的施工过程。若施工过程的各个工序不是以同样的次序重复，或者生产出的产品各不相同，则称为非循环的施工过程。

二、工作时间分类

工作时间，就是工作班的延续时间。工作时间是按现行制度规定的，例如"8h工作制"的工作时间就是8h。研究工作时间消耗量及其性质，是技术测定的基本步骤和内容之一，也是编制劳动定额的基础工作。

1. 工人工作时间分类

(1) 定额时间。它是指在正常施工条件下，工人为完成一定数量的产品所必须消耗的工作时间。它包括有效工作时间、休息时间和不可避免的中断时间。

1) 有效工作时间是指与完成产品有直接关系的工作时间消耗。其中包括准备与结束时间、基本工作时间、辅助工作时间。

准备与结束时间是指工人在执行任务前的准备工作和完成任务后的结束工作所需消耗的时间。一般分为班内的准备与结束时间和任务内的准备与结束时间两种。班内的准备与结束工作具有经常的每天的工作时间消耗的特性，就是在执行任务之前工人本身、工作地点、劳动工具、原材料的准备工作，以及工作结束后的整理工作，交接班工作，准备与结束时间与工人所接受的任务的大小无关。任务内的准备与结束工作，由工人接受任务的内容决定，如布置操作地点、接受任务书、技术交底、熟悉施工图纸等。

基本工作时间是直接与施工过程的技术操作发生关系的时间消耗，是劳动者利用劳动工具使劳动对象发生形态或性质的变化或空间位置的改变所消耗的时间。例如，砌砖工作中，从选砖开始直至将砖铺放到砌体上的全部时间消耗。通过基本工作，可以使劳动对象直接发生变化；可以使材料改变外形，如钢管煨弯；可以改变材料的结构和性质，如混凝土制品的生产；可以改变产品的位置，如构件的安装；可以改变产品的外部及表面的性质，如粉刷、油漆等。基本工作时间的消耗与生产工艺、操作方法、工人的技术熟练程度有关，并与任务的大小成正比。

辅助工作时间是指为了保证基本工作的顺利进行而做的与施工过程的技术操作没有直接关系的辅助性工作所需要消耗的时间。辅助性工作不直接导致产品的形态、性质、结构位置发生变化。如工具磨快、校正、小修、机械上油、转移工作地点等均属辅助性工作。

2) 休息时间是工人在工作中，为了恢复体力以及生理需要（如喝水、大小便等）而暂时中断的时间。休息时间的长短与劳动强度、工作条件、工作性质等有关,例如在高温、高空、重体力、有毒性等条件下工作时,休息时间应多一些。

3)不可避免的中断时间是指由于施工过程中因技术操作或施工组织引起的不可避免的或难以避免的中断时间。如安装工人等待起吊构件、炮手放炮时的避炮、汽车司机在等待装卸货物和等交通信号所消耗的时间。

(2)非定额时间。它由以下几部分时间组成:

1)多余或偶然工作的时间是指在正常施工条件下不应该发生的时间消耗,或由于意外情况所引起的工作所消耗的时间。如质量不符合要求,返工造成的多余的时间消耗等。

2)停工时间包括施工本身造成的和非施工本身造成的停工时间。施工本身造成的停工,是由于施工组织和劳动组织不善而引起的停工,如分工不合理,不能及时领到工具和材料而引起的停工等。非施工本身而引起的停工是指由于气候条件以及风、水、电源中断而引起的停工。

3)违反劳动纪律的时间是指工人不遵守劳动纪律而造成的时间损失,如迟到早退、出勤不出力、擅自离开工作岗位、工作时间聊天,以及由于个别人违反劳动纪律而使别的工人无法工作的时间损失。

上述非定额时间,在确定定额水平时,均不予考虑。图3-2为工人工作时间划分图。

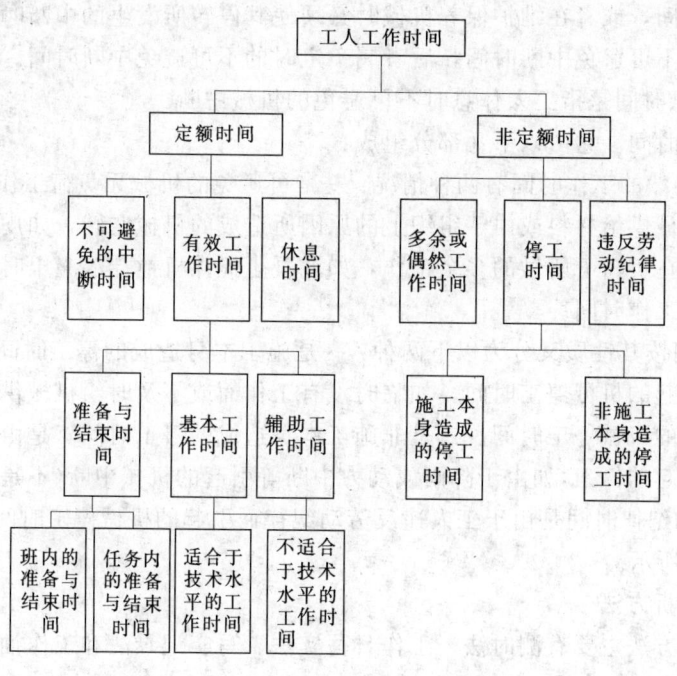

图3-2 工人工作时间划分

2.机械工作时间分类

(1)定额时间。它由以下几部分组成:

1)有效工作时间包括正常负荷下两种工作时间消耗。其中,正常负荷下的工作时间,是指机械在与机械说明书规定的负荷相等的正常负荷下进行工作的时间。在个别情况下,由于技术上的原因，机械又能在低于规定负荷下工作，如汽车载运重量轻而体积大的货物时，不可能充分利用汽车的全部载重能力，因而不得不降低负荷工作，此种情况亦视为正常负荷下工作。降低负荷下的工作时间，是指由于施工管理人员或工人的过失，以及机械陈旧或发生故障等原因，使机械在降低负荷的情况下进行工作的时间，如由于电铲司机技术不熟练，使 $3m^3$ 电铲只挖装 $2m^3$ 的石渣。

2）不可避免的无负荷工作时间，是指由于施工过程的特性和机械结构的特点所造成的机械无负荷工作时间，一般分为循环的和定时的两类。循环的是指由于施工过程的特性所引起的空转所消耗的时间。它在机械工作的每一个循环中重复一次。如铲运机返回到铲土地点，汽车卸车后空回。定时的主要是指发生在运输汽车或挖土机等的工作中的无负荷工作时间。如工作班开始和结束时来回无负荷的空行、机械由一个工作地点转移到另一个工作地点。

3）不可避免中断时间，是由于施工过程的技术和组织的特性造成的机械工作中断时间。

与操作有关的不可避免中断时间通常有循环的和定时的两种。循环的是指在机械工作的每一个循环中重复一次，如汽车装载、卸货的停歇时间。定时的是指经过一定时间重复一次。如喷浆器喷白，从一个工作地点转移到另一个工作地点时，喷浆器工作的中断时间。

与机械有关的不可避免中断时间，是指用机械进行工作的人在准备与结束工作时使机械暂停的中断时间，或者在维护保养机械时必须使其停转所发生的中断时间。前者属于准备与结束工作的不可避免中断时间，后者属于定时的不可避免中断时间。

4）工人休息时间是指工人休息时不可避免的机械中断。

（2）非定额时间。它由以下几部分组成：

1）多余或偶然的工作时间有两种情况：一是可避免的机械无负荷工作时间，是由于工人不及时的给机械供给材料或由于组织上的原因所造成的机械空转，如皮带因没有进料而空转；二是机械在负荷下所做的多余工作，如混凝土搅拌机搅拌混凝土时超过规定搅拌时间，即属于多余工作时间。

2）停工时间按其性质又分为以下两种：一是施工本身造成的停工时间，是指由于施工组织得不好而引起的机械停工时间，如临时没有工作面或不及时给机械供水、燃料以及机械损坏等所引起的机械停工时间。二是非施工本身造成的停工时间，是由于气候条件和非施工的原因所引起的停工，如由于降雨或动力中断等引起的机械中断(不是由于施工原因)。

3）违反劳动纪律时间是由于工人违反劳动纪律而引起的机械停工时间。机械工作时间划分图如图 3-3 所示。

三、工时分析方法

工时分析的方法主要有测时法、工作日写实法、写实记录法和工作抽查法等。

1. 测时法

测时法适用于研究以循环形式不断重复进行的施工过程。它用于观测施工过程循环（定时重复）组成部分的时间消耗，如人工挖装运土方、起重机吊运混凝土、挖土机挖土等；不研究工人休息、准备与结束及其他非循环的工作时间。测时法一般用于研究循环延续时间短的工作过程或工序，而且每一循环的产品是相等的或近似的。如果产品相差悬殊，就应该分开测定。采用测时法，可以为制定劳动定额提供单位产品所必需的基本工作时间的

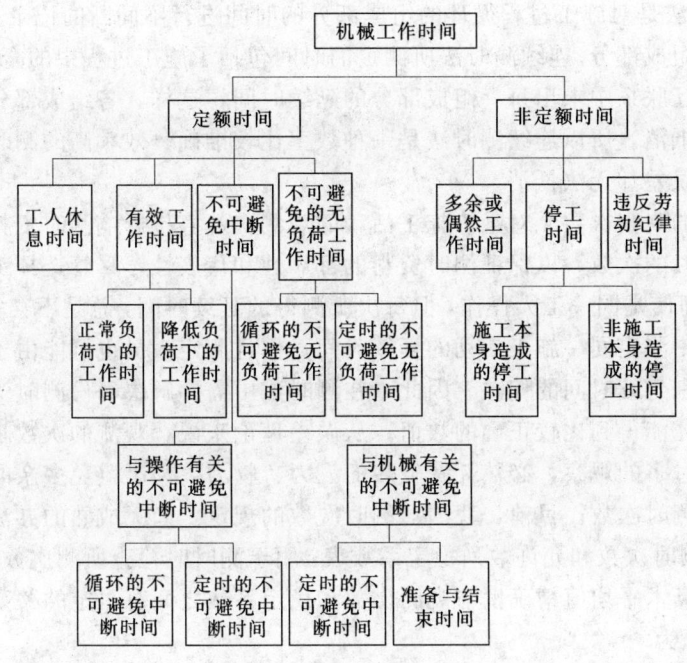

图 3-3 机械工作时间划分

技术数据;可以分析研究工人的操作或动作,总结先进经验,帮助工人班组提高劳动效率。

测时法是利用测时工具,来测定工作时间消耗,常用的测时工具有秒表,其他还有摄像机、录像机、录音机和电子表等。

(1) 记录时间的方法。测时法按记录时间的方法的不同,分为选择测时法和连续测时法两种。

1) 选择测时法是不连续地测定施工过程的全部循环组成部分,是有选择地进行测定。

当要测定的组成部分开始时,立即开动秒表,到预定的定时点时,即停止秒表。此刻显示的时间,即为所测组成部分的延续时间。当下一组成部分开始时,再开动秒表,如此循环测定。这种方法易于掌握,使用比较广泛,但在测定起始和结束点的时刻时,易发生读数的偏差。

【例 3-1】 设有一工序,由两个操作要素组成,利用选择测时法,分别对两个操作进行观测,各测得 10 个时间值,如表 3-1 所示。试求各操作要素的平均时间值。

解:首先剔除第二操作要素第 8 次观测时间值 62,然后计算平均值,计算结果如表 3-1 所示。

表 3-1 测定某工序时间消耗的记录(选择测时)

操作要素 \ 次数	时间值(单位:0.01min)											合计次数	平均
	1	2	3	4	5	6	7	8	9	10		
1	5	7	6	5	4	7	6	7	6	7	60 / 10	6
2	38	40	39	40	42	40	37	62①	41	43	360 / 9	40

① 异常值。

2）连续测时法是对施工过程循环的组成部分的时间进行不间断的记录下来，不能遗漏任何一个循环的组成部分。连续测时法所测定的时间包括了施工过程中的全部循环时间，是在各组成部分相互联系中求出每一组成部分的延续时间，这样，各组成部分延续时间之间的误差可以相互抵消。所以连续测时法是一种数字比较准确、效率高的测时方法。而在选择测时中，这种误差却无法抵消。

（2）测时法的观察次数。对某一施工活动的观测次数直接影响测时资料的精确度，因此要认真确定测时的次数，以保证测时资料的可靠性和代表性。尽管选择工作条件比较正常的测时对象，即使是同一工人操作，但每次所测得的延续时间，总是不会完全相等的，更何况在不同工人中测定同一施工活动的延续时间。而且测定人员也可能由于记录时间误差或错误，引起个别延续时间的偏差。因此，在测时法中需要解决每份测时资料中各组成部分应观测多少次才能得到比较正确的数值。从误差理论来说，观测的次数越多，资料的准确性越高，但是过多的观察，必然耗费较多的人力、物力，为了避免多余的观察，就要规定一个较经济的测时次数。目前，我国对测时次数的规定，尚无成熟的办法。在水利水电工程中，可采用测时次数和允许数列稳定系数表，用于测时时检查所测次数是否满足需要。测时所得数据的算术平均值精确度与观测次数和稳定系数之间有一定的关系。

稳定系数 K_p 为

$$K_p = \frac{x_{\max}}{x_{\min}} \tag{3-1}$$

式中　　$x_{\max}$——最大观测值；

　　　　$x_{\min}$——最小观测值。

算术平均值精确度与观测次数之间的关系可用下式表述为

$$E = \pm \frac{1}{\overline{x}} \sqrt{\frac{\sum(x_i - \overline{x})^2}{n(n-1)}} \tag{3-2}$$

式中　　$\overline{x}$——所有观测值的算术平均值。

（3）测时数据的整理。测时数据的整理方法没有统一规定，在建筑工程中，一般参考巴辛斯基和彭斯基建议用的测时数据整理方法。下面介绍巴辛斯基方法。

观测所得数据的算术平均值，即为所求延续时间。为使算术平均值更加接近于各组成部分的延续时间正确值，必须删去那些显然是错误的以及误差极大的值，通过清理后所得出的算术平均值，通常称为平均修正值。

在清理测时数据时，应首先删掉完全是由于人的因素影响的偏差，如工作时间谈天、材料供应不及时造成的等候以及测定人员记录时间的疏忽等，造成的误测的数据，都应加以删掉。其次，应删去由于施工因素的影响而出现的偏差极大的延续时间，如手工刨刨料遇到节疤极多的木料，挖土机挖土时土斗的边齿刮到大石块上等。此类偏差大的数还不能认为完全无用，可作为该项施工因素影响的资料，进行专门研究。

清理偏差大的数据时，不能单凭主观想象，这样就失去了技术测定的真实性和科学性。同时，也不能预先规定出偏差的百分率。偏差百分率对某些组成部分可能显得太大，而对另一些组成可能会显得不够。为了妥善清理此类误差，可参照下列调整系数表，如表3-2所示和误差极限算式进行。

极限算式为

$$\lim{}_{\max} = \bar{x} + K(x_{\max} - x_{\min}) \tag{3-3}$$

$$\lim{}_{\min} = \bar{x} - K(x_{\max} - x_{\min}) \tag{3-4}$$

式中　$\lim_{\max}$——最大极限；

　　　$\lim_{\min}$——最小极限；

　　　K——调整系数。

表 3-2　　　　　　　　　　误差调整系数表

观察次数	4	5	6	7~8	9~10	11~15	16~30	31~53	54以上
调整系数	1.4	1.3	1.2	1.1	1	0.9	0.8	0.7	0.6

　　清理的方法是，首先从测得的数据中删去人为因素影响出现的偏差极大的数据，然后从留下来的测时数据中，试删去偏差极大的可疑数据，求出最大极限和最小极限，再删去范围之外偏差极大的可疑数值。

　　【例 3-2】　根据测时法得出测时数据如下：20、18、23、21、18、22、21、28、17、19、21（s），试找出应删去的数据。

　　解：先在上述数据中删去 28 这一误差大的可疑数字，然后求最大极限和最小极限。

$$\bar{x} = \frac{1}{11}(20+18+23+21+18+22+20+21+17+19+21) = 20$$

$$\lim{}_{\max} = 20 + 0.9(23-17) = 25.4$$

$$\lim{}_{\min} = 20 - 0.9(23-17) = 14.5$$

因可疑数据 28 大于最大极限值 25.4，故应将 28 删去。

　　如一组测时数据中有两个误差大的可疑数据时，应从偏差最大的一个数字开始，连续进行检验（每次只能删去一个数据）。如一组测时数据中有两个以上的可疑数据时，应将这一组测时数据抛弃，重新进行观测。

　　2. 写实记录法

　　写实记录法是研究各种性质的工作时间消耗的方法，它把施工过程像照相一样如实地用文字、数字记录下来。写实记录法可用以研究所有种类的工作时间消耗，包括基本工作时间、辅助工作时间、不可避免的中断时间、准备与结束时间以及各种损失时间等。通过写实记录可以获得分析工作时间消耗和制定定额时所必需的全部资料。这种测定方法比较简便，用有秒针的普通表就可以进行，易于掌握，并能保证所需的精确度。因此，写实记录法在实际生产中得到广泛的应用。

　　（1）写实记录方法的分类。由一个人单独操作或产品数量可单独计算时，采用个人写实记录。如果由小组集体操作，而产品数量又无法单独计算时，可采用集体写实记录。

　　除分为个人写实和集体写实外，按记录时间的方法不同又可分为数示法、图示法和混合法三种。

　　数示法是在测定时直接用数字记录时间的方法。这种方法记录技术比较复杂，一般计时精确度要求高的项目可采用，它可同时对两个以内的工人或机器进行测定，适用组成部分较少而且比较稳定的施工过程。记录时间的精确度为 5~10s。观察的时间应记录在数示法写实记录表中,供分析用。

图示法是用图表的形式记录时间。记录时间的精度可达 30s。适用于观察 3 个以内的工人或机器共同完成某项施工过程。此种方法具有时间记录清楚,记录简便,整理快速准确等优点。因此在实际工作中,图示法较数示法的使用更为普遍。

混合法吸取了图示法和数示法的优点,经综合改进的一种写实记录的时间分析方法。用图示法表格记录所测施工过程各组成部分的延续时间,而完成每一组成部分的工人人数则用数字予以表示。这种方法适用于同时观察 3 个以上工人或机器工作时的集体写实记录。它的优点是比较经济,这一点是数示法和图示法都不能做到的。

(2) 写实记录法的延续时间。它是指采用写实记录法进行测定时,测定每个施工过程或同时测定几个施工过程所需的总延续时间。延续时间的确定应立足于既不至消耗过多的时间,又能得到比较可靠和完善的结果。同时还必须注意:所测施工过程的广泛性和经济价值;已经达到的工效水平的稳定程度;同时测定不同类型施工过程的数目;被测定的工人人数;以及测定完成产品的可能次数等。这些因素在确定延续时间时均应认真加以考虑,这是一个比较复杂的问题。为便于测定人员确定写实记录法的延续时间,根据过去的实践经验拟定表 3-3 供测定时参考使用。

表 3-3 写实记录法最短测定延续时间表

序号	项目	同时测定施工过程的类型数	测定对象		
			单人的	集体的	
				2~3 人	4 人以上
1	被测定的个人或小组的最低数	任一数	3 人	3 个小组	2 个小组
2	测定总延续时间的最小值 (h)	1	10	12	8
		2	23	18	12
		3	28	21	24
3	测定完成产品的最低次数	1	4	4	4
		2	6	6	6
		3	7	7	7

应用表 3-3 确定延续时间时,须同时满足表中三项要求,如在第 2 项和第 3 项中,其中任一项达不到最低要求时,应酌情增加延续时间。表 3-3 适用于一般施工过程,如遇个别施工过程的单位产品所消耗的时间过长时,可适当减少表中测定完成产品的最低次数,同时还应酌情增加测定的总延续时间;如遇个别施工过程的单位产品所需时间过短时,则应适当增加测定完成产品的最低次数,并酌情减少测定的延续时间。下面举例说明确定延续时间的具体方法。

【例 3-3】 电焊 40mm 的圆钢筋,现同时测定平焊、立焊、仰焊三个类型的施工过程,求写实记录应观察的延续时间。

解:根据调查确定,由一个 4 级电焊工来完成此项工作,产品是按焊接个数计算的,每个接头的焊接长度均为已知数,焊接一个接头均消耗 0.3h。从表 3-3 第一项知,至少应观察 3 个人,应观测的总延续时间不少于 28h。

在测定的总延续时间内,可能完成产品的次数 = 28÷0.36 = 77 次。

查表 3-3 第三项可得测定产品的最低次数为 7，而计算值为 77 次，所以，测定的总延续时间保持 28h 完全满足要求。

3. 工作日写实法

工作日写实法也是写实记录法的一种，它是以一个工作班的延续时间为一个测定单元，把工人或机器在整个工作班内按照时间顺序，把各种时间消耗情况详细记录下来，然后按工时分类把各种工时消耗归类，从而研究分析工时使用是否合理，以揭露工时损失的原因，便于采取措施消除工时损失，提高工时利用率和工作效率。它侧重于研究工作日的工时利用情况，总结推广先进生产者或先进班组的工时利用经验，同时还可以为制定劳动定额提供必需的准备和结束时间、休息时间和不可避免的中断时间的资料。采用工作日写实法研究工时利用的情况，是基层管理工作中挖潜力、反浪费，达到增产节约的一项有效措施。

根据写实对象的不同，工作日写实法可分为个人工作日写实、小组工作日写实和机械工作日写实三种。个人工作日写实是测定一个工人在工作日的工时消耗，这种方法最为常用。小组工作日写实是测定一个小组的工人在工作日内的工时消耗，它可以是相同工种的工人，也可以是不同工种的工人。前者是为了取得同工种工人的工时消耗资料，后者则主要是为了取得确定小组成员和改善劳动组织的资料。机械工作日写实是测定某一机械在一个台班内机械效能发挥的程度，以及配合工作的劳动组织是否合理，其目的在于最大限度地发挥机械的效能。

工作日写实用手表计时，记录方法同写实记录法一样有数字法、图表法、混合法，所不同的是工作日写实中属于工人的基本工作，辅助工作或属于机械的直接消耗时间，不要求作详细划分，而损失时间和其他各类时间，则要求详细按造成的原因划分组成部分。写实记录的原始资料应填入有关表格中。

工作日写实法的延续时间以一个工作日为准，如其他完成产品的时间消耗大于 8h，则应酌情延长观测时间。观测次数根据不同的要求确定，一般来说，如为了总结先进工人的工时利用经验，应测定 1~2 次；为了掌握工时利用情况或制定标准工时规范，应测定 3~5 次；为了分析造成损失的原因，改进施工管理，应测定 1~3 次，以取得所需要的有价值的资料。

4. 统计分析法

统计分析法是测定人工、材料和机械等利用效率的一种方法，一般应用统计学中抽样的原理来进行研究。用统计分析方法研究工时最先开始于 1934 年的英国，统计学家梯皮特（L.C.Tippett）第一次用抽样理论研究工作时间，以提高织布机的工作效率，这个过程称为"快读法"；20 世纪 40 年代该法被引入美国，得到了更广泛的应用和发展，发展以后的方法被称为"比例延迟法"；1956 年美国工业工程专家巴恩斯（R.M.Bernes）把这种方法又定名为"工作抽样法"。

这种被抽查的活动（抽样），可以是一个操作工人（或班组、或机械）在生产某一产品中的全部活动过程中每一活动的消耗时间，也可以是其中一项活动的消耗时间。因此，抽样完全可以由我们的调查目的和要求来决定，所以它具有以下优点：①抽查工作单一，观察人员思想集中，有利于提高调查的原始数据的质量；②所需的总时间较短，费用可以降低。工作抽查法的基本原理是概率论。在相同条件下，对于一系列的试验或观察，每次的试验和观察的可能结果不止一个,并在试验或观察之前无法预知它的确切结果,但在大量重复试验或观察下,它的结果却是呈现出某种规律性。这种规律就是观察结果符合统计规律。工作抽查法就是利用这个客观规律,在相同的条件下,重复工作的活动,对它进行若干次瞬时观察,从这些观察的结果便可认定该项活动是否正常;而累计更多次的瞬时观察结果,便可代表其全部情况。

(1) 样本的取样和观察次数的确定。所谓样本,在这里就是对被观察对象的观察结果,首先对每一个观察对象的观察,在时间上应该是随机的,这样可以避免观察结果的虚假性,较大程度保持其真实性。其次,所选取的样本其工作条件应尽量一致,才能使将来观察的记录数据具有代表性;再次,观察对象的选择应该根据抽样的目的来确定。

总的来说,观察对象越多,对每一个观察对象的观察次数愈多,所得到的结果的正确程度越高。但观察次数越多,则所需要的时间就会越长,同时观察所需要的费用就会增加。因此,观察的次数应根据观察的目的及所要求的正确程度来确定。例如,我们要制定的某一项定额,制定以后在多大的范围内能经过努力完成呢?或者说此定额有多大程度上的真实性呢?这个程度就称为置信水平。置信水平以百分比表示,例如我们在 N 次的观察中,它的置信水平为 95%,即有 95% 的数据是比较接近真实的,也即在 N 次观察中真实数据的发生率达到 95%,于是在 N 个观察记录的数据中有 5% 的数据是偏离真实的,这就是精度。对于一般工程建筑,工作的"纯生产率"取 40%～60%,置信水平取 95%。

观察次数 N 可按下式计算为

$$N = \frac{\lambda^2(1-P)}{S^2 P} \tag{3-5}$$

式中　N——随机观察的总次数;

　　　S——需求的精度;

　　　P——观察事件发生的概率;

　　　λ——参数,一般取 2 或 3。

式(3-5)中,从 S、P、N 三个数中,需求精度 S 可以事先根据观察的目的确定,但 P 和 N 仍是两个未知数,因此只能采用逐次逼近法求解。其方法是:先假定一个基值计算出第一个 N_1。然后经过相当时日的实际观察结果,又可获得一个新的 P_2 值,再代入式(3-5)中,求得第二个 N_2,再以 N_2 的观察次数及实际观察所得的 P 值代入公式反求 S,若求得的 S 较原定的精度小时,即可用最后的 P 值和反求的 S 值代入公式,求得所需的观察次数 N。

(2) 观察期限和观察时刻的确定。在确定了观察次数以后,还应该确定观察的期限和观察的时刻。

观察期限是完成一项抽查任务的工作天数。观察期限一般是根据抽查工作的目的和重要性,以及观察任务的大小(即观察的次数 N)和观察人员的多少来确定。

当确定了观察期限(T——工作日)后,即可按下式计算为

$$n = \frac{N}{T} \tag{3-6}$$

式中　n——每个工作日内的观察次数,次/工作日。

观察时刻是指在一个工作班内每一次观察的时刻。观察时刻的确定关系直接影响到观

察结果的真实程度。因此，从理论上讲观察时刻应该是随机的。可以查用随机数表和工作抽查观察时刻对照表。

第三节 施 工 定 额

一、施工定额的概念

施工定额是直接应用于建筑工程施工管理的定额，是编制施工预算、实行内部经济核算的依据。根据施工定额，可以直接计算出各种不同工程项目的人工、材料和机械合理使用量的数量标准。施工定额由劳动定额、材料消耗定额和施工机械台班使用定额三大部分组成。

施工定额是安排施工作业进度计划，实行计件工资，签发任务单，限额领料以及计算超额奖和材料节约奖等方面的依据。在施工过程中，正确使用施工定额，对于调动劳动者的生产积极性，开展劳动竞赛和提高劳动生产率以及推动技术进步，都有积极的促进作用。它还是编制预算定额的基础。

二、施工定额的编制原则及依据

1. 施工定额水平的定义、作用及特点

施工定额水平是指在一定时期内的建筑施工技术水平和条件下，定额规定的完成单位合格产品所消耗的人工、材料和施工机械的消耗标准。定额水平的高低与劳动生产率的高低成正比。劳动生产率高，则完成单位合格产品所需的人工、材料和机械台班就少，说明定额水平就高；反之，消耗大，定额水平就低。

在建筑施工企业中，劳动生产率水平大致可分为三种情况：一是代表劳动生产率水平较高的先进企业和先进生产者；二是代表劳动生产率较低的落后企业和落后生产者；三是介于前两者之间，处于中间状态的企业和生产者。编制施工定额以哪一种为依据来确定定额水平，是十分重要和值得研究的。

施工定额是施工企业进行管理、考核和评定各班组及生产者劳动成果的依据，合理的施工定额应有利于调动劳动者的生产积极性，提高劳动效率，增产节约。因此，在确定施工定额水平时，既不能以少数先进企业和先进生产者所达到的水平为依据，也不能以落后企业及其生产者的水平为依据，而应该依据在正常的施工和生产条件下，大多数企业和生产者经过努力可以达到和超过，少数企业或生产者经过努力可以接近的水平，即平均先进水平。这个水平略高于企业和生产者的平均水平，低于先进企业的水平。实践证明，如果施工定额水平过高，大多数企业和生产者经过努力仍无法达到，则会挫伤生产和管理者的积极性；定额水平定得过低，企业和生产者不经努力也会达到和超额完成，则起不到鼓励和调动生产者积极性的作用。平均先进的定额水平，可望也可及，既有利于鼓励先进，又可以激励落后者积极赶上，有利于推动生产力向更高的水平发展。

定额水平有一定的时限性，随着生产力水平的发展，定额水平必须作相应的修订，使其保持平均先进的性质。但是，定额水平作为生产力发展水平的标准，又必须具有相对稳定性。定额水平如果频繁调整，会挫伤生产者的劳动积极性，在确定定额水平时，应注意妥善处理好这个问题。

2. 施工定额的编制原则

(1) 确定施工定额水平要遵循平均先进的原则。平均先进的原则，其内容已如前所述，在确定施工定额时，要注意处理以下五个方面的关系。

1) 要正确处理数量与质量的关系，使平均先进的定额水平，不仅表现为数量，还包括质量，要在生产合格产品的前提下规定必要的劳动消耗标准。

2) 合理确定劳动组织，因为它对完成施工任务和定额影响很大，它包含劳动组合的人数和技术等级两个因素。人员过多，会造成工作面过小和窝工浪费，影响完成定额水平；人员过少又会延误工期，影响工程进度。人员技术等级过低，低等级组工人做高等级活，不易达到定额，也保证不了工程（产品）质量；人员技术等级过高，浪费技术力量，增加产品的人工成本。因此，在确定定额水平时，要按照工作对象的技术复杂程度和工艺要求，合理地配备劳动组织，使劳动组织的技术等级同工作对象的技术等级相适应，在保证工程质量的前提下，以较少的劳动消耗，生产较多的产品。

3) 明确劳动手段和劳动对象，任何生产过程都是生产者借助劳动手段作用于劳动对象，不同的劳动手段（机具、设备）和不同的劳动对象（材料、构件），对劳动者的效率有不同的影响。确定平均先进的定额水平，必须针对具体的劳动手段与劳动对象。因此，在确定定额时，必须明确规定达到定额时使用的机具、设备和操作方法，明确规定原材料和构件的规格、型号、等级、品种质量要求等。

4) 正确对待先进技术和先进经验，现在生产技术发展很不平衡，新的技术和先进经验不断涌现，其中有些新技术新经验虽已成熟，但只限于少数企业和生产者使用，没有形成社会生产力水平。因此，编制定额时应区别对待，对于尚不成熟的先进技术和经验，不能作为确定定额水平的依据，对于成熟的先进技术和经验，但由于种种原因没有得到推广应用，可在保留原有定额项目水平的基础上，同时编制出新的定额项目。一方面照顾现有的实际情况，另一方面也起到了鼓励先进的作用。对于那些已经得到普遍推广使用的先进技术和经验，应作为确定定额水平的依据，把已经提高了的并得到普及的社会生产力水平确定下来。

5) 要注意全面比较，协调一致，既要做到挖掘企业的潜力，又要考虑在现有技术条件下，能够达到的程度，使地区之间和企业之间的水平相对平衡，尤其要注意工种之间的定额水平，要协调一致，避免出现苦乐不均的现象。

(2) 定额结构形式要结合实际、简明扼要。具体要求如下所述。

1) 定额项目划分要合理，要适应生产（施工）管理的要求，满足基层和工人班组签发施工任务书，考核劳动效率和结算工资及奖励的需要，并要便于编制生产（施工）作业计划。

项目要齐全配套，要把那些已经成熟和推广应用的新技术、新工艺、新材料编入定额；对于缺漏项目要注意积累资料，组织测定，尽快补充到定额项目中，对于那些已过时，在实际工作中已不采用的结构材料、技术，则应删除。

2) 定额步距大小要适当，步距是指定额中两个相邻定额项目或定额子目的水平差距，定额步距大，项目就少，定额水平的精确度就低；步距小，精确度高，但编制定额的工作量大，定额的项目使用也不方便。为了既简明实用，又比较精确，一般来说，对于主要工种、主要项目、常用的项目，步距要小些；对于次要工种、工程量不大或不常用的项目，步距可适当大些。对于手工操作为主的定额,步距可适当小些;而对于机械操作的定额,步距可略大一些。

3) 定额的文字要通俗易懂,内容要标准化、规范化,计算方法要简便,容易为群众掌握运用。

(3) 定额的编制要以专业为主并和实际相结合。编制施工定额是一项专业性很强的技术经济工作,而且又是一项政策性很强的工作,需要有专门的技术机构和专业人员进行大量的组织、技术测定、分析和整理资料、拟定定额方案和协调等工作。同时,广大生产者是生产力的创造者和定额的执行者,他们对施工生产过程中的情况最为清楚,对定额的执行情况和问题也最了解,因此在编制定额的过程中必须深入调查研究,广泛征求群众的意见,充分发扬他们的民主权利,取得他们的配合和支持,这是确保定额质量的有效方法。

3. 施工定额的编制依据

(1) 国家的经济政策和劳动制度。如《建筑安装工人技术等级标准》、工资标准、工资奖励制度、工作日时制度、劳动保护制度等。

(2) 有关规范、规程、标准、制度。如现行国家建筑安装工程施工验收规范,技术安全操作规程和有关标准图;全国建筑安装工程统一劳动定额及有关专业部劳动定额;全国建筑安装工程设计预算定额及有关专业部预算定额。

(3) 技术测定和统计资料。主要指现场技术测定数据和工时消耗的单项和综合统计资料。技术测定数据和统计分析资料必须准确可靠。

三、劳动定额及其编制

1. 劳动定额的概念

劳动定额是在一定的施工组织和施工条件下,为完成单位合格产品所必需的劳动消耗标准。劳动定额是人工的消耗定额,因此又称为人工定额。劳动定额按其表现形式不同又分为时间定额和产量定额。

(1) 时间定额。它是指某种专业、某种技术等级的工人班组或个人,在合理的劳动组织与一定的生产技术条件下,为完成单位合格产品所必须消耗的工作时间。定额时间包括准备时间与结束时间、基本生产时间、辅助生产时间、不可避免的中断时间及工人必需的休息时间。

时间定额的单位一般以"工日"、"工时"表示,一个工日表示一个人工作一个工作班,每个工日工作时间按现行制度为每个人 8h。其计算方法为

$$单位产品时间定额(工日) = \frac{1}{每工日产量} \tag{3-7}$$

或者

$$单位产品时间定额(工日) = \frac{小组成员工日数的总和}{台班产量} \tag{3-8}$$

(2) 产量定额。它是指在合理的劳动组织与一定的生产技术条件下,某种专业、某种技术等级的工人班组或个人,在单位工日中所应完成的合格产品数量。其计算方法为

$$每工日产量 = \frac{1}{单位产品时间定额(工日)} \tag{3-9}$$

或者 $$台班产量 = \frac{小组成员工日数的总和}{单位产品时间定额(工日)} \quad (3-10)$$

产量定额的计量单位视具体产品的性质分别选用 m、m^2、m^3、t、根和块等表示。

时间定额与产量定额互为倒数，即

$$时间定额 = \frac{1}{产量定额} \quad (3-11)$$

例如人工挖土，挖土深度为 1.5m，上口宽超过 3m，土质属一类，每挖 $1m^3$ 土方需要 0.104 工日，每工日产量为 $9.62m^3$。

这样时间定额和产量定额分别为

$$时间定额 = \frac{1}{9.62} = 0.104 \text{ 工日}/m^3$$

$$产量定额 = \frac{1}{0.104} = 9.62 \text{ 工日}/m^3$$

劳动定额的单位为复合单位，其表示形式一般为：$\frac{时间定额}{产量定额}$ 或 $\frac{时间定额}{台班定额}$。

时间定额和产量定额两种形式，使用时可以任意选择，在一般情况下，生产过程中需要较长时间才能完成一件产品，以采用时间定额较为方便，若需要时间不长的，或者在一单位时间内产量很多，则以产量定额较为方便。采用时间定额便于综合计算，但不一目了然，采用产量定额比较容易理解，但不便于计算。所以劳动定额通常采用两种形式，分子为时间定额，分母为产量定额。

2. 制定劳动定额的方法

劳动定额是根据国家的经济政策、劳动制度和有关技术文件及资料制定的。制定劳动定额常用经验估工法、统计分析法、数理统计法、比例类推法和技术测定法。

(1) 经验估工法。它是由定额专业人员、施工技术人员和工人相结合，总结个人或集体的实践经验，参考有关技术资料和现场观察，并考虑到设备、工具、材料、施工技术组织及其他施工条件，直接估计定额的方法。这种方法要了解施工工艺，分析施工的生产技术组织条件和操作方法的繁简难易等情况，对于同一项定额应选择几种不同类型工序进行反复比较和讨论，避免只靠个别人的经验作为制定定额的惟一根据。这种方法的优点是简便易行、工作量小、速度快，但往往受主观因素的影响，缺乏详细的分析和计算，准确性较差，容易出现偏高或偏低现象。因此，估工法只适用于企业内部，作为某些局部项目的补充定额。由于受估工人员的经验和水平的局限，同一个项目的定额，有时会提出几种不同水平的定额。在这种情况下就要对提出的各种不同的数据，进行分析处理。常用的方法是"三点估计法"，就是预先估计某施工过程或工序的工时消耗量或材料消耗量的三个不同水平的数值：先进的（乐观计）为 a，一般的（最大可能）为 m，保守的（悲观估计）为 b，根据统筹法的原理，求它们的平均值 $\bar{t}$ 为

$$\bar{t} = \frac{a + 4m + b}{6} \quad (3-12)$$

标准差为 $$\sigma = \left| \frac{a - b}{6} \right| \quad (3-13)$$

根据正态分布的公式，调整后的工时定额为：
$$t = \bar{t} + \lambda\sigma \tag{3-14}$$
式中 λ——σ 的系数，从正态分布表（见有关概率统计的书籍）中，可以查出对应于 λ 值的概率 $P(\lambda)$。

三点法的实质仍是一种用样本均值和标准差作为总体均值和标准差估计量的形式，只不过不采用通常的抽样计算方式。这种方法简单易行，有一定的科学依据和可靠性。此法的关键问题是 a、m、b 三个估计值的可靠程度。

经验估工法，一般用于品种多，工程量少，施工时间短，以及一些不常出现的项目等一次性定额的制定。

【例 3-4】 在讨论某一施工定额时，估出了三种不同的工时消耗，先进的工时消耗为 6h，保守的工时消耗为 14h，一般的工时消耗为 7h。试求：①如果要求在 9.3h 内完成，其完成任务的可能性有多少？②要使完成任务的可能性 $P(\lambda)=90\%$，则下达的工时定额应是多少？

解：① $a=6h$，$b=14h$，$m=7h$，$t=9.3h$，则

$$\bar{t} = \frac{6+4\times 7+14}{6} = 8h$$

$$\sigma = \left|\frac{6-14}{6}\right| = 1.3h$$

$$\lambda = \frac{t-\bar{t}}{\sigma} = \frac{9.3-8}{1.3} = 1$$

由 $\lambda=1$，从正态分布表中查得对应的 $P(\lambda)=0.841$，即在给定工时消耗为 9.3 时，完成任务的可能性为 84.13%。

② 由 $P(\lambda)=90\%$，从正态分布表中查得 $\lambda=1.3$，则

$$t = 8+1.3\times 1.3 = 9.7h$$

即当要求完成任务的可能性为用 $P(\lambda)=90\%$ 时，下达的工时定额为 9.7h。

（2）统计分析法。它是以历史资料及其数据为依据，进行统计分析的方法，但这种方法要与当前生产技术条件下的变化因素结合起来。

采用这种方法制定定额，其准确性在很大程度上取决于所选统计资料的准确程度。因此，所选的统计资料应尽可能满足以下要求：①所统计的工作班组应在先进合理的施工技术和施工组织下工作；②所选的班组只限于完成定额以内的工作；③统计资料的时间、条件不能与制定定额的时间、条件相差太远。

统计分析法在详细地使用过去同类工程或同类产品的工时消耗统计资料的基础上，要考虑当前和今后的新技术、新设备、新材料、新工艺，以及施工组织、管理水平、地域条件、时间条件等因素的影响。

由于统计资料反映的是工人过去所达到的水平，施工过程包含着一些不合理的因素，如工时浪费、材料浪费等，从统计资料的各种数字中看不出当时的实际情况，难以剔除不合理的因素。往往影响资料的准确性，因而采取此法制定的定额偏于保守。为了克服这种缺陷，使确定的定额符合平均先进水平的原则，可采用二次平均法。二次平均法是先计算平均数作为最低标准，再把比这标准先进的各个数据（即工时消耗小于平均数之数）选出来，再来一次平均，即得平均先进值，以此作为定额，就是平均先进定额。其步骤是：

1) 剔除统计资料中特别偏高、偏低的明显不合理的数据。

2) 计算算术平均值，将各个资料数据的总和除以资料的总数，即得算术平均值。计算公式为

$$\bar{t} = \frac{t_1 + t_2 + \cdots + t_n}{n} \tag{3-15}$$

式中　n——统计资料数据个数；

　　　t——数据值。

3) 计算平均先进值，即采用二次平均法计算，就是将平均值与数列中小于平均值的各数值（对于时间定额）的平均值或大于平均值（对于产量定额）的各数值的平均值相加，再求平均值，以此值作为定额，就是平均先进定额。即

$$\bar{t}_0 = \frac{\bar{t} + \bar{t}_n}{2} \tag{3-16}$$

式中　$\bar{t}_0$——二次平均后的平均先进值；

　　　$\bar{t}$——全数平均值；

　　　$\bar{t}_n$——全数平均值的各数值（对于时间定额）或大于全数平均值的各数值（对于产量定额）的平均值。

【例 3-5】 已知工时消耗数据资料为 30、50、60、60、60、50、40、50、40、50，试用二次平均法计算其平均先进值。

解：①求全数的平均值

$$\bar{t} = \frac{1}{10}(30 + 50 \times 4 + 60 \times 3 + 40 \times 2) = 49$$

②求小于 $\bar{t}$ 的各数平均值

$$\bar{t}_n = \frac{30 + 40 \times 2}{3} = 36.67$$

③求平均先进值

$$\bar{t} = \frac{36.67 + 49}{2} = 42.84$$

(3) 数理统计法。平均先进定额计算方法在理论上还存在一定问题，在实际中常出现偏高的现象，也就是说，用统计分析的结果，一般偏向于先进，可能大多数工人或班组难以达到，不能很好地体现平均先进的原则。因此，不能机械地、简单地从统计数字计算平均先进定额，这时可采用概率测算，以期望有多少百分比的工人可能达到或超过定额，作为确定定额水平的依据，这一方法仍以统计资料为基础，其步骤如下：①剔除资料中明显偏高或偏低的数据；②计算平均数；③计算数组的均方差 S^2；④运用正态分布确定定额水平。其中，计算数组的均方差为

$$S^2 = \frac{1}{n-1} \sum_{i=1}^{n} (t_i - \bar{t})^2 \tag{3-17}$$

式中　S^2——方差；

　　　t_i——消耗数据值；

　　　$\bar{t}$——消耗数据值平均值。

根据正态分布，确定概率 $P(\lambda)$ 的定额水平为

$$t = \bar{t} + \lambda \sigma \tag{3-18}$$

式中　λ——σ 的系数，λ 与 $P(\lambda)$ 的关系可由正态分布表中查得。

【例 3-6】 已知工时消耗数据资料为 30、50、60、60、60、50、40、40、50、50，试用数理统计法确定 85％的工人能够达到或超过的平均先进值。

解：平均值和标准差分别为

$$\bar{t} = \frac{1}{10}(30 + 50 \times 4 + 60 \times 3 + 40 \times 2) = 49$$

$$s = \sqrt{\frac{1}{10}[(30-49)^2 + (40-49)^2 \times 2 + (50-49)^2 \times 4 + (60-49)^2 \times 3]}$$
$$= 9.94$$

由概率 $P(\lambda) = 0.85$ 查表得 $\lambda = 1.037$。定额水平为

$$t = 49 + 1.037 \times 9.94 = 59.31$$

(4) 比较类推法。对于同类型产品规格多，工序重复量小的施工过程，常用比例类推法。比较类推法又叫典型定额法，是根据生产同类型或相似类型的产品或工序，经过对比分析，类推出同一组定额中相邻项目的定额水平的方法。采用这种方法，首先要将结构上相同的、工艺上相似的同类构件或结构物进行分组，从各组中分别选择典型件，并应用技术测定、技术分析计算、统计分析等方法，找出这些构件和结构物的时间消耗和材料消耗的规律性，制定出典型件的工时定额和材料消耗定额，或者制定成定额标准。有了这些典型定额或定额标准，在制定同类型构件或结构物定额时，就可以以这些典型性的定额或标准为基准，通过分析比较类推，确定同类型中其他构件或构筑物的劳动定额、材料消耗定额。

这种方法简便易行，工作量小，只要准确选择对比依据，比较细致地分析对比，定额的质量一般比采用经验估计和统计分析方法要高，因为它增加了一定的技术依据和可比标准，在一定程度上提高了定额的准确性和平衡性。这种方法适用于产品品种多，批量少，变化大的单位和某些施工过程。如水利水电施工企业的修配厂和加工厂制造异型的构件，施工现场细部结构物的施工等。但这种方法往往没有典型件的定额，无法普遍推广。

比较类推法一般可分为比例数示法和坐标图示法两种形式。

1) 比例数示法又叫比例推算法，以执行时间长、资料较多、定额水平比较稳定的劳动定额项目为基础，通过技术测定或根据统计资料求得相邻项目或类似项目的比例关系或差数来制定劳动定额。比例数示法可用下列公式进行计算

$$t = Et_0 \tag{3-19}$$

式中　t——需计算的劳动定额；

　　　t_0——相邻的典型定额项目的劳动定额；

　　　E——已确定出的比例。

【例 3-7】 已知挖桩基的一类土的时间定额及一类土与二类土、三类土、四类土的比例如表 3-4 所示，试计算二类土、三类土、四类土的时间定额。

解：按上式可求出二类土、三类土、四类土的时间定额，当上口面积在 2.25m² 以内时

二类土　$t = 1.43 \times 0.148 = 0.212$

三类土　$t = 2.50 \times 0.148 = 0.370$

四类土　$t = 3.75 \times 0.148 = 0.556$

同理，可求出上口面积在 6.25～20m² 以内二类土、三类土、四类土的时间定额，见表 3-4。

表 3-4　挖桩基时间定额确定表（工日/m³）

项目	比例关系	挖桩基深在 1.5m 以内			
		上口面积（m²，以内）			
		2.25	6.25	12	20
一类土	1.00	0.148	0.134	0.131	0.128
二类土	1.43	0.212	0.191	0.187	0.183
三类土	2.50	0.370	0.335	0.328	0.320
四类土	3.75	0.556	0.503	0.491	0.480

2)坐标图示法的具体做法是:选择一组同类型的典型定额项目,以影响因素为横坐标,以相对应的工时或产量为纵坐标。将这些典型定额项目的定额水平点在坐标纸上,连接成一条曲线,从定额曲线上可以找出所需的项目定额标准。

【例 3-8】 机械翻斗车运输砂子和石子,已知典型定额项目的产量定额如表 3-5 所示,试求当运距为 200、600、1200m 的产量定额。

解:根据表 3-5 所列的典型定额作图,分别得出两条曲线,如图 3-4 所示。根据图中的曲线,则可以确定出所需的项目定额,见表 3-6。

表 3-5　　　机动翻斗车运输典型定额

项目	单位	运距 (m)			
		100	400	900	1600
运砂子	m³	7.03	5.50	4.16	3.00
运石子	m³	5.16	4.00	3.16	2.50

表 3-6　　　机动翻斗车运输定额

项目	单位	运距 (m)			
		200	600	1200	2000
运砂子	m³	6.67	4.83	3.50	2.50
运石子	m³	4.67	3.67	2.83	2.16

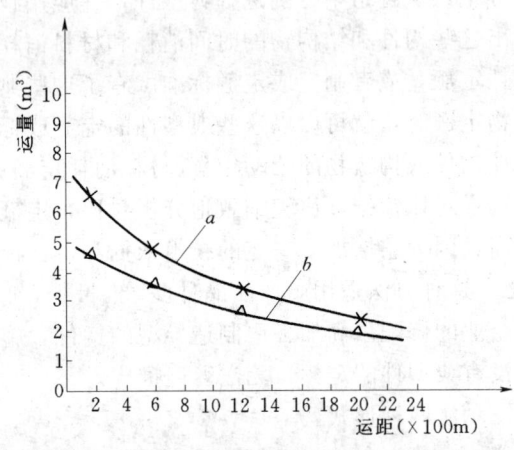

图 3-4　机动翻斗车运输定额图
a—机动翻斗车运砂子;
b—机动翻斗车运石子

比较类推法也有它的缺点:往往由于对定额的时间组成分析不够,对挖掘潜力,提高劳动生产率,节约原材料的可能性估计不足,或选择的典型定额不够恰当,因而影响定额的质量。

(5)技术测定法。技术测定法又叫技术定额测定法,是一种细致的科学的调查研究方法。它是在深入施工现场,对施工过程的技术条件、组织条件和施工方法进行分析研究,采用充分挖掘生产潜力的基础上,应用实时观察的方法和材料消耗测定的方法取得数据资料,经过科学整理分析以制定定额的一种方法。技术测定法不仅可用来制定定额,还可以用来发现和总结推广先进的工作方法,改进劳动组织和确定岗位定员,还可以专门用来揭露施工过程中存在的问题,找出造成工时、材料损失和各工序工作过程不协调的原因,以便采取适当措施,提高工时、设备的利用率,降低材料消耗。

技术测定法的具体观测方法,根据它的用途可分为两大类,一类是计时观察的方法,包括测时法、写实记录法、工作日写实法、简易估时观察法。这一类方法主要用于:①研究施工过程,即把施工过程分解成几个组成部分,进行计时观察,看哪些组成部分甚至一个细小的动作是否多余,是否可以取消,是否可以合并,哪些复杂繁重的操作是否可以用更简便的办法来代替,以求达到最合理的施工组织与技术;②研究工时消耗,规定工作时间消耗的数量,确定各种因素对工作时间消耗数量的影响,从而制定劳动定额、机械使用定额、材料消耗定额;③找出工作中出现差错的原因。另一类是材料消耗观测试验的方法,包括施工实测法和试验法,这一类方法主要用于:①研究施工过程的组织与技术、操作方法以及材料储存、运输的方法地点,采取合理措施,减少材料损耗;②研究材料消耗和损耗的原因,规定其性质与数量；③研究材料消耗与影响因素的规律，确定各种影响因素对材料消耗数量的影响。制定材料、动力工具的消耗定额。

技术测定法有较充分的科学技术依据，确定定额比较先进合理，有较强的说服力。但是这种方法较复杂，工作量较大，不易做到及时，因此它的适用范围有一定的限制，它适用于产品品种少、施工条件正常、工作量大、施工时间长、经济价值大的定额项目。

技术测定法是根据先进合理的生产（施工）技术、操作工艺、合理的劳动组织和正常生产（施工）条件，对施工过程的具体活动进行实地观察和分析，详细记录工人和机械工作时间的消耗，完成产品的数量及有关影响因素，将记录的结果进行分析整理，对各种影响工作时间的因素进行取舍，以获得各个项目的时间消耗资料，从而制定劳动定额。

这种方法有较高的准确性和科学性，是制定新定额和典型定额的主要方法。

上述几种方法是编制劳动定额的基本方法。在编制定额中，可以结合具体情况灵活运用，相互结合，相互借鉴。其中技术测定是基础，对于新技术和新工艺劳动定额的制定，主要采用该法。

四、材料消耗定额及其编制

1. *材料消耗定额的概念*

材料消耗定额是指在既节约又合理地使用材料的条件下，生产单位合格产品所必须消耗的材料数量，它包括合格产品上的净用量以及在生产合格产品过程中的合理的损耗量。前者是指用于合格产品上的实际数量；后者指材料从现场仓库领出到完成合格产品的过程中的合理损耗量，包括场内搬运的合理损耗、加工制作的合理损耗、施工操作的合理损耗等。基本建设中建筑材料的费用约占建筑安装费用的 60% 左右，因此节约而合理地使用材料具有重大意义。

单位合格产品中某种材料的消耗量等于该材料的净耗量和损耗量之和。即

$$材料消耗量 = 净耗量 + 损耗量 \qquad (3-20)$$

$$损耗率 = \frac{损耗量}{消耗量} \times 100\% \qquad (3-21)$$

式中　损耗量——上述的各种合理损耗量，亦即在合理和节约使用材料情况下的不可避免损耗量，其多少常用损耗率表示。

用损耗率这种形式表示材料损耗定额的原因，主要是净耗量需要根据结构图和建筑产品（工程）图来计算或根据试验确定，往往在制定材料消耗定额时，有关图纸和试验结果还没有做出来，而且就是同样产品，其规格型号也各异，不可能在编制定额时把所有的不同规格的产品都编制材料损耗定额，否则这个定额就太繁琐了，用损耗率这种形式表示，则简单省事，在使用时只要根据图纸计算出净用量，应用上式就可以算出总的需求量。

材料消耗量可用下式计算为

$$材料消耗量 = \frac{净耗量}{1 - 损耗率} \qquad (3-22)$$

材料消耗定额是编制物资供应计划的依据，是加强企业管理和经济核算的重要工具，是企业确定材料需要量和储备量的依据，是施工队对工人班组签发领料的依据，是减少材料积压、浪费，促进合理使用材料的重要手段。

建筑工程使用的材料可分为直接性消耗材料和周转性消耗材料。

2. 直接性消耗材料定额的制定

根据工程需要直接构成实体的消耗材料,为直接性消耗材料,包括不可避免的合理损耗材料。

制定材料消耗定额有两种途径:一是参照预算定额材料部分逐项核查选用;二是自行编制。编制其定额的基本方法有观察法、试验法、统计法和计算法。

(1) 观察法。它就是在施工现场,对生产某一合格产品的材料消耗量和净消耗量进行实际测算分析,以确定该单位产品的材料消耗量或损耗率。

首先要选择容易观察的对象,在选择观测对象时,应考虑以下几点:①建筑物的结构具有代表性;②施工必须符合有关技术规范的要求;③所用材料品种质量符合规范和设计要求;④正常生产状态。观察前还要做好有关准备工作,如准备好标准桶、标准运输工具、称量设备,并采取减少材料损耗的必要措施。观察的目的是要取得在完成合格产品的情况下,所消耗的材料数量标准。通过观察,分析和测定出哪些是不可避免的材料损耗,哪些是可以避免的材料损耗,并编制出切实可行的材料消耗标准。

设生产 n 个合格产品,实地测算出的某种材料消耗量为 c,按设计图纸计算出的材料净耗量为 c_0,则单位产品的材料净耗量为

$$d = \frac{c}{n} \tag{3-23}$$

材料的损耗率为

$$e = \frac{c - c_0}{n} \times \frac{n}{c} \times 100\% = \frac{c - c_0}{c} \times 100\% \tag{3-24}$$

(2) 试验法。它是在实验室内通过专门的设备进行试验、观察和测定。这种方法主要用于研究材料强度与各种材料消耗的数量关系,以获得各种配合比,并据此计算各种材料的消耗量。例如通过试验,获得不同标号的混凝土的水泥、砂、石、水的配合比,据此可以计算每立方米混凝土的各种材料的消耗量。试验法的优点是能够比较详细地研究各种因素对材料消耗的影响,从中得到比较准确的数据。其不足之处是无法估计现场施工条件对材料消耗的影响。对于混凝土结构的混凝土浆的消耗,由于使用震捣器捣固,可能使体积减少12%或更多,究竟减少多少,用施工观察法是难以测定的,因为掺有损耗因素在内,因此必须用试验法加以确定。

(3) 统计法。它是根据工作开始时拨给分部分项工程的材料数量,和完工后退回的数量进行材料消耗计算的方法。统计法数字准确性差,应该结合施工过程记录,经过分析研究后,确定材料消耗指标。

此法比较简单易行,但要有准确的领退料统计数字和完成工程量的统计资料,统计对象也应加以认真选择。

设某一产品施工时进料为 A_0,完工后退回材料的数量为 ΔA_0,则在产品上用的材料数量为

$$A = A_0 - \Delta A \tag{3-25}$$

若完成的产品数量为 n,则单位产品的材料消耗量为

$$d = \frac{A}{n} = \frac{A_0 - \Delta A}{n} \tag{3-26}$$

(4) 计算法。它是利用图纸和其他技术资料,通过公式计算材料消耗量,来编制定额的方法。这种方法主要适用于板状、块状和卷筒状产品的材料消耗定额。因为这些材料,只要根据设计图纸和材料的规格,就可以通过公式计算出材料的消耗数量标准。

1) 规则砖石材料的消耗定额制定,用标准砖(长×宽×厚为240mm×115mm×53mm)砌筑1m³不同厚度的砖墙,砖和砂浆的净耗量,可用以下公式计算为

$$\frac{1}{2} \text{砖墙} \quad \text{砖数} = \frac{1}{(\text{砖长}+\text{灰缝})\times(\text{砖厚}+\text{灰缝})\times\text{砖宽}} \tag{3-27}$$

$$1\text{砖墙} \quad \text{砖数} = \frac{1}{(\text{砖宽}+\text{灰缝})\times(\text{砖厚}+\text{灰缝})\times\text{砖长}} \tag{3-28}$$

$$1\frac{1}{2}\text{砖墙} \quad \text{砖数} = \frac{1}{(\text{砖长}+\text{砖宽}+\text{灰缝})} \times \left[\frac{1}{(\text{砖长}+\text{灰缝})\times(\text{砖长}+\text{灰缝})}\right.$$

$$\left. + \frac{1}{(\text{砖宽}+\text{灰缝})\times(\text{砖厚}+\text{灰缝})}\right] \tag{3-29}$$

$$2\text{砖墙} \quad \text{砖数} = \frac{1}{(\text{砖宽}+\text{灰缝})\times(\text{砖厚}+\text{灰缝})} \times \frac{1}{2\times\text{砖长}+\text{灰缝}} \tag{3-30}$$

$$\text{砂浆净用量}(m^3) = 1 - \text{砖数} \times \text{每块砖体积} \tag{3-31}$$

若已知砖和砂浆的损耗率,则1m³砖砌墙体的砖和砂浆消耗量可按式(3-22)计算。

【例3-9】 已知混凝土预制块为0.4m×0.185m×0.785m,防浪墙厚0.4m,高1m,灰缝按0.015m考虑,砌体损耗率为1.2%,砂浆损耗率为17.4%,试计算每立方米防浪墙砌块和砂浆的消耗量。

解:①计算砌体和砂浆的净用量(取100m长防浪墙计算)为

$$\text{防浪墙的体积} = 100\times0.4\times1 = 40m^3$$

$$\text{所需砌块数} = \frac{40}{(0.785+0.015)\times(0.185+0.015)\times0.4} = 625$$

$$\text{砌块净用量} = 625\times0.4\times0.185\times0.785 = 36.306m^3$$

$$\text{每立方米防浪墙所需砌块净用量} = \frac{36.306}{40} = 0.908m^3$$

$$\text{每立方米防浪墙砂浆净用量} = 1-0.908 = 0.092m^3$$

②每立方米防浪墙砌块和砂浆消耗量为

$$\text{砌块消耗量} = \frac{0.908}{1-1.2\%} = 0.919m^3$$

$$\text{砂浆消耗量} = \frac{0.092}{1-17.4\%} = 0.111m^3$$

2) 不规则砌石的材料消耗定额的制定,一般都是用码堆体积的立方米数来表示,这个计量单位是不科学的,因为码堆的孔隙率极不稳定,它与石料形状、大小、数量,以及码堆方法有关。其孔隙率一般在20%~40%,有的甚至更大,这样每立方米码堆体积中含有密实的石料只有0.6~0.8m³。

砌石的孔隙率一般变化较小(25%~35%),但由于石料计量不准,就影响消耗定额的测算。制定定额时,只能采用施工观测法。

3. 周转性材料的消耗量

前面介绍的是直接消耗在工程实体上的各种建筑材料、成品、半成品,还有一些材料

是施工作业用料，也称为施工手段用料，如脚手架、模板等，这些材料在施工中并不是一次消耗完，而是随着使用次数的增加而逐渐消耗，并不断得到补充，多次周转。这些材料称为周转性材料。

周转性材料的消耗量，应按多次使用、分次摊销的方法进行计算。周转性材料每一次在单位产品上的消耗量，称为摊销量。周转性材料的摊销量与周转次数有直接关系。

(1) 现浇结构模板摊销量的计算。其计算公式为

$$摊销量 = 周转使用量 - 回收量 \tag{3-32}$$

$$周转使用量 = \frac{一次使用量 + 一次使用量 \times (周转次数 - 1) \times 损耗率}{周转次数}$$

$$= 一次使用量 \times \left[\frac{1 + (周转次数 - 1) \times 损耗率}{周转次数}\right] \tag{3-33}$$

$$回收量 = 一次使用量 \times \left(\frac{1 - 损耗率}{周转次数}\right) \tag{3-34}$$

式中　一次使用量——周转性材料为完成产品每一次生产时所需用的材料数量。应根据模板设计图或结构图以及典型构件计算接触面积，从而确定一次使用量。对于拦河坝、闸墩等体积较大混凝土，往往采用分块浇筑，实际立模面积大于接触面积，即在层与层之间的模板有一部分要搭接，计算时应予考虑。

　　损耗率——周转性材料使用一次后因损坏不能复用数量占一次使用量的损耗百分数。

　　周转次数——指新的周转材料从第一次使用（假定不补充新料）起，到材料不能再使用时的使用次数。

周转次数的确定是制定周转性材料消耗定额的关键。影响周转次数的因素有：①材料的性质，如木质材料在 6 次左右，而金属材料可达 100 次以上；②工程的结构、形状、规格；③使用条件；④施工进度；⑤材料的保管维修；⑥操作技术等。

确定材料的周转次数，必须经过长期现场观测和获得大量的统计资料，按平均合理的水平确定。

【例 3-10】　某水电站工程浇筑电站厂房钢筋混凝土梁，已知一次使用模板料 1.800m³，支撑料 2.500m³，周转 6 次，每次损耗 15%，试计算施工定额摊销量。

解：根据以上公式得

$$模板周转使用量 = 1.800\left[\frac{1 + (6-1) \times 15\%}{6}\right] = 0.525 \text{m}^3$$

$$支撑周转使用量 = 2.500\left[\frac{1 + (6-1) \times 15\%}{6}\right] = 0.729 \text{m}^3$$

$$模板回收量 = 1.800 \times \left(\frac{1 - 15\%}{6}\right) = 0.255 \text{m}^3$$

$$支撑回收量 = 2.500 \times \left(\frac{1 - 15\%}{6}\right) = 0.354 \text{m}^3$$

$$模板摊销量 = 0.525 - 0.255 = 0.270 \text{m}^3$$

$$支撑摊销量 = 0.729 - 0.354 = 0.375 \text{m}^3$$

(2) 预制混凝土构件模板计算方法。预制混凝土构件模板也是多次使用,反复周转。水利水电工程定额中预测混凝土构件模板的计算方法与现浇混凝土模板计算方法基本相同。但在工业与民用建筑定额中,其计算方法与现浇混凝土计算方法不同。预制混凝土构件是按多次使用平均摊销的计算方法,不计算每次周转损耗率。因此,计算预制模板的摊销量时,只需确定其周转次数,按图纸计算出一次使用量后,摊销量按下列公式计算为

$$摊销量 = \frac{一次使用量}{周转次数} \qquad (3-35)$$

五、机械台班(时)使用定额

1. 机械台班使用定额的概念

机械台班(时)使用定额是施工机械生产效率的反映。在合理使用机械和合理的施工组织条件下,完成单位合格产品所必须消耗的机械台班(时)数量标准,称为机械台班(时)使用定额,也称为机械台班(时)消耗定额。

机械台班(时)消耗定额的数量单位,一般用"台班"、"台时"或"机组班"表示。一个台班是指一台机械工作一个工作班,即按现行工作制工作 8h。一个台时是指一台机械工作 1h。一个机组班表示一组机械工作一个工作班。

机械台班(时)使用定额与劳动消耗定额的表示方法相同,有时间和产量定额两种。

(1) 机械时间定额就是在正常的施工条件和劳动组织条件下,使用某种规定的机械,完成单位合格产品所必须消耗的台班(时)数量。即

$$机械时间定额 = \frac{1}{机械台班(时)产量定额} \qquad (3-36)$$

(2) 机械台班(时)产量定额就是在正常的施工条件和劳动组织条件下,某种机械在一个台班(时)时间内必须完成的单位合格产品的数量。所以,机械时间定额与机械台班(时)产量定额互为倒数。此外,也可用机械和人工共同工作时的人工定额来表示。

(3) 机械和人工共同工作时的人工定额表示为

$$时间定额 = \frac{机械台班(时)内工人的工日数}{机械的台班(时)产量定额} \qquad (3-37)$$

【例 3-11】 用 10t 塔式起重机吊装混凝土板,已知机械台班产量定额为 30 块,工作组内有 1 名吊车司机、5 名安装起重工、2 名电焊工。试求吊装每一块板的机械时间定额和人工时间定额。

解:吊装每一块板的机械时间定额为

$$机械时间定额 = \frac{1}{30} = 0.33 \text{ 台班}$$

吊装每一块板的人工时间定额为

$$吊车司机 = 1 \times 0.33 = 0.033 \text{ 工日}$$
$$安装起重工时间定额 = 5 \times 0.033 = 0.165 \text{ 工日}$$
$$电焊工时间定额 = 2 \times 0.033 = 0.066 \text{ 工日}$$
$$工作小组人工时间定额 = \frac{1+5+2}{30} = 0.27 \text{ 工日}$$

2. 机械台班(时)产量的计算

机械台班(时)产量($N_{台班}$)等于该机械净工作 1h 的生产率(N_h)乘以工作班的连续时间 T(一般为 8h),再乘以台班时间利用系数 K_B,即

$$N_{台班} = N_h T K_B \qquad (3-38)$$

对于某些一次循环时间大于1小时的机械施工过程,可以直接用一循环时间 t,求出台班循环次数 (T/t),再根据每次循环的产品数量 (m),确定其台班产量定额。即

$$N_{台班} = \frac{T}{t} m K_B \qquad (3-39)$$

(1) 台班时间利用系数的确定。机械净工作时间 (t) 与工作班延续时间 (T_1) 的比值,称为机械台班时间利用系数 (K_B)。即

$$K_B = \frac{t}{T_1} \qquad (3-40)$$

时间利用系数的确定,要依据对机械施工过程进行的多次观测与记录,并参考机械说明书等有关资料。

(2) 机械工作 1h 生产率。对于循环动作机械,如挖土机、混凝土搅拌机等,机械净工作 1h 生产率 (N_h),取决于该机净工作 1h 的正常循环次数 (n) 和每次循环所生产的产品数量 (m),即

$$N_h = nm \qquad (3-41)$$

循环次数 (n) 和每次循环所生产的产品数量 (m),必须通过实测以及参考机械使用说明书求得。

【例 3-12】 塔式起重机吊装大模板到规定高度就位,每次吊装 2 块,循环的各组成部分的延续时间测定如下:挂钩时的停车时间 12s,上升回转时间 63s,下落就位时间 46s,脱钩时间 13s,空钩回转下降时间 43s。试计算 1h 循环次数和 1h 生产率。

解:纯工作 1h 的循环次数为

$$n = \frac{3600}{12 + 63 + 46 + 13 + 43} = 20.34 \text{ 次}$$

塔吊纯工作 1h 的正常生产率为

$$N_n = 20.34 \times 2 = 40.68 \text{ 块/h}$$

对于连续动作机械,如碾压机等,机械净工作 1h 的生产率 (N_h) 主要根据机械性能来确定。在一定的条件下,净工作 1h 的生产率通常是一个比较稳定的数值,可通过试验或在施工现场进行实测,并参考机械使用说明书,观察出某一时段 (th) 的生产量 (m),然后计算。即

$$N_h = \frac{m}{t} \qquad (3-42)$$

【例 3-13】 400L 的混凝土搅拌机,正常生产率为 $6.95 \text{m}^3/\text{h}$,工作班内的实际工作时间是 6.8h,求机械台班使用定额及时间利用系数。

解:

$$机械台班产量 = 6.95 \times 6.8 = 47.26 \text{m}^3$$

$$每立方米混凝土的时间定额 = \frac{1}{47.26} = 0.021 \text{ 台班}$$

$$机械时间利用系数 = \frac{6.9}{8} = 0.85$$

3. 常用工程机械台班(时)产量定额制定方法

水利水电工程施工机械的种类很多,有土石方机械、混凝土机械、运输机械、起重机械、工程船舶、基础处理设备、辅助设备、加工设备等。制定这些机械定额的基本要求是

一致的。下面仅介绍土方工程机械的台班（时）产量定额制定方法。

水利水电工程施工中土方工程占有很大比例，土方工程包括场地平整，基坑开挖，土坝（堤）填筑及一些特殊土方工程的开挖、回填、压实等。常用的土方工程施工机械有推土机、铲运机、挖土机、装载机、自卸汽车、平地机、羊脚碾等。

土方工程机械施工的工程对象是土，不同的土具有不同的物理力学性质，它们是影响土方工程机械生产率最主要的因素之一。一般是根据岩石的物理力学性质和施工的难易程度，将岩石分为十六类。其中，一至四类是土，五类以上是岩石。表 3-7 为一般工程土类分级表。

表 3-7　　　　　　　　　　　　一般工程土类分级表

土质级别	土质名称	自然湿容重（kg/m³）	外形特征	开挖方法
Ⅰ	1. 砂土 2. 种植土	1650～1750	疏松，粘着力差或易透水，略有粘性	用锹或略加脚踩开挖
Ⅱ	1. 壤土 2. 淤土 3. 含壤种植土	1750～1850	开挖时能成块，并易打碎	用锹需用脚踩开挖
Ⅲ	1. 粘土 2. 干燥黄土 3. 干淤泥 4. 含少量砾石粘土	1800～1950	粘手，看不见砂粒或干硬	用镐、三齿耙开挖或用锹需用力加脚踩开挖
Ⅳ	1. 坚硬粘土 2. 砾质粘土 3. 含卵石粘土	1900～2100	土壤结构坚硬，将土分裂后成块状或含粘粒砾石较多	用镐、三齿耙工具开挖

目前，虽然一般定额对土进行以上分类，但还不能全部准确地反映实际施工中的难易程度。因此，在进行机械施工过程的技术测定中，必须特别注意和全面地说明土的特征，尽可能详细测试各种物理力学性质，以便作为制定新的土分类表和修订现行定额的依据。

在土的物理力学性质方面，影响机械生产效率的因素很多，主要有自然容重、含水量、土的可松性。

土的可松性是指自然状态下的土，经挖掘后体积增大的性质。通常用松实系数来表示，松实系数分为最初松实系数和最后松实系数。最初松实系数是指土经挖掘后的松散体积与原自然体积之比，通称松方系数。最后松实系数是指挖掘后的土经碾压以后的体积与原自然体积之比，又称自然方折实方系数。一般土石的松实系数如表 3-8 所示。

松方状态下土的松实系数一般都大于 1，但对于某些土如大孔性黄土，其最后松实系数则小于 1（在 0.85～0.95 之间）；实方土的松实系数小于 1。

需要特别注意的一点是：不同的土有不同的松实系数，同一种土的松实系数往往也不是一个固定值，是随着含水量大小、挖掘方法、堆积高度和其他一些因素的不同而变

表 3-8　土石方松实系数表

项目	自然方	松方	实方	码方
土方	1	1.33	0.85	
石方	1	1.53	1.31	
砂方	1	1.07	0.94	
混合料	1	1.19	0.88	
块石	1	1.75	1.43	1.67

化的。因此，在拟定土方工程施工的定额时，一般挖运土方定额以土在自然状态下的体积来计算，即以自然方计算；土坝（堤）的填筑定额以实方来计算，即按填筑（回填）并经过压实的成品方计算。填筑土坝时，因为施工方法不同，在制定取土备料和运输定额时，一般应增计施工损耗。

下面介绍几种土方施工机械台班（时）产量定额的确定方法。

（1）推土机。推土机是土（石）方工程中的主要机械之一，它由拖拉机与推土工作装置（刀片）两部分组成。推土机的功率一般从 40kW 到 575kW 不等。其行走装置有履带式和轮胎式两种，传动机械采用机械传动和液压传动；操纵系统分为机械操纵和液压操纵；工作装置的几何尺寸，随机械规格不同而异。推土机主要用于平整场地、摊平土料、基面找平、短距离（100m 以内）的土方挖运、回填及压实等作业。

推土机推土属于循环作业，其循环的组成部分分为推（切）土、送土、散土（弃土区）、回程等，在进行技术测定时，应分别详细记录推（切）土、送土、散土（送土和散土也可合并统称送土）、回程时间和长度以及转向、换挡的时间。同时注明推土机的规格、土的特性及名称等情况。

推土机推土的生产率与土性质、运距、行驶速度、地面坡度、时间利用系数等有关，推土机推土的生产率，可按下面方法计算，即

$$\text{净工作时间 1h 生产率} \qquad N_\text{h} = nm = \frac{60q}{tK_\text{p}} \qquad (3\text{-}43)$$

式中 N_h——净工作时间生产率，m^3/h；

n——净工作 1h 的循环次数，次；

m——每次推土量或称每刀片产量，m^3；

q——刀片容量，指理论上计算的松散体积，m^3；

K_p——土最初松实系数；

t——每一循环的延续时间，min。

$$t = \frac{L_1}{V_1} + \frac{L_2}{V_2} + \frac{L_1 + L_2}{V_3} + t_\text{a} + t_\text{b} \qquad (3\text{-}44)$$

式中 L_1——推（切）土长度，m；

L_2——送土（包括散土）长度，m；

V_1——推土时推土机行驶速度，m/min；

V_2——送土时推土机行驶速度，m/min；

V_3——回程时推土机行驶速度，m/min；

t_a——推土机转向时间，min；

t_b——推土机换挡时间，min。

台班产量定额

$$N_\text{台班} = 8N_\text{h}K_\text{B} \qquad (3\text{-}45)$$

式中 $N_\text{台班}$——台班产量定额，$m^3/$台班；

K_B——时间利用系数，一般在 0.8～0.85 之间。

定额中推土机的运距，是指推土重心至弃土重心的水平距离。当推土机在坡度较大

（大于5%）的土坡推土和送土时，对生产效率有较大影响，应加以调整。调整的方法有多种，其中之一是按斜坡度另增加的定额运距，或用升高折距的方法确定。

（2）铲运机。用铲运机挖土和运土在水利水电工程施工中应用较为普遍。铲运机按其行走方式，可分为自行式和拖拉式两种；按操纵系统，可分为机械操纵（钢丝绳操纵）和液压操纵两种。

拖拉式铲运机由履带式拖拉机牵引，并使用装在拖拉机上的动力绞盘或液压系统对铲斗进行操纵，自行式铲运机的牵引机与铲斗是联在一起的，前后均为轮胎式行走装置，铲斗采用液压操纵。铲斗容积从 $2.5\sim12m^3$ 不等。铲运机在土方工程中，主要用于场地平整、土方的挖运、铺填、碾压等作业，拖式铲运机适合于800m以内的近距离运土；自行式铲运机则适合于500m以上的距离运土。

铲运机铲运土方的一个工作过程，由铲土、运土、卸土、空回以及转向等工序组成。对铲运机进行计时观察，主要是取得各组成部分的行驶距离和相应的时间以及换挡的操作时间等。铲运机的运距，按每完成一次铲土作业的运行回路全程的一半计算，称之为1/2循环运距。即

$$铲运机运距 = \frac{1}{2}(铲土长度 + 运土行驶长度 + 卸土长度 + 空回长度 + 二次转向长度) \tag{3-46}$$

在实际测算时，可用铲运机前轮沿回路行驶一周的转运次数，乘以轮胎周长再乘以1/2的办法求得。

铲运机生产率的计算方法为

净工作1h生产率
$$N_h = \frac{60qK_0}{tK_p} \tag{3-47}$$

$$t = \frac{L_1}{V_1} + \frac{L_2}{V_2} + \frac{L_3}{V_3} + \frac{L_4}{V_4} + t_a + t_b \tag{3-48}$$

式中　　N_h——生产率，m^3/h；

　　　　q——铲斗的几何容量，m^3；

　　　　K_0——铲斗装土的充盈系数，指装入铲斗内土的体积与铲斗几何容量的比值。一般砂土的充盈系数为0.75，其他土为0.85～1.0，最高可达到1.30；

　　　　K_p——土最初松实系数；

　　　　t——铲运机每一工作循环的延续时间，min；

$L_1、L_2、L_3、L_4$——依次为铲土、运土、卸土、空回的行驶长度，m；

$V_1、V_2、V_3、V_4$——依次为铲土、运土、卸土、空回的行驶速度，m/min；

　　　　t_a——铲运机转向的时间，min；

　　　　t_b——铲运机换挡的时间，min。

台班产量

$$N_{台班} = 8N_hK_B \tag{3-49}$$

式中　$N_{台班}$——台班产量定额，$m^3/台班$；

　　　K_B——时间利用系数，一般在0.75～0.80之间。

(3) 单斗挖掘机。它可用来挖掘土（石）方、开挖沟槽、基坑及对散粒状材料进行侧向卸弃或装入汽车运走等。单斗挖掘机按行走装置可分为履带式、轮胎式、铁轨式，其中履带式和轮胎式用得较为广泛；按动力装置可分为内燃发动机式和电动机式；按传动方式可分为机械传动式和液压传动式。单斗挖掘机的工作装置有正铲、反铲、拉铲、抓铲。一般以编制定额，采用反铲时乘以一定的系数，因此下面主要介绍正铲挖掘机台班产量定额的确定方法。

单斗挖掘机挖土每一个工作过程包括：挖斗装土、提升挖斗并同时旋转斗臂停于卸土位置、卸土、旋转斗臂并同时把空斗落下。

土的类别及性质、含水量多少、挖土工作面的高度或深度、斗臂回转的角度、运土机械的规格及数量、司机的技术熟练程度等因素都会影响挖掘机生产率。其中，正铲挖掘机工作面的正常高度，可参见表3-9，回转角度对生产率的影响，参见表3-10。

表3-9　　正铲挖掘机工作面的正常高度表

挖土容积 (m^3)	土壤类别		
	一、二类	三类	四类
	正常工作面高度（m）		
0.5以内	1.3	2.0	2.5
1以内	2.0	2.5	3.0
1.5以内	2.5	3.0	3.5
2以内	3.0	3.5	4.0

注　挖土高度不宜太小，否则挖掘机一次挖土不能装满，生产效率将显著下降。

表3-10　　挖掘机回转角度对生产率的影响

土壤类别	回转角度		
	90°	130°	180°
一、二、三、四类	100%	87%	77%

单斗挖掘机根据实际施工情况，挖土容量在1.5m^3以内，配2名司机为宜；1.5m^3以上则可配3名司机。并应由不同技术等级的工人组成，因为这样可以较好地利用技术工人的劳动，特别是低级技术工人，可以在以高级技术工人长期的协同工作中，不断提高自己的技术水平。

单斗挖掘机挖土的生产率，应根据计时观察的结果。按如下方法计算。

净工作1h生产率
$$N_h = \frac{60qK_0}{tK_p} \tag{3-50}$$

式中　N_h——生产率，m^3/h；

　　　q——挖斗的几何容量，m^3；

　　　K_0——挖斗装土的充盈系数；

　　　K_p——土最初松实系数；

　　　t——每一工作循环的延续时间，应区别装车外运与不装车侧向卸弃两种情况。

台班产量按式（3-49）进行计算。

第四节　预　算　定　额

一、预算定额的概念及编制原则

1. 预算定额的概念

预算定额是确定一定计量单位的分项工程或构件的人工、材料和机械台班消耗量的数量标准。全国统一预算定额由国家计委或其授权单位组织编制、审批并颁发执行。专业预算定额由专业部（委）审定颁发，地方定额由地方业务主管部门会同同级计委审批颁发执行。预算定额是编制施工图预算的基本依据，是对设计方案进行技术经济比较的依据，是编制施工组织设计时确定工料的标准，是编制概算定额的基础；是建设单位拨付工程价款、进行工程竣工决算以及编制标底的依据，是施工企业进行经济核算、进行经济活动分析的依据。

2. 预算定额的编制原则

（1）按社会必要劳动时间确定预算定额水平，体现技术先进、经济合理的原则。在市场经济条件下，预算定额作为确定建设产品价格的工具，应遵照价值规律的要求，按产品生产过程中所消耗的必要劳动时间确定定额水平。按照社会必要劳动时间确定预算定额水平，要注意反映大多数企业的水平，在现实的中等生产条件下、平均劳动熟练程度和平均劳动强度下，完成单位的工程基本要素所需要的劳动时间，是确定预算定额的主要依据。

（2）简明适用，严谨准确。定额项目的划分要做到简明扼要，使用方便，同时要求结构严谨，层次清楚，各种指标要尽量固定，减少换算，少留"活口"，避免执行中的争议。

二、预算定额与施工定额的关系

预算定额是以施工定额为基础的。但是，预算定额不能简单地套用施工定额，必须考虑到它比施工定额包含了更多的可变因素，需要保留一个合理的幅度差。此外，确定两种定额水平的原则是不相同的。预算定额是社会平均水平，而施工定额是平均先进水平。因此，确定预算定额时，水平要相对低一些，一般预算定额水平要低于施工定额5%～7%。

预算定额比施工定额包含了更多的可变因素，这些因素有以下三种。

（1）确定劳动消耗指标时考虑的因素：①工序搭接的停歇时间；②机械的临时维修、小修、移动等所发生的不可避免的停工损失；③工程检查所需的时间；④细小的难以测定的不可避免工序和零星用工所需的时间等。

（2）确定机械台班（时）消耗指标需要考虑的因素：①机械在与小量手工操作的工作配合中不可避免的停歇时间；②在工作班内机械变换位置所引起的难以避免的停歇时间和配套机械相互影响的损失时间；③机械临时性维修和小修引起的停歇时间；④机械的偶然性停歇，如临时停水、停电、工作不饱和等所引起的间歇；⑤工程质量检查影响机械工作损失的时间。

（3）确定材料消耗指标时，考虑由于材料质量不符合标准或材料数量不足，对材料耗用量和加工费用的影响。这些不是由施工企业的原因造成的。

三、预算定额的编制依据和方法

1. 预算定额的编制依据

（1）现行预算定额是在现行施工定额的基础上编制的，只有参考现行施工定额，才能保证二者的协调性和可比性。

（2）现行的设计规范、施工及验收规范、质量评定标准和安全操作规程。这些文件是确定设计标准和设计质量、施工方法和施工质量，以及保证安全施工的法规，确定预算定额，必须考虑这些法规的要求和规定。

（3）有关科学实验、测定、统计和经验分析资料，新技术、新结构、新材料、新工艺和先进经验等资料。

(4) 现行的预算定额以及过去颁发的和有关单位颁发的预算定额及其编制的基础材料。
(5) 常用的施工方法和施工机具性能资料等。
(6) 现行的工资标准和材料市场价格与预算价格。

2. 预算定额的编制步骤和方法

编制预算定额的步骤主要分为以下三个步骤。

(1) 组织编制小组，拟定编制大纲，就定额的水平、项目划分、表示形式等进行统一研究，并对参加人员、完成时间和编制进度做出安排。

(2) 调查熟悉基础资料，按确定的项目和图纸逐项计算工程量，并在此基础上，对有关规范、资料进行深入分析和测算，编制初稿。

(3) 全面审查，应组织有关基本建设部门讨论，听取基层单位和职工的意见，并通过新旧预算定额的对比，测算定额水平，对定额进行必要的修正，报送领导机关审批。

上述工作进行时，还要明确编制预算定额的方法，具体有以下几个方面。

(1) 划分定额项目，确定工作内容及施工方法。预算定额项目应在施工定额的基础上进一步综合。通常应根据建筑的不同部位，不同构件，将庞大的建筑物分解为各种不同的较为简单的、可以用适当计量单位计算工程量的基本构造要素。做到项目齐全、粗细适度、简明适用。同时，根据项目的划分，确定预算定额的名称、工作内容及施工方法，并使施工定额和预算定额协调一致，以便于相互比较。

(2) 选择计量单位。为了准确计算每个定额项目中的消耗指标，并有利于简化工程量的计算，必须根据结构构件或分项工程的特征及变化规律来确定定额项目的计量单位。若物体有一定厚度，而长度和宽度不定时，采用面积单位，如木作、层面、地面等；若物体的长、宽、高均不一定时，则采用体积单位，如土方、砖石、混凝土工程等；若物体断面形状、大小固定，则采用长度单位，如管道、钢筋等。

(3) 计算工程量。选择有代表性的图纸和已确定的定额项目计量单位，计算分项工程的工程量。

(4) 确定人工、材料、机械台班（时）的消耗指标。预算定额中的人工、材料、机械台班消耗指标，是以施工定额中的人工、材料、机械台班（时）消耗指标为基础，并考虑预算定额中所包括的其他因素，采用理论计算与现场测试相结合、编制定额人员与现场工作人员相结合的方式进行的。

四、预算定额项目消耗指标的确定

1. 人工消耗指标的确定

预算定额中，人工消耗指标包括完成该分项工程必须的各种用工量。而各种用工量根据对多个典型工程测算后综合取定的工程量数据和国家颁发的《全国建筑安装工程统一劳动定额》计算求得。

预算定额中，人工消耗指标是由基本用工和其他用工两部分组成。

(1) 基本用工。基本用工是指为完成某个分项工程所需的主要用工量。例如，砌筑各种墙体工程中的砌砖、调制砂浆以及运砖和运砂浆的用工量。此外，还包括属于预算定额项目工作内容范围内的一些基本用工量，例如在墙体工程中的门窗洞、预留抗震柱孔、附墙烟囱等工作内容。

(2) 其他用工。是辅助基本用工消耗的工日，按其工作内容分为三类：一是人工幅度差用工，是指在劳动定额中未包括的，而在一般正常施工情况下又不可避免的一些工时消耗。例如，施工过程中各种工种的工序搭接、交叉配合所需的停歇时间、工程检查及隐蔽工程验收而影响工人的操作时间、场内工作操作地点的转移所消耗的时间及少量的零星用工等。二是超运距用工，指超过劳动定额所规定的材料、半成品运距的用工数量。三是辅助用工，指材料需要在现场加工的用工数量，如筛砂子等需要增加的用工数量。

按有关规定计算各种用工数量及平均工资等级。

2. 材料消耗指标的确定

材料消耗指标是指在正常施工条件下，用合理使用材料的方法，完成单位合格产品所必须消耗的各种材料、成品、半成品的数量标准。

(1) 材料消耗指标的组成。预算中的材料用量是由材料的净用量和材料的损耗量组成。预算定额内的材料，按其使用性质、用途和用量大小划分为主要材料、次要材料和周转性材料。

(2) 材料消耗指标的确定。它是在编制预算定额方案中已经确定的有关因素（如工程项目划分、工程内容范围、计量单位和工程量的计算）的基础上，分别采用前面介绍的观测法、试验法、统计法和计算法确定。首先确定出材料的净用量，然后确定材料的损耗率，计算出材料的消耗量，并结合测定的资料，采用加权平均的方法计算出材料的消耗指标。

预算定额施工损耗率参考资料如表 3-11 所示。

表 3-11　　　　　　　　材料、成品、半成品损耗率参考表

材料、成品、半成品名称	单 位	损耗率（%）	材料、成品、半成品名称	单 位	损耗率（%）
制模板材	m^3	19.2～25	麻 袋	千 条	3
制模枋材	m^3	7.13～20.5	玻 璃	m^2	3
钢 筋	t	2.1	钢 轨	t	2
止水铜片	m^2	5	焊 条	kg	4
坝体混凝土	m^3	3	毛 竹	千 根	3
厂房混凝土 上部	m^3	2	型 钢	t	3
厂房混凝土 下部	m^3	3	铁 丝	kg	3
小混凝土预制件搬运损耗	m^3	1.5	铁 件	kg	2
水 泥	t	1	块 石	m^3	4
砂 子	m^3	3	条石、料石	m^3	2
碎（砾）石	m^3	4	黑铁管	t	2
碎石（人工加工）	m^3	8	柏 油	t	3
碎石（机械加工）	m^3	16	煤 油	t	0.4
石灰膏	m^3	2	汽 油	t	0.4
抹墙石灰（砂浆）	m^3	6.7～17	柴 油	t	0.4
抹天棚灰（砂浆）	m^3	7.2～17.4	合金钻头	个	1

续表

材料、成品、半成品名称	单位	损耗率（%）	材料、成品、半成品名称	单位	损耗率（%）
抹地面砂浆	m³	7.8	钢钎、空心钢	kg	4
普通门窗材料	m³	5.3	雷管	个	3
吊顶龙骨料	m³	1.7	炸药	kg	2
板条	m³	4	导电线、导火线	m	5
吊顶铁丝	kg	1	煤	t	4
钉	kg	2	石灰	t	2.5
油毡	m²	5	草袋	千条	4
青红砖	千块	3	砖砌体砌筑砂浆	m³	1

3. 机械台班（时）消耗量的确定

(1) 编制依据。预算定额中的机械台班消耗指标是以台班为单位计算的，一台机械工作 8h 为一个台班，有的按台时计算，其中：①以手工操作为主的工人班组所配备的施工机械（如砂浆、混凝土搅拌机、垂直运输的塔式起重机）为小组配合使用，因此应以小组产量计算机械台班量；②机械施工过程（如机械化土石方工程、打桩工程、机械化运输及吊装工程所用的大型机械及其他专用机械）应在劳动定额中的台班定额的基础上另加机械幅度差。

(2) 机械幅度差。机械幅度差是指在劳动定额中机械台班耗用量中未包括的，而机械在合理的施工组织条件下所必须的停歇时间。这些因素会影响机械的生产效率，因此应另外增加一定的机械幅度差的因素。其内容包括：

1) 施工机械转移工作面及配套机械互相影响损失的时间。

2) 在正常施工情况下，机械施工中不可避免的工序间歇时间。

3) 工程检查质量影响机械的操作时间。

4) 临时水、电线路在施工中移动位置所发生的机械停歇时间。

5) 施工中工作面不饱满和工程结尾时工作量不多而影响机械的操作时间等。

机械幅度差系数，一般根据测定和统计资料取定，大型机械可参考以下幅度差系数：土方机械为 1.25，打桩机械为 1.33，吊装机械为 1.3。其他分项工程机械，如木作、蛙式打夯机、水磨石机等专用机械，均为 1.1。

(3) 预算定额中机械台班消耗指标的计算方法。具体有以下三种指标：

1) 操作小组配合机械台班消耗指标。操作小组和机械配合的情况很多，如起重机、混凝土搅拌机等，这种机械，计算台班消耗指标时以综合取定的小组产量计算，不另计机械幅度差。即

$$机械台班消耗指标 = \frac{分项定额的计算单位值}{小组总产量} \quad (3-51)$$

$$小组总产量 = 小组总人数 \times \sum (分项计算取定的比重 \times 劳动定额综合每工产量数) \quad (3-52)$$

2) 按机械台班产量计算机械台班消耗量。大型机械施工的土石方、打桩、构件吊装、运输等项目机械台班消耗量按劳动定额中规定的各分项工程的机械台班产量计算，再加机械幅度差。即

$$大型机械台班消耗量 = \frac{工序工程量}{机械台班产量定额} \times (1 + 机械幅度差) \qquad (3-53)$$

式中　机械幅度差——一般为 20%～40%。

3) 打夯、钢筋加工、木作、水磨石等各种专用机械台班消耗指标。专用机械台班消耗指标，有的直接将值计入预算定额中，也有的以机械费表示，不列台班数量。其计算公式为

$$台班产量 = 机械配备人数 \times 每工产量 \qquad (3-54)$$

$$台班消耗量 = \frac{计量单位值}{台班产量} \times (1 + 机械幅度差) \qquad (3-55)$$

第五节　概　算　定　额

一、概算定额的概念及其作用

1. 概算定额的概念

建筑工程概算定额也叫扩大结构定额，它规定了完成一定计量单位的扩大结构构件或扩大分项工程的人工、材料和机械台班（时）的数量标准。

概算定额是以预算定额为基础，根据通用图和标准图等资料，经过适当综合扩大编制而成的。定额的计量单位为体积（m^3）、面积（m^2）、长度（m），或以每座小型独立构筑物计算，定额内容包括单位概算价格、工人工资、机械台班（时）费、主要材料耗用量及概算价格的组成等。

2. 概算定额的作用

(1) 是编制初步设计、技术设计的设计概算和修正设计概算的依据。
(2) 是编制机械和材料需用计划的依据。
(3) 是进行设计方案经济比较的依据。
(4) 是编制建设工程招标标底、投标报价、评定标价以及进行工程结算的依据。
(5) 是编制概算指标的基础。

二、概算定额的编制依据

(1) 现行的设计标准及规范，施工验收规范。
(2) 现行的工程预算定额和施工定额。
(3) 经过批准的标准设计和有代表性的设计图纸等。
(4) 人工工资标准、材料预算价格和机械台班（时）费用等。
(5) 现行的概算定额。
(6) 有关的工程概算、施工图预算、工程结算和工程决算等经济资料。
(7) 上级颁发的有关政策性文件。

三、概算定额的内容

概算定额一般由目录、总说明、工程量计算规则、分部工程说明、定额目录表和有关

附录或附表等组成。

在总说明中主要阐明编制依据、使用范围、定额的作用及有关统一规定等。在分部工程说明中主要阐明有关工程量计算规则及本分部工程的有关规定等。在概算定额表中，分节定额的表头部分分列有本节定额的工作内容及计量单位，表格中列有定额项目的人工、材料和机械台班（时）消耗量指标。

四、概算定额的编制步骤和方法

概算定额的编制方法、编制原则和编制步骤与预算定额基本相似，由于在可行性研究阶段及初步设计阶段，设计资料尚不如施工图设计阶段详细和准确，设计深度也有限，要求概算定额具有比预算定额有更大的综合性，所包含的可变因素更多。因此，概算定额与预算定额之间允许有 5% 以内的幅度差。在水利水电工程中，从预算定额过渡到概算定额，一般采用扩大系数 1.03～1.05。

概算定额的编制步骤一般分为三个阶段，即准备工作阶段，编制概算定额阶段和审查定稿阶段。

在编制概算定额准备阶段，应确定编制定额的机构和人员组成，进行调查研究，了解现行的概算定额执行情况和存在的问题，明确编制目的，并制定概算定额的编制方案和划分概算定额的项目。

在编制概算定额初级阶段，应根据所制定的编制方案和定额项目，在收集资料和整理分析各种测算资料的基础上，根据选定有代表性的工程图纸计算出工程量，套用预算定额中的人工、材料和机械消耗量，再加权平均得出概算项目的人工、材料、机械的消耗指标，并计算出概算项目的基价。

在审查定稿阶段，要对概算定额和预算定额水平进行测算，以保证两者在水平上的一致性。如预算定额水平不一致或幅度差不合理，则需要对概算定额做必要的修改，经定稿批准后，颁发执行。

第四章 水利水电工程概预算项目划分及费用构成

第一节 概预算项目划分

一、水利工程项目划分概述

水利工程是个复杂的建筑群体，尤其是大型水利工程，包含的建筑群体种类多、涉及范围广、投资大、建设周期长、影响因素复杂，建设内容涉及水利、电力、交通、铁路、航运、通信、房屋建筑、设备制造等。因此，为了便于编制水利工程基本建设计划，预测水利工程造价，组织材料供应，进行招投标，开展施工，控制工程投资，控制施工质量，实行经济核算等，在水利工程概预算中，对一个水利工程建设项目要系统地逐级划分为若干个各级项目和费用项目。水利工程很难像一般的基本建设工程严格按单项工程、单位工程来确切划分工程项目。现行的水利工程项目划分按照水利部2002年颁发的水总[2002]116号文有关项目划分的规定（以下简称《工程项目划分》）执行。

1. 工程类别划分

水利工程按工程性质划分为两类：一类是枢纽工程，包括水库、水电站和其他大型独立建筑物，枢纽工程大多为多目标开发项目，建筑物种类多，布置集中，施工难度大；另一类是引水工程及河道工程，包括供水工程、灌溉工程、河湖整治工程、堤防工程，这类工程建筑种类少，布置分散，施工难度小。

2. 工程概算构成

水利工程概算由工程部分、移民和环境部分两部分组成（包括水库移民征地补偿、水土保持工程、环境保护工程）。工程部分项目划分和概算编制按照水利部2002年颁发的水总[2002]116号文有关规定执行。移民和环境部分概算编制和划分的各级项目执行《水利工程建设征地移民补偿投资概（估）算编制规定》、《水利工程环境保护设计概（估）算编制规定》和《水土保持工程概（估）算编制规定》。

3. 工程部分概算项目划分

工程部分概算项目划分为五部分。包括：建筑工程，机电设备及安装工程，金属结构设备及安装工程，施工临时工程，独立费用。

4. 三级项目

工程各部分一般划分为三个等级项目，即各部分下设一级、二级、三级项目，每个上一级项目包含若干个下一级项目。一级项目是具有独立功能的单项工程，二级项目相当于单位工程，三级项目相当于分部、分项工程。以第一部分建筑工程为例，枢纽工程中的泄洪工程是一项具有独立功能的单项工程，属一级项目；构成泄洪工程的溢洪道、泄洪洞、冲砂洞（孔）、放空洞等工程为单位工程，属二级项目；各单位工程中的土石方开挖、回填、混凝土、灌浆、钢筋等为分部分项工程，属三级项目。在进行水利工程概算编制时，主体建筑工程工程量要计算到三级项目，三级项目是进行水利工程概（估）算的基础。

《工程项目划分》在对工程部分进行项目划分规定时，第二、三级项目中仅列出了代表性子目，在编制概（预）算时，应根据工程的设计阶段、设计工作深度和工程的具体情况进行增删调整或再划分。以三级项目为例，项目划分如下：

(1) 土方开挖工程，应将土方开挖与砂砾石开挖分列。
(2) 石方开挖工程，应将明挖与暗挖、平洞与斜井、竖井分列。
(3) 土石方回填工程，应将土方回填与石方回填分列。
(4) 砌石工程，应将工程不同部位的干砌石、浆砌石、抛石、铅丝笼块石分列。
(5) 混凝土工程，应将工程不同部位、不同标号、不同级配的混凝土分列。
(6) 模板工程，应将不同材质、不同规格形状的模板分列。
(7) 钻孔工程，应根据使用的钻孔机械和钻孔的用途分列。
(8) 灌浆工程，应按不同的灌浆种类分列。
(9) 机电、金属结构设备及安装工程，应根据设计提供的设备清单，分项逐一列出。
(10) 钢管制作及安装工程，应将不同管径的钢管、叉管分列。

二、水利工程工程部分项目划分

（一）第一部分　建筑工程

1. 枢纽工程

枢纽工程是指水利枢纽建筑物和其他大型独立建筑物，引水工程的水源工程包含在水利枢纽建筑物中。本部分由挡水工程、泄洪工程、引水工程、发电厂工程、升压变电站工程、航运工程、鱼道工程、交通工程、房屋建筑工程和其他建筑工程共十项组成。其中挡水工程等前七项称为主体建筑工程，后三项称为一般建筑工程。

(1) 主体建筑工程。主要有：

1) 挡水工程。指拦河挡水的各类坝（闸）工程，包括混凝土坝（闸）工程和土（石）坝工程。

2) 泄洪工程。指用于宣泄洪水的各类工程，包括溢洪道、泄洪洞、冲砂洞（孔）、放空洞等工程。

3) 引水工程。指用于引水的各类工程，包括引水明渠、进（取）水口、引水隧洞、调压井、高压管道等工程。

4) 发电厂工程。包括各类发电厂工程，有地面厂房、地下厂房、交通洞、出线洞（井）、通风洞（井）、尾水洞、尾水调压井、尾水渠等工程。

5) 升压变电站工程。包括变电站工程和开关站工程。

6) 航运工程。指用于航运的各类工程，包括上游引航道、船闸（升船机）、下游引航道等工程。

7) 鱼道工程。根据枢纽建筑物布置情况，可以独立列项。与拦河坝相结合的，也可以作为拦河坝的组成部分。

(2) 一般建筑工程。主要有：

1) 交通工程。包括上坝、进厂、对外等场内外永久性的公路、铁路、桥梁、码头等工程。

2) 房屋建筑工程。包括为生产运行服务的永久性辅助生产厂房、仓库、办公、生活及文化福利等永久房屋建筑和室外工程。

3) 其他建筑工程。包括：内外部观测工程，动力线路工程（厂坝区），照明线路工程，通信线路工程，厂坝区及生活区供水、供热、排水等公用设施，厂坝区环境建设工程，水情自动测报系统工程及其他工程。

2. 引水工程及河道工程

指供水、灌溉、河湖整治、堤防修建与加固工程。包括供水、灌溉渠（管）道、河湖整治与堤防工程、建筑物工程（水源工程除外）、交通工程、房屋建筑工程、供电设施工程和其他建筑工程共六项组成。

（1）供水、灌溉渠（管）道、河湖整治与堤防工程。包括渠（管）道工程、清淤疏浚工程、堤防修建与加固工程。

（2）建筑物工程。包括泵站、水闸、隧洞、渡槽、倒虹吸、跌水、小水电站、排水沟（涵）、调蓄水库等工程。

（3）交通工程。指永久性的公路、铁路、桥梁、码头等工程。

（4）房屋建筑工程。包括为生产运行服务的永久性辅助生产厂房、仓库、办公、生活及文化福利等永久房屋建筑和室外工程。

（5）供电设施工程。指为工程生产运行供电需要架设的输电线路及变配电设施工程。

（6）其他建筑工程。包括内外部观测工程、照明线路工程、通信线路工程、厂坝（闸、泵站）区及生活区供水、供热、排水等公用设施工程，工程沿线或建筑物周围环境建设，水情自动测报系统工程及其他工程。

（二）第二部分　机电设备及安装工程

1. 枢纽工程

指构成枢纽工程固定资产的全部机电设备及安装工程。本部分由发电设备及安装工程、升压变电设备及安装工程和公用设备及安装工程三项组成。

（1）发电设备及安装工程。包括水轮机、发电机、主阀、起重设备、水力机械辅助设备、电气设备等设备及安装工程。

（2）升压变电设备及安装工程。包括主变压器、高压电气设备、一次拉线及其他等设备及安装工程。

（3）公用设备及安装工程。包括：通信设备，通风采暖设备，机修设备，计算机监控系统，管理自动化系统，全厂接地及保护网，电梯，坝区馈电设备，厂坝区供水、排水、供热设备，水文、泥沙监测设备，水情自动测报系统设备，外部观测设备，消防设备，交通设备等设备及安装工程。

2. 引水工程及河道工程

指构成该工程固定资产的全部机电设备及安装工程。本部分一般由泵站设备及安装工程、小水电设备及安装工程、供变电工程和公用设备及安装工程四项组成。

（1）泵站设备及安装工程。包括水泵、电动机、主阀、起重设备、水利机械辅助设备、电气设备等设备及安装工程。

（2）小水电设备及安装工程。参照枢纽工程的发电设备及安装工程和升压变电设备及安装工程。

（3）供变电工程。包括供电、变配电设备及安装工程。

（4）公用设备及安装工程。包括：通信设备，通风采暖设备，机修设备，计算机监控系统，管理自动化系统，全厂接地及保护网，电梯，坝（闸、泵站）区馈电设备，厂坝（闸、泵站）区供水、排水、供热设备，水文、泥沙监测设备，水情自动测报系统设备，外部观测设备，消防设备，交通设备等设备及安装工程。

（三）第三部分　金属结构设备及安装工程

指构成枢纽工程、引水工程及河道工程固定资产的全部金属结构设备及安装工程。金属结构设备及安装工程项目要与第一部分建筑工程项目相对应。

金属结构设备及安装工程，主要包括闸门、启闭机、拦污栅、升船机等设备及安装工程，压力钢管制作及安装工程及其他金属结构设备及安装工程。

（四）第四部分　施工临时工程

指为辅助主体工程施工所必须修建的生产和生活用临时性工程。本部分一般由导流工程、施工交通工程、施工房屋建筑工程、施工场外供电线路工程和其他施工临时工程五项组成。

1. 导流工程

包括导流明渠、导流洞、土石围堰、混凝土围堰、蓄水期下游断流补偿设施等工程和金属结构设备及安装工程。

2. 施工交通工程

指为工程建设服务的施工现场内外的临时交通工程，包括公路、铁路、桥梁、码头、转运站、施工支洞等工程。

3. 场外供电线路工程

包括从现有电网向施工现场供电的高压输电线路和施工变（配）电设施工程。对高压输电线路，枢纽工程是指35kV及以上电压等级，引水工程及河道工程是指10kV及以上电压等级。施工变（配）电设施工程不包括场内变（配）电设施。

4. 施工房屋建筑工程

指工程在建设过程中建造的临时房屋，包括施工临时施工仓库、办公及生活、文化福利建筑及所需的配套设施工程。

5. 其他施工临时工程

指除施工导流、施工交通、施工场外供电、施工房屋建筑、缆机平台以外的施工临时工程。主要包括施工供水（大型泵房及干管）、砂石料系统、混凝土拌和浇筑系统、大型机械安装拆卸、防汛、防冰、施工排水、施工通信、施工临时支护设施（含隧洞临时钢支撑）等工程。

在进行临时工程项目划分时，凡是永久工程与临时工程相结合的项目均列入相应永久工程项目中。

（五）第五部分　独立费用

本部分由建设管理费、生产准备费、科研勘测设计费、建设及施工场地征用费和其他五项组成。

1. 建设管理费

包括项目建设管理费、工程建设监理费和联合试运转费。

2. 生产准备费

包括生产及管理单位提前进厂费、生产职工培训费、管理用具购置费、备品备件购置费、工器具及生产家具购置费。

3. 科研勘测设计费

包括工程科学研究试验费和工程勘测设计费。

4. 建设及施工场地征用费

包括永久征地和临时征地所发生的费用。

5. 其他

包括定额编制管理费、工程质量监督费、工程保险费、其他税费。

三、水力发电工程项目划分

原电力部于1997年10月颁发了《水利水电工程可行性研究设计概算编制办法及费用标准》，该办法中项目划分与水利工程现行项目划分基本相同，都设立了三级项目，主要不同点是将水利工程划分中的第四部分施工临时工程改为第一部分"施工辅助工程"。第二至第五部分分别为：建筑工程、机电设备及安装工程、金属结构设备及安装工程、其他费用。第一部分施工辅助工程是指辅助主体工程修建的临时工程。现分部介绍如下：

（一）第一部分　施工辅助工程

指为辅助主体工程施工而修建的临时性工程，由以下项目组成：

（1）施工交通工程。

（2）施工供电工程。包括从现有电网向场内施工供电的高压输电线路及施工场内受电的一级降压变（配）电设备进线端至最后一级降压变（配）电设备进线端之间的线路及供电设施工程。

（3）施工供水系统工程。包括取水建筑物、水池、输水干管敷设和移设等工程。

（4）施工供风系统工程。包括施工供风厂房建筑、供风干管敷设和移设等工程。

（5）施工通信工程。包括施工期所需的场内外通信设施及通信线路工程等。

（6）砂石料生产系统工程。指为建造砂石骨料生产系统所需进行的建筑工程。

（7）混凝土拌和及浇筑系统工程。指为建造混凝土拌和及浇筑系统所需进行的临时建造工程及混凝土制冷、供热系统等。

（8）导流工程。

（9）施工期环境保护设施工程。包括施工期生产、生活污废水处理工程，大气噪声污染防治工程，生活垃圾处理工程，废渣及施工场地水土保持工程，施工环境影响补偿措施，施工期环境监测设施等。

（10）临时房屋建筑工程。指工程在建设过程中兴建的临时房屋。包括施工仓库及辅助加工厂、办公及生活、文化福利建筑以及所需的场地平整。

施工仓库及辅助加工厂指为过程建设而兴建的设备、材料、工器具仓库以及木材加工厂、钢筋加工厂、金属结构加工厂、机械修理厂、汽车修理厂、混凝土预制构件厂等。

办公及生活、文化福利建筑指在施工现场兴建的建设、监理、设计及施工单位人员的房屋建筑和配套设施工程。

（11）其他施工辅助工程。包括除上述所列工程之外，其他所有的施工辅助工程。主要包括施工场地平整，施工临时支撑，地下施工排风散烟管道，土石料场，施工排水，道路养护，大型施工机械安装拆卸，水文、气象、地震监测站（台）网，防汛、防冰工程等。其中：

施工排水包括施工期内需要建设的排水工程及经常性的排水措施费。

施工道路养护，指对施工场地内交通设施的养护费用。

水文、气象、地震监测站（台）网，包括施工期水文、气象、地震监测站（台）网的建设工程。

其他施工辅助工程所包含的项目中，如有费用高、工程量大的项目，可根据工程实际情况在此项工程内单独列项处理。

（二）第二部分　建筑工程

指水力发电枢纽建筑物和其他永久建筑物。与水利工程项目划分基本一致。

（三）第三部分　机电设备及安装工程

指构成电站固定资产的全部机电设备及安装工程。

本部分由发电设备及安装工程、升压变电设备及安装工程和其他设备及安装工程三项组成。与水利工程项目划分基本一致。

（四）第四部分　金属结构设备及安装工程

指构成电站固定资产的全部金属结构设备及安装工程。

金属结构设备及安装工程一级项目，应与第二部分建筑工程一、二级项目相对应。分类项目的金属结构设备及安装工程，分别包括闸门、启闭机、拦污栅、升船机等设备及安装工程，压力钢管制作及安装工程和其他金属结构设备及安装工程。

（五）第五部分　费用

本部分由建设管理费、生产准备费、科研勘设费和其他等四项组成。

（1）建设管理费。包括建设单位开办费、建设单位人员经常费、项目建设管理费、工程建设监理费、建设场地征用费和联合试运转费。

（2）生产准备费。包括生产单位提前进厂费、生产职工培训费、管理用具购置费、备品备件购置费和工器具及生产家具购置费。

（3）科研勘设费。包括工程科学研究试验费、前期勘察规划统筹费和勘测设计费。

（4）其他。包括承包商进退场费、定额编制管理费及供电贴费等。

第二节　费用的构成及计算程序

一、建设项目的费用构成

建设项目费用是指工程项目从筹建到竣工验收、交付使用所需要的费用总和。各个系统对工程建设项目费用划分的原则基本相同，但具体费用划分又有所不同。水利工程一般规模大、项目多、投资大，在编制概预算时，对建设项目费用划分得更细更多。水利工程建设项目费用包括工程部分、移民和环境部分两部分。移民和环境部分的费用包括水库移民征地补偿费、水土保持工程费、环境保护工程费，其费用构成按《水利工程建设征地移民补偿投资概（估）算编制规定》、《水利工程环境保护设计概（估）算编制规定》和《水土保持工程概（估）算编制规定》执行。

根据水利部现行规定，工程部分的建设项目费用由工程费（包括建筑及安装工程费和设备费）、独立费用、预备费、建设期融资利息组成。建筑安装工程费由直接工程费、间接费、企业利润和税金组成。按概预算项目划分，工程费分为四部分：建筑工程费，机电设备及安装工程费，金属结构设备及安装工程费，施工临时工程费。

编制水利工程概预算，要针对每个工程的具体情况，在工程的不同设计阶段，根据设计深度及掌握的资料，按照设计要求编制工程建设项目费用。认真划分费用的组成是编制工程概预算的基础和前提，图4-1是水利工程建设项目费用构成图。

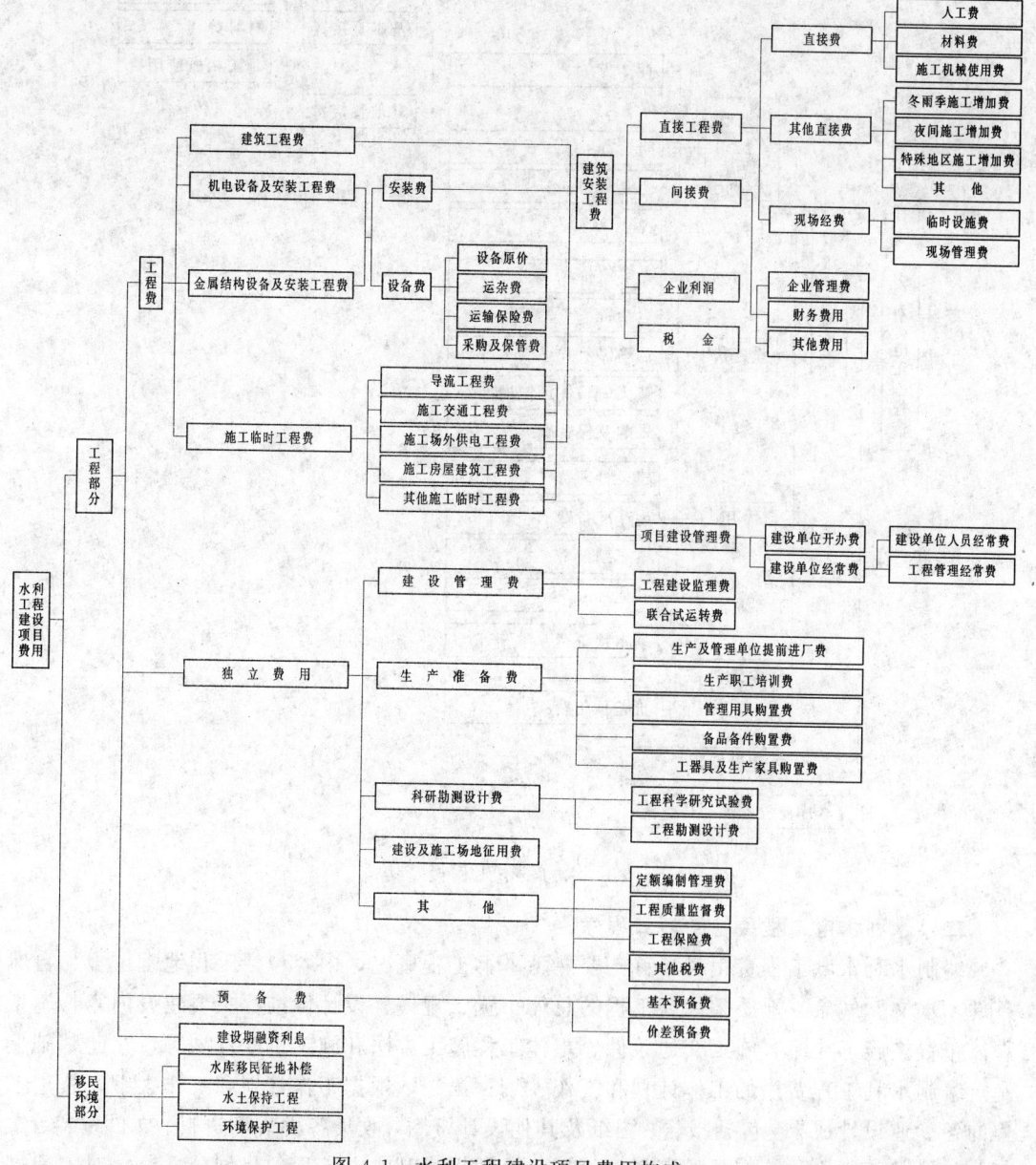

图4-1 水利工程建设项目费用构成

水力发电工程的费用构成与水利工程大同小异，建设项目投资由枢纽建筑物投资及水库淹没处理补偿投资两大部分组成。其中枢纽建筑投资由建筑及安装工程费、设备费、其他费用、预备费、建设期还贷利息组成，见图 4-2。水力发电工程的费用划分与水利工程大致相同，不同点主要有：①取消直接工程费中现场经费一项，②临时设施费中的小型临时设施摊销费划入其他直接费中，③大型临时设施费在概算第一部分施工辅助工程中单列，④将现场管理费划入间接费中，⑤将间接费中的施工企业进退场补贴划出，在概算第五部分的"费用"中单列，⑥设备费中增列特大（重）件运输增加费。

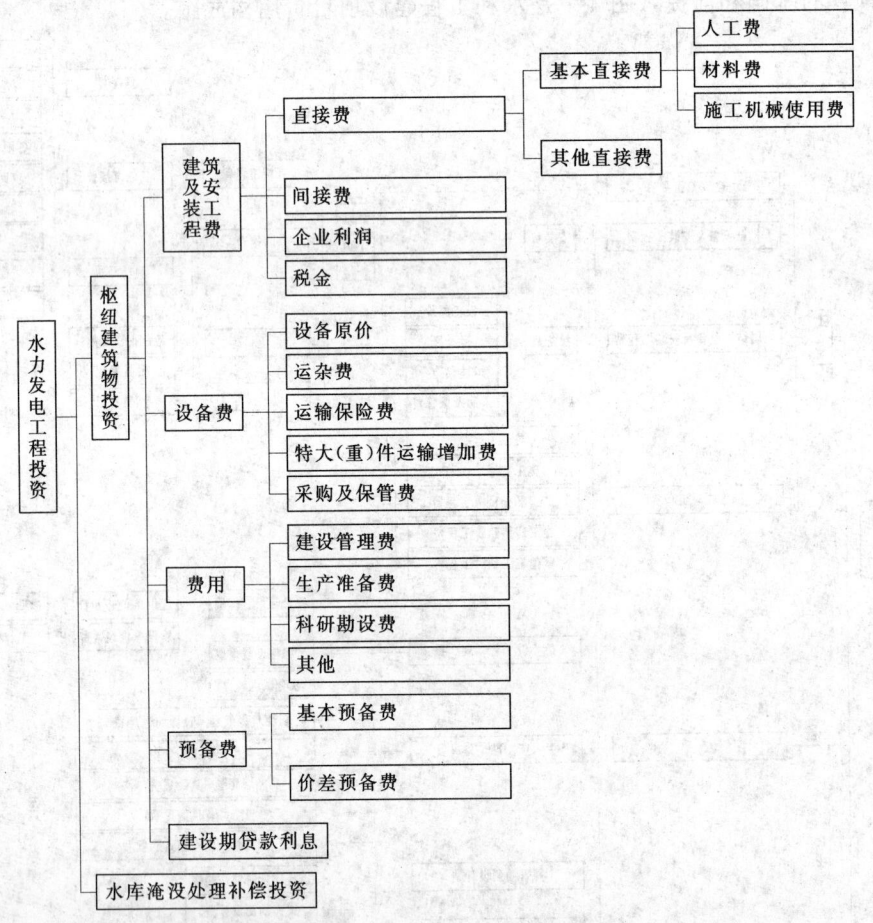

图 4-2 水力发电工程投资构成

二、水利水电工程费用的计算程序

编制水利水电工程费用时，首先要熟悉了解工程概况，内容包括工程地理位置、自然条件，水文、气象、地质条件，工程的总体布置、规模、设计标准、主要建设内容，施工总体布置、施工导流、施工交通条件、主体工程施工方法和施工进度计划等，在此基础上制定编制水利工程费用的工作计划和工作大纲；第二，根据工作计划和工作大纲，收集工程的各专业设计成果，包括报告、图纸及其他设计资料，收集各种现场资料、文件资料、定额及其他与编制概预算有关的资料；第三，要根据水利水电工程项目划分办法，对工程进行详细地项目划分,确定工程量清单;第四,编制工程基础单价,包括:人工预算单价,材料预算价格,电、水、风预算价格,砂、石料单价,混凝土材料单价,施工机械台时费;第五,根据项目划分结果和基础单价计算结果,编制建筑、安装工程单价,计算设备费;第六,进行各部分工程概预算编制,汇总分部分项工程概预算,形成单位工程或单项工程概预算,汇总单位、单项工程概预算以及独立费用,编制出总概预算。最后要按规定进行分级校审和装订成册。水利工程概预算编制的一般程序如图4-3所示。

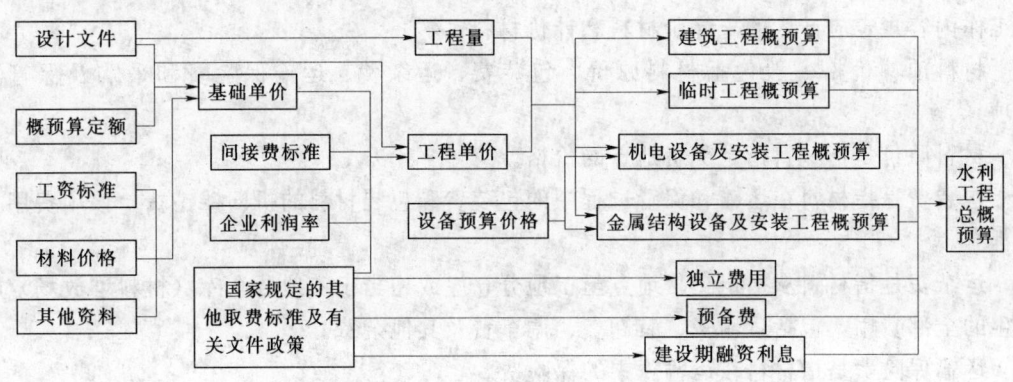

图4-3 水利工程概预算编制程序

第三节 建筑及安装工程费

建筑及安装工程费由直接工程费、间接费、企业利润和税金四项组成。

一、直接工程费

直接工程费是指在建筑安装工程施工过程中直接消耗在工程项目上的活劳动和物化劳动,他和分项、分部工程的规模、数量、建筑材料、施工工艺、施工条件等因素密切相关。直接工程费由直接费、其他直接费、现场经费三项组成。

(一)直接费

直接费是指建筑安装工程施工过程中直接耗费的有助于工程形成和构成工程实体的各项费用,包括人工费、材料费、施工机械使用费。

1. 人工费

指列入概预算定额的直接从事建筑安装工程施工的生产工人开支的各项费用,包括基本工资、辅助工资和工资附加费。

(1)基本工资。由岗位工资、年功工资和年应工作天数内非作业天数的工资组成。

岗位工资是指按照职工所在岗位各项劳动要素测评结果确定的工资。

年功工资是指按照职工工作年限确定的工资,随工作年限的增加而逐年累加。

生产工人年应工作天数以内非作业天数的工资,包括职工开会学习、培训期间的工资,调动工作、探亲、休假期间的工资,因气候影响的停工工资,女工哺乳期间的工资,病假在六个月以内的工资及产、婚、丧假期的工资。

(2)辅助工资。是指基本工资以外,以其他形式支付给职工的工资性收入,主要是根据国家有关规定支付给职工的属于工资性质的津贴。包括地区津贴、施工津贴、夜餐津贴、节日加班津贴等。

（3）工资附加费。是指按照国家规定提取的职工福利基金、工会经费、养老保险费、医疗保险费、工伤保险费、职工失业保险基金和住房公积金。

2. 材料费

指用于建筑安装工程项目上的消耗性材料、装置性材料和周转性材料摊销费。包括定额工作内容规定应计入的未计价材料和计价材料。

材料预算价格一般包括材料原价、包装费、运杂费、运输保险费和采购及保管费五项。

材料原价是指材料指定交货地点的价格。

包装费是指材料在运输和保管过程中的包装费和包装材料的折旧摊销费，该项费用并非都有。

运杂费是指材料从指定交货地点至工地分仓库或相当于工地分仓库（材料堆放场）所发生的全部费用，包括运输费、装卸费、调车费及其他杂费。

运输保险费是指材料在运输途中的保险费。

材料采购及保管费是指材料在采购、供应和保管过程中所发生的各项费用，主要包括材料的采购、供应和保管部门工作人员的基本工资、辅助工资、工资附加费、教育经费、办公费、差旅交通费及工具用具使用费；仓库、转运站等设施的检修费、固定资产折旧费、技术安全措施费和材料检验费；材料在运输、保管过程中发生的损耗。

3. 施工机械使用费

指消耗在建筑安装工程项目上的机械磨损、维修、人工费和动力燃料费用等。包括折旧费、修理及替换设备费、安装拆卸费、机上人工费和动力燃料费。

折旧费是指施工机械在规定使用年限内回收原值的台时折旧摊销费用。

修理费是指施工机械在使用过程中，为了使机械保持正常功能而进行修理所需的摊销费用和机械正常运转及日常保养所需的润滑油料、擦拭用品的费用，以及保管机械所需的费用。

替换设备费是指施工机械正常运转时所耗用的替换设备及随机使用的工具附具等摊销费用。

安装拆卸费是指施工机械进出工地的安装、拆卸、试运转和场内转移及辅助设施的摊销费用，部分大型施工机械的安装拆卸费不在其施工机械使用费中计列，包含在其他施工临时工程中。

机上人工费是指施工机械使用时机上操作人员的人工费用。

动力燃料费指施工机械正常运转时所耗用的风、水、电、油和煤等费用。

直接费具体计算方法见第五章。

（二）其他直接费

是指直接费以外在施工过程中直接发生的其他费用。包括冬雨季施工增加费、夜间施工增加费、特殊地区施工增加费和其他。

1. 冬雨季施工增加费

指在冬雨季施工期间为保证工程质量和安全生产所需增加的费用。包括增加施工工序，增设防雨、保温、排水等设施增耗的动力、燃料、材料以及因人工、机械效率降低而增加的费用。根据水利部现行规定，根据工程所在的不同地区，按直接费的百分率计算。西南、中南、华东区取 0.5%～1.0%，华北区取 1.0%～2.5%，西北、东北区取 2.5%～4.0%。

在西南、中南、华东区中，按规定不计冬季施工增加费的地区取小值，计算冬季施工增加费的地区可取大值；在华北区中，内蒙古等较严寒地区可取大值，其他地区取中值或小值；在西北、东北区中，陕西、甘肃等省取小值，其他地区可取中值或大值。

2. 夜间施工增加费

指施工场地和公用施工道路的照明费。根据水利部现行规定，按直接费的百分率计算，其中建筑工程为 0.5%，安装工程为 0.7%。一班制作业的工程，不计算此项费用。

照明线路工程费用包括在"临时设施费"中；施工附属企业系统、加工厂、车间的照明，列入相应的产品成本中，均不包括在本项费用之内。

3. 特殊地区施工增加费

指在高海拔和原始森林等特殊地区施工而增加的费用。其中高海拔地区的高程增加费，按规定直接进入定额；其他特殊增加费（如酷热、风沙），应按工程所在地区规定的标准计算；地方没有规定的不得计算此项费用。

4. 其他

包括施工工具用具使用费、检验试验费、工程定位复测、工程点交、竣工场地清理、工程项目及设备仪表移交生产前的维护观察费等。其中，施工工具用具使用费是指施工生产所需，但不属于固定资产的生产工具、检验、试验用具等的购置、摊销和维护费。检验试验费是指对建筑材料、构件和建筑安装物进行一般鉴定、检查所发生的费用，包括自设试验室进行试验所耗用的材料和化学药品费用，以及技术革新和研究试验费，不包括新结构、新材料的试验费和建设单位要求对具有出厂合格证明的材料进行试验、对构件进行破坏性试验，以及其他特殊要求检验试验的费用。

根据水利部现行规定，其费用按直接费的百分率计算。其中，建筑工程为 1.0%，安装工程为 1.5%。

（三）现场经费

包括临时设施费和现场管理费。

1. 临时设施费

是指施工企业为进行建筑安装工程施工所必需的但又未被列入施工临时工程的临时建筑物、构筑物和各种临时设施的建设、维修、拆除、摊销等费用。如：供风、供水（支线）、供电（场内）、夜间照明、供热系统及通信支线，土石料场，简易砂石料加工系统，小型混凝土拌和浇筑系统，木工、钢筋、机修等辅助加工厂，混凝土预制构件厂，场内施工排水，场地平整、道路养护及其他小型临时设施。

2. 现场管理费

(1) 现场管理人员的基本工资、辅助工资、工资附加费和劳动保护费。

(2) 办公费。是指现场办公用具、印刷、邮电、书报、会议、水、电、烧水和集体取暖（包括现场临时宿舍取暖）用燃料等费用。

（3）差旅交通费。是指现场职工因公出差期间的差旅费、误餐补助费，职工探亲路费，劳动力招募费，职工离退休和退职一次性路费，工伤人员就医路费，工地转移费以及现场管理使用的交通工具的运行费、养路费及牌照费。

（4）固定资产使用费。是指现场管理使用的属于固定资产的设备、仪器等的折旧、大修理、维修费或租赁费等。

（5）工具用具使用费。是指现场管理使用的不属于固定资产的工具、器具、家具、交通工具和检验、试验、测绘、消防用具等的购置、维修和摊销费。

（6）保险费。是指施工管理用财产、车辆保险费，高空、井下、洞内、水下、水上作业等特殊工种安全保险费等。

（7）其他费用。

3. 现场经费标准

按水利部现行规定，现场经费标准根据工程性质的不同分为枢纽工程、引水工程及河道工程两部分标准，对于有些施工条件复杂、大型建筑物较多的引水工程可执行枢纽工程的费率标准。

（1）枢纽工程现场经费标准。见表4-1。表中枢纽工程工程类别划分如下：

1）土石方工程包括土石方开挖与填筑、砌石、抛石工程等。

2）砂石备料工程包括天然砂石料和人工砂石料开采加工。

3）模板工程包括现浇各种混凝土时制作及安装的各类模板工程。

4）混凝土浇筑工程包括现浇和预制各种混凝土、钢筋制作安装、伸缩缝、止水、防水层、温控措施等。

5）钻孔灌浆及锚固工程包括各种类型的钻孔灌浆、防渗墙及锚杆（索）、喷浆（混凝土）工程等。

6）其他工程。指除上述工程以外的工程。

（2）引水工程及河道工程现场经费标准。见表4-1。表中引水工程和河道工程工程类别划分如下：

1）除疏浚工程外，其余均与枢纽工程相同。

2）疏浚工程是指挖泥船、水力冲挖机组等机械疏浚江河、湖泊的工程。

表 4-1　　　　　枢纽工程、引水工程及河道工程现场经费费率表

工程性质	序号	工程类别	计算基础	现场经费费率（%）		
				合计	临时设施费	现场管理费
枢纽工程	一	建筑工程				
	1	土石方工程	直接费	9	4	5
	2	砂石备料工程（自采）	直接费	2	0.5	1.5
	3	模板工程	直接费	8	4	4
	4	混凝土浇筑工程	直接费	8	4	4
	5	钻孔灌浆及锚固工程	直接费	7	3	4
	6	其他工程	直接费	7	3	4
	二	机电、金属结构设备安装工程	人工费	45	20	25

续表

工程性质	序号	工程类别	计算基础	现场经费费率（%）		
				合计	临时设施费	现场管理费
引水工程及河道工程	一	建筑工程				
	1	土方工程	直接费	4	2	2
	2	石方工程	直接费	6	2	4
	3	模板工程	直接费	6	3	3
	4	混凝土浇筑工程	直接费	6	3	3
	5	钻孔灌浆及锚固工程	直接费	7	3	4
	6	疏浚工程	直接费	5	2	3
	7	其他工程	直接费	5	2	3
	二	机电、金属结构设备安装工程	人工费	45	20	25

注 引水工程及河道工程若自采砂石料，则费率标准同枢纽工程。

二、间接费

间接费是相对于直接工程费而言的，施工企业为了生产建筑安装工程产品，除在该工程上直接消耗一定的人力、物力和财力外，也必需耗用一定的人力、物力和财力对施工进行组织与管理，施工企业为建筑安装工程施工而进行组织与经营管理所发生的各项费用即间接费。这部分费用与整个工程有关，构成产品成本，但又不直接用于建筑安装工程产品生产上，不能直接按比例计入某个具体工程项目成本中，而是采用将发生的费用汇总起来除以直接工程费总额，计算出其占直接工程费的百分率，或除以直接人工费计算出其占人工费的百分率。按现行部颁规定，间接费的计算基础有两种形式，建筑工程是以直接工程费为计算基础，机电、金属结构设备及安装以人工费为计算基础。间接费是建筑安装企业组织施工管理的间接成本，采用以直接工程费为计算基础，不会因定额直接人工的减少而影响间接费收入，有利于企业使用先进技术。间接费由企业管理费、财务费用和其他费用组成。

（一）企业管理费

是指施工企业为组织施工生产经营活动所发生的管理费用。主要包括以下内容：

（1）施工企业管理人员的基本工资、辅助工资、工资附加费和劳动保护费。

（2）差旅交通费。是指施工企业管理人员因公出差、工作调动的差旅费、误餐补助费，职工探亲路费，劳动力招募费，离退休职工一次性路费，交通工具油料、燃料、牌照、养路费等。

（3）办公费。是指施工企业办公用具、印刷、邮电、书报、资料、会议、水、电、燃煤（气）等费用。

（4）固定资产折旧、修理费。是指企业属于固定资产的房屋、设备、仪器等折旧、维修等费用。

（5）工具用具使用费。是指企业管理使用不属于固定资产的工具、用具、家具、交通工具、检验、试验、消防等的摊销及维修费用。

（6）职工教育经费。是指企业为职工学习先进技术和提高文化水平按职工工资总额计提的费用。

(7) 劳动保护费。指企业按照国家有关部门规定标准发放给职工的劳动保护用品的购置费、修理费、保健费、防暑降温费、高空作业及进洞津贴、技术安装措施费以及洗澡用水、饮用水的燃料费。

(8) 保险费。是指企业财产保险、管理用车辆等保险费用。

(9) 税金。是指企业按规定交纳的房产税、管理用车辆使用税、印花税等。

(10) 其他。包括技术转让费、设计收费标准中未包括的应由施工企业承担的部分施工辅助工程设计费、投标报价费、工程图纸资料费及工程摄影费、技术开发费、业务招待费、绿化费、公证费、法律顾问费、审计费、咨询费等。

（二）财务费用

是指企业为筹集资金而发生的各项费用，包括企业经营期间发生的短期融资利息净支出、汇兑净损失、金融机构手续费，企业筹集资金发生的其他财务费用，以及投标和承包工程发生的保函手续费等。

（三）其他费用

是指企业定额测定费及施工企业进退场补贴费，包括临时工、民工的进、退场费用。

（四）间接费标准

间接费标准根据工程性质的不同分为枢纽工程、引水工程及河道工程两部分标准，对于有些施工条件复杂、大型建筑物较多的引水工程可执行枢纽工程的费率标准。

按水利部现行规定，水利工程间接费的取费标准见表4-2。表中工程类别范围划分同现场经费的工程类别划分。

表4-2　　　　　　枢纽工程和引水工程及河道工程间接费费率表

工程性质	序号	工程类别	计算基础	间接费费率（%）	备注
枢纽工程	一	建筑工程			若土石方填筑等工程项目所利用原料为已计取现场经费、间接费、企业利润和税金的砂石料，则其间接费率选取括号中的数值。
	1	土石方工程	直接工程费	9（8）	
	2	砂石备料工程（自采）	直接工程费	6	
	3	模板工程	直接工程费	6	
	4	混凝土浇筑工程	直接工程费	5	
	5	钻孔灌浆及锚固工程	直接工程费	7	
	6	其他工程	直接工程费	7	
	二	机电、金属结构设备安装工程	人工费	50	
引水工程及河道工程	一	建筑工程			若工程自采砂石料，则费率标准同枢纽工程。
	1	土方工程	直接工程费	4	
	2	石方工程	直接工程费	6	
	3	模板工程	直接工程费	6	
	4	混凝土浇筑工程	直接工程费	4	
	5	钻孔灌浆及锚固工程	直接工程费	7	
	6	疏浚工程	直接工程费	5	
	7	其他工程	直接工程费	5	
	二	机电、金属结构设备安装工程	人工费	50	

水利工程一般比较复杂，包含的工程类别多，不宜采用统一的间接费率，应根据不同的工程类别，采用相应的费率。同时，不同的专业，间接费率及其取用方法差别也较大，对于水利工程项目中有关铁路、公路、桥梁、房屋建筑等专业工程，应参照有关专业标准计算。

间接费是工程概预算的组成部分，间接费不直接构成工程实体，其支出不随工程量的增减而同步增减，间接费取费标准与建安工作量直接挂钩，这样有利于促进施工企业通过加强管理、扩大业务、提高劳动效率等来增加收入，相对减少间接费支出。

三、企业利润和税金

1. 企业利润

企业利润指按规定应计入建筑安装工程费用中的利润。按水利部现行规定，企业利润率不分建筑工程和安装工程，均按直接工程费与间接费之和的7%计算。

2. 税金

税金指国家对施工企业承担建筑、安装工程作业收入所征收的营业税、城市维护建设税和教育费附加。应根据国务院发布的有关文件规定的征用范围和税率进行计算。在编制概（估）算时，可按下列公式和费率进行简便计算为

$$税金 = （直接工程费 + 间接费 + 企业利润）\times 税率 \tag{4-1}$$

若安装工程中含未计价装置性材料费，则计算税金时应计入未计价装置性材料费。

税金的费率标准：建设项目在市区的为3.41%；建设项目在县城镇的为3.35%；建设项目在市区或县城镇以外的为3.22%。

第四节 设 备 费

设备费包括设备原价、运杂费、运输保险费和采购及保管费。

一、设备原价

国产设备原价是指设备制造厂的出厂价。

进口设备以设备到岸价和进口设备征收的税金、手续费、商检费及港口费等各项费用之和为原价。

大型机组分搬运至工地后的拼装费用应包括在设备原价内。

二、运杂费

是指设备由厂家运至工地安装现场所发生的一切运杂费用。包括运输费、调车费、装卸费、包装捆扎费、大型变压器充氮费及可能发生的其他杂费。

三、运输保险费

指设备在运输过程中的保险费用。

四、采购及保管费

指建设单位和施工企业在负责设备的采购、保管过程中发生的各项费用，主要包括以下内容。

（1）采购保管部门工作人员的基本工资、辅助工资、工资附加费、劳动保护费、教育经费、办公费、差旅交通费、工具用具使用费等。

(2) 仓库、转运站等设施的运行费、维修费、固定资产折旧费、技术安全措施费和设备的检验、试验费等。

第五节 独立费用

水利建设工程独立费用是指按照基本建设工程投资统计包括范围的规定，应在投资中支付并列入建设项目概算或单项工程综合概算内，与工程直接有关而又难以直接摊入某个单位工程的其他工程和费用。独立费用由建设管理费、生产准备费、科研勘测设计费、建设及施工场地征用费和其他五项组成。

一、建设管理费

指建设单位在工程项目筹建和建设期间进行管理工作所需的各项费用。包括项目建设管理费、工程建设监理费和联合试运转费共三项。

1. 项目建设管理费

包括建设单位开办费和建设单位经常费。其中：

(1) 建设单位开办费。指新组建的工程建设单位，为开展工程建设管理工作所必须购置的办公及生活设施、交通工具等，以及其他用于开办工作的费用。对于新建工程，其开办费应根据建设单位开办费标准和建设单位的定员人数来确定。对于改建、扩建和加固工程，原则上不计建设单位开办费，但是，要根据改扩建和加固工程的具体情况决定。按照水利部现行规定，水利工程建设单位开办费费用标准见表4-3，建设单位定员见表4-4。

表 4-3　　　　　　　　　　建设单位开办费费用标准表

建设单位人数	20人以下	21～40人	41～70人	71～140人	141人以上
开办费（万元）	120	120～220	220～350	350～700	700～850

注 1. 引水及河道工程按总工程计算，不得分段分别计算。
　　2. 定员人数在两个数之间的，采用内插法计算开办费。

表 4-4　　　　　　　　　　建设单位定员表

工　程　类　别　及　规　模			定员人数
特大型工程	如南水北调		140人以上
综合利用的水利枢纽工程	大（1）型	总库容＞10亿 m³	70～140人
	大（2）型	总库容 1亿～10亿 m³	40～70人
枢纽工程	以发电为主的枢纽工程	200万 kW 以上	90～120人
		150万～200万 kW	70～90人
		100万～150万 kW	55～70人
		50万～100万 kW	40～55人
		30万～50万 kW	30～40人
		30万 kW	20～30人
枢纽扩建及加固工程	大　型	总库容＞1亿 m³	21～35人
	中　型	总库容 0.1亿～1亿 m³	14～21人

续表

工 程 类 别 及 规 模		定员人数
引水及河道工程	大型引水工程	线路总长＞300km	84～140人
		线路总长 100～300km	56～84人
		线路总长≤100km	28～56人
	大型灌溉或排涝工程	灌溉或排涝面积＞150万亩	56～84人
		灌溉或排涝面积 50万～150万亩	28～56人
	大江大河整治及堤防加固工程	河道长度＞300 km	42～56人
		河道长度 100～300 km	28～42人
		河道长度≤100km	14～28人

注 1. 当大型引水、灌溉或排涝、大江大河整治及堤防加固工程包含有较多的泵站、水闸、船闸时，定员可适当增加。
2. 本定员只作为计算建设单位开办费和建设单位人员经常费的依据。
3. 工程施工条件复杂者取大值，反之取小值。

（2）建设单位经常费。包括建设单位人员经常费和工程管理经常费。

1）建设单位人员经常费。指建设单位自批准组建之日起至完成该工程建设管理任务之日止，需要开支的经常费用。主要包括工作人员基本工资、辅助工资、工资附加费、劳动保护费、教育经费、办公费、差旅交通费、会议费、交通车辆使用费、技术图书资料费、固定资产折旧费、零星固定资产购置费、低值易耗品摊销费、工具用具使用费、修理费、水电费、取暖费等。

建设单位人员经常费根据建设单位定员、费用指标和经常费用计算期进行计算。编制概算时，应根据工程所在地区和编制年的基本工资、辅助工资、工资附加费、劳动保护费以及费用标准调整表 4-5、表 4-6 中的费用，作为计算建设单位人员经常费的依据。

表 4-5 六类（北京）地区建设单位人员经常费用指标表（枢纽、引水工程）

序 号	项 目	计 算 公 式	金 额 [元/（人·年）]
1	基本工资		6420
	工人	400元/月×12月×10%	480
	干部	550元/月×12月×90%	5940
2	辅助工资		2446
	地区津贴	北京地区无	
	施工津贴	5.3元/天×365天×0.95	1838
	夜餐津贴	4.5元×251工日×30%	339
	节日加班津贴	6420÷251×10×3×35%	269
3	工资附加费		4432
	职工福利基金	1～2项之和8866元的14%	1241
	工会经费	1～2项之和8866元的2%	177
	职工教育经费	1～2项之和8866元的1.5%	133
	养老保险费	1～2项之和8866元的20%	1773
	医疗保险费	1～2项之和8866元的4%	355
	工伤保险费	1～2项之和8866元的1.5%	133
	职工失业保险基金	1～2项之和8866元的2%	177
	住房公积金	1～2项之和8866元的5%	443
4	劳动保护费	基本工资6420元的12%	770
5	小 计		14068
6	其他费用	1～4项之和14068元×180%	25322
7	合 计		39390

注 工期短或施工条件简单的引水工程费用指标应按河道工程费用指标执行。

表 4-6 六类（北京）地区建设单位人员经常费用指标表（河道工程）

序号	项　目	计　算　公　式	金　额 [元/(人·年)]
1	基本工资		4494
	工人	280元/月×12月×10%	336
	干部	385元/月×12月×90%	4158
2	辅助工资		1628
	地区津贴	北京地区无	
	施工津贴	3.5元/天×365天×0.95	1214
	夜餐津贴	4.5元×251工日×20%	226
	节日加班津贴	4494÷251×10×3×35%	188
3	工资附加费		3060
	职工福利基金	1~2项之和6122元的14%	857
	工会经费	1~2项之和6122元的2%	122
	职工教育经费	1~2项之和6122元的1.5%	92
	养老保险费	1~2项之和6122元的20%	1224
	医疗保险费	1~2项之和6122元的4%	245
	工伤保险费	1~2项之和6122元的1.5%	92
	职工失业保险基金	1~2项之和6122元的2%	122
	住房公积金	1~2项之和6122元的5%	306
4	劳动保护费	基本工资4494元的12%	539
5	小　计		9721
6	其他费用	1~4项之和9721元×180%	17498
7	合　计		27219

建设单位人员经常费计算公式为

$$\text{建设单位人员经常费} = \text{费用指标}[元/(人·年)]$$
$$\times \text{定员人数} \times \text{经常费用计算期（年）} \quad (4-2)$$

建设单位定员人数按表4-4取。按水利部现行规定，枢纽工程、引水工程建设单位人员经常费费用指标见表4-5，河道工程建设单位人员经常费用指标见表4-6。

经常费用计算期。根据施工组织设计确定的施工总进度和总工期，建设单位人员从工程筹建之日起，至工程竣工之日加3~6个月止，为经常费用计算期。其中：大型水利枢纽、大型引水工程、灌溉或排涝面积大于150万亩工程等的筹建期1~2年，其他工程0.5~1年。

2）工程管理经常费。指建设单位从工程筹建到工程竣工期间所发生的各种管理费用。包括在该工程建设过程中用于筹措资金、召开董事（股东）会议、视察工程建设所发生的会议和差旅等费用；建设单位为解决工程建设涉及的技术、经济、法律等问题需要进行咨询所发生的费用；建设单位进行项目管理所发生的土地使用税、房产税、合同公证费、审计费、招标业务费等；施工期所需的水情、水文、泥沙、气象监测费和报汛费；工程验收费和由主管部门主持对工程设计进行审查、安全进行鉴定等费用；在工程建设过程中，必须派驻工地的公安、消防部门的补贴费以及其他属于工程管理性质开支的费用。

按水利部现行规定，枢纽工程及引水工程一般按建设单位开办费和建设单位人员经常费之和的 35%～40%计取；改扩建工程与加固工程、堤防及疏浚工程按建设单位开办费和建设单位人员经常费之和的 20%计取。

2. 工程建设监理费

是指在工程建设过程中聘任监理单位，对工程的质量、进度、安全和投资进行监理所发生的全部费用。包括监理单位为保证监理工作正常开展而必须购置的交通工具、办公及生活设备、检验试验设备以及监理人员的基本工资、辅助工资、工资附加费、劳动保护费、教育经费、办公费、差旅交通费、会议费、技术图书资料费、固定资产折旧费、零星固定资产购置费、低值易耗品摊销费、工具用具使用费、修理费、水电费、采暖费等。

工程建设监理费按照国家及省、自治区、直辖市计划（物价）部门有关规定计收。

1992 年国家物价局、建设部［1992］价费字 479 号文关于发布《工程建设监理费有关规定》的通知，对建设监理取费标准作了如下规定：

(1) 工程建设监理费，根据委托监理业务的范围、深度和工程的性质、规模、难易程度以及工作条件等情况，按照下列方法之一计收：

1) 按所监理工程概（预）算的百分比计收，计收标准见表 4-7。

表 4-7　　　　　　　　　　工程建设监理收费标准

序号	工程概（预）算 M（万元）	设计阶段（含设计招标）监理取费 a（%）	施工（含施工招标）及保修阶段监理取费 b（%）
1	$M<500$	$0.2<a$	$2.5<b$
2	$500\leqslant M<1000$	$0.15<a\leqslant 0.20$	$2.00<b\leqslant 2.50$
3	$1000\leqslant M<5000$	$0.10<a\leqslant 0.15$	$1.40<b\leqslant 2.00$
4	$5000\leqslant M<10000$	$0.08<a\leqslant 0.10$	$1.20<b\leqslant 1.40$
5	$10000\leqslant M<50000$	$0.05<a\leqslant 0.08$	$0.80<b\leqslant 1.20$
6	$50000\leqslant M<100000$	$0.03<a\leqslant 0.05$	$0.60<b\leqslant 0.80$
7	$100000\leqslant M$	$a\leqslant 0.03$	$b\leqslant 0.60$

2) 按照参与监理工作的年度平均人数计算，平均每人每年 3.5 万～5 万元。

3) 不宜按以上两种方法计收的，由建设单位和监理单位按商定的其他方法计收。

(2) 以上 1)、2) 两项规定的工程建设监理收费标准为指导性价格，具体收费标准由建设单位和监理单位在规定的幅度内协商确定。

(3) 中外合资、合作、外商独资的建设工程，工程建设监理费双方参照国际标准协商确定。

3. 联合试运转费

指水利工程中的发电机组、水泵等安装完毕，在竣工验收前，进行整套设备带负荷联合试运转期间所需的各项费用。包括联合试运转期间所消耗的燃料、动力、材料及机械使用费，工具用具购置费，施工单位参加联合试运转人员工资等。

按水利部现行规定，联合试运转费费用指标见表 4-8。

二、生产准备费

指水利建设项目的生产、管理单位为准备正常的生产运行或管理发生的费用。内容包括生产及管理单位提前进厂费、生产职工培训费、管理用具购置费、备品备件购置费、工器具及生产家具购置费五项。

表 4-8　　　　　　　　　　　　联合试运转费用指标表

类别	项目	指标									
水电站工程	单机容量（万 kW）	≤1	≤2	≤3	≤4	≤5	≤6	≤10	≤20	≤30	≤40	>40
	费用（万元/台）	3	4	5	6	7	8	9	11	12	16	22
泵站工程	电力泵站	25~30 元/kW									

1. 生产及管理单位提前进厂费

指生产、管理单位在工程完工之前，有一部分工人、技术人员和管理人员提前进厂进行生产筹备工作所需的各项费用。包括提前进厂人员的基本工资、辅助工资、工资附加费、劳动保护费、教育经费、办公费、差旅交通费、会议费、技术图书资料费、零星固定资产购置费、修理费、低值易耗品摊销费、工具用具使用费、水电费、取暖费等，以及其他属于生产筹建期间应开支的费用。

取费标准：枢纽工程按一至四部分建安工作量的 0.2%~0.4% 计算，大（1）型工程取小值，大（2）型工程取大值。引水和灌溉工程视工程规模参照枢纽工程计算。改扩建与加固工程、堤防及疏浚工程原则上不计此项费用，若工程中含有新建大型泵站、船闸等建筑物，按建筑物的建安工作量参照枢纽工程费率适当计列。

2. 生产职工培训费

指工程在竣工验收之前，生产及管理单位为保证生产、管理工作能顺利进行，需对工人、技术人员与管理人员进行培训所发生的费用。包括基本工资、辅助工资、工资附加费、劳动保护费、差旅交通费、实习费等，以及其他属于职工培训应开支的费用。

取费标准：枢纽工程按一至四部分建安工作量的 0.3%~0.5% 计算，大（1）型工程取小值，大（2）型工程取大值。引水和灌溉工程视工程规模参照枢纽工程计算。改扩建与加固工程、堤防及疏浚工程原则上不计此项费用，若工程中含有新建大型泵站、船闸等建筑物，按建筑物的建安工作量参照枢纽工程费率适当计列。

3. 管理用具购置费

指为保证新建项目的正常生产和管理所必须购置的办公和生活用具等费用。包括办公室、会议室、档案资料室、阅览室、文娱室、医务室等公用设施需要的家具器具。

取费标准：枢纽工程按一至四部分建安工作量的 0.02%~0.08% 计算，大（1）型工程取小值，大（2）型工程取大值。引水工程和河道工程按建安工作量的 0.02%~0.03% 计算。

4. 备品备件购置费

指工程在投产以后的运行初期，由于易损件损耗和可能发生的事故，而必须准备的备品备件和专用材料的购置费。不包括设备价格中配备的备品备件。

取费标准：备品备件购置费按占设备费的 0.4%~0.6% 计算。大（1）型工程取下限，其他工程取中、上限。这里应注意：①设备费应包括机电设备、金属结构设备以及运杂费等全部设备费；②电站、泵站同容量、同型号机组超过一台时，只计算一台的设备费。

5. 工器具及生产家具购置费

指按设计规定，为保证初期生产正常运行所必须购置的不属于固定资产标准的生产工具、器具、仪表、生产家具等的购置费。不包括设备价格中已包括的专用工具。

取费标准：工器具及生产家具购置费，按占设备费的 0.08%～0.2%计算。枢纽工程取下限，其他工程取中、上限。

三、科研勘测设计费

指为工程建设所需的科研、勘测和设计等费用。包括工程科学研究试验费和工程勘测设计费。

1. 工程科学研究试验费

指在工程建设中，为解决工程的技术问题，而进行必要的科学研究试验所需的费用。

取费标准：枢纽工程和引水工程按建安工作量的 0.5%计算，河道工程按建安工作量的 0.2%计算。

2. 工程勘测设计费

指工程从项目建议书开始以后各设计阶段发生的勘测费和设计费。包括项目建议书、可行性研究、初步设计、招标设计和施工图设计阶段发生的勘测费、设计费和为勘测设计服务的科研试验费用。勘测、设计费按国家计委、建设部计价格［2002］10 号文关于发布《工程勘察设计收费管理规定》的通知执行。

四、建设及施工场地征用费

指根据设计确定的建设及施工场地范围内的永久工程征地、临时工程征地和管理单位用地所发生的征地补偿费用及应缴纳的耕地占用税等。主要包括征用场地上的林木、作物的赔偿，建筑物的迁建和居民迁移费等。

具体编制方法和计算标准参照移民和环境部分概算编制规定执行。

五、其他费用

1. 定额编制管理费

指为水利工程定额的测定、编制、管理、发行等所需的费用。该项费用交由定额管理机构安排使用。按照国家及省、自治区、直辖市计划（物价）部门有关规定计收。

根据国家计委、财政部关于第一批降低 22 项收费标准的通知计价费［1997］2500 号文，工程定额编制管理费收费标准为：对沿海城市和建安工作量大的地区，按建安工作量的 0.4‰～0.8‰，对其他地区按建安工作量的 0.4‰～1.3‰。

2. 工程质量监督费

指为保证工程质量而进行的检测、监督、检查等费用。按照国家及省、自治区、直辖市计划（物价）部门有关规定计收。

根据国家计委收费管理司、财政部综合与改革司关于水利建设工程质量监督收费标准及有关问题的规定，工程质量监督费按建安工作量计费，大城市不超过 1.5‰，中等城市不超过 2‰，小城市不超过 2.5‰，已实施工程监理的建设项目，不超过 0.5‰～1‰。

3. 工程保险费

指工程建设期内，为使工程能在遭受水灾、火灾等自然灾害和意外事故造成损失后得到经济补偿，而对建筑、设备及安装工程保险所发生的保险费用。如需对工程进行保险，保险费用可按水利部与中国人民保险公司联合商定的费率进行计算。即内资部分按第一至第四部分投资合计的 4.5‰～5.0‰计算。

4. 其他税费

指按国家规定应交纳的与工程建设有关的税费。

第六节 预备费、建设期融资利息、静态总投资、总投资

一、预备费

预备费包括基本预备费和价差预备费两项。

1. 基本预备费

基本预备费主要是为解决在工程施工过程中，经上级批准的设计变更和国家政策性变动增加的投资及为解决意外事故而采取的措施所增加的工程项目和费用。根据工程规模、施工年限和地质条件等不同情况，按工程概（估）算第一至第五部分投资合计数的百分率计算。

取费标准：按水利部现行规定，项目建议书阶段投资估算取15%～18%；可行性研究阶段投资估算取10%～12%；初步设计阶段概算取5.0%～8.0%。

2. 价差预备费

价差预备费主要是为解决在工程建设过程中，因人工工资、材料和设备价格上涨以及费用标准调整而增加的投资。计算时，根据施工年限，不分设计阶段，以资金流量表的静态投资为计算基数，按国家计委根据物价变动趋势，适时调整和发布的年物价指数计算。

计算公式为

$$E = \sum_{n=1}^{N} F_n [(1+P)^n - 1] \tag{4-3}$$

式中　E——价差预备费；

　　　N——合理建设工期；

　　　n——施工年度；

　　　F_n——在建设期资金流量表中第 n 年的投资；

　　　P——年物价指数。

二、建设期融资利息

根据国家财政金融政策规定，工程在建设期内需偿还并应计入工程总投资的融资利息。

计算公式为

$$S = \sum_{n=1}^{N} \left[\left(\sum_{m=1}^{n} F_m b_m - \frac{1}{2} F_n b_n \right) + \sum_{m=0}^{n-1} S_m \right] i \tag{4-4}$$

式中　S——建设期融资利息；

　　　N——合理建设工期；

　　　n——施工年度；

　　　m——还息年度；

　　F_n、F_m——在建设期资金流量表内的第 n、m 年的投资；

　　b_n、b_m——各施工年份融资额占当年投资比例；

　　　i——建设期融资利率；

　　　S_m——第 m 年的付息额度。

三、静态总投资和总投资

1. 静态总投资

工程建设项目费用的建筑工程、机电设备及安装工程、金属结构设备及安装工程、施工临时工程、独立费用和基本预备费之和构成静态总投资。

2. 总投资

建筑工程、机电设备及安装工程、金属结构设备及安装工程、施工临时工程、独立费用、基本预备费、价差预备费、建设期融资利息之和为总投资，即静态总投资、价差预备费和建设期融资利息之和。

第五章 水利水电工程基础单价

在编制水利水电工程概预算投资时,需要根据材料来源、施工技术、工程所在地区有关规定及工程具体特点等编制人工预算单价、材料预算价格、施工用电、水、风预算价格、施工机械使用费、砂石料单价及混凝土材料单价,作为计算建筑安装工程单价的基本依据。这些预算价统称为基础单价。

第一节 人工预算单价

人工预算单价是指生产工人在单位时间(工时)的费用,是在编制概预算中计算各种生产工人人工费时所采用的人工费单价,是计算建筑安装工程单价和施工机械费中人工费的基础单价。

一、人工预算单价的组成

人工预算单价由基本工资、辅助工资、工资附加费组成。

1. 基本工资

由岗位工资和年功工资以及年应工作天数内非作业天数的工资组成。其中:

(1) 岗位工资指按照职工所在岗位各项劳动要素测评结果确定的工资。

(2) 年功工资指按照职工工作年限确定的工资,随工作年限增加而逐年累加。

(3) 生产工人年应工作天数内非作业天数的工资,包括职工开会学习、培训期间的工资和探亲假期的工资,调动工作、探亲、休假期间的工资,因气候影响的停工工资,女工哺乳期间的工资,病假在六个月以内的工资以及产、婚、丧假期的工资。

2. 辅助工资

指在基本工资之外,以其他形式支付给职工的工资性收入,指根据国家有关规定属于工资性质的各种津贴,主要包括地区津贴、施工津贴、夜班津贴、节日加班津贴等。

3. 工资附加费

指按照国家规定提取的职工福利基金、工会经费、养老保险费、医疗保险费、工伤保险费、职工失业保险基金和住房公积金。

二、人工预算单价计算

人工预算单价应根据国家有关规定,按水利水电施工企业工人工资标准和工程所在地工资区类别结合水利工程特点进行计算。水利部和原电力部分别在 2002 年和 1997 年制订了新的人工预算单价计算办法,现分别介绍如下。

(一) 水利工程人工预算单价计算

1. 人工预算单价计算方法

根据 2002 年水利部颁布的有关规定,计算方法如下:

(1) 基本工资为

基本工资(元/工日)＝基本工资标准(元/月)×地区工资系数×12月
÷年应工作天数×1.068

(2) 辅助工资分为

地区津贴(元/工日)＝津贴标准(元/月)×12月÷年应工作天数×1.068

施工津贴(元/工日)＝津贴标准(元/天)×365×95%
÷年应工作天数×1.068

夜餐津贴(元/工日)＝(中班津贴标准＋夜班津贴标准)÷2×(20%～30%)

节日加班津贴(元/工日)＝基本工资(元/工日)×3×10
÷年应工作天数×35%

(3) 工资附加费分为

职工福利基金(元/工日)＝[基本工资(元/工日)＋辅助工资(元/工日)]
×费率标准(%)

工会经费(元/工日)＝[基本工资(元/工日)＋辅助工资(元/工日)]
×费率标准(%)

养老保险费(元/工日)＝[基本工资(元/工日)＋辅助工资(元/工日)]
×费率标准(%)

医疗保险费(元/工日)＝[基本工资(元/工日)＋辅助工资(元/工日)]
×费率标准(%)

工伤保险费(元/工日)＝[基本工资(元/工日)＋辅助工资(元/工日)]
×费率标准(%)

职工失业保险基金(元/工日)＝[基本工资(元/工日)＋辅助工资(元/工日)]
×费率标准(%)

住房公积金(元/工日)＝[基本工资(元/工日)＋辅助工资(元/工日)]
×费率标准(%)

(4) 人工工日预算单价为

人工工日预算单价(元/工日)＝基本工资＋辅助工资＋工资附加费

(5) 人工工时预算单价为

人工工时预算单价(元/工时)＝人工工日预算单价(元/工日)
÷日工作时间(工时/工日)

上面式子中的 1.068 为年应工作天数内非作业天数的工资系数。在计算夜餐津贴时，式中百分数，枢纽工程取 30%，引水及河道工程取 20%。

2. 人工预算单价的计算标准

(1) 有效工作时间。年应工作天数为 251 工日(减去双休日 104 天、法定节日 10 天后)，日工作时间为 8h/工日。年非作业天数

表 5-1　基本工资标准（六类工资区）

序号	名称	单位	枢纽工程	引水工程及河道工程
1	工长	元/月	550	385
2	高级工	元/月	500	350
3	中级工	元/月	400	280
4	初级工	元/月	270	190

注　按国家规定享受生活费补贴的特殊地区，可按有关规定计算，并计入基本工资。

是指气候影响施工、职工探亲假、开会学习培训、6个月以内病假等在年应工作天数之内而未工作的天数,每年非工作天数按16天计算。年有效工作天数等于年应工作天数减去年非作业天数,为235天。这样可以计算出年应工作天数内年非作业天数的工资系数,即251÷235=1.068。

(2) 基本工资标准见表5-1。工资地区系数见表5-2。
(3) 辅助工资计算标准,见表5-3。
(4) 工资附加费标准,见表5-4。

表5-2 各类工资区地区系数表

工资区类别	地区系数
七类工资区	1.0261
八类工资区	1.0522
九类工资区	1.0783
十类工资区	1.1043
十一类工资区	1.1304

表5-3 辅助工资计算标准

序号	项目	枢纽工程	引水工程及河道工程
1	地区津贴	按国家、省、自治区、直辖市的规定	
2	施工津贴	5.3元/天	3.5~5.3元/天
3	夜餐津贴	4.5元/夜班,3.5元/中班	

注 初级工的施工津贴标准按表中数值的50%计取。

表5-4 工资附加费标准

序号	项目	计算基础	费率标准(%)	
			工长、高中级工	初级工
1	职工福利基金	基本工资、辅助工资之和	14	7
2	工会经费		2	1
3	养老保险费		按各省、自治区、直辖市规定	按各省、自治区、直辖市规定的50%
4	医疗保险费		4	2
5	工伤保险费		1.5	1.5
6	职工失业保险基金		2	1
7	住房公积金		按各省、自治区、直辖市规定	按各省、自治区、直辖市规定的50%

注 养老保险费率一般取20%以内,住房公积金费率一般取5%左右。

【例5-1】 在6类地区兴建一座水库枢纽工程,试计算初级工和高级工人工预算单价。已知:无地区津贴,养老保险费率20%,住房公积金费率5%。

解:1. 初级工人工预算单价计算

(1) 基本工资=270×12÷251×1.068=13.786元/工日

(2) 辅助工资为

1) 地区津贴=0元/工日

2) 施工津贴=5.3×365×95%÷251×1.068×50%=3.910元/工日

3) 夜餐津贴=(4.5+3.5)÷2×30%=1.20元/工日

4) 节日加班津贴=13.786×3×10÷251×35%=0.577元/工日

辅助工资=1)+2)+3)+4)=5.687元/工日

(3) 工资附加费为

1) 职工福利基金=(13.786+5.687)×7%=1.363元/工日

2) 工会经费=(13.786+5.687)×1%=0.195元/工日

3) 养老保险费=(13.786+5.687)×20%×50%=1.947元/工日

4) 医疗保险费=(13.786+5.687)×2%=0.389元/工日

5) 工伤保险费=(13.786+5.687)×1.5‰=0.292元/工日
6) 职工失业保险基金=(13.786+5.687)×1‰=0.195元/工日
7) 工伤保险费=(13.786+5.678)×5‰×50%=0.487元/工日
工资附加费=1)+2)+3)+4)+5)+6)+7)=4.868元/工日
人工工日预算单价=13.786+5.687+4.868=24.341元/工日
人工工时预算单价=24.341÷8=3.043元/工时
取定为3.04元/工时。

2. 高级工人工预算单价计算
(1) 基本工资=500×12÷251×1.068=25.530元/工日
(2) 辅助工资为
1) 地区津贴=0元/工日
2) 施工津贴=5.3×365×95%÷251×1.068=7.820元/工日
3) 夜餐津贴=(4.5+3.5)÷2×30%=1.20元/工日
4) 节日加班津贴=25.530×3×10÷251×35%=1.068元/工日
辅助工资=1)+2)+3)+4)=10.088元/工日
(3) 工资附加费为
1) 职工福利基金=(25.530+10.088)×14%=4.987元/工日
2) 工会经费=(25.530+10.088)×2%=0.712元/工日
3) 养老保险费=(25.530+10.088)×20%=7.124元/工日
4) 医疗保险费=(25.530+10.088)×4%=1.425元/工日
5) 工伤保险费=(25.530+10.088)×1.5%=0.534元/工日
6) 职工失业保险基金=(25.530+10.088)×2%=0.712元/工日
7) 工伤保险费=(25.530+10.088)×5%=1.781元/工日
工资附加费=1)+2)+3)+4)+5)+6)+7)=17.275元/工日
人工工日预算单价=25.530+10.088+17.275=52.893元/工日
人工工时预算单价=52.893÷8=6.612元/工时
取定为6.61元/工时。

(二) 水力发电工程人工预算单价计算

1. 人工预算单价计算方法

根据1997年原电力部颁发的有关规定，人工预算单价计算方法如下：
(1) 基本工资为

　　基本工资(元/工日)=基本工资标准(元/月)×地区工资系数×12月
　　　　　　　　　　÷年有效工作日

(2) 辅助工资分为

　　地区津贴(元/工日)=津贴标准(元/月)×12月÷年有效工作日

　　施工津贴(元/工日)=津贴标准(元/工日)×365×0.9÷年有效工作日

　　夜餐津贴(元/工日)=津贴标准[元/夜(中)班]×30%

　　加班津贴(元/工日)=津贴标准(元/班)×地区工资系数

(3) 工资附加费分为

　　职工福利基金(元/工日)=[基本工资(元/工日)+辅助工资(元/工日)]
　　　　　　　　　　　　×费率标准(%)

　　　工会经费(元/工日)=[基本工资(元/工日)+辅助工资(元/工日)]

$$\times 费率标准(\%)$$

劳动保险基金(元/工日)=[基本工资(元/工日)+辅助工资(元/工日)]

$$\times 费率标准(\%)$$

职工待业保险基金(元/工日)=[基本工资(元/工日)+辅助工资(元/工日)]

$$\times 费率标准(\%)$$

(4) 劳动保护费为

劳动保护费(元/工日)=基本工资(元/工日)×费率标准(%)

(5) 人工工日预算单价为

人工工日预算单价(元/工日)=基本工资+辅助工资

+工资附加费+劳动保护费

(6) 人工工时预算单价为

人工工时预算单价(元/工时)=人工工日预算单价(元/工日)

÷日工作时间(工时/工日)

2. 人工预算单价的计算标准

(1) 有效工作时间。年有效工作日为225工日/(人·年),日工作时间为8h/工日。

(2) 基本工资计算标准,见表5-5。

(3) 辅助工资计算标准,见表5-6。

(4) 工资附加费及劳动保护费,见表5-7。

(5) 地区工资系数同表5-2。

表5-5　基本工资计算标准表

序号	定额人工等级		基本工资 [元/(人·月)]	
	等级	名称	建筑工	安装工
1	4	高级熟练工	481	
2	3	熟练工	376	363
3	2	半熟练工	302	
4	1	普工	257	

表5-6　辅助工资计算标准表

序号	项目	计算标准	备注
1	地区津贴	按省、市、自治区的规定计算	
2	施工津贴	5.3元/人日	
3	夜餐津贴	2.5元/夜(中)班	*
4	加班津贴	0.5元/班	六类地区

* 如工程所在省、市、自治区规定标准高于2.5元/夜(中)班,按当地标准计算。

表5-7　工资附加费及劳动保护费

序号	项目	计算基础	费率标准(%)	备注
1	职工福利基金	基本工资、辅助工资之和	14	
2	工会经费	基本工资、辅助工资之和	2	
3	劳动保险基金	基本工资、辅助工资之和	26	
4	职工待业保险基金	基本工资、辅助工资之和	1	
5	劳动保护费	基本工资	12	

第二节　材料预算价格

水利水电工程所使用的材料包括消耗性材料、构成工程实体的装置性材料和施工中可重复使用的周转性材料,是建筑安装工人加工或施工的劳动对象。材料费是水利水电工程投资的主要组成部分,在建安工程投资中所占比重一般在30%以上,有的甚至达到60%左右。所以,正确计算材料预算价格对于提高工程概预算质量、正确合理地控制工程造价具有重要意义。材料预算价格是计算建筑安装工程单价中材料费的基础单价,在编制过程中,必须坚持实事求是的原则,进行深入细致的调查研究工作,按工程所在地编制年的价格水平计算。

一、主要材料与次要材料的划分

编制材料预算价格时,首先遇到的问题是水利水电建筑安装工程中所用到的材料品种繁多,规格各异,在编制材料的预算价格时没必要也不可能逐一详细计算,而是将施工过程中用量多或用量虽小但价格昂贵、对工程造价有较大影响的一部分材料,作为主要材料,将其预算价格逐一详细计算;而对其他材料,由于对工程造价影响较小,作为次要材料,用简化的方法进行计算。

水利水电工程中常用的主要材料有:

(1) 钢材。包括各种钢筋、钢绞线、钢板、工字钢、槽钢、角钢、扁钢、钢管、钢轨等。

(2) 木材。包括原木、板枋材等。

(3) 水泥。包括硅酸盐水泥、普通硅酸盐水泥、矿渣硅酸盐水泥、火山灰硅酸盐水泥、粉煤灰硅酸盐水泥及一些特殊性能的水泥。

(4) 油料。包括汽油、柴油。

(5) 火工产品。包括炸药(起爆炸药、单质猛炸药、混合猛炸药)、雷管(火雷管、电雷管、延期雷管、毫秒雷管);导电线或导火线(导火索、纱包线、导电线、导爆索等)。

(6) 电缆及母线。

(7) 砂石料。是指砂、碎(卵)石、块石等当地建筑材料,是建筑工程中混凝土、反滤层、堆砌石和灌浆等结构物的主要建筑材料。由于水利水电工程需要量大,一般自行开采,其预算价格将在后面作专门介绍。

二、主要材料预算价格的组成

主要材料的预算价格指材料由供货地点到达工地分仓库或相当于施工分仓库的堆料场的价格。主要材料预算价格的组成一般包括:①材料原价;②包装费;③运杂费;④运输保险费;⑤采购及保管费。其中材料的包装费并不是对每种材料都可能发生。例如,散装材料不存在包装费;有的材料包装费已计入出厂价。

材料的预算价格计算公式为

$$材料预算价格 = (材料原价 + 包装费 + 运杂费) \times (1 + 采购及保管费率) + 运输保险费 \tag{5-1}$$

三、主要材料预算价格的编制

(一) 调查收集基本资料

在编制材料的预算价格之前,需要到有关部门及地方收集相关建筑材料的市场信息,使编制的材料预算价格符合工程实际。通常需要了解工程所在区域建筑材料市场价格、供应状况、对外交通条件以及已建工程的实际经验和资料和有关法规,根据节约资金的原则,合理选择材料的供货商、供货地点、供货比例以及合理的运输方式等,一般情况下,就近选择材料来源地,可有效的降低工程造价。

(二) 预算价格的计算

1. 材料原价

材料原价也称材料市场价或交货价格，是计算材料预算价的基值。随着社会主义市场经济的发展，材料价格（火工产品除外）一般按工程所在地区就近大的物资供应公司、材料交易中心的市场成交价或选定的生产厂家的出厂价或工程所在地建设工程造价管理部门公布的价格信息计算。同一种材料，因产源地、供应商家的不同，会有不同的供应价格，需根据市场调查的详细资料，经过科学论证，确定其市场价，按不同产源地的市场价格和供应比例，采取加权平均的方法计算。

（1）钢材。根据设计所需要的规格品种的市场价计算。如果设计提供品种规格有困难时，钢筋原价可按普通圆钢 A_3 光面钢筋 $\phi 16\sim 18mm$ 比例占70%、低合金钢 $20MnSi\phi 20\sim 25mm$ 比例占30%进行计算。各种型钢、钢板的预算价按设计要求的代表型号、规格和比例确定。

（2）木材。工程所需木材由林区贮木场直接提供，原则上应执行设计选定的贮木场的大宗市场批发价，或由工程所在地木材公司供给的，执行地区木材公司提供的大宗市场批发价。

确定木材原价的代表规格，原木为二（杉木）、三（松木）类材各占50%，Ⅰ、Ⅱ等材分别占40%、60%，长度2~3.8m，径级 $\phi 18\sim 28cm$。板枋材为二、三类材各占50%，中板Ⅰ、Ⅱ等材分别占40%、60%，长度3~3.8m。

（3）水泥。根据原国家计委、建材局计价管理的规定，从1996年4月1日起，水泥全部执行市场价，水泥产品价格由厂家根据市场供求状况和水泥生产成本自主定价。水泥原价为选定厂家的出厂价。

在可行性研究阶段编制投资估算时，水泥市场价可统一按袋装水泥价格计算。

（4）油料。汽、柴油的原价按工程所在地区石油公司的批发价计算，汽油代表规格为70号。柴油代表规格根据工程所在气温区确定，其中Ⅰ类气温区0号比例占75%~100%，-10~-20号比例占0~25%；Ⅱ类气温区0号比例占55%~65%，-10~-20号比例占35%~45%；Ⅲ类气温区0号比例占40%~55%，-10~-20号比例占45%~60%。Ⅰ类气温区包括广东、广西、云南、贵州、四川、江苏、湖南、浙江、湖北、安徽；Ⅱ类气温区包括河南、河北、山西、山东、陕西、甘肃、宁夏、内蒙古；Ⅲ类气温区包括青海、新疆、西藏、辽宁、吉林、黑龙江。

（5）火工品。全部按国家及地方有关规定计算其预算价格。

上述5种建筑材料为工程概预算编制中一般必须编制预算价格的主要材料，在具体工程中须根据工程项目进行增删。如工程中无石方开挖，则无须计算火工品的预算价格；如大体积混凝土掺用的粉煤灰则应作为主要材料，编制其预算价格。

2. 包装费

包装费是指为便于材料的运输或为保护材料而进行包装所发生的费用。包括厂家所进行的包装以及在运输过程中所进行的捆扎、支撑等费用。凡由生产厂家负责包装并已将包装费计入材料原价的，在计算材料的预算价格时，不再计算包装费。包装费和包装品的价值，因材料品种和厂家处理包装品的方式不同而异，应根据具体情况分别进行计算。一般情况下，钢材一般不进行包装，特殊钢材存在少量包装费，但与钢材价格相比，所占比重很小，编制预算价格时可忽略不计；木材应按实际发生的情况进行计算；袋装水泥的包装费按规定计入出厂价，不计回收，不计押金，散装水泥有专灌车运输，一般不计包装费；火工品包装费已包括在出厂价中；油料用油罐车运输，一般不存在包装费。

3. 材料运杂费

材料运杂费是指材料由产地或交货地点运往工地分仓库或相当于工地分仓库（材料堆放场）所发生的全部费用，包括各种运输工具的运输费、装卸费、调车费及其他费用。在编制材料预算价格时，应按施工组织设计中所选定的材料来源和运输方式、运输工具、运输距离以及厂家和交通部门规定的取费标准，计算材料的运杂费。

（1）铁路运输费的计算。委托国有铁路部门运输的材料，在国有线路上行驶时，其运杂费一律按铁道部《铁路货物运价规则》（铁运〔1996〕18号）、《关于调整铁路货运价格和修改〈铁路货物运价规则〉的通知》（铁运〔1997〕58号）规定计算；属于地方营运的铁路，执行地方的规定。

（2）施工单位自备机车车辆在自营专用线上行驶的运杂费，按列车台（时）班费和台班（时）货运量以及运行维护人员开支摊销费计算。其运杂费计算公式为

$$每吨运费 = \frac{机车台班费 + 车辆台班费之和}{每列火车设计载重量 \times 装载系数 \times 列车每班行驶次数}$$
$$+ 每吨装卸费 + 现场管理人员开支的摊销费（元/t） \quad (5-2)$$

如果自备机车还要通过国有铁路，还应缴纳给铁路部门的过轨费。其运杂费计算公式为

$$每吨运费 = \frac{机车台班费 + 车辆台班费之和 + 列车过轨费}{每列火车设计载重量 \times 装载系数 \times 列车每班行驶次数}$$
$$+ 每吨装卸费 + 现场管理人员开支的摊销费（元/t） \quad (5-3)$$

$$列车过轨费 = 列车总轴数 \times 第9号运价率 \quad (5-4)$$

火车整车运输货物，除特殊情况外，一律按车辆标记载重量装载计费。但在实际运输过程中经常出现不能满载的情况，在计算运杂费时，用装载系数来表示。据统计火车整车装载系数见表5-8，供计算时参考。

在铁路运输方式中，要确定每一种材料运输中的整车与零担比例，据以分别计算其运杂费。整车运价较零担运价便宜，所以要尽可能以整车方式运输。根据已建大、中型水利工程实际情况，水泥、木材、炸药、柴油、汽油等可以全部按整车计算，钢材则要考虑一部分零担，其比例，大型工程可按10%～20%选取，中型工程按20%～30%选取，如有实际资料，应按实际资料选取。

表5-8 火车整车运输装载系数

序号	材料名称		单位	装载系数
1	水泥、油料		t/车皮·t	1.0
2	木材		m³/车皮·t	0.90
3	钢材	大型工程	t/车皮·t	0.90
4		中型工程		0.80～0.85
5	炸药		t/车皮·t	0.65～0.70

（3）公路运杂费的计算。公路运杂费按工程所在地交通部门的《汽车运价规则实施细则》计算，汽车运输轻泡货物时，按实际载量计价。

轻泡货物是指每立方米重量不足333kg的货物。整车运输时，其长、宽、高不得超过交通部门有关规定，以车辆标记吨位计重。零担运输，以货物包装的长、宽、高各自最大值计算体积，按每立方米折算333kg计价。

（4）水路运杂费的计算。水路运输包括内河运输和海洋运输，其运杂费按航运部门现

行有关规定计算。

(5) 特殊材料或部件运输，要考虑特殊措施费、改造路面和桥梁费等。

4. 材料运输保险费

材料运输保险费是指向保险公司交纳的货物保险费用，计算方法为

$$材料运输保险费 = 材料原价 \times 材料运输保险费率 \tag{5-5}$$

5. 材料采购保管费

材料采购保管费是指建设单位和施工单位的材料供应部门在组织材料采购、运输保管和供应过程中所需的各项费用，包括：

(1) 材料的采购、供应和保管部门工作人员的基本工资、辅助工资、工资附加费、教育经费、办公费、差旅交通费及工具用具使用费。

(2) 仓库和转运站的检修费、固定资产折旧费、技术安全措施费和材料的检验费等。

(3) 材料在运输、保管过程中所发生的损耗。

材料采购保管费一般按部颁规定进行计算，其计算公式为

$$材料采购保管费 = (材料原价 + 包装费 + 运杂费) \times 采购及保管费率 \tag{5-6}$$

材料采购及保管费率现行规定为3%。

【例 5-2】 计算某水利工程水泥预算价格。水泥由某水泥厂直供，标号为425，其中袋装水泥占10%，散装水泥占90%，出厂价为290元/t。运输路线、运输方式和各项费用：自水泥厂通过公路运往工地仓库，其中袋装运杂费25.2元/t，散装运杂费15.9元/t；从仓库至拌和楼由汽车运送，运费1.5元/t，进罐费1.3元/t；运输保险费率按1%计；采购保管费率按3%计。

解：

$$水泥运杂费 = 水泥厂至工地仓库平均运杂费 + 工地仓库至拌和楼平均运杂费$$
$$= 15.9 \times 90\% + 25.2 \times 10\% + 1.5 + 1.3 = 19.63 \text{ 元}/t$$

$$水泥运输保险费 = 水泥市场价 \times 运输保险费率$$
$$= 290 \times 1\% = 2.90 \text{ 元}/t$$

$$水泥预算价格 = (水泥原价 + 运杂费) \times (1 + 采购及保管费率) + 运输保险费$$
$$= (290 + 19.63) \times (1 + 3\%) + 2.90 = 321.82 \text{ 元}/t$$

四、次要材料价格的确定

次要材料是相对主要材料而言的，两者之间并没有严格的界限，要根据工程对某种材料用量的多少及其在工程投资中的比重来确定。在一般水利水电工程中，常以水泥、钢材、木材、火工品和油料作为主要材料，其他材料作为次要材料。次要材料一般品种繁多，其费用在投资中所占比例很小，不可能也没有必要逐一详细计算其预算价格。一般执行工程所在地区就近城市建设工程造价管理部门发布的建设工程材料价格信息，加至土地的运杂费进行计算，或按材料市场价加8%左右运杂费、采购保管费计算。

五、材料调差价

为了避免材料市场价格起伏变化，造成间接费、利润相应的变化，有些部门（如工民建和水利主管部门）对主要材料规定了统一的价格，按此价格进入工程单价，计取有关费用，故成为取费价格。2002年水利部在颁发的《水利工程设计概（估）算编制规定》中专门指出，西藏等地区，部分材料运输距离较远，预算价格较高，应限价进入工程单价；外购砂、碎（砾）石、块石、料石等预算价格如超过70元/m^3的，按70元/m^3取费，这种只

规定上限的基价，称为规定价或限价。材料实际价格与规定价之差称为材料调差价。

第三节 施工用电、水、风价

在水利水电工程施工过程中，电、水、风的耗用量非常大，电、水、风的预算价格直接影响到施工机械台班费和工程单价的高低，从而影响到工程造价。因此，在编制电、水、风预算单价时，需要根据施工组织设计中确定的电、水、风供应的布置形式、供应方式、设备配置情况或施工企业的实际资料计算。

一、电价计算

水利水电工程施工用电的电源有外购电和自发电两种形式。由国家、地方电网或其他电厂供电叫外购电，其中国家电网供电电价低廉，电源可靠，是施工时的主要电源。由施工单位自建发电厂或柴油发电厂供电叫自发电，自发电一般为柴油机发电机组供电，成本较高，一般作为施工单位的备用电源或高峰用电时使用。

施工用电根据其用途可分为生产用电和生活用电两部分。生活用电系指生活、文化、福利建筑的室内外照明和其他生活用电，这部分费用在间接费内计列或由职工负担，不在施工用电电价计算范围内。生产用电指施工机械用电、施工照明用电和其他生产用电，该项费用直接计入工程成本中。水利水电工程中的电价计算仅指生产用电。

施工用电的价格由基本电价、电能损耗摊销费和供电设施维修摊销费三部分组成。根据施工组织设计确定的供电方式以及不同电源的电量所占比例，按国家或工程所在省、自治区、直辖市规定的电网电价和规定的加价进行计算。电价计算公式为

$$
\begin{aligned}
\text{电网供电价格} =\ & \text{基本电价} \div (1 - \text{高压输电线路损耗率}) \\
& \div (1 - 35\text{kV 以下变配电设备及配电线路损耗率}) \\
& + \text{供电设施维修摊销费（变配电设备除外）}
\end{aligned}
\tag{5-7}
$$

$$
\begin{aligned}
\text{柴油发电机供电价格} \\
\text{(自设水泵供冷却水)}
\end{aligned}
=\ \frac{\text{柴油发电机组（台）时总费用} + \text{水泵组（台）时总费用}}{\text{柴油发电机额定容量之和} \times K}
$$

$$
\div (1 - \text{厂用电率}) \div (1 - \text{变配电设备及配电线路损耗率})
$$

$$
+ \text{供电设施维修摊销费}
\tag{5-8}
$$

柴油发动机供电如果采用循环冷却水，不用水泵，电价计算公式

$$
\text{柴油发电机供电价格} = \frac{\text{柴油发电机组（台）时总费用}}{\text{柴油发电机额定容量之和} \times K}
$$

$$
\div (1 - \text{厂用电率}) \div (1 - \text{变配电设备及配电线路损耗率})
$$

$$
+ \text{单位循环冷却水费} + \text{供电设施维修摊销费}
\tag{5-9}
$$

式中　　　　　　　　K——发动机出力系数，一般取 0.8～0.85；

厂用电率——取 4%～6%；

高压输电线路损耗率——取 4%～6%；

变配电设备及配电线路损耗率——取 5%～8%；

供电设施维修摊销费——取 0.02～0.03 元/(kW·h)；

单位循环冷却水费——取 0.03～0.05 元/(kW·h)。

(一) 基本电价

基本电价为施工用电电价的主要部分。外购电的基本电价指按国家或地方的规定由供电部门收取的电价；自发电的基本电价是指自建发电厂每发一度电的成本。

1. 外购电的基本电价

凡是国家电网供电，执行国家规定的基本电网电价中的非工业标准电价，包括电网电价、电力建设基金、用电附加费及各种加价。由地方电网或其他企业中、小型电网供电的，执行地方电价主管部门规定的电价。

2. 自发电的基本电价

自建发电厂的型式一般有柴油发电厂、燃煤发电厂、水力发电厂等。

(1) 柴油发电厂。这是自发电厂中较普通的一种，在编制概算阶段，根据自备电厂所配置的设备，以台时总费用来计算单位电能的成本作为基本电价，即

$$基本电价 = \frac{台时总费用}{台时总发电量 \times (1 - 厂用电率)} \tag{5-10}$$

$$台时总费用 = 各柴油发电机台时之和 + 各水泵台时费之和 \tag{5-11}$$

$$台时总发电量 = 设备额定总容量 \times 发电机出力系数 \tag{5-12}$$

式中：发电机出力系数根据设备的技术性能和状态选定，一般取 0.8~0.85；厂用电率一般为 4%~6%。

柴油发动机供电如果采用循环冷却水，不用水泵，基本电价计算公式为

$$基本电价 = \frac{台时总费用}{台时总发电量 \times (1 - 厂用电率)} + 单位循环冷却水费 \tag{5-13}$$

$$台时总费用 = 各柴油发电机台时之和 \tag{5-14}$$

式中单位循环冷却水费取 0.03~0.05 元/(kW·h)，其他同前。

柴油发动机组供电的基本电价同样采用上述方法确定。

(2) 燃煤发电厂及水力发电厂。根据电厂的设备配置和施工组织设计提出的发电量、运行人员数量、管理人员数量和燃煤消耗、厂用电率等，计算出折旧、大修、运行、维修、管理、损耗等各项费用，按火电厂及水力发电厂常用的发电单位成本分析方法计算基本电价。

【例 5-3】 某施工单位自备燃煤电厂，已知施工期间需要的发电量及其余各资料为①发电量 2.65×10^6 kW·h；②厂用电率 5.5%；③燃煤消耗费 1038560 元；④水费 19801 元；⑤材料费 130110 元；⑥运行、维修、管理人员工资 120220 元；⑦基本折旧费 51762 元；⑧大修费用 20460 元；⑨其他费用 20271 元。试计算基本电价。

解：

$$总供电量 = 2.65 \times 10^6 \times (1 - 5.5\%) = 2.8042 \times 10^6 \text{ kW·h}$$

$$总费用 = 各项费用和 = 1401184 \text{ 元}$$

$$基本电价 = \frac{1401184}{2.8042 \times 10^6} = 0.50 \text{ 元}/(\text{kW·h})$$

(二) 供电设施维修摊销费

供电设施维修摊铺费主要有变配电的基本折旧费、大修理费、安装和拆除费、运行维护费以及输电线路的维护费摊销到施工期间每度用电（包括生产和生活用电）的费用。

1. 变配电设备的基本折旧费和大修理费

基本折旧费计算公式为

$$\text{基本折旧费} = \text{变配电设备的预算价格} \times \text{年折旧率} \times \text{施工年限} \tag{5-15}$$

大修理费的计算公式为

$$\text{大修理费} = \text{设备预算价格} \times \text{年大修理费率} \times \text{施工年限} \tag{5-16}$$

2. 变配电设备的安装拆除费

一般可按施工用电主变压器及其附属设备安装、拆除各一次计算。对于动力变压器有些单位建议平均按施工期间安装、拆除各二次计算。由于施工初期供电量少，大量供电设备正在安装，需要较多的费用。因此，在编制年度预算时，可以考虑将该项费用列入临时工程项目中，而不计入电价。

3. 变配电设备和输电线路的运行维修费

此项费用计算公式为

$$\text{运行维修人工费} = \text{运行维修平均人数} \times \text{人工预算单价} \times \text{施工年限} \tag{5-17}$$

$$\text{设备维修材料费} = \text{变配电设备预算价} \times \text{年维修费率} \times \text{施工年限} \tag{5-18}$$

$$\text{线路维修材料费} = \text{线路长度} \times \text{维修费[元/(年·km)]} \times \text{施工年限} \tag{5-19}$$

4. 计算摊销费

由于上述三项费用的计算非常繁琐，在编制初步设计概算时，施工组织设计的深度难以满足计算要求，因此，一般都利用经验数值计入电价的方法计算，经验指标一般为0.02~0.03元/(kW·h)。在编制修改概算或预算阶段按下式计算为

$$\text{摊销费} = \frac{\text{应摊销的总费用}}{\text{总电量(包括生活用电)}} \tag{5-20}$$

为供电建造的发电厂房、架设的线路、变电站等费用，均应按现行规定分别列入临时工程部分的相应项目内，不直接计入电价成本。

(三) 电能损耗摊销费

计算线路损耗费时，外购电与自发电的电能损耗计算范围不同。

对于外购电，根据原水电部1983年颁发的《全国供用电规则》规定："计费电度表应安装在产权分界处，如不安装在分界处，变压器的有功、无功损耗和线路损失由产权所有者负担。对高压供电用户，应在高压侧计量，经双方协商同意，可以在低压侧计量，但应加计变压器损失"。所以，电能损耗是从施工单位与供电部门的产权分界处起到施工现场最后一级降压变压器低压侧之间的所有施工用变配电设备和线路的损耗。

自发电的电能损耗摊销费指从发电厂的出线侧至现场各施工点最后一级降压变压器低压侧所有变配电设备和输电线路上发生的电能损耗费用。

从最后一级降压变压器低压侧至施工现场用电点之间电能损耗费用已包括在施工机械台班费中，不再计入电价内。

计算电能损耗的方法有两种。

一种方法是通过月平均总用电量（或典型月总用电量）用近似的公式计算为

(1) 变压器损耗计算公式为

$$\Delta A_1 = \Delta P_0 t + \Delta P_m t (W_e/S_e \cos\varphi)^2 \tag{5-21}$$

式中　ΔA_1——变压器有功电能损失，kW·h；

　　　ΔP_0——空载损耗，kW；

ΔP_m——负载损耗,kW;

t——变压器运行小时,(日历天×24h/天);

W_e——出线侧电表用电量,kW·h;

S_e——变压器额定容量,kVA;

$\cos\psi$——出线侧功率因数,一般可取0.8。

(2)线路损耗计算公式为

$$\Delta A_2 = (I\cos\psi)^2 Rt \tag{5-22}$$

式中 ΔA_2——线路电能损失,kW·h;

I——线路电流,kA;

R——线路电阻,Ω;

t——运行时间,h。

电能损失值即各变压器的电能损失之和与输电线路损失之和的合计值。

$$电能损耗费 = 基本电价 \times \frac{电能损耗}{供电总量 - 电能损耗} \tag{5-23}$$

此种计算方法虽有一定的理论基础,但要正确选定公式中各参数是比较困难的。

另一种计算方法是根据实际资料,用电能损耗占供电量的百分率进行计算。该方法理论基础差,需要积累一定的实际资料,主要用于初步设计阶段编制设计概算。各用电损耗百分率参考取值范围为:主变压器高压侧的高压线路(35kV及以上)的损耗率一般为4%~6%,变配电设备和配电线路的损耗率一般取5%~8%。

(3)综合电价计算。若工程同时采用两种或两种以上供电电源,各用电量比例应按施工组织设计确定,综合电价经加权平均后求得。

【例5-4】 某水利工程施工用电,由国家电网供电90%,自发电10%。基本资料如下,计算其综合电价。

(1)外购电。①基本电价0.365元/(kW·h);②损耗率:高压输电线路取5%,变配电设备和输电线路取8%;③供电设施摊销费0.03元/(kW·h)。

(2)自发电。①自备柴油发动机,容量250kW1台,台时费用190.68元/台时;200kW1台,台时费用157.99元/台时;2.2kW潜水泵2台,供给冷却水,每台台时费用11.31元/台时;②发电机出力系数0.80;③厂用电率5%;④电能损耗率8%;⑤供电设施摊销费0.03元/(kW·h)。

解:①外购电的电价计算为

电价 = 基本电价÷(1 − 高压输电线路损耗率)

÷(1 − 35kV以下变配电设备及配电线路损耗率)+ 供电设施维修摊销费

= 0.365÷(1 − 5%)÷(1 − 8%)+ 0.03 = 0.448元/(kW·h)

②自发电的电价计算为

台时总费用 = 190.68×1 + 157.99×1 + 11.31×2 = 371.29元

台班总发电量 = (250 + 200)×0.8 = 360 kW·h

$$基本电价 = \frac{台时总费用}{台时总发电量 \times (1 - 厂用电率)} = \frac{371.29}{360(1 - 5\%)} = 1.086 元/(kW·h)$$

电价 = 1.086÷(1 − 8%)+ 0.03 = 1.21元/(kW·h)

③综合电价 = 1.21×10% + 0.448×90% = 0.524元/(kW·h)

取定综合电价为0.52元/(kW·h)

(四)电价简化计算

在可行性研究阶段编制概算设计资料不足时,可参考采用简化的方法计算电价。

1. 外购电价简化计算

计算公式为

$$电价 = 基本电价 \times \frac{1}{1-损耗率} + 摊销费 \tag{5-24}$$

对于式中各项，可参考类似工程经验数据取值。下列数据可供参考：损耗率可取12%~17%，摊销费为0.02~0.03元/(kW·h)。

2. 柴油机发电厂电价计算

计算公式为

$$电价 = 固定费用 + 可变费用 \tag{5-25}$$

式中，固定费用包括施工机械费中第一类费用及机上人工工资、维护摊销费、厂用电及线变损所增加的费用；可变费用为燃油消耗费。简化计算的各项参数可参考表5-9。

表 5-9　　　　　　　　柴油发电厂电价简化计算基本参数

序号	发电机装机容量 (kW)	固定费用 [元/(kW·h)]	油耗指标 [kg/(kW·h)]	柴油价 (元/kg)		
				1.60	2.00	2.60
				参考电价 [元/(kW·h)]		
1	40~50	0.62	0.39	1.24	1.40	1.63
2	60~85	0.53	0.33	1.06	1.19	1.39
3	160~200	0.35	0.31	0.85	0.97	1.16
4	250~300	0.3	0.30	0.78	0.90	1.08
5	400~480	0.29	0.26	0.71	0.81	0.97

注　85kW以下为移动式发电机，160kW以上为固定式发电机。

二、水价的计算

水利水电工程施工用水分生产用水和生活用水两部分。生产用水是指直接进入工程成本的施工用水，包括钻孔灌浆用水、砂石料筛洗用水、混凝土拌制养护用水、施工机械用水等。生活用水主要指职工、家属的饮用水和洗涤用水等。水利工程施工用水水价，仅指生产用水水价。生活用水属于间接费用开支或由职工自行负担，不在水价计算范围之内。如果生产、生活用水由同一系统供水，凡因生活用水所增加的费用（如净化药品费等），均不应计入生产用水的单价之内。如果生产用水分区设置供水系统，需按各系统供水量的比例加权计算综合水价。

（一）水价的组成及计算

施工用水价格由基本水价、供水损耗摊销费和供水设施维修摊销费用组成，根据施工组织设计所配制的供水系统设备组(台)时费用和组(台)时总有效供水量计算，计算公式为

$$施工用水价格 = \frac{水泵组(台)时总费用}{水泵额定容量之和 \times K} \div (1-供水损耗率) \\ + 供水设施维修摊销费 \tag{5-26}$$

式中　　K——能量利用系数，取0.75~0.85；

　　　　供水损耗率——取8%~12%；

供水设施维修摊销费——取0.02~0.03元/m³。

可简化为

$$水价 = \frac{基本水价}{1-损耗率} + 供水设施维修摊销费 \tag{5-27}$$

1. 基本水价

基本水价是根据施工组织设计确定的按施工高峰用水所配置的供水系统设备（不含备用设备），按台时（班）产量计算的单位水量价格。基本水价是水价的主要组成部分，其高低与生产用水的工艺要求以及施工布置密切相关，如用水需作沉淀处理、扬程高等，则水价高，反之水价就低。

基本水价计算公式为

$$基本水价 = \frac{水泵台时(班)总费用}{水泵台时(班)总出水量} \tag{5-28}$$

$$水泵台班总出水量(m^3) = 各水泵额定总流量(m^3/h)$$
$$\times 能量利用系数 \times 8(h) \tag{5-29}$$

式中　水泵台时总费用——各水泵台班费总和；

　　　能量利用系数——一般为 0.75～0.85。

2. 供水设施维修摊销费

供水设施维修摊销费指摊入水价的贮水池、供水管路的单位维护修理费用。一般工程中生产用水与生活用水的摊销费难以分清，可按 0.02～0.03 元/m^3 摊入水价，大型工程或一、二级供水系统可取大值，中小型工程多级供水系统可取小值。

3. 供水损耗摊销费

水量损耗是指施工用水在储存、输送、处理过程中造成的水量损失，用损耗率表示，计算公式为

$$损耗率 = \frac{损失水量}{水泵总出水量} \times 100\% \tag{5-30}$$

蓄水池及输水管路的设计、施工质量和维修管理水平的高低对损耗率有直接影响，编制概算时损耗率一般取 8%～12%，在预算阶段，如有实际资料，应根据实际资料计算。

4. 水价计算时应注意的问题

(1) 在计算台时（班）总出水量和台时（班）总费用时，如果在总出水量中计入备用水泵的出水量，则在台时（班）总费用中也应包括备用水泵的台时（班）费；反之，若不计备用水泵的出水量，则台时（班）总费用中不计入备用水泵的台时（班）费。

(2) 水泵台时（班）总出水量及台时（班）费用应根据施工组织设计确定的水泵型号及其水泵的扬程～流量关系计算。①若供水系统全部为一级供水，水泵台时（班）总出水量及总台时（班）费按全部工作水泵计算；②若供水系统为多级供水并且全部通过最后一级水泵，台时（班）总出水量按最后一级水泵出水量计算；若一部分水量不通过最后一级而由其他各级分别供水时，台班总出水量为各级出水量之和，台时（班）总费用应按各级工作水泵的台时（班）费。

(3) 当最后一级全部供生活用水时，则台班总出水量包括最后一级，但该级台时（班）费不应计算在总台时（班）费内。

(4) 施工用水有循环用水时，水价要根据施工组织设计的供水工艺流程计算。

【例 5-5】 某水电工程施工用水为二级泵站供水，一级泵站设 4DA8×5 水泵 5 台（其中备用一台），

包括管道损失在内的扬程为 80m，二级泵站扬程 4DA8×8 水泵 4 台（其中备用一台），包括管道损失在内的扬程为 120m。按设计要求，一级泵站每班直接供给用户的水量为 100m³，二级泵站每班供水量为 1100 m³。已知水泵的出力系数为 0.8，损耗率 9%，摊销费 0.02 元/m³，4DA8×5 水泵台班费 103.05 元，4DA8×8 水泵台班费 138.25 元。试计算该工程施工用水水价。

解：①按水泵扬程～流量关系曲线查得：
扬程为 80m 时，4DA8×5 水泵出水量 54 m³/（台·h）
扬程为 120m 时，4DA8×8 水泵出水量 65 m³/（台·h）

②验证水量为

一级泵站每班出水量 = 54 × 4 × 8 × 0.8 = 1382.4m³

二级泵站每班出水量 = 65 × 3 × 8 × 0.8 = 1248 m³

两级泵站均满足设计供水要求。

③水价计算为

台班总费用 = 103.05 × 4 + 138.25 × 3 = 826.95 元

台班总出水量 = 100 + 1100 = 1200m³

水价 = 台班总费用 ÷ 台班总出水量 ÷（1 − 损耗率）+ 摊销费

= 826.95 ÷ 1300 ÷（1 − 9%）+ 0.02 = 0.71 元/m³

（二）水价的简化计算

水价的简化计算主要适用于编制投资估算，编制概算时，若资料不足也可采用，计算公式为

$$水价 = 固定费用 + 可变费用 \tag{5-31}$$

式中　固定费用——包括水泵的一类费用、机上人工费、贮水池和管路的摊销费和水量损耗所增加的费用，可根据经验资料确定；

可变费用——电费，表 5-10 及表 5-11 中数据可供参考。

表 5-10　　　　　　　水价简化计算（固定费用）

主要供水系统一级泵站设计出水量 (m³/h)	固定费用（元/m³）	
	一、二级泵站供水方式	三级以上泵站供水方式
300 以下	0.13	0.16
300～800	0.1	0.13
800 以上	0.07	0.08

注 1. 可依出水量最大的主要供水系统的一级泵站为代表直接选取指标。
2. 本表系按 DA 型多级离心水泵计算的，如选用 BA 型和 sh 型水泵，其固定费用均小于本表中的指标。

表 5-11　　　　　　　水价简化计算（可变费用）

主要供水系统加权平均扬程 (m)	耗电量 [（kW·h）/m³]	电价 [元/（kW·h）]	
		0.23	0.50
		可变费用（元/m³）	
20	0.15	0.035	0.075
30	0.27	0.062	0.135
50	0.50	0.12	0.25
60	0.58	0.13	0.29
80	0.68	0.16	0.34
100	0.84	0.19	0.42
120	1.00	0.23	0.50
150	1.25	0.29	0.63

续表

主要供水系统加权平均扬程 (m)	耗电量 [(kW·h)/m³]	电价 [元/(kW·h)]	
		0.23	0.50
		可变费用（元/m³）	
170	1.45	0.33	0.73
200	1.75	0.40	0.88
220	1.93	0.44	0.97
250	2.13	0.49	1.10
270	2.28	0.52	1.14
300	2.44	0.56	1.22

注　主要供水系统的加权平均扬程，是按各级泵站的供出水量为权数进行加权计算而得出的扬程。

三、风价计算

在水利工程施工中，施工用风主要用于石方爆破钻孔、混凝土浇筑、基础处理、金属结构、机电设备安装工程等风动机械所需的压缩空气。

施工用风可由移动式空压机或固定式空压机供给。在大中型水利工程中，一般都采用多台固定式空压机集中组成压气系统，并以移动式空压机为辅助。为了保证风压和减少管路损耗，水利工程施工工地一般采用分区布置供风系统，如左坝区、右坝区、厂房区等。各区供风系统，因布置形式和机械组成不一定相同，因而各区的风价也不一定相同，此种情况下应采用加权平均的方法计算综合风价。

（一）风价的组成与计算

施工用风价格的组成和电价相似，由基本风价、供风损耗摊销费、供风设施维修摊销费组成，可用下式计算为

$$\text{施工用风价格} = \text{基本风价} + \text{供风设施维修摊销费} + \text{基本风价} \times \left(\frac{1}{1-\text{损耗率}} - 1\right) \quad (5-32)$$

可简化为

$$\text{施工用风价格} = \text{基本风价} \times \frac{1}{1-\text{损耗率}} + \text{供风设施维修摊销费} \quad (5-33)$$

1. 基本风价

基本风价是根据施工组织设计确定的高峰用风量配置的供风系统设备，按台时产量计算单位风量的价格，计算公式为

$$\text{基本风价} = \frac{\text{台时总费用}}{\text{台时总供风量}} \quad (5-34)$$

$$\text{台时总费用} = \text{空气压缩机组台（时）总费用} + \text{水泵组（台）时总费用} \quad (5-35)$$

$$\text{台时总供风量} = 60(\text{min}) \times \text{空气压缩机额定容量之和} \times \text{能量利用系数} \quad (5-36)$$

式中　能量利用系数——一般取 0.70～0.85。

空气压缩机系统如采取循环冷却水，不用水泵，基本风价计算公式为：

$$\text{基本风价} = \frac{\text{空气压缩机组（台）时总费用}}{\text{台时总供风量}} + \text{单位循环冷却水费} \quad (5-37)$$

式中　单位循环冷却水费——0.005 元/m³。

2. 供风设施维修摊销费

供风设施维修摊销费指摊入风价的供风管道的维修费用。该项目费用数值较小，编制概算时可采用经验数值而不进行具体计算，采用 0.002~0.003 元/m³。编制预算时，若实际资料不足无法进行具体计算时，也可采用上述建议值。

3. 供风损耗摊销费

该项费用是指由压气站至用风工作面的固定供风管道，在输送压气过程中所发生漏气损耗和压气在管道中流动时的阻力损耗摊销费用，损耗及损耗摊销费的大小与管道长短、管道直径、闸阀和弯头等构件多少、管道敷设质量、设备安装高程的高低有关。供风损耗率一般占总风量的 8%~12%。风动机械本身的用风损耗，不在风价中计算，其已包括在该机械台班耗风定额中。

【例 5-6】 某水库大坝施工用风，共设置左坝区和右坝区两个压气系统，总容量为 187m³/min。配置 40m³/min 的固定式空压机 1 台，台班预算价格 131.70 元/台时；20m³/min 的固定式空压机 6 台，台班预算价格 73.02 元/台时；9m³/min 的移动式空压机 3 台，台班预算价格 39.17 元/台时；冷却用水泵 7kW 的 2 台，台时预算价格 14.82 元/台时。其他资料：空气压缩机能量利用系数 0.85，风量损耗率 12%，供风设施维修摊销费 0.002 元/m³，试计算施工用风风价。

解：1）台时总费用 = 131.70 + 73.02×6 + 39.17×3 + 14.82×2 = 716.97（元）

2）台时总供风量 = 187×60×0.85 = 9537（m³）

3）施工用风价格 = 基本风价 × $\dfrac{1}{1-损耗率}$ + 供风设施维修摊销费

$$= \frac{716.97}{9537} \times \frac{1}{1-12\%} + 0.002 = 0.09 \text{（元/m}^3\text{）}$$

（二）风价简化计算

在可行性研究阶段编制投资估算或在初步设计阶段编制概算时，如果缺乏必要的计算资料，也可可用简化计算的方法计算风价。

简化计算时，将施工用风价格分为固定费用和可变费用两部分。其中的固定费用指空压机的一类费用、人工费、冷却水费、供风管道维修摊销费和风量损耗摊销费之和；可变费用指动力消耗费，用耗电指标表示。施工用风价格简化计算公式为

$$\text{施工用风价格} = \text{固定费用} + \text{可变费用} \tag{5-38}$$

在计算施工用风价格时可参考表 5-12。

表 5-12　　　　　　　　风价简化计算取值

工程规模	组成压气系统的主体空压机 (m³/min)	固定费用 (元/m³)	耗电指标 [(kW·h)/m³]	电价 [元/(kW·h)]	
				0.23	0.50
				参考风价（元/m³）	
中小型	10	0.042	0.16	0.079	0.127
中型	20	0.037	0.15	0.072	0.112
大中型	40	0.030	0.13	0.060	0.095
大型	60	0.023	0.11	0.048	0.078
特大型	100	0.020	0.10	0.043	0.070

注　压气系统中配置的主体空压机（指在该压气系统中，这种空压机容量之和在总容量中占比例最大）如已确定，可按上表计算风价。如主体空压机尚未确定，只能根据工程规模，按上表粗估风价。

第四节 施工机械使用费

施工机械使用费指消耗在建筑安装工程项目上的机械磨损、维修和动力燃料费用等。施工机械使用费以台时为计量单位。台时费是计算建筑安装工程单价中机械使用费的基础单价。随着水利工程机械化施工程度的提高，施工机械使用费在工程投资中所占比例越来越大，目前已达到20%~30%，因此计算台时费非常重要。

一、施工机械台时费的分类和组成

施工机械台时费由两类费用组成。

（一）一类费用

一类费用用金额编制，其大小主要取决于机械的价格和年工作制度，其金额数量是按特定年物价水平确定的。第一类费用由折旧费、修理及替换设备费（含大修理费、经常性修理费）、安装拆卸费组成。

1. 折旧费

指施工机械在规定的机械使用期内收回施工机械原始价值的台时折旧摊销费用。

2. 修理及替换设备费

修理费指机械使用过程中，为了使机械保持正常状态而进行修理所需的费用（即大修理费，其时间间隔较长）和机械正常运行及日常保养所需的润滑油料、擦拭用品的费用（经常性修理费），以及机械保管所需的费用。

替换设备费包括机械需用的蓄电池、变压器、启动器、电线、电缆、电器开关、仪表、轮胎、传动皮带、输送皮带、钢丝绳、胶皮管等替换设备和为了保证机械正常运转所需的随机用的工具和附具的摊销费用。

机械保管费指机械保管部门保管机械所需的费用，包括机械在规定年工作台时以外的保养、维护所需的人工、材料和用品费用。

3. 安装拆卸费

指机械进出施工现场进行安装、拆卸、试运转和场内转移及辅助设施的摊销费用。其主要内容有：

（1）安装前的准备，如设备开箱、检查清扫、润滑及电气设备烘干等所需费用。

（2）设备自场内仓库至安装拆卸地点的往返运输费用和现场范围内的运转费用。

（3）设备进、出入工地的安装、调试以及拆除后的整理、清扫和润滑等费用。

（4）一般的设备基础开挖、混凝土浇筑和固定锚桩等费用。若因地形条件和施工布置需要进行大量土石方开挖及混凝土浇筑等，应列入临时工程项目。

（5）为设备的安装拆卸所搭设的平台、脚手架、地锚和缆风索等临时设施和施工现场清理等的费用。

由于部分大型和特大型施工机械的单机一次安装拆卸费用较大，如果将其放在台时费中逐步摊销，则要长期占用流动资金，影响资金的周转使用。因此，现行施工机械台时费定额中，将下列六种类型的大型机械安装拆卸费用，列入施工临时工程中的"其他施工临时工程"项内。这六种机械是：①斗容为3m^3及以上挖掘机、轮斗挖掘机；②混凝土搅拌站、混凝土搅拌楼；③胎带机；④塔带机；⑤缆索起重机、简易缆索起重机、20t 及以上塔式起重机，门座式起重机；⑥针梁模板台车、钢模台车、滑模台车。除上述六种机械外，凡台班费定额中列有安装拆除费的施工机械，其安装拆除费均应计入台班费，不要在临时工程中单独列项。

(二) 二类费用

二类费用在施工机械台班费定额中以实物量式表示，是指机上人工费和机械所消耗的燃料费、动力费，其数量定额一般不允许调整，但是因工程所在地的人工预算价、材料市场价格各异，所以此项费用一般随工程地点不同而变化，曾称可变费用，其组成如下。

(1) 机上人员人工费。指支付直接操纵施工机械的机上人员预算工资所需的费用。机下辅助人员预算工资一般列入工程人工费，不包括在内。

(2) 燃料动力费。指施工机械运转时所耗用的各种动力、燃料及各种消耗性材料，包括风、水、电、汽油、柴油、煤及木柴等所需的费用。其中，电量消耗包括机械本身的消耗和最后一级变压器低压侧到施工地点之间的线路损耗；风、水的消耗包括机械本身的消耗和移动支管的损耗。

二、施工机械台时费的计算

现执行 2002 年由水利部颁发的《水利工程施工机械台时费定额》。

一类费用：按现行部颁规定，以金额形式表示，价格水平为 2000 年。

二类费用：将定额中的机上人工、动力、燃料、消耗材料数量对应乘以人工预算单价、材料预算单价，其合计值为第二类费用。

一、二类费用之和即为施工机械台班费。

三、补充施工机械台时费的编制

1. 折旧费

具体计算公式为

$$台时折旧费 = \frac{机械预算价格 \times (1 - 残值率)}{机械耐用总台时} \tag{5-39}$$

或

$$台时折旧费 = \frac{机械预算价格 \times 年折旧率}{机械年工作台时} \tag{5-40}$$

$$机械预算价格 = 机械市场价 + 运杂费 \tag{5-41}$$

式中　运杂费——一般按原价的 5%～7% 计算，若有实际资料则按实际资料计算；

残值率——机械达到使用寿命需要报废时的残值扣除清理费后占机械预算价格的百分率，即

$$残值率 = \frac{机械残值 - 清理费}{机械预算价格} \times 100\% \tag{5-42}$$

残值率一般可取 4%～5%。

机械耐用总台时又称机械寿命台时，指机械在使用期内所运转的总台时数，即

$$机械耐用台时 = 使用年限 \times 年工作台时 \tag{5-43}$$

式中　使用年限——国家规定的该种机械从使用到报废的平均工作年数；

年工作台时——该种机械在使用期内平均全年运行的台时数。

2. 大修理费

计算公式为

$$台时大修理费 = \frac{一次大修费用 \times 大修理次数}{机械耐用总台时} \quad (5-44)$$

大修理次数是指机械在使用期限内需进行大修理的次数,其计算公式为

$$大修理次数 = \frac{耐用总台时}{大修理间隔台时} - 1 \quad (5-45)$$

一次大修理费用可按一次大修所需人工、材料、机械等进行计算,也可参考实际资料按占机械预算价格的百分率计算。

3. 经常性修理费

经常性修理费包括修理费、润滑及擦拭材料费。

（1）修理费。修理费包括中修和各级保养,一般按大修间隔内的平均修理费计算,计算公式为

$$修理费 = \frac{大修理间隔期内修理费之和}{大修理间隔台时} = \frac{(中修费用 + 各级保养费用)}{大修理间隔台时} \quad (5-46)$$

表 5-13　中修、保养耗用工料占大修理百分比　　单位:%

检修类别	一保	二保	三保	四保	中修
工时消耗占大修	2	5	20	41	80
材料消耗占大修	5	10	25	60	20

中修、保养费用的简化计算可以大修理消耗工时、材料为基数,按资料确定出中修、保养所耗用工时和材料所占的比例。表 5-13 为某施工单位统计资料,所列比例可供参考。

（2）润滑及擦拭材料费的计算公式为

$$台时润滑及擦拭材料费 = \frac{机械年润滑及擦拭材料费}{年工作台时} \quad (5-47)$$

其中,润滑油脂的耗用量一般按机械台时耗用燃料油量的百分比计算,柴油机械按 6%,汽油机械按 5%,棉纱头及其他油等耗用量,可按实际情况计算。

上述两项费用虽然都可用公式计算,但式中一些数据往往又难以得到。因此,一些单位在实际计算经常性修理费时,通常用经常性修理费占大修理费的百分比来计算,百分比一般通过对典型机械的测算确定,然后求得同类其他机修的修理费。计算公式为

$$台时经常性修理费 = 台时大修理费 \times 经常性修理费率 \quad (5-48)$$

$$经常性修理费率 = \frac{典型机械台班经常修理费}{典型机械台时大修理费} \times 100\% \quad (5-49)$$

4. 替换设备及工具、附具费

替换设备及工具、附具费指机械正常运行所需更换的设备工具、附具摊销到台时费用。计算公式为

$$台时替换设备及工具、附具费 = \frac{年替换设备及工具附具费}{年工作台时} \quad (5-50)$$

几种施工机械替换设备及工具、附具数量可参考表 5-14。

在资料不易取得的情况下,也可按上述占大修理费的百分比的方法计算。

表 5-14　　替换设备及工具、附具数量参考表

机械名称	替换设备及工具、附具名称	年需要数量 (m)
空压机	胶皮管	50
电焊机	橡皮软线 50mm²	100
对焊机	橡皮软线 50mm²	20
混凝土振捣器	软线	30
凿岩机	高压胶皮管	20
水泵	弹簧软管	8
塔式起重机：2～6t	电缆线	80
15t	电缆线	120
25t	电缆线	140
40t	电缆线	150
（自升）10t	电缆线	200
龙门起重机	电缆线	200
其他电动机	（小型）型电缆线	10
其他电动机	（大型）电缆线	50

5. 安装拆卸及辅助设施费

计算公式为

$$台时安装拆卸及辅助设施费 = 台时大修费 \times 安拆费率 \tag{5-51}$$

$$安拆费率 = \frac{典型机械安装拆卸及辅助设施费}{典型机械台时大修理费} \times 100\% \tag{5-52}$$

特大型和部分大型施工机械的安装拆卸及辅助设施费，不在施工机械台时费中计列，而是另列于临时工程中。

6. 保管费

保管费计算公式为

$$台时保管费 = \frac{机械预算价格}{机械年工作台时} \times 保管费率 \tag{5-53}$$

保管费率的高低与机械预算价格有直接的关系。机械预算价格低，保管费率高；反之，机械预算价格高，保管费率低。保管费率一般在 0.15%～1.5% 范围内。某水电工程局总结出修正的经验公式为

$$台时保管费 = K_{保} \times 台时机上人工数 \tag{5-54}$$

$$K_{保} = HGZJ \tag{5-55}$$

$$H = \left(年日历天数 - \frac{年台时数}{日工作台时}\right) \times \frac{1}{年台时数} \tag{5-56}$$

$$G = 时人工预算单价 \div 出勤率 \tag{5-57}$$

式中　H——闲置系数；

　　　G——实际出勤工时人工预算单价；

　　　Z——闲置期间人员调整系数，为 70%；

　　　J——为闲置期间设备维修消耗的材料费用系数，一般取 1.1。

7. 机上人工费

机上人工费计算公式为

$$\text{台时机上人工费} = \text{机上人工工时数} \times \text{人工预算单价} \tag{5-58}$$

8. 燃料、动力费

(1) 内燃机械台时燃料消耗量。计算公式为

$$\text{台时燃料消耗量}(kg) = \text{额定耗油量}[kg/(kW \cdot h)] \times \text{额定功率}(kW) \\ \times \text{发动机综合利用系数} \tag{5-59}$$

$$\text{发动机综合利用系数} = \text{发动机时间利用系数} \times \text{发动机能量利用系数} \\ \times \text{单位油耗修正系数} \times \text{油耗损耗增加系数} \tag{5-60}$$

发动机综合利用系数一般为 0.2~0.4。

(2) 电动机械台时电力消耗量。计算公式为

$$\text{台时电力消耗量}(kW \cdot h) = KN \tag{5-61}$$

$$K = \frac{K_1 K_2}{K_3 K_4} \tag{5-62}$$

式中　K——电动机综合利用系数；

　　　K_1——电动机时间利用系数，一般取 0.4~0.6；

　　　K_2——电动机能量利用系数，一般取 0.5~0.7；

　　　K_3——低压线路电力损耗系数，一般取 0.95；

　　　K_4——平均负荷时电动机有效利用系数，一般取 0.78~0.88；

　　　N——电动机额定功率，kW。

(3) 蒸汽机械台时水、煤消耗量。计算公式为

$$\text{台时水(煤)消耗量}(kg) = \text{蒸汽机额定功率} \times \text{额定水(煤)单位耗用量} \\ \times \text{蒸汽机综合利用系数} \tag{5-63}$$

式中，额定功率单位为 kW，额定水（煤）耗用量单位为 kg/（kW·h）。对于综合利用系数，机车取 0.14~0.80，锅炉、打桩机取 0.55~0.75。

(4) 风动机械台时压气消耗量。计算公式为

$$\text{台时压气消耗量}(m^3) = 60(min) \times \text{风动机械压气消耗量}(m^3/min) \\ \times \text{风动机械综合利用系数} \tag{5-64}$$

式中　综合利用系数——取 0.6~0.7。

【例 5-7】　试计算 QTP-80 外爬式塔式起重机台时费。基础资料如下：

(1) 出厂价 30.5 万元，运杂费率 5%。

(2) 设备使用年限 19 年，年工作台时 2000 个，耐用总台时 38000 个，残值率 4%。

(3) 大修理次数 2 次，一次大修理费占设备预算价格的 4%。

(4) 台时经常性修理费占台时大修理费的 231%。

(5) 台时替换设备费占台时大修理费的 88%。

(6) 安装拆卸及辅助设施费，由于建筑塔机的特点，按规定单独计算，不列入台时费。

(7) 年保管费占设备预算价格的 0.25%。

(8) 动力、燃料费。电动机容量 53.4kW（其中主机容量 30kW），时间利用系数 0.4，能量利用系数 0.5，电动机效率 0.88，低压线路损耗系数 0.95。

(9) 机上人工 2 个，预算工资 5.62 元/工时。

(10) 电价 0.5 元/(kW·h)。

解：设备预算价=305000×(1+5%)=320250（元）

一类费用：

① 基本折旧费 $=\dfrac{320250\times(1-4\%)}{38000}=8.09$（元/台时）

② 大修理费 $=\dfrac{320250\times 4\%\times 2}{38000}=0.67$（元/台时）

③ 经常性修理费 $=0.67\times 231\%=1.55$（元/台时）

④ 替换设备及工具、附具费 $=0.67\times 88\%=0.59$（元/台时）

⑤ 保管费 $=\dfrac{320250\times 0.25\%}{2000}=0.40$（元/台时）

一类费用小计：11.31 元/台时

二类费用：

① 机上人工工资 $=5.62\times 2=11.24$（元/台时）

② 耗电费 $=53.4\times 0.4\times 0.5\times \dfrac{1}{0.88\times 0.95}\times 0.5=6.39$（元/台时）

二类费用小计：17.63 元/台时

台时费=一类费用+二类费用=11.31+17.63=28.94（元/台时）

水力发电工程按《水力发电工程施工机械台时费定额》及有关规定计算，其中第一类费用应按定额主管部门逐年发布的调整系数进行调整。

第五节 砂 石 料 单 价

砂石料是水利工程中混凝土、砌石、灌浆和反滤层等结构物的主要建筑材料，是砂砾料、砂、碎石、砾石、骨料等的统称。砂石料一般可分为天然砂石料和人工砂石料两种。天然砂石料有河砂、山砂、海砂以及河卵石、山卵石和海卵石等，是岩石风化和水流冲刷而形成的；人工砂石料是对岩石采用爆破等方式，经机械设备的破碎、筛洗、碾磨加工而成的碎石和人工砂（又称机制砂）。由于砂石料使用量很大，大中型工程一般由施工单位自行采备，形成机械化砂石料加工工厂进行生产。小型工程一般就近在市场上采购。水利工程中砂石料单价的高低对工程投资有较大的影响，所以在编制其单价时，必须深入现场调查，认真收集地质勘探、试验、设计资料，掌握其生产条件、生产流程，正确选用定额进行计算，保证砂石料单价的可靠性。以下主要介绍自行采备砂石料的单价分析方法。

一、基本资料的收集

主要内容有：

(1) 料场的位置、分布、地形条件、工程地质和水文地质特点、岩石种类及其物理特性等。

(2) 料场的储量及可开采量，设计砂石料用量。

(3) 砂石料场的天然级配与设计级配，级配平衡计算成果。

(4) 各料场覆盖层清理厚度、数量以及其占毛料开采量的比例和清理方法。

(5) 毛料的开采、运输、堆存方式。

(6) 砂石料加工工序流程、成品堆放、运输方式及废渣处理方法。

二、砂石料单价的计算

砂石料单价指从覆盖层清除、毛料开采、运输、堆存、筛分、冲洗、破碎、成品料运输、堆存、弃料处理等全部工艺流程累计发生的费用,工艺流程中每个单价包括直接工程费、间接费、企业利润及税金。

由于砂石料生产系统比较复杂,因此,一般根据施工组织设计确定的施工条件和加工工艺流程,采用概预算定额中相应的子目,分别计算各生产环节所需费用,再按砂石料的获得率、覆盖层清除摊销率,计算砂石料单价。2002 年《水利建筑工程概算定额》及 2002 年《水利建筑工程预算定额》砂石备料工程定额中已经考虑了砂石料在开采、加工、运输、堆存时发生的损耗,砂石料单价计算时,不另计其他任何系数和损耗。

(一) 砂石料生产的工艺流程

1. 覆盖层清除

天然砂石料场表面层的杂草、树木、腐殖土或风化及半风化岩石等覆盖物,在毛料开采前必须清理干净。该工序单价应根据施工组织设计确定的施工方式,依照一般土石方工程定额计算费用,然后摊入砂石料成品单价中,在概预算中不允许单独列项计算。

2. 毛料开采运输

指毛料从料场开采、运输到毛料暂存处的整个过程。该项费用工序计算应根据施工组织设计确定的施工方法,选用概预算定额计算。

3. 毛料的破碎、筛分、冲洗加工

天然砂石料的破碎、筛分、冲洗加工包括预筛分、超径石破碎、筛洗、中间破碎、二次筛分、堆存及废料清除等工序。

人工砂石料的加工包括破碎(一般分粗碎、中碎、细碎)、筛分(一般分预筛、初筛、复筛)清洗等过程。

编制破碎筛洗加工单价时,应根据施工组织设计确定的施工机械、施工方法,套用概预算定额进行计算。

4. 成品的运输

经过筛洗加工后的成品料,运至混凝土生产系统的储料场堆存。运输方式根据施工组织设计确定,运输单价采用概预算相应的子目计算。

以上各工序应根据施工组织设计确定其取舍和组合。

(二) 计算参数的确定

1. 覆盖层清除摊销率

覆盖层清除摊销率指覆盖层的清除量占成品砂石料的百分比,即

$$覆盖层清除摊销率 = 覆盖层清除量 \div 成品骨料总量 \times 100\%$$

2. 弃料处理摊销率

砂石料加工过程中,有部分废弃的砂石料,包括有级配弃料,超径弃料,以及施工损耗。其中施工损耗在定额中已考虑,不再计入弃料处理摊销费,超径摊销率和级配摊销率计算公式为

$$弃料处理摊销率 = \frac{弃料量}{成品骨料总量} \times 100\% \tag{5-65}$$

根据弃料处理单价和弃料处理摊销率将弃料处理单价摊入到成品骨料单价中。

（三）砂石料综合单价计算

计算步骤如下：

（1）根据施工组织设计确定的砂石料加工工序利用概预算相应定额计算工序单价。

（2）计算覆盖层清除单价、弃料处理单价以及相应的摊销率对应相乘后相加组成附加单价。

（3）砂石料基本单价和附加单价之和构成砂石料综合单价。

（4）弃料如利用于其他工程或销售部分，应按比例降低砂石料单价。

砂石料作为施工企业生产的产品，计算砂石料单价时应注意各工序单价应包括直接工程费、间接费、企业利润及税金。

对于外购砂石料可按材料预算价格计算办法，根据市场实际调查情况和有关规定计算其原价、运杂费、采购保管费和运输保险费。

无论自行采备还是外购砂石料其预算价格应控制在 70 元/m^3 左右，超出部分计取税金后列入相应部分之后。

【例 5-8】 某施工企业自行采备砂石料，试计算砂石料单价，已知：

(1) 施工组织设计确定的砂石料加工工艺流程为：覆盖层清除→毛料开采运输→预筛分、超径破碎运输→筛洗、运输→成品骨料运输。其中预筛分、超径破碎、筛洗、运输工序中需将其弃料运至指定地点。

(2) 工序单价为：

覆盖层清除：11.61 元/m^3；

弃料运输：12.38 元/m^3；

粗骨料：毛料开采运输 10.98 元/m^3，预筛分、超经破碎运输 7.06 元/m^3，筛洗、运输 9.26 元/m^3，成品运输 7.98 元/m^3；

砂：毛料开采运输 14.33 元/m^3，预筛分、超径破碎运输 7.16 元/m^3，筛洗、运输 8.35 元/m^3，成品运输 16.01 元/m^3；

(3) 设计砂石料用量 137.5 万 m^3，其中粗骨料 97.9 万 m^3，砂 39.6 万 m^3，料场覆盖层 15.8 万 m^3，成品储备量 145.2 万 m^3。超经弃料 3.72 万 m^3，粗骨料级配弃料 23.43 万 m^3，砂级配弃料 5.17 万 m^3。

解：①基本单价计算为

粗骨料基本单价 = 10.98 + 7.06 + 9.26 + 7.98 = 35.28 元

砂基本单价 = 14.33 + 7.16 + 8.35 + 16.01 = 45.85 元

即工序单价之和。

②附加单价计算为

覆盖层清除附加单价 = 11.61 × 15.8/145.2 = 1.26 元

超径石处理附加单价 = (10.98 + 7.06 + 12.38) × 3.72/97.9 = 1.16 元

粗骨料级配处理附加单价 = (10.98 + 7.06 + 9.26 + 12.38) × 23.43/97.9 = 9.49 元

砂级配处理附加单价 = (14.33 + 7.16 + 8.35 + 12.38) × 5.17/39.6 = 3.90 元

即工序单价乘以相应的摊销率。

③综合单价的计算为

综合单价为基本单价与附加单价之和。

粗骨料综合单价 = 35.28 + 1.26 + 1.16 + 9.49 = 47.19 元

砂综合单价 = 45.85 + 1.26 + 3.90 = 51.01 元

第六章 水利水电建筑工程概算编制

第一节 概 述

水利水电建筑工程投资占工程总投资的比例很大,据有关资料统计,一般为40%~60%,如潘家口工程为50%,密云水库为55%,因此编制好建筑工程概算是至关重要的。水利水电建筑工程项目较多,例如大坝、船闸、发电厂、泵站、渠道、隧洞等,建筑物、构筑物,同时也比较复杂。但就其工程内容和工种类别而言,都有其共同点,它的内容包括有:土石方工程、混凝土浇筑工程、模板工程、钻孔灌浆及锚固工程、其他建筑工程等,这就为我们编制概算提供了可遵循的一般规律。

水利工程按性质划分为两大类:一类是枢纽工程,包括水库、水电站、其他大型独立建筑物;另一类是引水工程及河道工程,包括供水工程、灌溉工程、河湖整治工程及堤防工程。

水利工程概算包括两项内容:一项是工程部分,另一项是移民和环境部分。工程部分包括建筑工程、机电设备及安装工程、金属结构设备及安装工程、施工临时工程、独立费用五大部分。其中,建筑工程概算构成项目划分中的第一部分,是概算文件的重要组成部分。

建筑工程概算编制步骤如下:

1. 收集基本资料、熟悉设计图纸

编制工程概算要对工程情况进行充分了解。首先,要熟悉设计图纸,将工程项目内容、工程部位搞清楚,了解设计意图;其次,要深入工程现场了解工程现场情况,收集与工程概算有关的基础或基本资料;第三,还要对施工组织设计(包括施工导流等主要施工技术措施)进行充分研究,了解施工方法、措施、运输距离、机械设备、劳动力配备等情况,以便正确合理编制工程单价及工程概算。

2. 划分工程项目

建筑工程概算项目划分参考本书第四章第一节有关《工程项目划分》的内容。《工程项目划分》第三级项目中,仅列有代表性的项目。编制概算时可根据工程的具体情况对三级项目进行必要的再划分,形成四级项目,甚至五级项目。

3. 编制工程概算单价

建筑工程单价应根据工程的具体情况和拟定的施工方案,采用国家和地方颁发的现行定额及费用标准进行编制。

4. 计算工程量

工程量是以物理计量单位来表示的各个分项工程的结构构件、材料等的数量。它是编制工程概算的基本条件之一。工程量计算的准确与否,直接影响工程概算投资大小。因此,工程量计算应严格执行《水利水电工程设计工程量计算规定》。

5. 编制工程概算

建筑工程概算是按照水利部水总［2002］116号文《水利工程设计概（估）算编制规定》中规定，采用工程量乘以单价的方法逐项计算工程费用，并按工程项目划分逐级向上合并汇总而得。对于水力发电工程概算应按电力工业部有关规定进行编制。

6. 工料分析

工料分析即工时、材料用量分析计算，它是编制施工组织设计的主要依据之一，也是施工单位编制投标报价和施工计划的依据。

工时、材料用量是按照完成单位工程量所需的人工、材料用量乘以相应工程总量而计算出来的。

第二节 工程概算单价计算

一、概述

1. 工程概算单价的概念

工程概算单价包括建筑工程单价和安装工程单价两部分。它是编制建筑安装工程概算的基础。工程单价是指完成单位工程量（如 $1m^3$、$100m^3$、$1t$ 等）所耗用的直接工程费、间接费、企业利润和税金四部分费用的总和。

建筑工程单价包括：土方开挖、石方开挖、土石填筑、混凝土、模板、砂石备料、钻孔灌浆及锚固、疏浚及其他工程等九项内容。

2. 工程概算单价的组成内容与计算程序

工程概算单价由直接工程费、间接费、企业利润、税金四部分组成。其中直接工程费由直接费（包括人工费、材料费、施工机械使用费）、其他直接费（包括冬雨季施工增加费、夜间施工增加费、特殊地区施工增加费、其他）、现场经费（包括临时设施费、现场管理费）组成；间接费由企业管理费、财务费用、其他费用组成。

工程概算单价的计算程序如表6-1。

表6-1　　　　　　建筑工程概算单价计算程序表

序号	项目	计算方法
一	直接工程费	（一）＋（二）＋（三）
（一）	直接费	1＋2＋3
1	人工费	∑定额劳动量（工时）×人工预算单价（元/工时）
2	材料费	∑定额材料用量×材料预算单价
3	施工机械使用费	∑定额机械使用量（台时）×施工机械台时费（元/台时）
（二）	其他直接费	（一）×其他直接费率之和
（三）	现场经费	（一）×现场经费费率之和
二	间接费	［一］×间接费率
三	企业利润	［一＋二］×企业利润率
四	税金	［一＋二＋三］×税率
	单价合计	一＋二＋三＋四

3. 正确选用定额

相对于工民建而言，水利水电工程概算编制的最大特点是"定额死，因素活"，同一个工程项目既可以采用人工施工，亦可以采用先进的机械化施工，而不同的施工方法，其工程单价相差很大。因此，概算编制者要根据合理的施工组织设计确定施工因素，以便正确选用定额，同时要对定额的总说明、章说明、节说明及附录内容认真阅读掌握，熟悉各定额子目的适用范围、工作内容以及有关的定额系数的使用方法。当遇到定额项目缺项时，可参考相近行业的有关定额，进行补充，但费用标准仍执行水利部现行取费标准，对选定的定额子目内容，不能随意变更或删除。

二、建筑工程单价计算

（一）土方工程单价

1. 使用定额应注意的问题

编制土方工程概算单价时应注意以下几个主要问题：

（1）定额计算单位有自然方、松方、实方三种类型，工序主要包括土方开挖、运输、备料、回填压实等。

（2）机械定额中，凡一种机械名称之后，同时并列几种型号规格的，如压实机械中的羊足碾，运输定额中的自卸汽车等，表示这种机械只能选用其中一种型号规格的机械定额进行计价。凡一种机械分几种型号规格与机械名称同时并列的，表示这些名称相同规格不同的机械定额都应同时进行计价。

（3）挖掘机及装载机挖装土自卸汽车运输定额，根据不同运距，定额选用及计算方法如下：

1) 运距小于5km，且又是整数运距时，如1、2、3km，直接按表中定额子目选用。若遇到0.6、1.5、3.4、4.3km时，按下列公式计算其定额值。

定额值（运距0.6km）＝1km值－（2km值－1km值）×（1－0.6）

运距1.5、3.4、4.3km，采用插入法计算即可。

2) 运距5～10km时：

定额值＝5km值＋（运距－5）×增运1km值

3) 运距大于10km时：

定额值＝5km值＋5×增运1km值＋（运距－10）×增运1km值×0.75

（4）定额中其他材料费、零星材料费、其他机械费均以费率表示，其计量基数如下：其他材料费以主要材料费之和为计算基数；零星材料费以人工费、机械费之和为计算基数；其他机械费以主要机械费之和为计算基数。

2. 土方工程的分类

土方工程分土方开挖和土方填筑两大类。按施工方法可分为人力施工、半机械化施工和机械化施工三种。其中，人力施工和半机械化施工适用于工程量较少的土方工程或地方水利水电工程。

3. 土方单价计算

（1）土方开挖、运输单价。土方开挖、运输单价是指从场地清理到将土运输到指定地点所需的各项费用。

影响土方开挖工效的主要因素有：土的类别、运土距离、施工方法、施工条件等，因此，正确确定这些参数是编制工程单价的关键。

土的类别分为 4 级，详见概算定额中的附录 2 一般工程土类分级表。一般情况下，土的级别越高，开挖的难度越大，工效越低，相应单价越高。开挖形状有沟槽、柱坑等，其断面越小，深度越深时，对施工工效的影响就越大。施工条件不同，开挖的工效也就不同，如水下开挖施工难度大于水上开挖施工难度。运输距离越长，所需时间也就越长。合理的运输距离应为挖土区的平面中心位置至弃土区（堆土区）的中心位置之间的距离。

土方工程单价计算按照挖、运不同施工工序，既可采用综合定额计算法，也可采用综合单价计算法。

所谓综合定额计算法就是先将选定的挖、运不同定额子目进行综合，得到一个挖、运综合定额，而后根据综合定额进行单价计算。综合单价计算法，就是按照不同的施工工序选取不同的定额子目，然后计算出不同工序的分项单价，最后将各工序单价进行综合。

可根据工程的具体情况灵活使用两种计算方法，对于某道工序重复较多时，可采用综合单价法，这样可以避免每次计算该道工序单价的重复性。如挖土定额相同，只是运输定额不同，这样就可以计算一个挖土单价，与不同的运输单价组合，而得到不同的挖、运单价。采用综合定额计算单价优点比较突出，由于其人工、材料、机械使用数量都是综合用量，这对以后进行工料分析计算带来很大方便。

【例 6-1】 某工程坝基土方开挖采用 1m³ 挖掘机挖装 10t 自卸汽车运 3.5km 至弃料场弃料，试计算土方开挖单价。

解：基本资料及分析计算如下：
①土方为Ⅲ类土；
②人工费初级工为 3.04 元/工时；
③机械台时费：1m³ 液压挖掘机 125.97 元/台时，59kW 推土机 64.59 元/台时，10t 自卸汽车 90.55 元/台时；
④取费费率：其他直接费 2.5%，现场经费 9%，间接费 9%，企业利润 7%，税金 3.22%；
⑤定额分析：根据施工因素，查水利部水总 [2002] 116 号文颁发的《水利建筑工程概算定额》（以下简称概算定额）第 1～36 节，汽车运距 3.5km，介于定额子目 10624 与 10625 之间，则需采用内插法计算。由定额内容可知，除汽车台时定额数量两定额子目不一样，其余都一样，故只需对汽车台时定额数量进行内插法计算，计算结果为 10.24 台时。

这里要注意自卸汽车定额类型为一种名称后列不同型号规格，因此，只能选用其中的一种，本例中选 10t 自卸汽车的定额。

土方挖运单价计算见表 6-2，计算结果为 15.54 元/m³。

（2）土方回填压实单价。土方回填压实施工程序一般包括：料场覆盖层清除、土料开采运输（土料翻晒）和铺土压实三大工序。

料场覆盖层清除：根据填筑土料的质量要求，料场表层覆盖的杂草、乱石、树根及不合格的表土等必须予以清除，以确保土方的填筑质量。

土料翻晒（预算定额）：若土区土料含水量偏大，不能直接用于填筑施工，则在料场必须先行犁耙翻晒，必要时堆置土牛以备填筑用料。

土方开采运输：土料开采运输方式一般有人力挖运，铲运机铲运，推土机推运，挖掘机或装载机配合自卸汽车运输，胶带输送机等。应根据具体工程规模、施工条件拟定合理

表 6-2　　　　　　　　　　　　　土方挖运单价分析表

定额编号：10624，10625　　　　　　　　　　　　　　　　　　　　　单位：100m³

施工方法：1m³ 液压挖掘机挖装 10t 自卸汽车运 3.5km 弃料						定额页数：P71	
序号	费用名称	单位	数量	单价	合价	备注	
一	直接工程费				1290.76		
(一)	直接费				1157.63		
1	人工费（初级工）	工时	7	3.04	21.28		
2	零星材料费	%	4	1113.11	44.52		
3	机械使用费				1091.83		
	挖掘机液压 1m³	台时	1.04	125.97	131.01		
	推土机 59kW	台时	0.52	64.59	33.59		
	自卸汽车 10t	台时	10.24	90.55	927.23		
(二)	其他直接费	%	2.5	1157.63	28.94		
(三)	现场经费	%	9	1157.63	104.19		
二	间接费	%	9	1290.76	116.17		
三	企业利润	%	7	1406.93	98.49		
四	税金	%	3.22	1505.42	48.47		
	单价合计				1553.89		

的施工方案，以提高机械生产效率，降低土料成本。

压实：指将卸料后松散土经过一定的夯实工序，使其达到设计要求的干容重指标的过程。

土方压实的常用施工方法及压实机械有：

夯实法：靠夯体下落的动荷重的作用，使土壤结构重新排列而达到密实。压实机械有打夯机（挖掘机改装）、蛙式打夯机、木石碾夯、石片碾夯、石磙碾夯等。一般适用于工程量小、工作面狭窄等情况。

碾压法：靠碾磙本身重量的静荷重作用，使土粒相互移动排列组合而达到密实。压实机械有羊足碾、平碾、轮胎碾等，主要适用于工程量大、工作面宽的粘性土料或砂性土料。

振动法：主要靠机械的振动作用，使土粒结构发生相对位移而使其压实。主要机械为振动碾，适用于砂砾料和无粘性土等情况。

土方填筑单价与上述工序相对应，一般包括覆盖层清除摊消费、土料开采运输单价、土料翻晒备料单价、压实单价四部分，具体组成内容应根据施工组织设计确定的施工因素来选择。

在计算土方填筑单价时，应注意定额单位的统一，如开挖运输定额为 100m³ 自然方，压实定额为 100m³ 实方，这时要将自然方折算成实方。

1）覆盖层清除摊销费。当土区表层有不符合设计要求的乱石、杂草或腐殖土时，应予以清除，其清除费用按清除量乘以清除单价来计算。覆盖层清除摊销费就是将其清除费用摊入填筑设计成品方中，即单位设计成品方应摊入的清除费用。可用下式计算为

$$\text{覆盖层清除摊销费} = \frac{\text{覆盖层清除总费用}}{\text{设计成品方量}} = \frac{\text{清除量} \times \text{清除单价}}{\text{设计成品方量}}$$

$$= \text{清除单价} \times \text{覆盖层清除摊销率} \quad (6-1)$$

$$\text{覆盖层清除摊销率} = \frac{\text{覆盖层清除量}}{\text{设计成品方量(实体方)}} \quad (6-2)$$

清除单价按照选定的施工方法套用相应定额进行计算。

覆盖层清除摊销费也可按下式计算为

$$\text{覆盖层清除摊销费} = \frac{\text{覆盖层清除单价} \times \text{清除量} \times (1 + A\%) \times \text{设计干密度}}{\text{设计利用量(自然方)} \times \text{天然干密度}} \quad (6-3)$$

式中 A——综合系数，按预算定额总说明的规定选取。

2) 土料翻晒单价（预算定额）。若土区自然含水量大，需在料场翻晒堆存，则按施工程序增加翻晒工序。

3) 土料开采运输单价。计算方法同前。

4) 土方压实单价。按设计提供的干密度要求、不同的施工方法，选用合适的压实定额。压实定额单位均为 $100m^3$ 实方，主要工作内容包括平土、洒水、刨毛、碾压、削坡及坝面各种辅助工作。压实定额按自料场直接运输上坝与自成品供料场运输上坝两种情况分别编制，根据施工组织设计方案采用相应的定额子目。如为非土堤、坝的一般土料，其人工、机械定额乘以 0.8 系数。

计算方法同土方开采运输单价。

5) 土方填筑综合单价。土方填筑综合单价由若干个分项工序单价组成。其计算方法既可采用综合定额法，也可采用综合单价法。

a. 编制概算时，概算填筑定额中土料运输量已算好，列在定额最后一行。土石坝物料压实定额，已计入超填量及施工附加量，并考虑坝面干扰因素；土石坝物料运输量，包括超填及附加量，运输雨后清理，削坡、施工沉陷等损耗，以及物料折实因素等。计算概算单价时，可根据定额所列物料运输数量采用概算定额相关子目计算物料运输上坝费用，并乘以坝面施工干扰系数 1.02。

自料场直接运输上坝的物料运输，采用第一章土方开挖工程和第二章石方开挖工程定额相应子目，计量单位为自然方。其中砂砾料运输按Ⅳ类土定额计算。

自成品供料场上坝的物料运输，采用第六章砂石备料工程定额，计量单位为成品堆方。其中反滤料运输采用骨料运输定额。

b. 编制预算单价时，压实工序以前的施工工序定额或单价即开采运输、翻晒备料都要乘以综合折实系数即

$$\text{综合折实系数} = (1 + A\%) \times \text{设计干密度} / \text{天然干密度} \quad (6-4)$$

则： 土方填筑综合单价 = 覆盖层清除单价 × 摊销率

$$+ (\text{翻晒单价} \times \text{翻晒比例} + \text{挖运单价})$$

$$\times \text{综合折实系数} + \text{压实单价} \quad (6-5)$$

翻晒比例可根据设计翻晒量占设计开采量的百分比来计算。

若采用综合定额法，则需先补充土方填筑的综合定额。土方填筑综合定额计算同上。

【例 6-2】 某工程土方填筑，自料场直接运输上坝，施工工艺流程为：覆盖层清除→土料翻晒→土料

运输上坝→压实。

施工方法：覆盖层清除采用74kW推土机推运50m弃料，土料翻晒采用拖拉机带三铧犁和缺口耙犁土、翻晒，1m³挖掘机挖装10t自卸汽车运3.5km上坝，5～7t羊足碾压实。

基本资料：土质类别以Ⅲ类土计，覆盖层清除量5万m³，设计填筑量100万m³，土料翻晒占设计开采量的比例为30%，设计干密度16.5kN/m³，土料天然干密度14.5kN/m³。机械台时费：74kW推土机89.97元/台时，59kW推土机64.59元/台时，59kW拖拉机51.60元/台时，55kW拖拉机45.68元/台时，三铧犁1.87元/台时，缺口耙2.29元/台时，5～7t羊足碾2.33元/台时，28kW蛙夯14.12元/台时，刨毛机56.71元/台时。

人工预算单价及取费费率同土方挖运单价。试计算土方综合单价。

解：各工序单价计算如表6-2～表6-5所示。

表6-3　　　　　　　　　　覆盖层清除单价分析表　　　　　　　　　　单位：100m³

定额编号：10517，10518

施工方法：74kW推土机推Ⅲ类土，运50m弃料					定额页数	P60
序号	费用名称	单位	数量	单价	合价	备注
一	直接工程费				296.63	
（一）	直接费				266.04	
1	人工费（初级工）	工时	3.2	3.04	9.73	
2	零星材料费	%	10	241.85	24.19	
3	机械使用费				232.12	
	74kW推土机	台时	2.58	89.97	232.12	
（二）	其他直接费	%	2.5	266.04	6.65	
（三）	现场经费	%	9	266.04	23.94	
二	间接费	%	9	296.63	26.70	
三	企业利润	%	7	323.33	22.63	
四	税金	%	3.22	345.96	11.14	
	单价合计				357.10	

计算结果：覆盖层清除单价为3.57元每自然方，土料翻晒单价为5.11元每自然方，土料挖运单价为15.54元每自然方，压实单价4.09元/每实方。

覆盖层清除摊销率＝5÷100＝5%

则土方综合单价＝3.57×5%＋（5.11×30%＋15.54×1.02）×1.26＋4.09＝26.17（元/每实方）

（二）石方工程单价

1. 石方工程项目类别及施工方法

石方工程包括石方开挖、运输、隧洞支护等项目。

（1）石方开挖分一般石方、一般坡面石方、沟槽石方、坑挖石方、基础坡面石方、平洞石方、斜井石方、竖井石方等。按施工方法又分为风钻钻孔开挖、潜孔钻钻孔、液压履

表 6-4　　　　　　　　　　　　　　土料翻晒单价分析表

定额编号：参考预算 10463　　　　　　　　　　　　　　　　　　　定额单位：100m³

施工方法：犁土、耙碎、翻晒、拢堆集料　　　　　　　　　　定额页数：预 P74

编号	名称及规格	单位	数量	单价（元）	合价（元）
一	直接工程费				424.47
（一）	直接费				380.69
1	人工费				97.89
	初级工	工时	32.20	3.04	97.89
2	材料费				18.13
	零星材料费	%	5.00	362.56	18.13
3	机械费				264.67
	三铧犁	台时	0.95	1.87	1.78
	拖拉机 59kW	台时	0.95	51.60	49.02
	缺口耙	台时	1.90	2.29	4.35
	拖拉机 55kW	台时	1.90	45.68	86.80
	推土机 59kW	台时	1.90	64.59	122.73
（二）	其他直接费	%	380.69	2.50	9.52
（三）	现场经费	%	380.69	9.00	34.26
二	间接费	%	424.47	9.00	38.20
三	企业利润	%	462.67	7.00	32.39
四	税金	%	495.06	3.22	15.94
	合计				511.00

带钻钻孔开挖等。

（2）石渣运输分人力运输（即人工装双胶轮车、机动翻斗车运输等）和机械运输（汽车运输、电瓶机车运输等）。人力运输适用于工作面狭小、运距短、施工强度低的工程；汽车运输适用性较大，一般工程都可采用，电瓶机车或内燃机车适用洞井和较长距离的运输。

（3）隧洞支护分隧洞钢支撑和隧洞木支撑等型式。

2．使用定额时几个概念解释

（1）保护层石方开挖。指按设计规定，不允许破坏周边岩层结构的石方开挖。如河床坝基、两岸坝岸、发电厂基础、消力池、廊道等工程连接岩基部分的岩石开挖。

保护层厚度一般以 1.5m 计，并参考表 6-6 选定。

（2）预裂爆破。指在正式爆破开挖之前，预先沿着设计的轮廓线炸出一条一定宽度的裂缝，以保护保留区的岩体。

预裂爆破一般可采用两种措施：一是采用低猛度低爆速炸药以减轻作用于岩壁上的压

表 6-5　　　　　　　　　　　　　羊足碾压实单价分析表

定额编号：　30077　　　　　　　　　　　　　　　　　　　定额单位：100m³ 实方

施工方法：5～7t 羊脚碾压实土料，Ⅲ类土、设计干容重 16.5kN/m³　　　定额页数：P273

编号	名称及规格	单位	数量	单价（元）	合价（元）
一	直接工程费				339.85
（一）	直接费				304.80
1	人工费（初级工）	工时	26.80	3.04	81.47
2	材料费				27.70
	零星材料费	%	10.00	277.09	27.71
3	机械费				195.62
	羊脚碾 5～7t	台时	1.81	2.33	4.22
	拖拉机 59kW	台时	1.81	51.60	93.40
	推土机 74kW	台时	0.55	89.97	49.48
	蛙式打夯机 2.8kW	台时	1.09	14.12	15.39
	刨毛机	台时	0.55	56.71	31.19
	其他机械费	%	1.00	193.68	1.94
（二）	其他直接费	%	304.80	2.50	7.62
（三）	现场经费	%	304.80	9.00	27.43
二	间接费	%	339.85	9.00	30.59
三	企业利润	%	370.44	7.00	25.93
四	税　金	%	396.37	3.22	12.76
	合　计				409.13

表 6-6　　保护层厚度与岩石类别、装药直径 d 的关系

岩石类别	岩石抗压强度	保护层厚度
软弱岩石	$\sigma_压 < 29.4\text{MPa}$	40d
中等坚硬岩石	$\sigma_压 = 29.4 \sim 58.8\text{MPa}$	30d
坚硬岩石	$\sigma_压 > 58.8\text{MPa}$	25d

力；二是采用不耦合装药。所谓不耦合装药就是指钻孔直径远大于药柱直径的一种装药方式。孔径与药柱直径的比值称为不耦合系数，不耦合系数一般应大于 1.5～2.0。

（3）光面爆破。它与预裂爆破不同之处在于光面爆孔的爆破是在开挖主爆孔的药包爆破之后进行，而预裂孔的爆破则是在岩体开挖之前进行的。

3．使用概算定额应注意的事项

（1）洞井石方开挖定额中通风机台时量系按一个工作面长度 400m 拟定。若一个工作面长度超过 400m，应按章说明中通风系数进行内插调整。

（2）挖掘机或装载机装石渣汽车运输定额，其露天与洞内定额的区分，按其装车地点

确定。洞内运距，选用洞内运输定额；洞外运输部分，按洞外运距及露天增运定额计算。

（3）洞（井）石方开挖定额，若需采取插入法计算工程单价时，而两定额子目的"其他材料费"和"其他机械费"费率不同，或轴流通风机的规格不同，可根据具体情况按接近的某定额子目选用。

例如：某工程平洞开挖断面为 40m²，风钻钻孔，查定额 30 m² 的"其他材料费"为 9%，轴流通风机 37kW。

查定额 60 m² 的"其他材料费"为 10%，轴流通风机 55kW。

计算工程单价时，按"其他材料费"为 9%，轴流通风机 37kW 计算（轴流通风机台时数量内插）。

4. 石方工程单价计算

在编制石方工程单价时，应根据施工组织设计确定的施工方法、运输线路以及建筑物施工部位的岩石级别、设计开挖断面等正确选用定额。具体计算方法与土方工程一样。

【例 6-3】 某工程一般石方开挖，采用手风钻钻孔爆破，1m³ 油动挖掘机装 10t 自卸车运 2km 弃渣，岩石类别为 X 级，试计算石方开挖运输综合单价。

基本资料：材料预算价格：合金钻头 50 元/个，炸药综合价 4.5 元/kg，电雷管 0.8 元/个，导电线 0.5 元/m；台时费：手风钻 27.75 元，1m³ 挖掘机 125.98 元，88kW 推土机 110.53 元，8t 自卸汽车 72.48 元。

解：石方开挖定额采用概算定额 20002 子目（X 类岩石），挖运定额采用 20458 子目（运 2km）。其中，运输单价只计算直接费。

计算过程详见表 6-7、表 6-8。计算结果：石方开挖运输综合单价为 35.47 元/m³。

表 6-7　　　　　　　　　　　　石方开挖单价分析表

定额编号：　20458　　　　　　　　　　　　　　　　　　　　　　　　定额单位：100m³

施工方法：1m³ 挖掘机挖装 8t 自卸车运弃渣				定额页数：P237	
编号	名称及规格	单位	数量	单价（元）	合价（元）
一	直接工程费				1625.42
（一）	直接费				1625.42
1	人工费				56.85
	初级工	工时	18.7	3.04	56.85
2	零星材料费	%	2.00	1593.55	31.87
3	机械费				1536.7
	挖掘机 1m³	台时	2.82	125.98	355.26
	推土机 88kW	台时	1.41	110.53	155.85
	自卸汽车 8t	台时	14.15	72.48	1025.59

（三）砌石、堆石工程单价

1. 砌石、堆石工程内容

堆砌石工程包括坝体堆石、砌石、抛石等。其中砌石工程又分为干砌石、浆砌石、铺筑砂垫层等，其主要工作内容包括选石、修石、冲洗、拌制砂浆、砌筑、勾缝。堆砌石工

表 6-8　　　　　　　　　　　石方开挖单价分析表

定额编号：　20002　　　　　　　　　　　　　　　　　　　　　定额单位：100m³

施工方法：一般石方开挖，X级岩石，采用手风钻钻孔爆破　　　　定额页数：P125

编号	名称及规格	单位	数量	单价（元）	合价（元）
一	直接工程费				2946.55
（一）	直接费				2642.28
1	人工费				341.49
	工长	工时	2.00	7.10	14.20
	中级工	工时	18.10	5.62	101.72
	初级工	工时	74.2	3.04	225.57
2	材料费				362.61
	合金钻头	个	1.74	50.00	87.00
	炸药	kg	34.00	4.50	153.00
	雷管	个	31.00	0.80	24.80
	导火线	m	85.00	0.50	42.50
	其他材料费	%	18.00	307.30	55.31
3	机械费				248.18
	风钻（手持式）	台时	8.13	27.75	225.62
	其他机械费	%	10.00	225.62	22.56
4	石渣运输	m³	104	16.25	1690
（二）	其他直接费	%	2642.28	2.50	66.06
（三）	现场经费	%	2642.28	9.00	237.81
二	间接费	%	2946.15	9.00	265.15
三	企业利润	%	3211.30	7.00	224.79
四	税金	%	3436.09	3.22	110.64
	合计				3546.73

程所用材料皆为当地材料，并且施工技术简单，工程造价低，因而在水利工程中普遍使用，如护坡、护底、基础、挡土墙、明渠等砌石工程。

2. 砌石料的分类

（1）块石指厚度大于20cm，长宽各为厚度的2~3倍，上下两面平行且大致平整、无尖角、薄边的石块。

（2）片石指厚度大于15cm，长、宽各为厚度的3倍以上，无一定规则形状的石块。

（3）卵石指最小粒径大于20cm的天然河卵石。

（4）毛条石指一般长度大于60cm的长条形、四棱方正的石料。

（5）料石指毛条石经过修边打荒加工，外露面方正，各相邻面正交，表面凸凹不超过10mm的石料。

（6）细料石指毛条石经过修边加工，外露面四棱见线，表面凸凹不超过5mm的石料。

(7) 堆石料指山场岩石经过爆破后，无一定规格，无一定大小的任意石料。

(8) 碎石指经过破碎加工分级后，粒径大于 5mm 的石块。

(9) 砂砾料指天然砂卵（砾）石混合料。

(10) 反滤料、过渡料指土石坝或一般堆砌石工程的防渗体与坝壳（土料、砂砾料或堆石料）之间的过渡区石料。由粒径级配均有一定要求的砂、砾石（碎石）等组成。

3. 工程单价计算

(1) 堆石单价。包括备料单价、压实单价。

1) 备料单价。只计算定额直接费。具体又分：

a. 自料场直接运输上坝：备料包括覆盖层清理、石料开采和弃料处理三大工序，其单价计算同一般块石开采一样。

覆盖层清理费用以摊入成品堆石料的形式计算。

石料开采运输根据不同的施工方法，套用相应的定额计算。

石方开挖运输单位为自然方，填筑为坝上压实方。编制概算时，根据压实定额所列物料运输数量计算运输费用，并乘以坝面施工干扰系数 1.02。

b. 自成品供料场运输上坝：堆石料运输以堆方为计量单位。堆石料开采，在主堆石区有粒径要求的，可采用本书第六章碎石原料开采定额计算；一般堆石料可采用本书第二章一般石方开挖定额计算，折算为堆石方单价即可。

2) 压实单价。包括平整、洒水、压实等费用。压实定额中均包括了体积换算、施工损耗等因素。按自料场直接运输上坝和自成品供料场运输上坝的不同方式分别采用相应的堆石料定额计算堆石单价。

注意：本节定额中"零星材料费"的计算基数，不含堆石料运输费。

(2) 砌石单价。包括备料单价和砌筑单价，其中：

1) 备料单价。备料单价作为砌筑工程定额中的一项材料单价，因此，在计算备料单价时，应根据施工组织设计确定的施工方法，套用定额中砂石备料工程相应开采、加工、运输定额子目计算，除计算定额直接费外，还应计入其他直接费、现场经费、间接费、企业利润、税金。

如外购块石、条石或料石时，按材料预算价格计算方法计算。

2) 砌筑单价。按不同工程项目、施工部位及施工方法套用相应定额计算。砌筑定额中的石料数量均已考虑了施工操作损耗和体积变化因素。其材料单价采用上述备料单价。一般砂、碎石（砾石）、块石、料石等预算价格控制在 70 元/m^3 左右，超过部分计取税金后列入相应部分之后。

【例 6-4】 某工程 75# 浆砌块石挡土墙，所有砂石材料均需外购，其外购单价，砂 40 元/m^3，块石 75 元/m^3，试计算其浆砌石工程单价。

基本资料：材料价格：425# 普通水泥 280 元/t，施工用水 0.40 元/m^3；75# 砂浆每立方米配合比：水泥 425# 305kg，砂 1.04m^3；水 0.184m^3。

解：查《水利建筑工程概算定额》土石填筑工程一章，浆砌块石挡土墙定额子目为 30033。定额中的砂浆材料设计提供为 75#，按其配合比计算 75# 砂浆单价为

$$305 \times 0.28 + 1.04 \times 40 + 0.184 \times 0.4 = 127.07 \ (元/m^3)$$

在套用定额中，尚应注意块石材料单价，按现行规定，块石为外购材料，且其预算价格为 75 元/m^3，

超过70元/m^3，因此，进入工程单价的块石价格，应为70元/m^3，其超过部分75－70＝5（元/m^3）应计算税金后列入砌石单价第四项税金之后，计算过程详见表6-9，计算结果浆砌石单价为211.58元/m^3。

表6-9　　　　　　　　　　　75#浆砌石挡土墙单价分析表

定额编号：30033　　　　　　　　　　　　　　　　定额单位：100m^3砌体方

施工方法：选石、修石、冲洗、拌制砂浆、砌筑、勾缝　　　　定额页数：P263

编号	名称及规格	单位	数量	单价（元）	合价（元）
一	直接工程费				17575.05
（一）	直接费				15762.38
1	人工费				3480.64
	工长	工时	16.70	7.10	118.57
	中级工	工时	339.40	5.62	1907.43
	初级工	工时	478.50	3.04	1454.64
2	材料费				11990.87
	块石	个	108.00	70.00	7560.00
	砂浆	kg	34.40	127.07	4371.21
	其他材料费	％	0.50	11931.21	59.66
3	机械费				290.87
	砂浆搅拌机0.4m^3	台时	6.38	22.85	145.81
	胶轮车	台时	161.18	0.90	145.06
（二）	其他直接费	％	15762.38	2.50	394.06
（三）	现场经费	％	15762.38	9.00	1418.61
二	间接费	％	17575.05	9.00	1581.75
三	企业利润	％	19156.80	7.00	1340.98
四	税金	％	20497.78	3.22	660.03
	块石差价		（75－70）×（1＋3.22％）×108		557.28
	合计				21720.25

（四）混凝土工程单价

1. 混凝土工程分类

混凝土工程可分为现浇混凝土和预制混凝土两大类。现浇混凝土又分常态混凝土、碾压混凝土、沥青混凝土。

常态混凝土及碾压混凝土施工程序一般有冲（凿）毛、冲洗、清仓，铺水泥砂浆、平仓浇筑、振捣、养护，工作面运输及辅助工作；沥青混凝土包括配料、混凝土加温、铺筑、养护，模板制作、安装、拆除、修整以及场内运输及辅助工作。预制混凝土除与现浇混凝土有同样的施工工序以外，还有预制混凝土构件运输、安装、模板制作、拆除等。

2. 混凝土工程单价计算

混凝土工程单价计算应根据设计提供的资料，确定建筑物的施工部位，选定正确的施工方法、运输方案，确定混凝土级配，并根据施工组织设计确定的拌和系统的布置形式等，选用相应的定额来计算。

混凝土工程单价主要包括，现浇混凝土单价、预制混凝土单价、钢筋制作安装单价、止水单价等，对于大型混凝土工程还要计算混凝土温控措施费。

（1）现浇混凝土单价。现浇混凝土单价一般包括混凝土拌和、水平运输、垂直运输及浇筑四道工序单价。

混凝土熟料运输单价包括水平运输和垂直运输单价。其运输单价计算可采用以下两种方法：

1）"混凝土运输"作为浇筑定额中的一项内容，运输单价按照选定的运输定额只计算定额直接费作为运输单价，以该运输单价乘以浇筑定额中所列的"混凝土运输"数量构成浇筑单价的直接费用项目。

2）将选定的运输定额子目乘以运输综合系数单独计算运输单价，相应取消原浇筑定额中的混凝土运输一项。

$$运输综合系数 = \frac{浇筑定额中的混凝土运输数量}{100} \qquad (6-6)$$

（2）预制混凝土单价。预制混凝土单价一般包括混凝土拌和、运输、预制、预制件运输、预制构件安装等工序单价。现行概算定额中混凝土预制及安装定额包括混凝土拌和和预制场内混凝土运输工序，另外需考虑预制件场外运输及安装用混凝土运输。

（3）混凝土温控措施费计算。在水利工程中，为防止拦河大坝等大体积混凝土建筑物由于温度应力而产生裂缝，以及坝体接缝灌浆后再度拉裂，保证建筑物的安全，按现行设计规范和混凝土坝设计及施工的要求，对混凝土坝等大体积建筑物应采取温度控制措施。温度控制措施很多，例如采用水化热较低的水泥，减少水泥用量，采用风或水预冷骨料，加冷水或冰拌和混凝土，对坝体混凝土进行一、二期通低温水及混凝土表面保护措施。

1）基本参数的选择。计算温度控制费用，应收集下列资料：工程所在地区的多年月平均气温、水温等气象资料；每立方米混凝土拌制所需加冰或冷水的数量、时间以及混凝土的数量；计算要求的混凝土出机口温度、浇筑温度和坝体的允许温度；混凝土骨料的预冷方式，预冷每立方米骨料所需消耗冷风、冷水的数量，预冷时间与温度，每立方米混凝土需预冷骨料的数量及需进行骨料预冷的混凝土数量；坝体的设计稳定温度、接缝灌浆时间，坝体混凝土一、二期通低温水的时间、流量、冷水温度及通水区域；冷冻系统的工艺流程、设备配置；如使用外购冰，要了解外购冰的售价、运输方式；混凝土温控方法、劳力、机械设备；冷冻设备的有关定额、费用等。

以上这些温控措施，应根据不同工程的特点，不同地区的气温条件，不同结构物不同部位的温控要求等综合因素确定，可采用概算定额中规定的参考资料（见附录10）计算。

2）根据不同标号混凝土的材料配合比，和相关材料的温度，采用附录10表10—1，计算出混凝土的出机口温度。出机口温度一般由施工组织设计确定。若混凝土的出机口温度已确定，则可按附表10-1公式计算确定应预冷的材料温度，进而确定各项温控措施。

3）综合各项温控措施的分项单价，可按附表10-2计算出每1m³混凝土的温控综合价（直接费）。

4）各分项温控措施的单价按附表10-3～附表10-7计算，坝体通水冷却单价按附表10-

8 计算。

【例 6-5】 某工程，5月平均气温 21.7℃，水温 20℃，7月平均气温 28.7℃，水温 26.5℃。C20 混凝土材料用量：水泥 227kg，砂 582kg，石子 1572kg，水 0.125m³。坝体混凝土预埋冷却水管间距 1.5m×1.5m，一期通制冷水，二期通河水冷却。请分别计算 5月和 7月混凝土出机口温度为 7℃和 14℃的费用及坝体冷却费用。

解：①计算混凝土材料冷却温度

应用附表 10-1 计算出要求达到混凝土出机口温度为 7℃和 14℃时的相应材料温度，如表 6-10 和表 6-11。由该表确定混凝土材料冷却温度为：拌和水 2℃，加片冰 50kg。砂子不预冷。石子预冷温度如下：

5月生产 7℃混凝土，石子冷却至 5.76℃，生产 14℃混凝土，石子冷却至 19.5℃。

7月生产 7℃混凝土，石子冷却至 1.76℃，生产 14℃混凝土，石子冷却至 15.5℃。

如果不采用预冷措施，其常态混凝土温度为：5月 $t_0=22.72℃$，7月 $t_0=29.66℃$。常见表 6-12。

②计算制冷水单价

已知高峰月混凝土浇筑强度 50000m³，一个月施工 25 天，一天连续浇筑 20h，考虑 1.5 不均衡系数，则混凝土小时浇筑强度为

$$5×50000/25/20=150 \text{ m}^3/\text{h}$$

冷水产量应满足混凝土冷水拌和（46kg/m³）及制片冰（50kg/m³）的需要，并计及损耗系数 1.20，则要求冷水产量为

$$1.20×150×（46+50）÷1000=17.28 \text{ t/h}$$

据此，查附表 10-3，冷水产量 20 t/h 列，可求得制 2℃冷水单价 17.25 元/℃，这是河水由 28℃降至 2℃的费用，每降 1℃的单价为 0.663 元/t/℃，单价计算见表 6-13。

③计算制片冰单价

已知高峰月的日平均混凝土浇筑强度为

$$50000\text{m}^3/25=2000 \text{ m}^3/\text{d}$$

每立方米混凝土加片冰 50kg，要求产冰量为

$$2000×50/1000=100 \text{ t/d}$$

据此，查附表 10-4，片冰产量 100 t/d 列，可求得制片冰单价为 257.43 元/t，单价计算见表 6-14。

④计算一次风冷单价

石子在料仓内通冷风，第一次可将其冷却到 8~16℃。已知混凝土小时浇筑强度为 150 m³/h；单位石子用量 1572 kg/m³。

需要骨料预冷量：150×1572/1000=235.8 t/h

据此，查附表 10-5，骨料预冷量 200 t/h 列，可求得一次风冷石子每降 1℃单价为 0.281 元/t/℃，单价计算见附表 6-15。

⑤计算二次风冷单价

生产 14℃混凝土，石子一次风冷即可满足，而生产 7℃混凝土，由于降温幅度较大，对石子必须进行二次风冷。查附表 10-6，骨料预冷量 200 t/h 列，可求得二次风冷石每降 1℃单价为 0.527 元/t/℃，单价计算见附表 6-16。

⑥计算坝体通水冷却单价

坝体一期通水冷却的目的是为了削减混凝土浇筑初期产生的水泥水化热温升，作为热交换载体，冷却水的水温通常要升高 3.5℃左右，计及坝体以外管道温升 1.5℃，则冷却水的总温升将达到 3.5+1.5=5℃。

坝体一期通水将采取循环制冷供水方式，由表 6-13，计算求得每吨水降 1℃的单价为 17.25/（28−2）=0.663 元/t/℃，通水冷却费用得为 5×0.663=3.315 元/t。据此，查附表 10-8，冷却水管 1.5m×1.5m 列，求得每立方米坝体通水冷却单价为 22.52 元/m³，单价计算见表 6-17。

⑦计算综合单价

综合上述各项单价计算,求得混凝土温度控制费用如下:

坝体通水冷却单价为 22.52 元/m³,单价计算见表 6-17。

5 月拌制 7℃C20 混凝土预冷单价为 23.76 元/m³,计算见表 6-18。

5 月拌制 14℃C20 混凝土预冷单价为 14.39 元/m³,计算见表 6-19。

7 月拌制 7℃C20 混凝土预冷单价为 29.91 元/m³,计算见表 6-20。

7 月拌制 14℃C20 混凝土预冷单价为 19.45 元/m³,计算见表 6-21。

表 6-10　　　　　　　　5 月混凝土出机口温度计算表　　　气温 21.7℃　水温 20℃

序号	混凝土材料	重量 G (kg)	比热 C (kJ/kg·℃)	$P=G\times C$	温度 t (℃)	$Q=P\times t$	温度 t (℃)	$Q=P\times t$
1	水泥	227	0.796	181	36.7	6631	36.7	6631
2	砂子	582	0.963	560	19.7	11041	19.7	11041
3	石子	1572	0.963	1514	5.76	8720	19.5	29520
4	砂含水	29	4.2	122	19.7	2399	19.7	2399
5	石含水	0	4.2	0		0		0
6	拌和水	46	4.2	193	2	386	2	386
7	加片冰	50	2.1	105	−5	−525	−5	−525
	潜热				−335	−16750	−335	−16750
8	机械热					6281		4187
9	合计 ∑			2675		18184		36890
10	混凝土出机口温度	$T_c=\sum Q/\sum P$			6.8		13.79	

注　片冰潜热 $Q=-335\times 50=-16750$ kJ。

表 6-11　　　　　　　　7 月混凝土出机口温度计算表　　　气温 28.7℃　水温 26.5℃

序号	混凝土材料	重量 G (kg)	比热 C (kJ/kg·℃)	$P=G\times C$	温度 t (℃)	$Q=P\times t$	温度 t (℃)	$Q=P\times t$
1	水泥	227	0.796	181	43.7	7896	43.7	7896
2	砂子	582	0.963	560	26.7	14964	26.7	14964
3	石子	1572	0.963	1514	1.76	2664	15.5	23464
4	砂含水	29	4.2	122	26.7	3252	26.7	3252
5	石含水	0	4.2	0		0		0
6	拌和水	46	4.2	193	2	386	2	386
7	加片冰	50	2.1	105	−5	−525	−5	−525
	潜热				−335	−16750	−335	−16750
8	机械热					6281		4187
9	合计 ∑			2675		18169		36876
10	混凝土出机口温度	$T_c=\sum Q/\sum P$			6.79		13.79	

注　片冰潜热 $Q=-335\times 50=-16750$ kJ。

表 6-12　　　　　　　　　　**5月、7月常态混凝土的出机口温度计算表**

5月　气温 21.7 ℃　　水温 20 ℃　　　7月　气温 28.7 ℃　　水温 26.5 ℃

序号	混凝土材料	重量 G (kg)	比热 C (kJ/kg·℃)	$P=G\times C$	5月 温度 t (℃)	5月 $Q=P\times t$	7月 温度 t (℃)	7月 $Q=P\times t$
1	水泥	227	0.796	181	36.7	6631	43.7	7896
2	砂子	582	0.963	560	19.7	11041	26.7	14964
3	石子	1572	0.963	1514	21.7	32850	28.7	43447
4	砂含水	29	4.2	122	19.7	2408	26.7	3263
5	石含水	12	4.2	50	21.7	1075	28.7	1421
6	拌和水	84	4.2	353	20	7065	26.5	9361
7	加片冰	0	2.1	0	−5	0	−5	0
	潜热				−335	0	−335	0
8	机械热					2094		2094
9	合计 Σ			2780		63164		82448
10	混凝土出机口温度			$T_c=\Sigma Q/\Sigma P$		22.72		29.66

表 6-13　　　　　　　　　　**制冷水单价计算表**

适用范围：冷水厂冷水产量 20 t/h。

工作内容：28 ℃河水，制 2 ℃冷水，送出。　　　　　　　　　　　　　　单位：100t 冷水

项　目	单　位	数　量	单价（元）	复价（元）
中级工	工时	8	5.62	45.0
初级工	工时	30	3.04	91.2
合　计	工时	38		136.2
水	M³	220	0.5	110
氟里昂	kg	0.5	60	30
冷冻机油	kg	0.7	3	2.1
其他材料费	%	2		2.8
螺杆式冷水机组 LSLGF1000	台时	5	148.8	744
水泵 11	台时	5	15	75
水泵 15	台时	10	15	150
水泵 30	台时	10	25.5	255
冷却塔 BL—200	台时	10	15	150
其他机械费	%	5		68.7
合计				1723.8

注　每吨水由 28 ℃降至 2 ℃价：1723.8/100＝17.238 元/t。

　　每吨水降 1 ℃单价：17.238/(28−2)＝0.663 元/t/℃。

表 6-14　　　　　　　　　　制片冰单价计算表

适用范围：混凝土系统制冰加冰，产冰量 100 t/d。

工作内容：用 2℃冷水制 −8℃片冰贮存，送出。　　　　　　　单位：100t 片冰

项　目	单　位	数　量	单价（元）	复价（元）
中级工	工时	36	5.62	203
初级工	工时	324	3.04	985
合计	工时	360		1188
2℃冷水	M³	105	17.238	1810
水	M³	700	0.5	350
氨液	kg	18	2	36
冷冻机油	kg	7	3	21
其他材料费	％	5		111
片冰机 PBL15/d	台时			
片冰机 PBL30/d	台时	96	50	4800
贮冰库 30t	台时			
贮冰库 60t	台时	24	184.8	4435
螺杆式氨泵机组 ABLG55Z	台时	24	50	1200
螺杆式氨泵机组 ABLG100Z	台时	96	79.8	7661
螺杆式冷凝机组 NJLG30Z	台时			
水泵 7.5kW	台时			
水泵 15kW	台时	24	15	360
水泵 30kW	台时	48	25.5	1224
冷却塔 BL−50	台时			
冷却塔 BL−100	台时			
冷却塔 BL−200	台时	48	15	720
输水胶带机 B=500 L=50m	台时	48	16	768
其他机械费	％	5		1059
合计				25743

注　每吨片冰单价：257.43 元/t。

表 6-15　　　　　　　　　　一次风冷骨料单价计算表

适用范围：在料仓内用冷风将骨料预冷至 8～16℃。预冷骨料量 200 t/h。

工作内容：制冷，鼓风，回风，骨料冷却。　　　　　　　单位：100t 骨料降温 10℃

项　目	单　位	数　量	单价（元）	复价（元）
中级工	工时	4	5.62	22
初级工	工时	2	3.04	6
合计	工时	6		28
水	M³	21	0.5	11
氨液	kg	0.84	2	2
冷冻机油	kg	0.2	3	1
其他材料费	％	10		1

续表

项 目	单 位	数 量	单价（元）	复价（元）
氨螺杆压缩机 LG20A250G	台时	1.11	71	79
卧式冷凝器 WNA-300	台时	1.11	10	11
氨贮液器 ZA-4.5	台时	1.11	5	6
氨泵 50P-40	台时	1.39	20	28
空气冷却器 GKL-1250	台时	1.11	10	11
离心式风机 55kW	台时	1.11	30	33
离心式风机 75kW	台时			
水泵 75kW	台时	0.56	40	22
冷却塔 BL-500	台时	0.56	30	17
其他机械费	%	15		31
合　　计				281

注　每吨骨料降温 1℃单价：281/100/10＝0.281 元/t/℃。

表 6-16　　　　　　　　　　二次风冷骨料单价计算表

适用范围：在料仓内用冷风将骨料预冷至 0～2℃。预冷骨料量 200 t/h。
工作内容：制冷，鼓风，回风，骨料冷却。　　　　　　　　单位：100t 骨料降温 10℃

项 目	单 位	数 量	单价（元）	复价（元）
中级工	工时	2	5.62	11
初级工	工时	2.5	3.04	8
合　计	工时	4.5		19
水	M^3	38	0.5	19
氨液	kg	1.5	2	3
冷冻机油	kg	0.4	3	1
其他材料费	%	10		2
螺杆式氨泵机组 ABLG100Z	台时	4	79.8	319
氨螺杆压缩机 LG20A200Z	台时			
卧式冷凝器 WNA-300	台时			
氨贮液器 ZA-4.5	台时	1	5	5
氨泵 50P-40	台时			
空气冷却器 GKL-1000	台时	2	8	16
离心式风机 55kW	台时	2	30	60
离心式风机 75kW	台时			
水泵 55kW	台时	1	30	30
水泵 75kW	台时			
冷却塔 BL-500	台时	1	30	30
其他机械费	%	5		23
合　　计				527

注　每吨骨料降温 1℃单价：527/100/10＝0.527 元/t/℃。

表 6-17　　　　　　　　　　　坝体通水冷却单价计算表

适用范围：需要通水冷却的坝体混凝土。

工作内容：冷却水管埋设，通水，观测，混凝土表面保护。　　　　　　单位：100m³ 混凝土

项　目	单　位	数　量	单价（元）	复价（元）
中级工	工时			
初级工	工时	40	3.04	121
合　计	工时	40		121
钢管（冷却水管）	kg	160	6	
低温水（一期冷却）温升 5 ℃	m³（t）	80	5×0.663	265
水（二期冷却）	m³（t）	466	0.5	233
表面保护材料	m²	50	11.2	560
其他材料费	%	5		101
电焊机　交流 20kVA	台时	2	5	10
水　泵	台时			
其他机械使用费	%	20		2
合　计				2252

注　每立方米混凝土坝体通水冷却费用：2252/100＝22.52 元/m³。

表 6-18　　　　　　　　　5 月拌制 7 ℃混凝土预冷单价计算表

5 月平均气温 21.7 ℃，水温 20 ℃

　　　　　　　　　　　　　　　　　　　　　　　　　　　　　　　　　　单位：m³

序号	项　目	单位	数量 G	材料温度（℃）			分项措施单价		复价（元） GD_tM
				初温 t_0	终温 t_i	降幅 $D_t=t_0-t_i$	单位	M	
1	制冷水	t	0.046	20	2	18	元/t·℃	0.663	0.549
2	制片冰	t	0.05				元/t	257.43	12.872
3	冷水喷淋骨料	t	0				元/t·℃		0
4	一次风冷骨料	t	1.572	21.7	10	11.7	元/t·℃	0.281	5.168
5	二次风冷骨料	t	1.572	12	5.76	6.24	元/t·℃	0.527	5.169
	合　计　（元/m³）								23.76

表 6-19　　　　　　　　　5 月拌制 14 ℃混凝土预冷单价计算表

5 月平均气温 21.7 ℃，水温 20 ℃

　　　　　　　　　　　　　　　　　　　　　　　　　　　　　　　　　　单位：m³

序号	项　目	单位	数量 G	材料温度（℃）			分项措施单价		复价（元） GD_tM
				初温 t_0	终温 t_i	降幅 $D_t=t_0-t_i$	单位	M	
1	制冷水	t	0.046	20	2	18	元/t·℃	0.663	0.549
2	制片冰	t	0.05				元/t	257.43	12.872
3	冷水喷淋骨料	t	0				元/t·℃		0
4	一次风冷骨料	t	1.572	21.7	19.5	2.2	元/t·℃	0.281	0.972
5	二次风冷骨料	t	0				元/t·℃	0.527	0
	合　计　（元/m³）								14.39

表 6-20　　　　　　　　　　　　**7月拌制7℃混凝土预冷单价计算表**

7月平均气温 28.7℃，水温 26.5℃　　　　　　　　　　　　　　　　　　　　　　　　　　　单位：m³

序号	项目	单位	数量 G	材料温度(℃)			分项措施单价		复价(元) GD_tM
				初温 t_0	终温 t_i	降幅 $D_t=t_0-t_i$	单位	M	
1	制冷水	t	0.046	26.5	2	24.5	元/t·℃	0.663	0.747
2	制片冰	t	0.05				元/t	257.43	12.872
3	冷水喷淋骨料	t	0				元/t·℃		0
4	一次风冷骨料	t	1.572	28.7	8.7	20	元/t·℃	0.281	8.835
5	二次风冷骨料	t	1.572	10.76	1.76	9	元/t·℃	0.527	7.456
	合　计 (元/m³)								29.91

表 6-21　　　　　　　　　　　　**7月拌制14℃混凝土预冷单价计算表**

7月平均气温 28.7℃，水温 26.5℃　　　　　　　　　　　　　　　　　　　　　　　　　　　单位：m³

序号	项目	单位	数量 G	材料温度(℃)			分项措施单价		复价(元) GD_tM
				初温 t_0	终温 t_i	降幅 $D_t=t_0-t_i$	单位	M	
1	制冷水	t	0.046	26.5	2	24.5	元/t·℃	0.663	0.747
2	制片冰	t	0.05				元/t	257.43	12.872
3	冷水喷淋骨料	t	0				元/t·℃		0
4	一次风冷骨料	t	1.572	28.7	15.5	13.2	元/t·℃	0.281	5.831
5	二次风冷骨料	t					元/t·℃	0.527	0
	合　计 (元/m³)								19.45

【例 6-6】　某隧洞（平洞）混凝土衬砌工程，设计开挖断面直径7m，衬砌厚度50cm，隧洞长1km（一个工作面），拌和站至隧洞进口1km，主要施工方法采用0.8m³搅拌机拌制混凝土，装3.5t自卸汽车运输，混凝土泵输送入仓浇筑。试计算隧洞混凝土衬砌单价。

基本资料：设计混凝土标号为 C_{25}，二级配（最大骨料粒径4cm）；人工预算单价：工长7.10元/工时，高级工 6.61 元/工时，中级工 5.62 元/工时，初级工 3.04 元/工时；材料预算价格：板枋材1400元/m³，铁件 6.5元/kg，钢模 6元/kg，中砂 30元/m³，碎石（综合）40 元/m³，425# 普通水泥300元/t，水 0.4 元/m³；机械台时费：0.8m³ 拌和机 31.59 元，混凝土泵（30m³/h）84.85 元，1.1kW 插入式振捣器 2.08 元，3.5t 自卸汽车 46.5 元，风水枪 30.65 元。

解：由设计开挖直径 7m 可知，其开挖断面面积为 38.5m²，查概算定额，选开挖断面 30～50m²、衬砌厚度 50cm 的定额子目 [40040]，

定额中的混凝土材料，参考定额附录《泵用混凝土材料配合表》，选 $C_{25}^\#$ 混凝土、425# 水泥、二级配一项。因混凝土配合比表系卵石、粗砂混凝土，实际采用的是碎石、中砂，应按表 6-22 系数换算。

换算后的混凝土配比单价为：

408×0.3×1.1×1.07+0.53×30×1.1×0.98+0.79×40×1.06×0.98+0.173×0.4×1.1×1.07＝194.11 元/m³

混凝土运输定额：由上述资料可知，洞外运输距

表 6-22　　　　**砂石料换算系数表**

项目	水泥	砂	石子	水
卵石换碎石	1.10	1.10	1.06	1.10
粗砂换中砂	1.07	0.98	0.98	1.07

1km，洞内运输距离综合平均 0.5km，查概算定额自卸汽车运距一节，选露天运输 1km 定额子目 [40204] 和洞内增运 0.5km 定额子目 [40207]，由此编制自卸汽车运混凝土综合补充定额。

这里要注意：①洞内运 0.5km 必须选取增运定额子目，且人工、机械乘以 1.25 系数；②混凝土运输单价作为浇筑定额中的一项内容即构成浇筑单价中的定额直接费，因此该运输单价只计算定额直接费。

经计算，混凝土拌和单价（直接费）为 12.96 元/m^3，运输单价（直接费）计算结果为 13.41 元/m^3，详见表 6-23、表 6-24。

隧洞混凝土衬砌综合单价为 496.18 元/m^3，详见表 6-25。

表 6-23　　　　　　　　　　混凝土拌和单价分析表

定额编号：　40172　　　　　　　　　　　　　　　　　　　　　　　　定额单位：100m^3

施工方法：0.8m^3 搅拌机拌制混凝土				定额页数：P328	
编号	名称及规格	单位	数量	单价（元）	合价（元）
一	直接工程费				1295.70
（一）	直接费				1295.70
1	人工费				905.33
	中级工	工时	93.80	5.62	527.16
	初级工	工时	124.40	3.04	378.18
2	材料费				25.41
	零星材料费	%	2.00	1270.29	25.41
3	机械费				364.96
	搅拌机	台时	9.07	31.59	286.52
	胶轮车	台时	87.15	0.90	78.44
	合　计				1295.66

表 6-24　　　　　　　　　　混凝土运输单价分析表

定额编号：　[40204] + [40207]×1.25　　　　　　　　　　　　　　定额单位：100m^3

施工方法：3.5t 自卸汽车运混凝土洞外 1km，洞内增运 0.5km				定额页数：P332	
编号	名称及规格	单位	数量	单价（元）	合价（元）
一	直接工程费				1341.21
（一）	直接费				1341.21
1	人工费				103.21
	中级工	工时	14.20	5.62	79.80
	初级工	工时	7.70	3.04	23.41
2	材料费				63.87
	零星材料费	%	5.00	1277.34	63.87
3	机械费				1174.13
	自卸汽车 3.5t	台时	25.25	46.50	1174.13

表 6-25　　　　　　　　　　混凝土衬砌单价分析表

定额编号：　40040　　　　　　　　　　　　　　　　　　　定额单位：100m³

施工方法：0.8m³ 搅拌机拌制混凝土，装 3.5t 自卸汽车运输，混凝土输送泵输送入仓浇筑。开挖断面 38.5m³，衬砌厚 50cm					定额页数：P294
编号	名称及规格	单位	数量	单价（元）	合价（元）
一	直接工程费				42786.04
（一）	直接费				38720.4
1	人工费				3539.58
	工长	工时	22.40	7.10	159.04
	高级工	工时	37.40	6.61	247.21
	中级工	工时	403.80	5.62	2269.36
	初级工	工时	284.20	3.04	863.97
2	材料费				28513.92
	混凝土	m³	146.00	194.11	28340.06
	水	m³	80.00	0.40	32.00
	其他材料费	%	0.50	28372.06	141.86
3	机械费				2816.88
	混凝土泵 30m³	台时	14.87	84.85	1261.72
	振动器 1.1kW	台时	59.71	2.08	124.20
	风水枪	台时	44.01	30.65	1348.91
	其他机械使用费	%	3.00	2734.83	82.05
4	混凝土拌制	m³	146.00	12.96	1892.16
5	混凝土运输	m³	146.00	13.41	1957.86
（二）	其他直接费	%	38720.4	2.50	968.01
（三）	现场经费	%	38720.4	8.00	3097.63
二	间接费	%	42786.04	5.00	2139.3
三	企业利润	%	44925.34	7.00	3144.77
四	税金	%	48070.11	3.22	1547.86
	合计				49617.97

（五）模板工程

模板工程是指混凝土浇筑工程中使用的平面模板、曲面模板、异形模板、滑模等模板的安装、拆除及制作等。模板定额的计量面积为混凝土与模板的接触面积，即建筑物体形及施工分缝要求所需的立模面面积。

模板定额使用应注意以下几个问题：

（1）模板材料均按预算消耗量计算，包括了制作、安装、拆除、维修的损耗和消耗，并考虑了周转和维修。

（2）模板定额中的模板预算价格，若施工企业自制模板，采用相应模板制作定额计算，

只计算直接费；若为外购模板，定额中的模板预算价格应按以下公式计算为

模板预算价格＝（外购模板预算价格－残值）÷周转次数×综合系数

公式中残值为10%，周转次数为50次，综合系数为1.15（含露明系数及维修损耗系数）。

（3）模板定额中的材料，除模板本身外，还包括支撑模板的立柱、围令、行家桁（排）架及铁件等。对于悬空建筑物（如渡槽槽身）的模板，计算到支撑模板结构的承重梁为止。承重梁以下的支撑结构应包括在"其他施工临时工程"中。

（4）隧洞衬砌钢模台车、针梁模板台车，竖井衬砌的滑模台车及混凝土面板滑模台车中，包括行走机构、构架、模板及其支撑型钢、电动机、千斤顶等动力设备，均作为整体设备，以工作台时计入定额。但轨道中未包括轨道及埋件。

溢流面滑模定额中含轨道及支撑轨道的埋件、支架等材料。

（5）概算定额中凡嵌套有模板的子目，计算"其他材料费"时，计算基数不包括模板本身的价值。

（6）模板工程量，应根据设计图纸及混凝土浇筑分缝图计算。在初步设计之前没有详细图纸时，可参考概算定额附录9《水利工程混凝土建筑物立模面系数参考表》中数据估算。

【例6-7】 某混凝土挡土墙工程，用平面木模板施工，试计算其模板单价。

基本资料：人工预算单价：工长7.10元/工时，高级工6.61元/工时，中级工5.62元/工时，初级工3.04元/工时；材料预算价格：板枋材1450元/m^3，铁件5.5元/kg，电焊条8元/kg，预制混凝土柱350元/m^3；机械台时费：圆盘锯19.94元，双面刨床15.69元，20kW钢筋切断机22.17元，ϕ6~40钢筋弯曲机13.61元，5t载重汽车48.90元，5t汽车起重机61.10元，25kVA电焊机10.58元。

解：查概算定额，选模板制作定额［50063］及普通模板定额［50003］，计算结果为104.76元/m^2。详见表6-26，表6-27。

表6-26 模板制作单价分析表

定额编号：50063　　　　　　　　　　　　　　　　　　　　　定额单位：100m^2

施工方法：平面木模板制作、立柱、围令制作、铁件制作、模板运输				定额页数：P365	
编号	名称及规格	单位	数量	单价（元）	合价（元）
一	直接工程费				4137.91
（一）	直接费				4137.91
1	人工费				336.84
	工长	工时	4.10	7.10	29.11
	高级工	工时	12.10	6.61	79.98
	中级工	工时	33.60	5.62	188.83
	初级工	工时	12.80	3.04	38.91
2	材料费				3541.95
	锯材	m^3	2.30	1450.00	3335.00
	铁件	kg	25.00	5.50	137.50
	其他材料费	%	2.00	3472.50	69.45
3	机械费				259.12
	圆盘锯	台时	4.69	19.94	93.52

续表

施工方法：平面木模板制作、立柱、围令制作、铁件制作、模板运输				定额页数：P365	
编号	名称及规格	单位	数量	单价（元）	合价（元）
	双面刨床	台时	3.91	15.69	61.35
	钢筋切断机 20kW	台时	0.17	22.17	3.77
	钢筋弯曲机 φ6～40	台时	0.44	13.61	5.99
	载重汽车 5t	台时	1.68	48.90	82.15
	其他机械费	%	5.00	246.78	12.34

表 6-27　　　　　　　　　　　模 板 单 价 分 析 表

定额编号：50003　　　　　　　　　　　　　　　　　　　　　　　　　定额单位：100m²

施工方法：平面木模板安装、拆除、除灰、刷脱模剂，维修、倒仓				定额页数：P349	
编号	名称及规格	单 位	数 量	单价（元）	合价（元）
一	直接工程费				8948.7
（一）	直接费				8098.37
1	人工费				836.17
	工长	工时	11.00	7.10	78.10
	高级工	工时	7.40	6.61	48.91
	中级工	工时	111.20	5.62	624.94
	初级工	工时	27.70	3.04	84.21
2	材料费				6421
	模板	m²	100.00	41.38	4138
	铁件	kg	321.00	5.50	1765.50
	预制混凝土柱	m³	1.00	350.00	350.00
	电焊条	kg	5.20	8.00	41.60
	其他材料费	%	2.00	6295.1	125.9
3	机械费				841.20
	汽车起重机 5t	台时	11.95	61.10	730.15
	电焊机 25kVA	台时	6.71	10.58	70.99
	其他机械费	%	5.00	801.14	40.06
（二）	其他直接费	%	8098.37	2.50	202.46
（三）	现场经费	%	8098.37	8.00	647.87
二	间接费	%	8948.7	6.00	536.92
三	企业利润	%	9485.62	7.00	663.99
四	税金	%	10149.61	3.22	326.82
	合　计				10476.43

（六）钻孔灌浆及锚固工程单价

1. 钻孔灌浆及锚固工程简介

钻孔灌浆工程是指水工建筑物为了加强地基基础及结构本身的坚固整体性所采取的工程措施，包括帷幕灌浆、固结灌浆、回填（接触）灌浆、防渗墙、减压井等工程；锚固工程共有锚杆、锚索、喷浆（混凝土）、钢筋网等。

（1）灌浆的分类。具体分为：

1）按灌浆的作用分有帷幕灌浆、基础固结灌浆、接触灌浆、坝体接缝灌浆、隧洞固结、回填灌浆、其他灌浆等。

2）按灌浆的材料分有水泥灌浆、水泥粘土灌浆、粘土灌浆、化学灌浆四类。

（2）锚固工程分类。具体分：

1）锚杆按锚固材料分砂浆锚杆和药卷锚杆。

2）锚索按锚固对象分岩体预应力锚索和混凝土预应力锚索，岩体预应力锚索按锚固类型分粘结型和无粘结型锚索。

2. 钻孔灌浆常用的施工机具

（1）钻孔机械。分为冲击式钻机、冲击回转式钻机（通称凿岩机）、回转式钻机（通称岩心钻机）。

（2）灌浆机械。分为水泥灌浆机、计量泵（又称比例泵）、浆液搅拌机。

（3）钻孔灌浆器材。分为钻杆、岩心管、钻头。

3. 岩石基础灌浆

（1）施工工艺流程为：施工准备→钻孔→冲洗→表面处理→压水试验→灌浆→封孔→质量检查。

1）施工准备包括清理场地、布置交通线路及电风水管路、搭设机房、水泥库房、安装并检查机具设备等工作内容。

2）钻孔采用手风钻、回转式钻机和冲击钻等钻孔机械进行。

3）冲洗是用水将残存在孔内的岩粉和铁砂末冲出孔外，并将裂隙中的充填物冲洗干净，以保证灌浆效果。

4）表面处理是为防止有压情况下浆液沿裂隙冒出地面而采取的塞缝、浇盖面混凝土等措施。

5）压水试验是指灌浆施工时的简易压水试验，其目的是确定地层的渗透性，为岩基处理设计和施工提供依据。

6）灌浆分为纯压式灌浆和循环式灌浆两种。

7）封孔分人工封孔和机械封孔，常用砂浆封填孔口。

8）质量检查的方法较多，最常用的是打检查孔做检查，取岩心，做压水试验。检查孔的数量，一般帷幕灌浆为灌浆孔的10%，固结灌浆为5%。

（2）施工次序。帷幕灌浆应遵循先固结后帷幕、先边排后中排、先下游后上游的原则进行。固结灌浆宜在有混凝土覆盖的情况下进行，灌浆次序应先灌外围区，后灌中间，逐渐插孔加密。

（3）施工方法。钻孔一次灌浆法。将孔一次钻到设计深度，再沿全孔一次灌浆，适用于孔深小于 8m。

自上而下分段灌浆法。一般每 5m 为一段,自上而下进行,上一段待凝 24h,再钻灌下一段,如此钻灌交替,直至设计深度。其特点是灌浆质量好,但钻、灌次序交叉,工效低,多用于岩层破碎,竖向节理裂隙发育地层。

自下而上分段灌浆法。一次将孔钻到设计深度,然后自下而上利用灌浆塞逐段灌浆。其特点是钻灌连续,速度快,但灌浆压力不易太高,灌浆质量不易保证,一般适用于岩层较完整坚固的地层。

综合灌浆法。通常情况下接近地表的岩层较破碎,越往下,则越完整,因此,上部可采用自上而下分段灌浆,下部则采用自下而上分段灌浆,使之既能保证质量,又可加快速度。

4. 水工隧洞灌浆

隧洞灌浆包括回填灌浆、固结灌浆、钢衬接触灌浆等。

施工次序是先回填灌浆,后固结灌浆。

施工方法应采取分序加密的原则施工。当隧洞具有 10°以上的坡度时,灌浆应从最低端开始。灌浆孔一般在混凝土衬砌施工时预留。灌浆时采用手风钻通孔,后进行灌浆。

回填灌浆的浆液水灰比浓度一般分为四个比级,即 1∶1,0.8∶1,0.6∶1,0.5∶1。检查孔的个数一般不少于基本孔的 5%。

5. 混凝土防渗墙

在水利水电工程施工中,设置防渗墙是一种有效的防渗处理措施,它是建筑在冲积层上的挡水建筑物。其施工工艺一般包括造孔和浇筑混凝土两部分内容。

(1) 成槽。防渗墙造孔成槽方式一般采用槽孔法。成槽施工常使用冲击钻、反循环钻机、液压开槽机、射水成槽机进行。其施工程序包括成槽前的准备、泥浆制备、造孔、终孔验收、清孔换浆等。冲击钻成槽工效不仅受地层土石类别的影响,而且与成槽深度有很大的关系。随孔深的增加,成槽效率下降较大。

(2) 浇筑混凝土。防渗墙采用导管法浇筑水下混凝土。其施工工艺为浇筑前的准备、配料拌和、浇筑混凝土、质量验收。

由于防渗墙混凝土不经振捣,因而混凝土应具有良好的和易性,要求入孔时混凝土的坍落度为 18～22cm,扩散度 34～38cm,最大骨料粒径不大于 4cm。

6. 单价计算

钻孔灌浆及锚固工程单价计算应根据设计确定的孔深、灌浆压力等参数以及岩石的级别、透水率等,按施工组织设计确定的钻机、灌浆方式、施工条件,选用概预算定额相应的子目计算。单价计算方法与前述单价计算方法相同,只是取费费率不同。

【例 6-8】 某坝基岩石基础固结灌浆,采用手风钻钻孔,一次灌浆法。灌浆孔深 5m,岩石级别为 X 级。试计算固结灌浆综合概算单价。

基本资料:灌浆水泥采用 425# 普通硅酸盐水泥,灌浆岩石层透水率 2Lu 以下。计算单价:合金钻头 50 元/个,水泥 425# 300 元/t,水价 0.4 元/m³,手风钻 27.76 元/台时,灌浆泵(中压)32.36 元/台时,灰浆搅拌机 14.90 元/台时。

解:定额分析:采用现行概算定额中第七章第 2 节风钻钻孔施工的基础固结灌浆定额,根据本工程灌浆岩层的岩石级别,选用 70018 定额子目计算钻孔单价;按本概算定额中第七章第 5 节基础固结灌浆定额，根据本工程灌浆岩层的透水率，选用 70045 定额子目计算灌浆单价。

经计算，基础固结灌浆综合单价为：18.48+96.52=115（元/m），详见表 6-28，表 6-29。

表 6-28　　　　　　　　　造孔单价分析表

定额编号：70018　　　　　　　　　　　　　　　　　　　　　　定额单位：100m

编号	名称及规格	单位	数量	单价（元）	合价（元）
	施工方法：风钻钻灌浆孔，Ⅹ类岩石			定额页数：P459	
一	直接工程费				1563.78
（一）	直接费				1428.11
1	人工费				447.66
	工长	工时	3.00	7.10	21.30
	中级工	工时	38.00	5.62	213.56
	初级工	工时	70.00	3.04	212.80
2	材料费				163.97
	合金钻头	个	2.72	50.00	136.00
	空心钢	kg	1.46	3.50	5.11
	水	m³	10.00	0.40	4.00
	其他材料费	%	13.00	145.11	18.86
3	机械费				816.48
	风钻	台时	25.80	27.76	716.21
	其他机械费	%	14.00	716.21	100.27
（二）	其他直接费	%	1428.11	2.50	35.70
（三）	现场经费	%	1428.11	7.00	99.97
二	间接费	%	1563.78	7.00	109.46
三	企业利润	%	1673.24	7.00	117.13
四	税金	%	1790.37	3.22	57.65
	合计				1848.02

表 6-29　　　　　　　　　灌浆单价分析表

定额编号：70045　　　　　　　　　　　　　　　　　　　　　　定额单位：100m

编号	名称及规格	单位	数量	单价（元）	合价（元）
	施工方法：冲洗、制浆、灌浆、封孔、孔位转移等			定额页数：P464	
一	直接工程费				8167.12
（一）	直接费				7458.56
1	人工费				1991.36
	工长	工时	23.00	7.10	163.30
	高级工	工时	48.00	6.61	317.28
	中级工	工时	139.00	5.62	781.18
	初级工	工时	240.00	3.04	729.60

续表

施工方法：冲洗、制浆、灌浆、封孔、孔位转移等				定额页数：P464	
编号	名称及规格	单 位	数 量	单价（元）	合价（元）
2	材料费				1014.76
	水 泥	t	2.30	300.00	690.00
	水	m³	481.00	0.40	192.40
	其他材料费	%	15.00	882.40	132.36
3	机械费				4452.44
	灌浆泵中压泥浆	台时	92.00	32.36	2977.12
	灰浆搅拌机	台时	84.00	14.90	1251.60
	胶轮车	台时	13.00	0.90	11.70
	其他机械费	%	5.00	4240.42	212.02
（二）	其他直接费	%	7458.56	2.50	186.46
（三）	现场经费	%	7458.56	7.00	522.10
二	间接费	%	8167.12	7.00	571.70
三	企业利润	%	8738.82	7.00	611.72
四	税 金	%	9350.54	3.22	301.09
	合 计				9651.63

第三节 工程量计算

工程概算是以工程量乘单价来计算的，因此，工程量是编制工程概算的基本要素之一，它是以物理计量单位或自然计算单位表示的各项工程和结构件的数量。其计算单位一般以公制度量单位表示的长度（m）、面积（m²）、体积（m³）、重量（kg）等，以及以自然单位表示的如"个"、"台"、"套"等。工程量计算的准确与否，是衡量设计概算质量好坏的重要标志之一，所以，概算人员除应具有本专业的知识外，还应当具有一定的水工、施工、机电、金属结构等专业知识。在编制概算时，概算人员应认真查阅主要设计图纸，对各专业提供的设计工程量逐次核对，凡不符合概算编制要求的应及时向设计人员提出修正，切忌不能盲目照抄使用，力求准确可靠。

一、工程量计算的基本原则

（一）工程项目的设置

工程项目的设置必须与概算定额子目划分相适应。如：土石方开挖工程应按不同土壤、岩石类别分别列项；土石方填筑应按土方、堆石料、反滤层、垫层料等分列。再如钻孔灌浆工程，一般概算定额将钻孔、灌浆单列，因此，在计算工程量时，钻孔、灌浆也应分开计算。

（二）计量单位

工程量的计量单位要与定额子目的单位相一致。有的工程项目的工程量可以用不同的计量单位表示，如喷混凝土，可以用"m²"表示，也可以用"m³"表示；混凝土防渗墙可以用阻水面积（m²），也可以用进尺（m）和混凝土浇筑方量（m³）来表示。因此，设计提供的工程量单位要与选用的定额单位相一致，否则应按有关规定进行换算，使其一致。

（三）工程量计算

1. 设计工程量

工程量计算按照原水利电力部1988年颁发的《水利水电工程设计工程量计算规定》执行。可行性研究、初步设计阶段的设计工程量就是按照建筑物和工程的几何轮廓尺寸计算的数量乘以表6-30不同设计阶段系数而得出的数量；而施工图设计阶段系数均为1.00，即设计工程量就是图纸工程量。

表6-30 设计工程量计算阶段系数表

设计种类	阶段系数 项目 设计阶段	钢筋混凝土	混凝土			土石方开挖			土石方填筑			钢筋	钢材	灌浆
			工程量（万 m³）											
			300以上	100~300	100以下	500以上	200~500	200以下	500以上	200~500	200以下			
永久水工建筑物	可行性研究	1.05	1.03	1.05	1.10	1.03	1.05	1.10	1.03	1.05	1.10	1.05	1.05	1.15
	初步设计	1.03	1.01	1.03	1.05	1.01	1.03	1.05	1.01	1.03	1.05	1.03	1.03	1.10
施工临时建筑物	可行性研究	1.10	1.05	1.10	1.15	1.05	1.10	1.15	1.05	1.10	1.15	1.10	1.10	
	初步设计	1.05	1.03	1.05	1.10	1.03	1.05	1.10	1.03	1.05	1.10	1.05	1.05	
金属结构	可行性研究													1.15	
	初步设计													1.10	

2. 施工超挖、超填量及施工附加量

在水利水电工程施工中一般不允许欠挖，为保证建筑物的设计尺寸，施工中允许一定的超挖量；而施工附加量系指为完成本项工程而必须增加的工程量，如土方工程中的取土坑、试验坑、隧洞工程中的为满足交通、放炮要求而设置的内错车道、避炮洞以及下部扩挖所需增加的工程量；施工超填量是指由于施工超挖及施工附加相应增加的回填工程量。

概算定额已按有关施工规范计入合理的超挖量、超填量和施工附加量，故采用概算定额编制概（估）算时，工程量不应计算这三项工程量。

预算定额中均未计入这三项工程量，因此，采用预算定额编制概（估）算单价时，其开挖工程和填筑工程的工程量应按开挖设计断面和有关施工技术规范所规定的加宽及增放坡度计算。

采用预算定额时超挖、超填量、施工附加量一般按以下规定计算：

（1）地下建筑物开挖规范允许超挖量及施工附加量，可在设计尺寸上按半径加大20cm计算。

（2）水工建筑物岩石基础开挖允许超挖量及施工附加量：①平面高程，一般应不大于20cm；②边坡依开挖高度而异：开挖高度在8m以内，应小于等于20cm；开挖高度在8～15m，应小于等于30cm；开挖高度在15～30m，应小于等于50cm。

3. 施工损耗量

施工损耗量包括运输及操作损耗，体积变化损耗及其他损耗。运输及操作损耗量指土石方、混凝土在运输及操作过程中的损耗。体积变化损耗量指土石方填筑工程中的施工期沉陷而增加的数量，混凝土体积收缩而增加的工程数量等。其他损耗量：包括土石方填筑工程施工中的削坡，雨后清理损失数量，钻孔灌浆工程中混凝土灌注桩桩头的浇筑凿除及混凝土防渗墙一、二期接头重复造孔和混凝土浇筑等增加的工程量。

概算定额对这几项损耗已按有关规定计入相应定额之中，而预算定额未包括混凝土防渗墙接头处理所增加的工程量，因此，采用不同的定额编制工程单价时应仔细阅读有关定额说明，以免漏算或重算。

二、建筑工程量计算

（一）土石方工程量计算

土石方开挖工程量，应根据设计开挖图纸，按不同土壤和岩石类别分别进行计算，石方开挖工程应将明挖、槽挖、水下开挖、平洞、斜井和竖井开挖等分别计算。

土石方填筑工程量，应根据建筑物设计断面中的不同部位及其不同材料分别进行计算，其沉陷量应包括在内。

（二）砌石工程量计算

砌石工程量应按建筑物设计图纸的几何轮廓尺寸，以"建筑成品方"计算。

砌石工程量应将干砌石和浆砌石分开。干砌石应按干砌卵石、干砌块石，同时还应按建筑物或构筑物的不同部位及型式，如护坡（平面、曲面）、护底、基础、挡土墙、桥墩等分别计列；浆砌石按浆砌块石、卵石、条料石，同时尚应按不同的建筑物（浆砌石拱圈明渠、隧洞、重力坝）及不同的结构部位分项计列。

（三）混凝土及钢筋混凝土工程量计算

混凝土及钢筋混凝土工程量的计算应根据建筑物的不同部位及混凝土的设计标号分别计算。

钢筋及埋件、设备基础螺栓孔洞工程量应按设计图纸所示的尺寸并按定额计量单位计算，例如大坝的廊道、钢管道、通风井、船闸侧墙的输水道等，应扣除孔洞所占体积。

计算地下工程（如隧洞、竖井、地下厂房等）混凝土的衬砌工程量时，若采用水利建筑工程概算定额，应以设计断面的尺寸为准；若采用预算定额，计算衬砌工程量时应包括设计衬砌厚度加允许超挖部分的工程，但不包括允许超挖范围以外增加超挖所充填的混凝土量。

（四）钻孔灌浆工程量

钻孔工程量按实际钻孔深度计算，计量单位为米。计算钻孔工程量时，应按不同岩石类别分项计算，混凝土钻孔一般按粗骨料的岩石级别计算。

灌浆工程量从基岩面起计算，计算单位为米或平方米。计算工程量时，应按不同岩层的不同透水率或单位干料耗量分别计算。

隧洞回填灌浆，其工程量计算范围一般在顶拱中心角120°范围内的拱背面积计算，高压管道回填灌浆按钢管外径面积计算工程量。

混凝土防渗墙工程量。若采用概算定额，按设计的阻水面积计算其工程量，计量单位为平方米。若采用预算定额，成槽与浇筑应分项计算，成槽计算单位为（折算 m 或 m^2），定额为折算 m，且采用钻凿法施工时，其工程量应增加钻凿混凝土工程量部分，即钻凿混凝土（m）＝（墙段个数－1）×平均墙深，折算 m 为（槽长×平均槽深）/槽底厚度；浇筑工程量以立方米为计量单位，按设计工程量计入施工附加量及超填量。计算施工附加量时接头系数 K_1、墙顶系数 K_2 及扩孔增加的超填系数 K_3 按如下方法计算。

1. 接头系数 K_1

液压开槽机及射水成槽机造孔，$K_1=1.0$。

冲击钻造孔：

采用钻凿法：　　　$K_1=1+$［墙厚÷（槽孔长度－墙厚）］

采用接头管法：　　$K_1=1+$［π×墙厚÷（4×防渗墙长）］

2. 墙顶系数 K_2

其计算公式为

$$K_2=1+（0.5÷墙深）$$

3. 扩孔系数 K_3

液压开槽机及射水成槽机造孔，$K_3=1.05\sim 1.1$。

冲击钻造孔：漂石、卵石地层采用1.20，砂、砾石地层采用1.15，其他地层采用1.10。

4. 综合系数 K

其计算公式为

$$K=K_1 K_2 K_3$$

第四节　工程概算编制

一、建筑工程概算编制方法

建筑工程概算包括枢纽工程和引水工程及河道工程两部分，构成水利水电基本建设工程项目划分的第一部分（即建筑工程），是工程总投资的主要组成部分。工程竣工之后构成水利枢纽、水电站、水库或其他水利工程管理单位的固定资产。编制建筑工程概算前，首先应按《工程项目划分》对工程项目进行划分，分清主体建筑工程和一般建筑工程（交通工程、房屋建筑工程、外部供电线路工程及其他建筑工程）。

建筑工程概算编制的方法一般有单价法、指标法及百分率法三种形式，其中以单价法为主。

所谓单价法就是以工程量乘以工程单价来计算工程投资的方法，它是建筑工程概算编制的主要方法。

指标法是指用综合工程量乘以综合指标的方法计算工程投资。在初步设计阶段，由于设计深度不足，工程中的细部结构难以提出具体的工程数量，常用指标法来计算该部分投资。再如交通工程、房屋建筑工程常用综合指标来计算（万元/km，元/m^2）。

百分率法是指按某部分工程投资占主体建筑工程的百分率来计算的方法。如在初步设计阶段编制工程概算时，厂坝区动力线路工程、厂坝区照明线路及设施工程、通信线路工程、供水、供热、排水及绿化、环境、水情测报系统、建筑内部观测工程等很难提出具体的工程数量，则按主体建筑工程投资的百分率来粗略计算。

二、主体建筑工程概算的编制

主体建筑工程项目分主体工程项目和细部结构工程。

(一) 主体工程项目概算

主体工程项目概算采用单价法计算，即采用工程量乘以单价来计算。

1. 工程项目划分

在按照《工程项目划分》原则对工程项目进行划分时，有些项目在编制工程概算时可再划分为第四级、甚至第五级项目。如：

(1) 土方开挖工程。应将土方开挖与砂砾石开挖分开。

(2) 石方开挖工程。应将明挖与平洞、竖井开挖分开，或者按施工部位分进口石方开挖和出口石方等。

(3) 土石方回填工程。应将土方回填与石方回填分列。

(4) 混凝土工程。应按不同的施工部位不同设计标号划分，如：闸墩 C25 混凝土，闸底板 C20 混凝土等。

(5) 砌石工程。应将干砌石、浆砌石、抛石、铅丝笼块石分列等。

对于单个建筑物工程，项目划分中的二级项目可视为一级项目计列。具体工程项目划分可根据工程的具体特点，参照概算编制办法中规定的项目划分内容作必要的增删调整，并应与相应概算定额子目要求一致，力求简单明了，符合实际。

2. 工程量

工程量计算按照本章第三节计算办法，由各专业设计人员提供，在概算阶段均应按照建筑物的几何轮廓尺寸计算工程数量，并按《水利水电设计工程量计算规定》乘以表 6-30 所列初步设计阶段系数作为工程概算的工程数量。施工中应增加的超挖、超填和施工附加量及各种损耗和体积变化，均已按现行施工规范和有关规定计入概算定额。设计工程量中不再另行计算。

3. 主体建筑工程概算表格的填写与计算

建筑工程概算表格采用概算编制办法规定的格式如表 6-31。

表 6-31　　　　　　　　　　建 筑 工 程 概 算 表

编 号	单价表序号	工程或费用名称	单 位	数 量	单价（元）	合计（元）
1	2	3	4	5	6	7

表 6-16 中第二栏"工程或费用名称"，按照工程项目划分填至三级或四级项目，甚至五级，以能说清楚为止。计算时首先从最末一级即五级或四级项目开始，采用工程量乘单价的办法计算合计投资，合计以元为单位，然后向上逐级合并汇总，即得主体建筑工程概算投资。

(二) 细部结构工程

细部结构工程概算采用指标法的形式计算。在项目划分中，它与上述主体工程项目中的三级项目并列构成主要建筑工程概算项目内容（三级项目）。

1. 细部结构工程项目包括的主要内容

细部结构工程内容主要包括：止水、伸缩缝、接缝灌浆、灌浆管、冷却水管、灌浆及排水廊道模板、排水管、排水沟、排水井、减压井、渗水处理、通气管、消防、栏杆、坝顶、路面、照明、爬梯、建筑装修及其他细部结构等。

2. 综合指标的采用

在初步设计阶段，由于设计深度所限，不可能对上述繁多的细部结构项目提出具体的工程数量，在编制概算时，大多按建筑物本体的工程量乘综合指标来计算。细部结构指标参考《水利工程设计概（估）编制规定》中表8《水工建筑工程细部结构指标表》使用。

3. 细部结构工程项目概算的编制

按照单个建筑物的本体工程量乘以综合指标来计算。其本体工程量对坝体工程而言指坝体方量，对水闸、溢洪道、进水塔、隧洞厂房、变电站、船闸等工程指混凝土的总方量。

三、一般建筑工程（其他永久工程）概算的编制

一般建筑工程项目包括交通工程、房屋建筑工程、供电线路工程和其他建筑工程，其概算编制既可采用主体建筑工程的编制方法（工程量乘单价），也可采用扩大单位指标进行编制。

（一）交通工程

系指水利水电工程的永久对外公路、铁路、桥梁、码头等工程，其主要工程投资应按设计提供的工程量乘以相应单价计算，也可按经审核的委托单位专项概算数列入。次要项目可按每公里、米、座的扩大指标计算。

（二）房屋建筑

（1）水利工程的永久房屋建筑面积，用于生产和管理的部分，由设计单位按有关规定，结合工程规模确定；用于生产文化福利建筑的部分，在考虑国家现行房改政策的情况下，按主体建筑工程投资的百分率计算：

枢纽工程

50000 万元≥投资　　　　　　　　1.5%～2.0%

100000 万元≥投资＞50000 万元　　1.1%～1.5%

100000 万元＜投资　　　　　　　　0.8%～1.1%

引水及河道工程　　　　　　　　　0.5%～0.8%

在每档中，投资小或工程位置偏远者取大值；反之，取小值。

（2）室外工程投资，一般按房屋建筑工程投资的10%～15%计算。

（三）供电线路工程

根据设计的电压等级、线路架设长度及所需配备的变配电设施要求，采用工程所在地区造价指标或有关实际资料计算。

（四）其他建筑工程

1. 内外部观测工程概算

内外部观测工程指埋设在建筑物内部及固定于建筑物表面的观测设备仪器及安装等，主要包括变形观测、渗流观测、渗压观测等。内外部观测设备及安装按建筑工程属性处理，

列入相应的建筑工程项目内。

内外部观测工程概算根据建筑物的不同型式按主体工程建筑工作量的百分比来计算，其百分率参考数值为：当地材料坝工程为 0.9%～1.1%，混凝土坝工程为 1.1%～1.3%，引水式电站为 1.1%～1.3%，堤防工程为 0.2%～0.3%。工程以及地质条件复杂的，取大值或中值，反之取小值。

2. 厂坝区动力线路工程

厂坝区动力线路工程指从发电厂至各生产用电的架空动力线路。电厂至各用电点的动力电缆应列入第二部分机电设备安装工程的电缆安装项内。

3. 厂坝区照明线路及设施工程

厂坝区照明线路及设施工程指厂坝区照明线路及其设施（户外变电站的照明也包括在本项内）。不包括应分别列入拦河坝、溢洪道、引水系统、船闸等水工建筑物其他工程项目内的照明设施。

4. 通信线路工程

通信线路工程包括对内、对外的架空线路和户外通信电缆工程（户内通信电缆包括在第二部分通信设备安装工程内）及枢纽至本电站（或水库）所属的水文站、气象站的专用通信线路工程等。

5. 厂坝区供水、供热、排水等公用设施工程

(1) 全厂生产及生活（或生产与生活相结合）用供水、供热、排水系统的泵房、水塔、锅炉房、烟囱、水井等建筑物和管路安装。

(2) 全厂生活用供水、供热、排水系统的水泵、锅炉等设备及安装。不包括发电厂和变电站的压气、水、油系统的管路。

6. 厂坝区整理、美化设施及环境工程

(1) 工程竣工阶段，对建筑场地内无残值的临时构筑物的拆除、场地整理、垃圾的清理、运输以及处理等工作所需的费用，有残值的临时构筑物的拆除费应从回收费中扣除。

(2) 全厂的围墙、界桩、大门以及纪念碑亭、标牌等。不包括应列入第二部分第三项其他设备安装工程内的为设备安全运行而专门设置的金属网、门、围栏等。

(3) 厂坝区的绿化，不包括应列入坝（堤）工程内的坝（堤）面的护坡植草。

(4) 环境保护工程。

7. 其他如水情测报系统建筑工程等

上述 2～7 项工程投资按设计工程量乘以单价或扩大单位指标计算或按设计要求分析计算。

一般建筑工程项目概算的编制方法同主要建筑工程项目一样，二者共同构成第一部分建筑工程概算。

第五节 工 料 分 析

一、工料分析概述

工料分析就是对工程建设项目所需的人工及主要材料数量进行分析计算，进而统计出

单位工程及分部分项工程所需的人工数量及主要材料用量。主要材料一般包括钢筋、钢材、水泥、木材、汽油、柴油、炸药、沥青、粉煤灰等种类。根据工程的具体特点，主要材料品种各有取舍。

工料分析的目的主要是为施工企业调配劳动力，作好备料及组织材料供应、合理安排施工及核算工程成本提供依据。它是工程概算的一项基本内容，也是施工组织设计中安排施工进度的不可缺少的重要工作。

二、工料分析计算

工料分析计算就是按照概算项目内容中所列的工程数量乘以相应单价中所需的定额人工数量及定额材料用量，计算出每一工程项目所需的工时、材料用量，然后按照概算编制的步骤逐级向上合并汇总。工时材料计算表格式见表 6-32。计算步骤及填写说明如下：

（1）填写工程项目及工程数量，按照概算项目分级顺序逐项填写表格中的工程项目名称及工程数量，对应填写所采用单价的编号。工程项目的填写范围为枢纽工程（主体建筑物）和施工导流工程。

（2）填写单位定额用工、材料用量，按照各工程项目所对应的单价编号，查找该单价所需的单位定额用工数量及单位定额材料用量、单位定额机械台时用量，逐项填写。对于汽油、柴油用量计算，除填写单位定额机械台时用量外，还要填写不同施工机械的台时用油数量（查施工机械台时定额）。

这里要注意：单位定额用工数量，要考虑施工机械的用工数量，不能漏算。

（3）计算工时及材料数量。表 6-32 中的定额用量指单位定额用量，工时用量及水泥、钢筋、钢材、木材、炸药、沥青、粉煤灰等材料用量，按照单位定额工时、材料用量分别乘以本项工程数量即得本工程项目工时及材料合计数量；汽油、柴油材料用量，按照单位定额台时用量乘以台时耗油量，再乘以本项工程数量，即得本项汽油、柴油合计用量。

表 6-32 工时、材料计算表

序号	单价编号	工程项目名称	单位	工程量	工时（个）			汽油（kg）			柴油（kg）			水泥（kg）		木材（m³）		钢筋（t）		钢材（kg）		炸药（kg）		沥青（kg）		粉煤灰（kg）	
					定额用工		合计	定额台时用量	台时用油量	合计	定额台时用量	台时用油量	合计	定额用量	合计	定额用量	合计	定额用量	合计	定额用量	合计	定额用量	合计	定额用量	合计	定额用量	合计

（4）按照上述第三项计算方法逐项计算，然后再逐级向上合并汇总，即得所需计算的工时、材料用量。

（5）按照概算表格要求填写主体工程工时数量汇总表及主体工程主要材料量汇总表。

第七章 水利水电设备及安装工程、施工临时工程概算编制

第一节 设备及安装工程概算概述

设备及安装工程的投资，在水利水电工程的总投资中占有相当大的比重。例如葛洲坝工程设备及安装工程投资占总投资的20%，刘家峡工程为24%，而盐锅峡工程则高达43%。认真编制好设备及安装工程概算是一项十分重要的工作。

设备及安装工程包括机电设备及安装工程和金属结构设备及安装工程两部分，它们分别构成工程总概算的第二部分和第三部分。

一、机电设备及安装工程项目划分及内容组成

机电设备及安装工程指构成水电站或泵站固定资产的全部机电设备及安装工程，包括枢纽工程和引水及河道工程两部分。

（一）枢纽工程

枢纽工程包括发电设备及安装工程、升压变电设备及安装工程、公用设备及安装工程。

1. 发电设备及安装工程

发电设备及安装工程由水轮机、发电机、主阀、起重设备、水力机械辅助设备、电气、通信、通风采暖、机修设备等九项内容组成。

（1）水轮机设备及安装。指水轮机本体、调速器、油压装置、自动化元件、飞速转速限制器等。由于设备价格中未包括透平油但又属于成套供应，故透平油应列入本项设备费。定额充填以外的备用透平油，应包括在第五部分其他费用中的第二项备品备件购置费内。

（2）发电设备及安装工程。指水轮发电机本体、励磁机、副励磁机、永磁电机、励磁装置等设备及安装。

（3）主阀设备及安装。指防止水轮机飞逸，设置在蜗壳前进水流道上的主阀（常用的有蝴蝶阀、球形阀、楔形阀和针形阀等）。除主阀本体外，还包括操纵主阀的操作机构、油压装置及其额定充填的透平油。

（4）起重设备及安装。指发电厂内起吊水轮发电机组的桥式起重机设备及安装。包括桥式起重机本体、转子吊具、平衡梁、轨道、滑触线等。负荷试验所需的测力器（或试块）、吊具和辅助车间内的起重设备等不应列入本项。

（5）水力机械辅助设备及安装。指厂区（包括变电站）的压气、油、水系统设备及安装和各该项系统的管路安装。

1）压气系统。包括高压压气系统和低压压气系统。高压压气系统主要供油压装置、高压空气开关和高压电气设备等用气；低压压气系统主要供机组制动、调相压气、碟阀空气围带设备吹扫、防冻、检测的风动工具等用气。其设备一般有空压机、储气罐和表计等。

2) 油系统。包括透平油系统、绝缘油系统和油化验室。它是为水电站用油设备服务的，用以完成油设备的给油、排油、添油及净化处理等工作。即用油箱接受新油、储备旧油；用油泵给设备充油、添油、扑出污油；用滤油机、烘箱来清净处理污油。其设备一般有滤油机、油泵、油化验设备、油再生设备及表计等。

3) 水系统。包括供设备消防、冷却、润滑用水的供水系统、对厂房建筑物和设备的渗漏、设备冷却、机组检测等排水系统和监测电站水力参数所需的水力测量系统。其设备一般有水泵、滤水器、水力测量设备及表计等。厂房上下水工程属建筑工程，应列入第一部分内。

4) 管路安装包括管子、管子附件和阀门等安装，应分别包括在相应压气系统、油系统、水系统项目内。

(6) 电气设备及安装。电气设备及安装工程，可划分为发电电压设备、控制保护、直统系统、厂用电系统、电工试验、电缆和母线等设备。

1) 发电电压设备。指发电机定子引出线至主变压器低压侧套管之间干支线上除厂用电以外的电气设备（含中性点设备）。一般有油断路器、消弧线圈、隔离开关、互感器等。

2) 控制保护设备。指为厂区（包括变电站）进行控制、保护设备的电器及电子计算机监控设备。一般有保护、操作、信号等屏、盘、柜、台、计算机系统及接线端子箱等设备。

3) 直统系统。指为操作、保护所需的直统电系统。一般有蓄电池、充电机和浮充电机、直流屏等。

4) 厂用电系统。指厂区用电所需的变电、配电、保护等电气设备。一般分厂用动力系统和厂用照明系统两部分，其设备有厂用变压器、开关柜、配电盘、事故照明切换屏（照明分电箱）、动力箱、避雷器及其他低压电器等。不包括厂区以上各用电点（拦河坝、溢洪道、引水系统等）所需的变电、配电等电气设备，以及厂区至上述各用电点的馈电线路，前者应列入第二部分第三项中的坝区馈电设备及安装项内，后者属建筑工程，应列入第一部分第 12 项其他工程项内。

5) 电工试验。指为电气试验而设置的各种设备、仪器、表计等。如变压器、直流漏泄及耐压试验设备、电桥电压互感器、电流互感器、感应移相器、滑线式变阻器等。

6) 电缆。包括全厂的电力电缆、控制电缆以及相应的电缆架、电缆管等。不包括通讯电缆和厂坝区通讯线路工程。

7) 母线。包括发电电压母线、厂用电母线。不包括直流系统母线、变电站母线和接地母线等。

8) 其他。发电设备中除上述设备以外的其他设备。

2. 升压变电设备及安装工程

升压变电设备及安装工程由主变压器、高压电气设备、一次拉线及其他设备等项目组成。

(1) 主变压器设备及安装，仅指主变压器及其轨道，不包括厂用变压器和其他变压器。定额充填的变压器油包括在变压器的出厂价格内。备用的变压器油应包括在第五部分中的第二项备品备件购置费内。

(2) 高压电气设备及安装，指从主变压器高压侧出线套管起，到变电站出线架之间

(含中性点设备）所有的电气设备。一般有高压断路器、电流互感器、电压互感器等，此外还包括隔离开关、避雷器、高频阻波器、耦合电容器等。

（3）一次拉线及其他设备安装，指从主变压器高压侧至变电站出线架之间的一次拉线、软（硬）母线、引下线、连接线、绝缘子串、避雷线及附属金具等安装。

3. 公用设备及安装

公用设备及安装包括以下内容：

（1）通信设备及安装。根据《工程项目划分》一般分为卫星通信、光缆通信、微波通信、载波通信等项目，其所包括的设备如下：

1）卫星通信。包括卫星接收天线及各种放大处理设备。

2）光缆通信。包括信号处理设备等。

3）微波通信。包括微波机、电源设备、保安配线架、铃流发生器、分路滤波器、天线及表计等。

4）载波通信。包括载波机、放大器、交流稳压器、电源自动切换屏及表计等。

上述卫星、光缆、载波、微波通信设备，概算中只计算建筑项目终端处一侧的设备。220kV及以下电压等级的微波通信的送出工程，可单编概预算，但投资数不应列入概算总投资之内。

5）生产调度通信。包括调度电话总机、分机、录音机、蓄电池、分线盒及表计等。

6）生产管理通信。包括交换机、电话分机、整流器、配电盘、蓄电池、配线架、配线箱、分线盒及表计等，生产管理室内通信电缆包括在本项内。厂坝区通信线路，对外通信线路和室外通信电缆、光缆工程，均属建筑工程，应列入第一部分内。高频阻波器和耦合电容器应列入变电站高压电气设备中。载波通信的电缆等属装置性材料。

（2）通风采暖设备及安装。指厂房内的通风、采暖设备，包括通风机、空调机和管路等项目。不包括生活建筑物的通风、采暖设备。

（3）机修设备及安装。指电站运行期间为机组、金属结构以及其他机械设备的检修所设置的车、刨、铣、锯、磨、插、钻等机床，以及电焊机、空气锤和小型起吊等设备。

（4）计算机监控系统、管理自动化系统

（5）电梯设备及安装，指拦河坝和厂房等处的生产用电梯。

（6）坝区馈电设备及安装，指全厂用电系统供电范围以外的各用电点（拦河坝、溢洪道、引水系统等）独立设置的变配电系统设备及安装，如降压变压器、配电盘、动力箱、避雷器以及其他低压电器等。

（7）坝区供水、供热、排水设备及安装，指厂区以外各生产区的生产（或生产与生活相结合）用供水、排水、供热系统的设备，一般有水泵、锅炉等。供水、供热系统的建筑工程（包括管路）应列入第一部分建筑工程的第12项内。

（8）水文、泥沙、环保监测设备及安装，包括：①水文站、气象站、地震台网所需购置的设备、仪器设施，如测流用绞车、缆道、流速仪等，本项仅包括水库库尾坝下段的水文、气象设施；②在环保方面所需购置的设备，如水质监测仪、水化学分析仪器等。

（9）水情自动测报系统设备及安装，指遥测水位站、雨量站、接收站和中继站所需要的设备。

(10) 外部观测设备,指按设计要求,对拦河坝、溢洪道等重要水工建筑物进行监测所需要的外部观测设备,如经纬仪、水准仪等。不包括设置在建筑物内部及表面的观测设备和设施(如应力仪、应变仪、温度仪、变位测点等),它们已分别列入第一部分建筑工程项内。

(11) 消防设备,指消防栓、消防水龙头、消防带、消防水枪和灭火器、消防车等。

(12) 交通设备,指工程竣工后,为保证建设项目初期正常生产、管理必须配备的生产、生活车辆和船只的购置费。

(13) 全厂保护网,指全厂为保证设备安全运行而专门设置的金属网、门、围栏等,随设备配套供应的保护网应包括在相应的设备内。

(14) 全厂接地,指全厂公用的和分散设置的接地网。包括接地板、接地母线、避雷针等的制作安装,以及相应的土石方开挖、回填和接地电阻测量。设备至接地母线的接地线不包括在本项,应包括在相应设备的安装费内。避雷针如设置在专用的金属塔架上,则金属塔架的制作安装应列入第一部分建筑工程中的升压变电工程构架项目内。

(二) 引水及河道工程

引水及河道工程包括泵站设备及安装工程、小水电站设备及安装工程、供变电工程、公用设备及安装工程。

(1) 泵站设备及安装工程。包括水泵、电动机、主阀、起重机、水力机械辅助设备、电气设备。

(2) 小水电站设备及安装工程。

(3) 供变电工程:包括变电站设备及安装。

(4) 公用设备及安装工程。其中:

1) 通信设备及安装。根据《工程项目划分》一般分为卫星通信、光缆通信、微波通信、载波通信等项目,其所包括的设备如下:

a. 卫星通信。包括卫星接收天线及各种放大处理设备。

b. 光缆通信。包括信号处理设备等。

c. 微波通信。包括微波机、电源设备、保安配线架、铃流发生器、分路滤波器、天线及表计等。

d. 载波通信。包括载波机、放大器、交流稳压器、电源自动切换屏及表计等。

上述卫星、光缆、载波、微波通信设备,概算中只计算建筑项目终端处一侧的设备。220kV及以下电压等级的微波通信的送出工程,可单编概预算,但投资数不应列入概算总投资之内。

e. 生产调度通信。包括调度电话总机、分机、录音机、蓄电池、分线盒及表计等。

f. 行政管理通信。包括交换机、电话分机、整流器、配电盘、蓄电池、配线架、配线箱、分线盒及表计等,生产管理室内通信电缆包括在本项内。厂坝区通信线路,对外通信线路和室外通信电缆、光缆工程,均属建筑工程,应列入第一部分内。高频阻波器和耦合电容器应列入变电站高压电气设备中。载波通信的电缆等属装置性材料。

2) 通风采暖设备及安装。指厂房内的通风、采暖设备,包括通风机、空调机和管路等项目。不包括生活建筑物的通风、采暖设备。

3) 机修设备及安装。指电站运行期间为机组、金属结构以及其他机械设备的检修所设置的车、刨、铣、锯、磨、插、钻等机床，以及电焊机、空气锤和小型起吊等设备。包括电梯、闸坝区馈电设备，厂坝（闸）区供水、供热设备，水文、环保设备，外部观测设备，消防设备，交通设备，全厂保护网，全厂接地等设备及安装。

4) 计算机监控系统、管理自动化系统。
5) 全厂保护网。
6) 全厂接地。
7) 坝（闸、泵站）区馈电设备及安装。
8) 坝区供水、供热、排水设备及安装。
9) 水文、泥沙、环保监测设备及安装。
10) 水情自动测报系统设备及安装。
11) 外部观测设备。
12) 消防设备。
13) 交通设备。

二、金属结构设备及安装工程项目划分及内容组成

金属结构设备及安装工程构成工程总概算的第三部分。该部分概算的一级项目与第一部分建筑工程相应的一级项目一致，其一级项目的取舍可根据工程的具体情况而定。

金属结构设备及安装包括枢纽工程和引水及河道工程两部分。主要包括闸门启闭机、拦污栅等设备及安装，以及引水工程的钢管制作及安装和航运过坝工程的升船机设备及安装等。

1. 闸门设备及安装工程

指平板闸门、弧形闸门和埋件。平板闸门又可分为定轮门、滑动门、叠梁门、人字门等，闸门也可视情况分闸门门叶和加重块等。

2. 启闭设备及安装

指门式启闭机、油压启闭机、卷扬式启闭机、螺杆式启闭机、电动葫芦等。

3. 拦污栅设备及安装

在有拦（清）污要求的进水口设置拦污栅，用以拦住杂草、树根和流冰等物，其设备有拦污栅、清污机等。

第二节 设备及安装工程费用

设备及安装工程费用包括设备费及安装工程单价和设备及安装工程概算两大部分，在编制工程概算时，应认真熟悉工程设计图纸，了解工程情况，收集有关资料，按照工程项目逐项计算设备及安装工程费用。

一、收集基本资料

需收集的基本资料有：

(1) 工程的设计文件，设备型号，材料种类、数量、来源地、价格、运输费用等。
(2) 现行设备及安装工程概预算定额、手册等。
(3) 现行有关费用的计算办法及取费标准，包括其他直接费、现场经费、企业利润、税

金等。

(4) 其他有关的文件、政策、规定等。

二、设备费及安装工程单价计算

(一) 设备费

设备费由设备原价、运杂费、运输保险费和采购保管费等项组成。

1. 设备原价

(1) 国产设备。以出厂价为原价，非定型和非标准产品（如闸门、拦污栅、压力钢管等）采用与厂家签订的合同价或询价。

(2) 进口设备。以到岸价和进口征收的税金、手续费、商检费及港口费等各项费用之和为原价。到岸价采用与厂家签订的合同价或询价计算，税金和手续费等按规定计算。

在可行性研究和初步设计阶段，非定型和非标准产品，一般不可能与厂家签订价格合同，设计单位可按向厂家索取的报价资料和当年的价格水平，经认真分析论证后确定设备价格。

2. 运杂费

指设备由厂家运至工地安装现场所发生的一切运杂费用。主要包括调车费、装卸费、包装绑扎费、变压器充氮费，以及其他可能发生的杂费。设备运杂费，分主要设备和其他设备，按占设备原价的百分率计算。

(1) 主要设备运杂费率，主要设备运杂费率标准见表 7-1。

表 7-1　　　　　　　主要设备运杂费率表（%）

设备分类	铁 路		公 路		公路直达基本费率
	基本运距 1000km	每增加 500km	基本运距 50km	每增加 10km	
水轮发电机组	2.21	0.40	1.06	0.10	1.01
主阀、桥机	2.99	0.70	1.85	0.18	1.33
主变压器：					
>120000kVA	3.50	0.56	2.80	0.25	1.20
<120000kVA	2.97	0.56	0.92	0.10	1.20

设备由铁路直达或铁路、公路联运时，分别按里程求得费率后叠加计算；如果设备由公路直达，应按公路里程计算费率后，再加公路直达基本费率。

(2) 其他设备运杂费率，其他设备运杂费率见表 7-2。

工程地点距铁路线近者费率取小值，远者取大者，新疆、西藏地区的费率在表 7-2 中未

表 7-2　　　　　　　其他设备运杂费率表（%）

类别	适 用 地 区	费率
I	北京、天津、上海、江苏、浙江、江西、安徽、湖北、湖南、河南、广东、山西、山东、河北、陕西、辽宁、吉林、黑龙江等省、直辖市	4~6
II	甘肃、云南、贵州、广西、四川、重庆、福建、海南、宁夏、内蒙古、青海等省、直辖市和自治区	6~8

包括，可视具体情况另行确定。

表 7-1、表 7-2 运杂费率适用于国产设备运杂费，在编制预算时可根据设备来源地、运输方式、运输距离等逐项进行分析计算。几项主要大件设备，如水轮发电机组、变压器等，在运输过程中应考虑超重、超高、超宽所增加的费用，如铁路运输的特殊车辆费、公路运输的桥涵加宽、路面拓宽所需费用。

(3) 进口设备的国内段运杂费率，进口设备的国内段运杂费率按上述国产设备运杂费率，乘相应国产设备原价占进口设备原价的比例系数，调整为进口设备国内段运杂费率。

3. 运输保险费

国产设备的运输保险费可按工程所在省、自治区、直辖市的规定计算。

进口设备的运输保险费按有关规定计算。

4. 采购及保管费

指建设单位和施工企业在负责设备的采购、保管过程中发生的各项费用。主要包括：

(1) 采购保管部门工作人员的基本工资、辅助工资、工资附加费、劳动保险基金、劳动保护费、教育经费、办公费、差旅交通费、工具用具使用费等。

(2) 仓库转运站等设施的检修费、固定资产折旧费、技术安全措施费和设备的检修、试验费等。

采购及保管费按设备原价、运杂费之和的 0.7% 计算。

(二) 安装工程单价

安装工程单价由直接工程费（包括：直接费、其他直接费、现场经费）、间接费、企业利润和税金组成。其中直接费由人工费、材料费（含装置性材料费）、机械使用费组成。

《水利水电设备安装工程概算定额》有安装实物量和安装费率两种形式。由于表现形式不同，其单价的计算方法也不尽相同。

1. 以实物量形式表示的单价计算

设备安装定额以实物量表示的，其安装工程单价计算方法与建筑工程单价计算方法相同，在此不再赘述。

注意：未计价装置性材料只计税金，不计其他直接费、现场经费、间接费和计划利润。

2. 以安装费率形式表示的安装工程单价计算

以安装费率表示的定额子目在计算安装工程单价时即以设备原价为计算基础计算直接费，然后另计其他直接费、现场经费、间接费、企业利润和税金。定额中的人工费、材料费、机械使用费、装置性材料费都是以费率形式表示，根据设备安装概算定额规定，由于现行规定与当时的人工单价组成内容不同，只调整其中的人工费率，材料费（含装置性材料费）和机械使用费均不作调整。

(1) 人工费调整，人工费调整就是将定额人工费乘以人工费调整系数，调整系数应根据定额主管部门当年发布的北京地区人工预算单价，与该工程设计概算采用的人工预算单价进行对比，测算其比例系数，据以调整人工费率指标。

(2) 安装工程单价计算，安装工程单价计算结果也为费率形式，以此安装工程单价费率乘以被安装的设备原价即得该设备的安装费用。

以安装费率形式表示的安装工程单价计算方法见表 7-3。

表 7-3　　　　　　　　　以安装费率形式表示的安装工程单价计算表

序号	费用名称	计算方法
一	直接工程费	（一）+（二）+（三）
（一）	直接费	1+2+3+4
1	人工费	定额人工费率（%）×人工费调整系数×设备原价
2	材料费	定额材料费率（%）×设备原价
3	机械使用费	定额机械使用费率（%）×设备原价
4	装置性材料费	定额装置性材料费率（%）×设备原价
（二）	其他直接费	（一）×其他直接费率（%）
（三）	现场经费	（1）×现场经费费率（%）
二	间接费	（1）×间接费费率（%）
三	企业利润	[一+二]×企业利润率（%）
四	税金	[一+二+三]×税率（%）
	安装工程单价合计	一+二+三+四

（三）使用设备安装工程概算定额需要说明的几个问题

1. 装置性材料

定额中的"装置性材料"是个专用名词，它本身属材料，但又是被安装的对象，安装后构成工程的实体。装置性材料可分为主要装置性材料和次要装置性材料。凡在概算定额项目中作为安装对象单列的材料，即为主要装置性材料，如轨道、管路、电缆、母线、滑触线等；其余的即为次要装置性材料，如轨道的垫板、螺栓、电缆支架、母线金具等。主要装置性材料设备安装概算定额一般作为未计价材料，应按设计提供的规格数量和材料实际预算价格计算，其材料用量应计入表 7-4 所列装置性材料操作损耗部分。

表 7-4　　　　　　　　　　装置性材料操作损耗率表

材料名称	操作损耗率（%）
钢板（齐边）压力钢管直管	5
压力钢管弯管、叉管、渐变管	15
钢板（毛边）压力钢管	17
镀锌钢板　通风管	10
型钢	5
管材及管件	3
电力电缆	1
控制电缆	1.5
硬母线　铜、铝、钢质的带形、管形及槽形母线	2.3
裸软导线　铜、铝、钢及钢芯铝线	1.3
压接式线夹	2
金具	1
绝缘子	2
塑料制品	5

2. 设备与材料的划分

(1) 制造厂成套供货范围的部件、备品备件、设备体腔内定量填充物（如透平油、变压器油、六氟化硫气体等）均作为设备。

(2) 不论成套供货、现场加工或零星购置的贮气罐、贮油罐、闸门、通用仪表、机组本体上的梯子、平台和栏杆等均作为设备，不能因供货来源不同而改变设备性质。

(3) 管道和阀门构成设备本体部件时，应作为设备，否则应作为材料。

(4) 随设备供应的保护罩、网门等，凡已计入相应设备出厂价格时，应作为设备，否则应作为材料。

(5) 电缆、电缆头电缆和管道用的支吊架、母线、金具、滑触线和架、屏、盘的基础型钢、钢轨石棉板、穿墙隔板、绝缘子、一般用保护网、罩、门、梯子、平台、栏杆和蓄电池木架等均作为材料。

(6) 设备喷锌费用应列入设备费。

3. 按设备重量划分的定额子目

当所求设备的重量介于同型设备的子目之间时，可按插入法计算安装费。

三、设备及安装工程概算编制

设备及安装工程概算包括机电设备及安装工程概算和金属结构设备及安装工程概算两部分，分别构成工程总概算的第二部分和第三部分。其概算编制按表 7-5 格式进行。

表 7-5　　　　　　　　　　设备及安装工程概算表

编号	名称及规格	单位	数量	单价（元）		合计（元）	
				设备费	安装费	设备费	安装费

表格填写计算应注意的几个问题：

(1) "名称及规格"一栏应按项目划分的规定填写，金属结构设备及安装工程的一级项目与第一部分建筑工程对应一致，二级项目按一级项目下设计的设备与安装项目选定。

(2) 设备数量及单位的填写与设备和安装工程单价相一致。如设备费单价与安装费单价为费率形式，则设备数量一栏应为相应费率的取费基数；若设备安装工程单价为"元/台"，则设备数量应为同型号设备的台数。

第三节　施工临时工程概算编制

一、施工临时工程概述

在水利水电工程建设中，为保证主体工程施工的顺利进行，按施工进度要求，需建造一系列的临时性工程，不论这些工程结构如何，均视为临时工程。包括导流工程、施工交通工程、施工场外供电工程、施工房屋建筑工程以及其他施工临时工程，其他小型临时工程以现场经费的形式直接进入工程单价。

施工临时工程投资是水利水电工程建设项目总投资的重要组成部分，一般占工程总投资的8%～17%。如丹江口水利水电工程临时工程占总投资的16.8%，葛洲坝工程占17%，龙羊峡工程占14%。由于水利水电工程建设项目本身的特点，决定了其临时工程规模大、投资多，各水利水电工程之间相差大。因此，对于施工临时工程必须按永久工程的概算编制方法，认真划分临时工程项目，编制好各工程单价和指标。

二、施工临时工程项目的组成部分

施工临时工程项目主要包括以下五项内容。

（一）导流工程

导流工程包括导流明渠、导流洞、土石围堰工程、混凝土围堰工程、蓄水期下游供水工程、金属结构制作及安装等。有关土方开挖、混凝土及钢筋混凝土工程、金属结构的制作及安装工程等内容，与第六章建筑工程及本章设备及安装工程内容基本一致。下面仅简要介绍土石围堰和混凝土围堰的施工方法及工程内容。

围堰工程按作用分上游围堰、下游围堰、纵向围堰；按围堰结构材料分有土围堰、木笼填石围堰、土石混合围堰、混凝土围堰以及木板桩、钢筋混凝土桩等结构为基础的各种形式的围堰等。

1. 土围堰工程

土围堰工程包括草（麻）袋围堰工程及草土围堰工程等。草（麻）袋围堰工程是将黄土（粘土）装入草（麻）袋封包，然后按照标准的工程断面，采用人力堆筑而成。这种形式的围堰工程多适用于小型水利水电工程。

草土围堰是采用一层麦草（或稻草）、一层土在水中进占或在干地堆筑而成的一种挡水建筑物。

土围堰工程施工的主要项目内容有：清基、土料及草袋（麻袋）备料、填筑、围堰接头处理、防冲刷措施、围堰拆除清理等。

2. 土石混合围堰工程

土石混合围堰工程是普遍采用的一种围堰工程，其结构及施工方法和土石坝一样，其工程项目内容包括：清基、抛填堆筑堰体、干砌块石护顶护坡、浇筑溢流面混凝土、围堰拆除等。

3. 木笼围堰工程

木笼围堰工程是将做好的木笼放入水中，在木笼框格里填充块石、泥土所筑成的一种围堰工程。其工程项目内容有：水下清基、木笼制作沉放、土石料填充、水下封底混凝土浇筑、止水设施安装、夹缝混凝土浇筑、盖面混凝土浇筑、木笼拆除等。

4. 混凝土围堰工程

混凝土围堰工程包括预制块的制作、清基、浇筑、止水设施、拆除等工程内容。

（二）施工交通工程

施工交通工程包括为工程建设服务的临时铁路、公路、桥梁、码头、施工支洞、架空索道、施工通航建筑、施工过木、通航整治等工程项目。

（三）施工场外供电工程

包括从现有电网向施工现场供电的高压输电线路和施工变配电设施工程。

(四) 施工房屋建筑工程

施工房屋建筑工程项目包括为工程建设服务的施工仓库和办公生活及文化福利建筑两部分。施工仓库，指为施工而兴建的设备、材料、工器具等全部仓库建筑工程；办公、生活及文化福利建筑指施工单位、建设单位及设计代表在工程建设期所需的办公室、宿舍、招待所和其他文化福利设施等房屋建筑。

不包括列入临时设施和其他大型临时工程项目内的风、水、电、通讯系统、砂石料系统、混凝土拌和系统及浇筑系统、木工、钢筋机修等辅助加工厂、混凝土预制构件厂、混凝土制冷、供热系统、施工排水等生产用房。

(五) 其他施工临时工程

指除施工导流、施工交通、施工场外供电、施工房屋建筑、缆机平台以外的施工临时工程。主要包括施工供水、砂石料加工系统、混凝土拌和浇筑系统、大型机械安拆、防汛、防冰、施工排水、施工通信、施工临时支护设施等工程。

三、施工临时工程费用计算

(一) 导流工程

导流工程费用计算同主体建筑工程编制方法一样，采用工程量乘单价计算。

按照施工组织设计确定施工方法及施工程序，用相应的工程定额计算单价，概算表格与建筑工程概算相同，按项目划分规定填写具体的工程项目，对项目划分中的三级项目根据需要可进行必要的再划分。

(二) 施工交通工程

交通工程费用既可按设计工程量乘单价计算，也可根据工程所在地区造价指标或有关实际资料采用扩大单位指标编制。在概算编制阶段，由于受设计深度限制，常采用单位造价指标进行编制。

(三) 施工场外供电工程

根据设计的电压等级、供电线路长度及所配备的变配电设施要求，采用工程所在地区造价指标及有关实际资料计算。

(四) 施工房屋建筑工程

房屋建筑工程费包括施工仓库和办公生活及文化福利建筑两部分费用。

1. 施工仓库

施工仓库的建筑面积和建筑标准由施工组织设计确定，其单位造价指标根据办公生活及文化福利建筑的相应水平确定。

2. 办公生活及文化福利建筑

(1) 枢纽工程和大型引水工程，按下列公式计算为

$$I = \frac{AUP}{NL} k_1 k_2 k_3 \tag{7-1}$$

式中　I——房屋建筑工程投资；

　　　A——建安工作量，按工程一至四部分建安工作量（不包括办公生活及文化福利建筑和其他施工临时工程）之和乘以（1+其他施工临时工程百分率）计算；

　　　U——人均建筑面积综合指标，按 12~15 m²/人标准计算（大型水利水电枢纽工程可

取大者，其他工程取小值或中值）；

P——单位造价指标，按工程所在省、自治区、直辖市规定的该地区的永久房屋造价指标计算；

N——施工年限，按施工组织设计确定的合理工期计算；

L——全员劳动生产率，一般为 6 万～10 万［元/（人·年）］；施工机械化程度高取大值，反之取小值；

k_1——施工高峰人数调整系数，取 1.10；

k_2——室外工程系数，取 1.10～1.15，地形条件较差的可取大值；

k_3——单位造价指标调整系数，按不同施工年限采用表 7-6 的调系数。

表 7-6 　　　　　　　　单位造价指标调整系数表（k_3）

工期	2 年以内	2～3 年	3～5 年	5～8 年	8～11 年
调整系数	0.25	0.40	0.55	0.70	0.80

（2）河道治理工程、灌溉工程、堤防工程、改扩建与加固工程，按第一至第四部分建安工作量的百分率计算。合理工期小于等于 3 年，取 1.5%～2.0%；大于 3 年，取 1.0%～1.5%。

（五）其他施工临时工程

其他施工临时工程投资，按第一至第四部分建安工作量（不包括其他施工临时工程）之和的百分率计算。

各类工程的百分率规定如下：①枢纽工程和引水工程为 3.0%～4.0%；②河道治理工程为 0.5%～1.0%。

第八章 水利水电工程设计总概算编制

第一节 工程部分总概算编制

一、总概算编制的一般程序

水利工程概算由两部分构成，第一部分为工程部分概算，由建筑工程概算、机电设备及安装工程概算、金属结构设备及安装工程概算、施工临时工程概算和独立费用概算5项组成。第二部分为移民和环境部分概算，由水库移民征地补偿、水土保持工程概算和环境保护工程概算3项组成，其概算编制执行《水利工程建设征地移民补偿投资概（估）算编制规定》、《水利工程环境保护概（估）算编制规定》和《水土保持工程环境保护概（估）算编制规定》。以下主要介绍工程部分总概算的编制。

总概算编制的一般程序如下：

（1）编制准备工作。其内容主要有：收集、整理工程设计图纸，初步设计报告，工程枢纽布置，工程地质、水文地质、水文气象等资料；掌握施工组织设计内容，如砂石料开采方法，主要水工建筑物施工方案、施工机械、对外交通、场内交通等；向上级主管部门、工程所在地有关部门收集税务、交通运输、基建、建筑材料等各项资料；现行水利水电概预算定额和有关水利水电工程设计概预算费用构成及计算标准；各种有关的合同、协议、决定、指令、工具书等。

（2）进行工程项目划分，详细列出各级项目内容。

（3）根据有关规定和施工组织设计，编制基础单价和工程单价。

（4）按分项工程计算工程量。

（5）利用（3）、（4）的结果，计算各分项概算表及总概算表。

（6）进行复核、编制说明、整理成果。

二、总概算的编制内容

总概算内容由概算正件和概算附件两部分组成。概算正件和概算附件均应单独成册随初步设计文件报审。

概算正件组成内容：

（一）编制说明

（1）工程概况。主要内容包括流域、河系、兴建地点、对外交通条件、工程规模、工程效益、工程布置形式、主体建筑工程量、主要材料用量、施工总工期、施工总工时、施工平均人数和高峰人数、资金筹措情况和投资比例等。

（2）投资主要指标。主要内容包括工程总投资和静态总投资、年度价格指数、基本预备费、建设期融资额度、利息和利率等。

（3）编制依据和应说明的主要问题。主要内容包括：①设计概算编制原则和依据；②

人工、主要材料、施工用电、水、风、砂石料等基础单价的计算依据；③主要设备价格的编制依据；④费用计算标准及依据；⑤工程资金筹措方案。

（4）设计概算编制中存在的其他应说明的问题。

（5）主要技术经济指标表。

（6）工程概算总表。

（二）工程部分概算表

工程部分概算表格有：

1. 概算表

（1）总概算表。

（2）建筑工程概算表。

（3）机电设备及安装工程概算表。

（4）金属结构设备及安装工程概算表。

（5）施工临时工程概算表。

（6）独立费用概算表。

（7）分年度投资概算表。

（8）资金流量表。

2. 概算附表

（1）建筑工程单价汇总表。

（2）安装工程单价汇总表。

（3）主要材料预算价格汇总表。

（4）次要材料预算价格汇总表。

（5）施工机械台时费汇总表。

（6）主体工程量汇总表。

（7）主要材料量汇总表。

（8）工时数量汇总表。

（9）建设及施工场地征用数量汇总表。

概算附件内容包括：

（1）人工预算单价计算表。

（2）主要材料运输费用计算表。

（3）主要材料预算价格计算表。

（4）施工用电价格计算书。

（5）施工用风价格计算书。

（6）施工用水价格计算书。

（7）补充定额计算书。

（8）补充施工机械台班费计算书。

（9）砂石料单价计算书。

（10）混凝土材料单价计算表。

（11）建筑工程单价计算表。

(12) 安装工程单价计算表。
(13) 主要设备运杂费率计算书。
(14) 临时房屋建筑工程费用投资计算书。
(15) 独立费用计算书（按独立项目分项计算）。
(16) 分年度投资表。
(17) 资金流量计算表。
(18) 价差预备费计算表。
(19) 建设期融资利息计算书。
(20) 作为计算人工、材料、设备预算价格和费用依据的有关文件、询价报价资料及其他。

三、总概算的编制

设计总概算编制程序见图8-1。

（一）分部工程概算编制

1. 第一部分 建筑工程

建筑工程分主体建筑工程和一般建筑工程。主体建筑工程在枢纽工程中由七部分组成，分别为挡水工程、泄洪工程、引水工程、发电厂工程、升压变电站工程、航运工程、和鱼道工程；在引水工程及河道工程中由供水灌溉渠（管）道、河湖整治与堤防工程、建筑物工程（水源工程除外）。一般建筑工程在枢纽工程中由交通工程、房屋建筑工程和其他建筑工程组成，在引水工程及河道工程中由交通工程、房屋建筑工程、供电设施工程和其他建筑工程组成。

本部分按主体建筑工程、交通工程、房屋建筑工程、外部供电线路工程其他建筑工程分别采用不同的方法进行编制。

（1）主体建筑工程。按下述方法编制：①主体建筑工程投资等于设计工程量乘以工程单价；②主体建筑工程的项目划分的一级项目应执行水利水电工程项目划分的有关规定，二、三级项目可根据水利水电工程初步设计编制规程的工作深度要求及工程情况增减项目；③主体建筑工程量应该遵照《水利工程设计工程量计算规则》，按项目划分的要求，计算到三级项目；④当设计对主体建筑工程混凝土施工有温控要求时，应根据设计温控措施，计算温控措施费用，也可以经过分析确定指标后，按建筑的混凝土方量进行计算；⑤细部结构工程其投资指标参照水利部水总［2002］116号文"水利工程设计概（估）算编制办法"中《水工建筑工程细部结构指标表》确定，按建筑物本体方量计算。

（2）交通工程。交通工程投资按设计工程量乘以单价进行计算，也可根据工程所在地区造价指标或有关实际资料，采用扩大单位的指标编制。

（3）房屋建筑工程。用于生产和管理办公的永久房屋建筑投资由设计单位根据工程规模按有关规定计算；生活文化福利建筑工程投资，在考虑国家现行房改政策的情况下，按主体建筑工程的百分率计算：

枢纽工程分：
1）投资≤50000万元　　　　　　　　　1.5%～2%
2）1000000万元≥投资>50000万元　　1.1%～1.5%

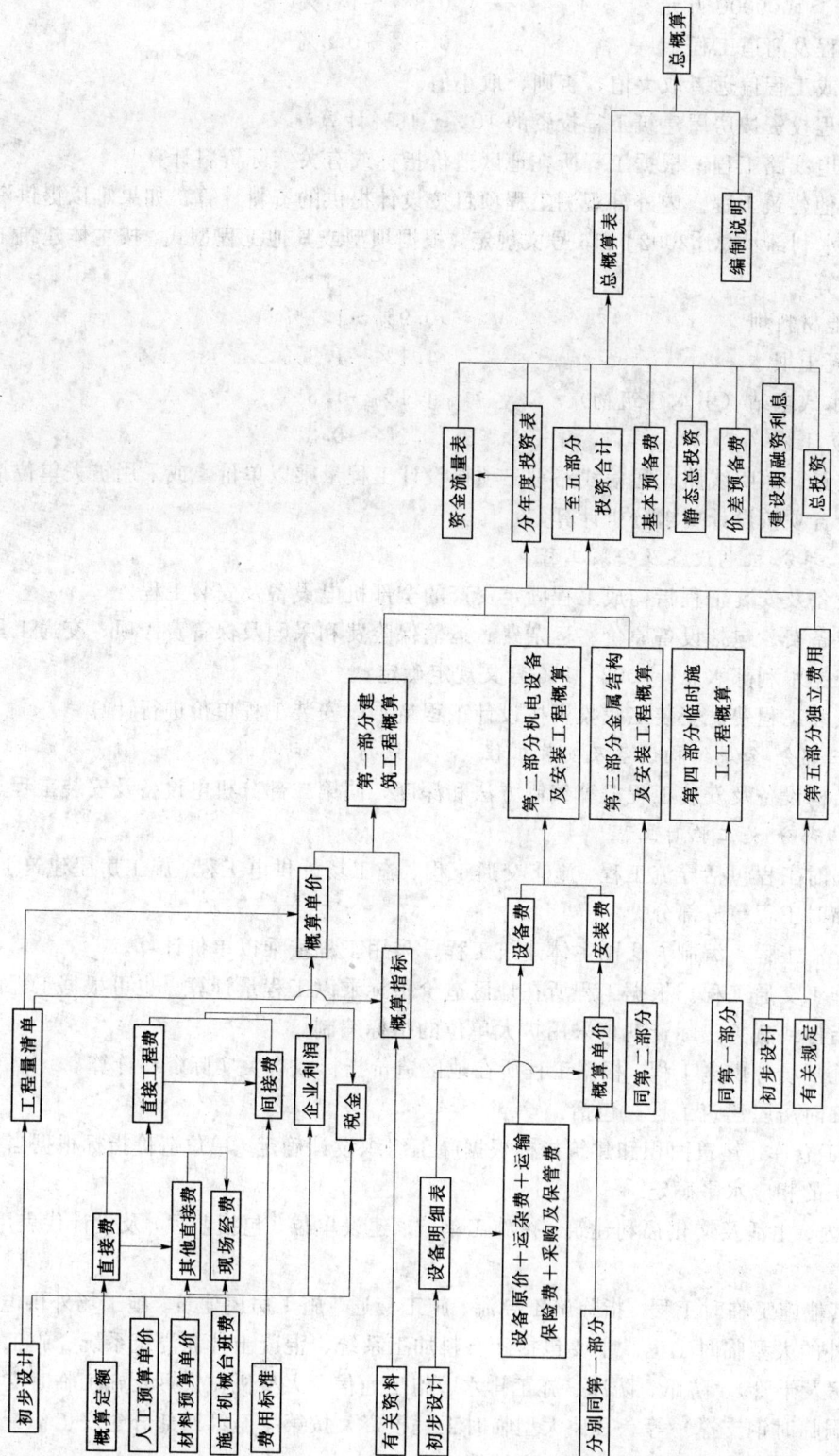

图 8-1 水利水电工程设计总概算编制程序图

3）投资≥1000000 万元　　　　　　　0.8%～1.1%
　　引水工程及河道工程　　　　　　　　　0.5%～0.8%

投资小或工程偏远者取大值，否则，取小值。

室外工程投资按房屋建筑工程投资的 10%～15%计算。

（4）供电线路工程。根据工程所在地区造价指标或有关实际资料计算。

（5）其他建筑工程。内外部观测工程项目按设计提供的资料计算，如果难以提供资料时，可根据水利部水总［2002］116 号文规定，根据坝型或其他工程型式，按主体建筑工程的百分率计算：

　　1）当地材料坝　　　　　　　　　　　0.9%～1.1%
　　2）混凝土坝　　　　　　　　　　　　1.1%～1.3%
　　3）引水式电站（引水建筑物）　　　　1.1%～1.3%
　　4）堤防工程　　　　　　　　　　　　0.2%～0.3%

动力线路、照明线路、通信线路等三项按设计工程量乘以单价，或采用扩大单位指标编制，其余各项按设计要求分析计算。

2. 第二部分　机电设备及安装工程

机电设备及安装工程指构成工程固定资产的全部机电设备及安装工程。

（1）设备费。包括设备原价、运杂费、运输保险费和采购及保管费四项。交通工具购置数量应根据水利部水总［2002］116 号文规定确定。

（2）安装工程费。安装工程投资按设计工程量乘以安装工程单价进行计算。

3. 第三部分　金属结构设备及安装工程

金属结构设备及安装工程概算编制方法和深度，同第二部分机电设备及安装工程。

4. 第四部分　施工临时工程

施工临时工程包括导流工程、施工交通工程、施工场外供电工程、施工房屋建筑工程、其他施工临时工程等五部分。

（1）导流工程。编制方法同主体建筑工程，采用工程量乘以单价计算。

（2）施工交通工程。根据工程所在地区造价指标乘以工程量计算。也可根据工程所在地区造价指标或有关实际资料，采用扩大单位的指标编制。

（3）施工场外供电工程。根据工程所在地区造价指标或有关实际资料计算。

（4）临时房屋建筑工程。包括：

1）施工仓库。建筑面积和建筑指标根据施工组织设计确定，单位造价指标根据当地生活福利建筑的相应水平确定。

2）办公、生活及文化福利建筑。指施工单位、建设单位（包括监理）及设计代表用房，参见第七章。

（5）其他施工临时工程。指除施工导流、施工交通、施工房屋建筑、施工场外供电、缆机平台以外的大型临时工程。主要包括砂石料加工系统、混凝土拌和浇筑系统、施工供水工程（泵房及干管）、防汛、防冰、施工排水、施工通信、大型机械安拆及施工临时支护设施（含隧洞临时钢支撑）等。其他大型临时工程投资，按第一至第四部分建安工作量（不包括其他大型临时工程）之和的百分率计算。

各类工程的百分率规定如下：①枢纽工程和引水工程为 3.0%～4.0%；②河道工程为 0.5%～1.0%。

5. 第五部分 独立费用

由建设单位管理费、生产准备费、科研勘测设计费、建设及施工场地征用费和其他费用组成，可按其费用构成和标准计算。

（二）分年度投资及资金流量

1. 分年度投资根据施工组织设计总进度安排进行编制

（1）建筑工程。对主要工程按施工进度安排的各单项工程分年度完成的工程量和相应的工程单价进行计算。对于次要的和其他工程，可根据施工进度按每年所占完成投资的比例，摊入分年度投资表。

（2）机电和金属结构设备及安装工程。按施工进度安排和各单项工程分年度完成的工程量计算设备费和安装费。

（3）独立费用。根据费用的性质、发生的先后与施工时段的关系，按相应施工年度分摊计算投资。

2. 资金流量的计算

资金流量表的编制以分年度投资表为依据，依照工程建设资金的投入时间计算各年度使用的资金量，分别按建筑安装工程、永久设备工程和独立费用三种类型计算，以下资金流量计算方法主要适用于初步设计概算。

（1）建筑及安装工程资金流量。在分年度投资的基础上，将预付款、预付款的扣回、保留金和保留金的偿还等计入后的分年度投资安排。

1）预付款。预付款分为工程预付款和工程材料预付款两种。其中：

a. 工程预付款。①工程预付款的数量：建安工作量的 10%～20%，需要购置特殊施工机械设备或者项目施工难度较大者取大值，其他项目取中值或小值；②工程预付款的时间安排：工期在 3 年以内的，全部在第一年；工期在三年以上的安排在前两年；③工程预付款扣回：时间上从完成建安工作量的 30% 开始，数量为已完成建安工作量的 20%～30% 直至预付款全部收回为止。

b. 工程材料预付款。分年度投资中次年建安工作量的 20% 在本年支取，并于次年扣回，依次类推，直至本项目竣工。河道工程和灌溉工程不计此项。

2）保留金。保留金的扣留数量按分年度完成的 5%，截止时间为完成建安工程量的 50% 时，总的数量为建安工作量的 2.5%（5%×50%）。保留金的返回全部计入该工程终止后一年，如果该年已超过总工期，则计入工程的最后一年。

（2）永久设备工程资金流量。永久设备工程资金流量分主要设备和一般设备两种类型计算。其中：

1）主要设备指水轮发电机组、大型水泵、大型电机、主阀、主变压器、桥机、门机、高压断路器或高压组合电器、金属结构闸门启闭设备等。其资金流量计算按设备到货周期确定各年资金流量比例，具体比例见表 8-1。

2）其他设备流量资金到货前一年预付 15% 的定金，到货年支付 85% 的剩余价款。

（3）独立费用资金流量。独立费用资金流量主要是在勘测设计费的支付方式上应考虑

表 8-1　　　　　　　　　　　　各 年 资 金 流 量 比 例

到货周期＼年份	第1年	第2年	第3年	第4年	第5年	第6年
1 年	15%	75%*	10%			
2 年	15%	25%	50%*	10%		
3 年	15%	25%	10%	40%*	10%	
4 年	15%	25%	10%	10%	30%*	10%

＊ 对应的年份为设备到货年份。

质量保证金的要求，其他项目均按分年投资表的资金安排计算。

1）可行性研究和初步设计阶段勘测设计费按工期平均分配。

2）技施阶段勘测设计费的95%按工期平均分配，勘测设计费的5%作为设计保证金，计入最后一年的资金流量表内。

（三）总概算编制

总概算按下列顺序进行编制。

（1）基本预备费。根据规定的费率，按上述分部工程概算第一部分至第五部分（以下简称一至五部分）投资合计数（依据分年度投资表）的百分率计算。

（2）价差预备费。按照合理建设工期和资金流量表的静态投资（含基本预备费）根据国家计委发布的物价指数按有关公式进行计算。

（3）建设期融资利息。根据合理建设工期、资金流量表，根据建设融资利率及有关公式进行计算。

（4）静态总投资。一至五部分投资与基本预备费之和构成静态总投资。

（5）总投资。一至五部分投资、基本预备费、价差预备费、建设期融资利息之和构成总投资。

（6）编制总概算表时，在第五部分独立费用之后，应按顺序编列以下项目：①一至五部分投资合计；②基本预备费；③静态总投资；④价差预备费；⑤建设期融资利息；⑥总投资。

（7）工程投资总计。具体如下：

1）静态总投资。工程部分静态总投资与移民和环境部分静态总投资之和。

2）总投资。工程部分总投资与移民和环境部分总投资之和。

（四）编制水利水电工程设计概算的主要表格及填写说明

1. 主要表格

主要表格有：总概算表，见表8-2；建筑工程概算表，见表8-3；设备及安装工程概算表，见表8-4；分年度投资表，见表8-5；资金流量表，见表8-6；建筑工程单价汇总表，见表8-7；安装工程单价汇总表，见表8-8；主要材料预算价格汇总表，见表8-9；次要材料预算价格汇总表，见表8-10；施工机械台时汇总表，见表8-11；主要工程量汇总表，见表8-12；主要材料量汇总表，见表8-13；工时数量汇总表，见表8-14；建设及施工场地数量汇总表，见表8-15。

表 8-2　　　　　　　　　　　　　　　　总　概　算　表　　　　　　　　　　　　　　单位：万元

序号	工程或费用名称	建安工程费	设备购置费	独立费用	合计	占一至五部分投资（%）
	各部分投资					
	一至五部分投资合计					
	基本预备费					
	静态总投资					
	价差预备费					
	建设期融资利息					
	总投资					

表 8-3　　　　　　　　　　　　　　　建筑工程概算表

序　号	工程或费用名称	单　位	数　量	单价（元）	合计（元）

表 8-4　　　　　　　　　　　　　设备及安装工程概算表

序　号	名称及规格	单　位	数　量	单价（元）		合计（万元）	
				设备费	安装费	设备费	安装费

表 8-5　　　　　　　　　　　　　　分年度投资概算表　　　　　　　　　　　　　　单位：万元

项　　目	合计	建　设　工　期　（年）							
		1	2	3	4	5	6	7	8
一、建筑工程									
1. 建筑工程									
××工程（一级项目）									
2. 施工临时工程									
××工程（一级项目）									
二、安装工程									
1. 发电设备安装工程									
2. 变电设备安装工程									
3. 公用设备安装工程									
4. 金属结构设备安装工程									
三、设备工程									
1. 发电设备									
2. 变电设备									
3. 公用设备									
4. 金属结构									

续表

项 目	合计	建 设 工 期 （年）							
		1	2	3	4	5	6	7	8
四、独立费用									
1. 建设管理费									
2. 生产准备费									
3. 科研勘测设计费									
4. 建设及施工场地征用费									
5. 其他									
一至四部分合计									

表 8-6　　　　　　　　　　　　资 金 流 量 表　　　　　　　　　　　单位：万元

项 目	合计	建 设 工 期 （年）							
		1	2	3	4	5	6	7	8
一、建筑工程									
分年度资金流量									
××工程									
…									
二、安装工程									
分年度资金流量									
三、设备工程									
分年度资金流量									
四、独立费用									
分年度资金流量									
一至四部分合计									
分年度资金流量									
基本预备费									
价差预备费									
建设期融资利息									
总投资									

表 8-7　　　　　　　　　　　　建筑工程单价汇总表　　　　　　　　　　　单位：元

序号	名称	单位	单价	其　中							
				人工费	材料费	机械使用费	其他直接费	现场经费	间接费	企业利润	税金

表 8-8				安装工程单价汇总表								单位：元
序号	名称	单位	单价	其 中					现场经费	间接费	企业利润	税金
				人工费	材料费	机械使用费	装置性材料费	其他直接费				

表 8-9				主要材料预算价格汇总表				单位：元
序 号	名称及规格	单 位	预算价格	其 中				
				原价	运杂费	运输保险费	采购及保管费	

表 8-10			次要材料预算价格汇总表			单位：元
序 号	名称及规格	单 位	单 价			
			原价	运杂费	合 计	

表 8-11			施工机械台时费总表				单位：元
序号	名称及规格	台时费	其 中				
			折旧费	修理及替换设备费	安拆费	人工费	动力燃料费

表 8-12			主要工程量汇总表					
序号	项目	土石方明挖（m³）	石方洞挖（m³）	土石方填筑（m³）	混凝土（m³）	模板（m²）	钢筋（t）	帷幕灌浆（m）	固结灌浆（m）

表 8-13				主要材料量汇总表					
序号	项目	水泥（t）	钢筋（t）	钢材（t）	木材（m³）	炸药（t）	沥青（t）	粉煤灰（t）	汽油（t）	柴油（t）

表 8-14		工 时 数 量 汇 总 表	
序 号	项 目	工 时 数 量	备 注

表 8-15	建设及施工场地征用数量汇总表		
序 号	项 目	占地面积（亩）	备 注

2. 表格填写说明

(1) 建筑工程概算表（表 8-3）。本表适用于编制建筑工程概算、临时工程概算和独立费用概算；第 2 栏填至项目划分第三级项目。

(2) 设备及安装工程概算表（表 8-4）。本表适用于编制机电和金属结构设备及安装工程概算；第 2 栏填至项目划分第三级项目。

(3) 分年度投资表（表 8-5）。枢纽工程按此表编制，项目划分至一级项目，为编制资金流量表作准备。某些工程施工期较短可不编制资金流量表，其分年度投资表的项目可按总概算表的项目列入。

(4) 次要材料预算价格汇总表（表 8-10）。第 4 栏为次要材料工程所在地市场供应价格；第 5 栏列由供应地点至工地仓库的运杂费用。

(5) 主要工程量汇总表（表 8-12）、主要材料量汇总表（表 8-13）和工时数量汇总表（表 8-14）。此三表统计范围均为主体建筑工程和施工导流工程；各表第 2 栏可按不同情况，填列项目划分第一级和第二级项目。

四、总概算编制中的有关问题

1. 预备费

包括基本预备费和价差预备费两部分。

(1) 基本预备费。主要是为了解决在施工过程中，经过上级主管部门批准的设计变更和国家政策性变动增加的投资以及为解决以外事故而采取的措施所需增加的工程项目和费用。计算方法为：根据工程规模、施工年限和地质条件等不同情况，按工程概算第一至第五部分投资合计数（依据分年度投资表）的百分率计算。初步设计概算为 5.0%～8.0%，可行性研究阶段的投资估算为 10%～12%，项目建议书阶段为 15%～18%。

(2) 价差预备费。主要是为了解决在工程建设过程中，因为人工工资、材料和设备价格上涨以及费用标准调整而增加的投资。计算方法是根据施工年限、以资金流量表的静态投资为计算基数，按国家计委发布的年物价指数 6% 计算。计算公式参见第四章。

2. 建设期融资利息

建设期融资利息指根据国家财政金融政策的规定，工程在建设期内需偿还并应计入工程总投资的融资利息。计算方法为根据合理建设工期，以资金流量表的静态总投资与价差预备费之和为计算基数，按建设期融资利率计算。计算公式参见第四章。

3. 主要经济技术指标表

水利工程无统一格式，根据工程具体情况拟定，反映出主要经济技术指标即可。

4. 分年度投资计算

基本建设工程的分年度投资，是根据概预算总投资和施工组织设计确定的施工总工期及施工进度计划，计算分年度投资额。它是计算基本预备费、资金流量的依据。

分年度投资计算，可按下列方法进行：

(1) 根据施工总进度，以相应年度不同项目工程量乘以概预算单价的办法计算。

(2) 施工临时工程的分年度投资，除施工导流工程应在工程施工进度安排的相应时段计算外，其余工程，一般均应在工程施工准备期内计算。

(3) 独立费用，根据费用的性质、用途及费用发生的先后与施工时段的关系，按相应施工年度分摊计算。费用包括：

1) 项目建设管理费中，建设管理费应在工程总工期内分摊计算；联合试运转费可在第一台机组发电前半年至工程竣工的时段内分摊计算。

2) 生产准备费，可在主体工程开工至第一台机组发电或水库蓄水前的施工时段内分摊计算。

3) 科研勘测设计费，可按工程总工期分摊，但都向前平移一个年度使用，其中第一个超前年度的投资计入第一个施工年度内。

4) 建设及施工场地征用费可在工程施工准备期内分摊计算。

五、水力发电工程总概算编制

水力发电工程总概算编制说明和主要表格与水利水电工程基本相同，现就其主要内容介绍如下：

（一）总概算构成

工程总概算的构成如图 8-2 所示。

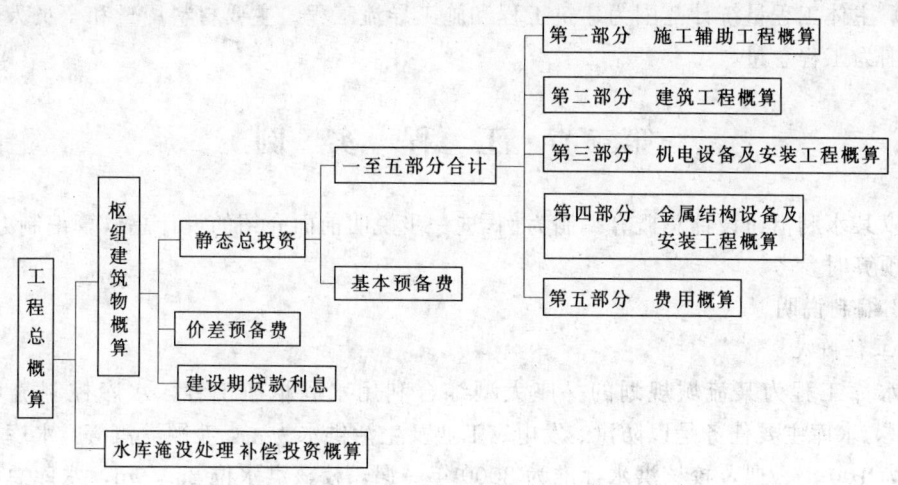

图 8-2 水力发电工程总概算构成

（二）工程总概算编制

在枢纽建筑物概算及水库淹没处理补偿概算分别编制完成之后，编制工程总概算。工程总概算按表 8-2 进行编制。

（三）概算表格

1. 概算表

概算表包括工程总概算表、枢纽建筑物概算表、永久工程综合概算表、施工辅助工程概算表、建筑工程概算表、机电设备及安装工程概算表、金属结构设备及安装工程概算表、费用概算表、分年度投资汇总表、资金流量汇总表共十个表，应作为编报设计概算的基本表格。

2. 概算附表

概算附表包括建筑工程单价汇总表、安装工程单价（费率）汇总表、主要材料预算价格汇总表、其他材料预算价格汇总表、施工机械台时费汇总表、主体工程主要工程量汇总表、主体工程主要材料用量汇总表、主体工程工时数量汇总表、主体及施工辅助工程占地汇总表共九个表，应作为编报设计概算的基本表格。

3. 概算附件

概算附件包括人工预算单价计算表、主要材料运输费用计算表、主要材料预算价格计算表、施工用电价格计算书、施工用水价格计算书、施工用风价格计算书、补充定额计算书、补充施工机械台时费计算书、砂石料单价计算书、混凝土材料单价计算表、建筑工程单价计算表、安装工程材料费调差系数计算表、安装工程机械使用费调差系数计算表、安装工程单价计算表、主要设备运杂费率计算书、费用计算书（按独立项目分项计算）、分年度投资计算表、资金流量计算表、工程建设期贷款利息计算书、生产单位定员计算书，其中附表共十个，应作为编报设计概算的基本表格。

4. 主要技术经济指标简表

（1）本表是总概算编制说明的组成部分，列入编制说明文字部分之后。

（2）主体工程量统计范围为建筑工程和施工导流工程。主要材料用量和全员人数两项统计范围为工程总量。

第二节 工 程 实 例

现以某水利枢纽设计总概算编制为例，进一步说明前面介绍的设计总概算编制办法，供编制概预算时参考。

一、编制说明

1. 工程概况

某水库工程为某流域规划的一座大型综合利用水利枢纽工程，水库控制流域面积1927km^2，水库主要任务是以防洪、发电、工业及生活供水为主，兼顾灌溉等。水库设计洪水标准为100年一遇，校核洪水标准为2000年一遇，校核洪水位289.9m，水库总库容为7.98亿 m^3。

主要建筑物有大坝、泄洪洞、溢洪道和输水洞及电站等，工程等级为一等。工程对外交通条件较好。主体建筑工程量为1045万 m^3，其中土石方开挖510万 m^3，土石填筑504万 m^3，混凝土31万 m^3。主要材料用量为水泥80744t，钢筋12367t，钢材1588t，木材2003 m^3，炸药3001t，汽油12t，柴油11873t，砂22万 m^3，碎石34万 m^3，块石11万 m^3。施工总工期为5年，施工总工时为1920万个，施工平均人数1750人，高峰人数约为2500人。

资金来源有：中央水利基建投资67500万元，余额由地方自筹。

2. 投资主要指标

某水库工程静态总投资为84191.73万元，总投资为103163.61万元。年物价上涨指数取6%，价差预备费为14363.88万元，占总投资的18.86%，工程建设期还贷利息为4608万元，利率采用8.25%。

3. 编制原则及依据

（1）初步设计概算按2002年的价格水平编制。

(2) 根据水利部2002年印发的《水利工程设计概（估）算编制规定》，制定了"某水库工程初步设计概算编制大纲"，作为概算编制的指导原则。

(3) 概算编制依据

1) 水利部水总［2002］116号关于发布《水利建筑工程预算定额》、《水利建筑工程预算定额》、《水利工程施工机械台时费定额》及《水利工程设计概（估）算编制规定》的通知；

2) 水利部水建管［1999］523号关于发布《水利水电设备安装工程预算定额》和《水利水电设备安装工程概算定额》的通知；

3) 设计概算编制的有关文件和标准。

(4) 采用定额。具体如下：

1) 建筑工程采用水利部［2002］水规116号文《水利建筑工程概算定额》；

2) 设备安装工程：采用水利部水建管［1999］523号关于发布《水利水电设备安装工程概算定额》。

(5) 费用标准。具体如下：

1) 人工工时预算单价。工长：7.11元/工时、高级工：6.61元/工时、中级工：5.62元/工时、初级工：3.04元/工时。

2) 主要材料预算价格。主要材料按工程附近城市的大宗材料批发价计取，详见表8-16。

表8-16 主要材料价格表

序号	材料名称	单位	材料原价（元）	序号	材料名称	单位	材料原价（元）
1	钢筋	t	2400	5	柴油	t	3030
2	水泥	t	250	6	砂	m^3	86.07
3	原木	m^3	950	7	碎石	m^3	36
4	汽油	t	3200	8	块石	m^3	20.83

3) 施工机械使用费。机械使用费，按台时计算，执行2002年由水利部颁发的《水利工程施工机械台时费定额》。

4) 其他直接费。按直接费的百分率计算。其中建筑工程为2.5%；安装工程为3.2%。

5) 现场经费。现场经费费率标准见表8-17。

表8-17 现场经费费率表

序号	工程类别	计算基础	现场经费费率（%）		
			合计	临时设施费	现场管理费
1	土石方工程	直接费	9.0	4.0	5.0
2	模板工程	直接费	8.0	4.0	4.0
3	混凝土浇筑工程	直接费	8.0	4.0	4.0
4	钻孔灌浆工程	直接费	7.0	3.0	4.0
5	其他工程	直接费	7.0	3.0	4.0
6	机电、金结设备安装工程	人工费	45.0	20.0	25.0

6）间接费。间接费费率标准见表 8-18。

表 8-18　　　　　　　　　　间接费费率表

序号	工程类别	计算基础	间接费费率（%）
1	土石方工程	直接工程费	9.0
2	模板工程	直接工程费	6.0
3	混凝土工程	直接工程费	5.0
4	钻孔灌浆工程	直接工程费	7.0
5	其他工程	直接工程费	7.0
6	机电、金结设备安装工程	人工费	50.0

7）企业利润。按直接工程费和间接费之和的 7% 计算。

8）税金取 3.22%。

9）设备费。其中①设备原价：机电设备和金属结构设备价格均采用现行价，以出厂价为原价，非定型和非标准产品，采用对生产厂家的询价或报价计算设备价格；②运杂费：分主要设备和其他设备，按占设备原价的百分率计算。

10）其他费用。按费用标准中的有关要求计取。

二、总概算表及分部概算表

总概算表以及分部概算表如表 8-19～表 8-28 所示。

表 8-19　　　　　　　　　　总　概　算　表　　　　　　　　　　单位：万元

序号	工程或费用名称	建安工程费	设备购置费	独立费用	合　计	占一至五部分合计（%）
	第一部分　建筑工程	58428.98			58428.98	73.56
一	混凝土面板堆石坝	32000.64			32000.64	
二	溢洪道工程	5764.20			5764.20	
三	泄洪洞工程	13489.48			13489.48	
四	输水洞工程	1920.91			1920.91	
五	发电厂工程	679.73			679.73	
六	交通工程	2781.29			2781.29	
七	房屋建筑工程	1008.04			1008.04	
八	其他建筑工程	784.69			784.69	
	第二部分　机电设备及安装工程	236.32	2247.86		2484.18	3.13
一	发电设备及安装	134.11	1121.71		1255.82	
二	升压变电设备及安装	83.09	614.08		697.17	
三	公用设备及安装	19.12	512.07		531.19	
	第三部分　金属结构设备及安装工程	313.68	1717.43		2031.11	2.56
一	输水洞工程	171	226.41		397.41	

续表

序号	工程或费用名称	建安工程费	设备购置费	独立费用	合 计	占一至五部分合计（％）
二	电站尾水闸门	4.24	23.71		27.95	
三	泄洪洞闸门	126.68	1355.02		1481.7	
四	施工导流洞	11.76	112.29		124.05	
	第四部分 施工临时工程	9591.20			9591.20	12.08
一	导流工程	3020.35			3020.35	
二	施工交通工程	1628.5			1628.50	
三	施工房屋建筑工程	1965.04			1965.04	
四	施工场外供电工程	340			340.00	
五	其他施工临时工程	2637.31			2637.31	
	第五部分 独立费用			6890.69	6890.69	8.68
一	建设管理费			1448.46	1448.46	
二	生产准备费			695.78	695.78	
三	科研勘测设计费			3621.17	3621.17	
四	建设及施工场地征用费			448.00	448.00	
五	其他			677.28	677.28	
	一至五部分合计	68570.18	3965.29	6890.69	79426.16	100.00
	基本预备费				4765.57	6.00
	静态总投资				84191.73	106.00
	价差预备费				14363.88	18.08
	建设期融资利息				4608	5.80
	总投资				103163.61	129.89

表 8-20 建筑工程概算表

序号	单价序号	工程或费用名称	单位	数量	单价（元）	合计（万元）
第一部分		建筑工程				58428.98
一		混凝土面板堆石坝工程				32000.64
（一）		基础开挖工程	m³			2411.93
	1	坝基土方开挖	m³	194281	11.70	227.31
	29	河槽砂砾石开挖	m³	467846	18.42	861.77
	5	坝基强风化岩开挖	m³	182990	42.91	785.21
	6	坝基弱风化岩开挖	m³	25932	49.63	128.70
	7	河槽坡积物开挖	m³	153030	18.28	279.74
	8	两岸坡积物开挖	m³	63210	20.44	129.20

续表

序号	单价序号	工程或费用名称	单位	数量	单价（元）	合计（万元）
（二）		坝体土石填筑工程	m^3			24692.06
	32	坝体灰岩垫层	m^3	179464	124.50	2234.33
	…	特殊垫层料	m^3	3983	124.94	49.76
		灰岩过渡层	m^3	236908	65.82	1559.33
		利用溢洪道开挖方（灰岩）	m^3	1375500	31.71	4361.71
		料场开挖方（灰岩）	m^3	2401885	47.00	11287.66
		利用溢洪道开挖方（页岩）	m^3	786000	31.71	2492.41
		利用泄洪洞开挖方（页岩）	m^3	605583	30.21	1829.47
		上游废石渣填筑	m^3	49494	27.95	138.31
		上游粘性土填筑	m^3	50654	20.06	101.59
		下游大块石护坡	m^3	46059	134.85	621.11
		下游排水沟浆砌石	m^3	650	252.33	16.40
（三）		混凝土及钢筋混凝土工程	m^3			1605.67
		面板 250 号混凝土	m^3	38147	305.52	1165.47
		趾板 250 号混凝土	m^3	3171	294.72	93.46
		防浪墙 250 号混凝土	m^3	3069	257.88	79.14
		150 号路面混凝土	m^2	15335	43.62	66.89
		150 号路沿石	m^3	98	484.22	4.75
		100 号趾板垫层	m^3	1088	239.77	26.09
		100 号坝基断层带处理	m^3	4000	260.76	104.30
		垫层坡面水泥砂浆	m^2	79632	8.24	65.58
（四）		模板工程				10.95
		模板	m^2	2432.4	45.00	10.95
（五）		其他工程				3280.03
		细部结构指标	m^3	5736180	0.84	481.84
		枢纽区两岸山体稳定处理	项	1	1000000	100.00
		砂料调差	m^3	99358	16.07	159.67
		趾板锚筋（$\phi30/4.6m$）	根	3764	265.95	100.10
		钢筋制安	t	2327.8	4661.63	1085.13
		固结灌浆	m	5452	308.70	168.30
		帷幕灌浆	m	23728	442.24	1049.35
		岸幕	m	4070	333.26	135.64
二		溢洪道工程				5764.20
（一）		石方开挖				4487.10

续表

序号	单价序号	工程或费用名称	单位	数量	单价（元）	合计（万元）
（二）		混凝土、模板工程				852.25
（三）		其他工程				424.85
三		泄洪洞工程				13489.48
（一）		1号泄洪洞工程				2742.83
1		进口部分				1063.27
（1）		石方工程				275.40
（2）		混凝土、模板工程				395.18
（3）		其他工程				392.70
2		洞身部分				1679.56
（1）		石方工程				380.30
（2）		混凝土、模板工程				661.00
（3）		其他工程				638.25
（二）		2号泄洪（导流）洞工程				3878.31
1		进口部分				1198.77
（1）		石方工程				360.46
（2）		混凝土、模板工程				412.58
（3）		其他工程				425.73
2		洞身部分				2679.55
（1）		石方工程				580.23
（2）		混凝土、模板工程				1044.85
（3）		其他工程				1054.47
（三）		1号，2号泄洪洞工程出口部分				6402.66
1		石方工程				2853.60
2		混凝土、模板工程				2467.09
3		其他工程				1081.97
（四）		导流洞封堵部分				140.10
（五）		其他				325.58
四		输水洞工程				1920.91
（一）		进口部分				240.27
1		石方工程				156.46
2		混凝土、模板工程				18.69
3		其他工程				65.12
（二）		洞身部分				997.58
1		石方工程				249.50

续表

序号	单价序号	工程或费用名称	单位	数量	单价（元）	合计（万元）
2		混凝土、模板工程				389.72
3		其他工程				358.36
(三)		竖井及交通桥				196.45
1		石方工程				38.90
2		混凝土、模板工程				102.31
3		其他工程				55.24
(四)		1号支洞出口				341.63
1		石方工程				142.25
2		混凝土、模板工程				80.49
3		其他工程				118.89
(五)		2号支洞出口				113.63
1		石方工程				35.38
2		混凝土、模板工程				42.04
3		其他工程				36.21
(六)		其他				31.35
五		发电厂工程				679.73
(一)		一号电站工程				263.53
1		石方工程				76.81
2		混凝土、模板工程				107.65
3		其他工程				79.07
(二)		二号电站工程				391.66
1		石方工程				175.33
2		混凝土、模板工程				123.31
3		其他工程				93.01
(三)		其他				24.55
六		交通工程				2781.29
(一)		永久公路				1324.39
(二)		新增永久进场路及交通桥	项	1	12689000	1268.9
(三)		转运站（不含征地）	项	1	1880000	188
七		房屋建筑工程				1008.04
(一)		辅助生产厂房	m²	400	600	24
(二)		办公室	m²	5000	600	300
(三)		生活文化福利建筑	项	538549540	0.011	592.40
(四)		室外工程投资	项	9164045	0.1	91.64
八		其他建筑工程				784.69
(一)		通讯线路	km	10	200000	200
(二)		厂坝区供水、供热、排水等措施	项	1	1000000	100
(三)		内外部观测工程	项	538549540	0.009	484.69

表 8-21　　　　　　　　　　　机电设备安装工程概算表

序号	名称及规格	单位	数量	单价 设备费	单价 安装费	合计（万元）设备费	合计（万元）安装费
	第二部分机电设备及安装工程					2247.86	236.32
一	发电机设备及安装工程					1121.71	134.11
（一）	1号电站工程					360.06	55.62
1	主机设备及安装					296.01	46.64
	水轮机 HLA551—LJ—84	台	2	420000	95474	84	19.09
	水轮发电机 SF1250—10/2150	台	2	620000	89432	124	17.89
	调速器 YDT—1000	台	2	80000	12000	16	2.40
	主阀 JZH—00/ϕ1200×1.0	台	2	140000	16794	28	3.36
	励磁屏 KGLF—1A	块	2	100000	15000	20	3.00
	永磁机 TY38.0/9—10	台	2	30000	4500	6	0.90
	小计					278	
	运杂、保险及采保费 6.48%					18.01	
2	辅助机械					39.51	5.54
	电动双梁桥式起重机 10/3.2 $Lk=9.5m$ $H=12m$	台	1	250000	37500	25	3.75
	排水泵 1S100—80—160	台	2	4500	675	0.9	0.14
	消防水泵 1S80—65—160	台	1	3500	525	0.35	0.05
	空压机 112A—1.5/8	台	1	18000	2700	1.8	0.27
	高压空压机 CZ—20/30F	台	2	7600	1140	1.52	0.23
	齿轮油泵 KCB—3.3—3	台	1	2500	375	0.25	0.04
	滤油机 Y—50	台	1	8600	1290	0.86	0.13
	电烘箱 H50	台	1	1500	225	0.15	0.02
	离心通风机 BL—4—72—11No.：2.8	台	1	3500	525	0.35	0.05
	轴流通风机 BT40—11No.：5	台	4	2700	405	1.08	0.16
	低压贮气罐 $V=1.5m^3$	个	1	17000	2550	1.7	0.26
	高压贮气罐 $V=0.5m^3$	个	1	10000	1500	1	0.15
	低压气水分离器 $P=0.8MPa$	个	1	2000	300	0.2	0.03
	高压气水分离器 $P=2.5MPa$	个	2	2500	375	0.5	0.08
	贮油罐 $V=2.0m^3$	个	2	4000	600	0.8	0.12
	贮油罐呼吸器	个	2	450	68	0.09	0.01
	滤水器	台	2	2000	300	0.4	0.06
	小计					36.95	
	运杂、保险及采保费 6.94%					2.56	
3	测压设备					0.19	0.03

续表

序号	名称及规格	单位	数量	单价		合计（万元）	
				设备费	安装费	设备费	安装费
	压力表 Y—100	只	9	200	30	0.18	0.03
	小计					0.18	
	运杂、保险及采保费 6.94%					0.01	
4	自动化元件					10.69	1.5
		项	1	100000	15000	10	1.5
	小计					10	
	运杂、保险及采保费 6.94%					0.69	
5	阀门与管件					4.73	0.66
			1	44203	6630	4.42	0.66
	小计					4.42	
	运杂、保险及采保费 6.94%					0.31	
6	其他					8.92	1.25
	钢轨 43kg/m	t	2.2	4500	675	0.99	0.15
	钢轨附件	t	1.2	10000	1500	1.2	0.18
	钢管	t	4.5	4500	675	2.03	0.3
	铜管 Φ10	m	65	50	8	0.33	0.05
	型钢	t	4	4000	600	1.6	0.24
	玻璃钢风管	t	1	22000	3300	2.2	0.33
	小计					8.34	
	运杂、保险及采保费 6.94%					0.58	
（二）	2号电站工程					761.65	78.48
1	主机设备及安装					640.48	62.32
2	辅助机械					44.78	6.28
3	测压设备					0.13	0.02
4	自动化元件					14.97	2.1
5	阀门与管件					5.95	
6	其他					12.58	1.77
7	机修设备					42.78	6
二	升压变电设备及安装工程					614.08	83.09
（一）	1号电站					330.25	43.34
1	发电机电压（6.3kV）设备					46.7	6.01
2	控制保护设备					104.59	14.67
3	厂用电系统					10.48	1.47
4	电缆					23.88	3.35

续表

序号	名称及规格	单位	数量	单价 设备费	单价 安装费	合计(万元) 设备费	合计(万元) 安装费
5	35kV变电设备					109.21	12.78
6	通讯设备					20.15	2.83
7	防雷与接地					5.24	0.74
8	照明设备					5	0.75
9	电工试验设备					5	0.75
(二)	2号电站					283.83	39.75
1	发电机电压(6.3kV)设备					47.67	6.69
2	控制保护设备					119.99	16.83
3	厂用电系统					7.27	1.02
4	电缆					31.54	4.42
5	35kV变电设备					73.53	10.23
6	防雷与接地					1.83	0.26
7	照明装置					2	0.3
三	公用设备及安装工程					512.06	19.12
(一)	库区供电					125.78	18.87
(二)	水情自动测报系统					150	
(三)	交通设备					160	
(四)	水文环保设备					50	
(五)	全厂消防设备					26.28	0.25

表8-22 金属结构设备及安装工程概算表

序号	名称及规格	单位	数量	单价(元) 设备费	单价(元) 安装费	合计(万元) 设备费	合计(万元) 安装费
	第三部分 金属结构设备及安装工程					1717.43	313.68
一	输水洞					226.41	171.00
(一)	输水洞进口拦污栅					28	4.19
	拦污栅	t	8	10000	399	8	0.32
	拦污栅埋件	t	8	9000	3094	7.2	2.48
	斜拉式卷扬机180kN—80m	台	1	105000	10105	10.5	1.01
	拦污栅埋件喷锌	t	8	600	480	0.48	0.38
	小计					26.18	
	运杂、保险及采保费6.94%					1.82	
(二)	输水洞事故检修闸门					100.29	17.40
	检修闸门	t	22	11000	1542	24.2	3.39

续表

序号	名称及规格	单位	数量	单价（元）		合计（万元）	
				设备费	安装费	设备费	安装费
	闸门埋件	t	40	9000	2978	36	11.91
	配重	t	25	5000	236	12.5	0.59
	手动葫芦3t	台	1	6000	2020	0.6	0.20
	卷扬式启闭机800kN—75m	台	1	150000	13057	15	1.31
	闸门喷锌	t	22	1400		3.08	
	埋件喷锌	t	40	600		2.4	
	小计					93.78	
	运杂、保险及采保费6.94%					6.51	
（三）	输水洞1号支洞锥形阀					21.66	25.06
	锥形阀（$\phi=1600mm$)	台	1	150000	38533	15	3.85
	压力钢管	t	15	3500	14139	5.25	21.21
	小计					20.25	
	运杂、保险及采保费6.94%					1.41	
（四）	输水洞2号支洞锥形阀					76.46	124.35
	锥形阀（$\phi=2200mm$)	台	1	400000	61337	40	6.13
	压力钢管	t	90	3500	13135	31.5	118.22
	小计					71.5	
	运杂、保险及采保费6.94%					4.96	
二	电站尾水闸门					23.71	4.24
（一）	1号电站尾水检修闸门					5.56	1.06
（二）	2号电站尾水防洪闸门					18.15	3.18
三	泄洪洞闸门					1355.02	126.68
（一）	1,2号泄洪洞弧形工作闸门					543.04	62.79
（二）	1,2号泄洪洞事故检修门					811.97	63.89
四	施工导流洞					112.29	11.76

表8-23　　　　　　　　　施工临时工程概算表

序号	工程或费用名称	单位	数量	单价（元）	合计（万元）
第四部分	施工临时工程				9591.20
一	导流工程				3020.35
（一）	一期导流工程				1182.49
1	导流洞进口围堰				166.29
	堰体石渣填筑	m³	6145	22.00	13.52
	堰体草袋装土填筑	m³	1731	145.29	25.15

续表

序号	工程或费用名称	单位	数量	单价（元）	合计（万元）
	高压定喷防渗	m	1495	853.66	127.62
2	泄洪洞出口围堰				339.40
	土石方填筑	m³	21829	22.00	48.02
	草土围堰填筑	m³	4567	145.29	66.35
	高压定喷防渗	m	2636	853.66	225.02
3	导流洞进口左岸滩地开挖				148.46
	切滩砂砾石开挖	m³	50659	14.86	75.28
	切滩石方开挖	m³	21712	33.70	73.18
4	泄洪洞出口左岸滩地开挖				130.88
	砂砾石开挖	m³	44660	14.86	66.37
	石方开挖	m³	19140	33.70	64.51
5	主河槽坝基础纵向防渗				397.46
	下游高压定喷防渗	m	2310	853.66	197.19
	上游摆喷防渗	m	1980	1011.44	200.26
（二）	第二期导流工程				1837.86
1	上游围堰				784.28
2	下游围堰				80.37
3	坝面过水保护				915.88
4	围堰拆除				57.34
二	施工交通工程				1628.5
（一）	场内交通道路				1328.5
（二）	临时交通桥				300
三	施工房屋建筑工程				1965.04
（一）	施工仓库	m²	20000	300	600
（二）	办公、生活及文化福利建筑		0.020328	671505453	1365.04
四	施工场外供电线路	km	10	340000	340
五	其他施工临时工程		4%	659328683	2637.31

表 8-24　　　　独立费用概算表

序号	工程或费用名称	单位	数量	单价（元）	合计（万元）
	第五部分 独立费用				6890.69
一	建设管理费				1448.46
1	建设单位开办费				265
2	建设单位经常费				1024.14

续表

序号	工程或费用名称	单位	数量	单价（元）	合计（万元）
3	工程建设监理费				151.05
4	联合试运转费				8.27
二	生产准备费				695.78
1	生产及管理单位提前进场费		68570.18	0.40%	274.28
2	生产职工培训费		68570.18	0.50%	342.85
3	管理用具购置费		68570.18	0.08%	54.86
4	备品备件购置费		3965.29	0.50%	19.83
5	工器具及生产家具购置费		3965.29	0.10%	3.97
三	科研勘测设计费				3621.17
1	工程科学研究试验费		68570.18	0.50%	342.85
2	勘测设计费				3278.32
	勘测费				1000
	设计费				2278.32
四	建设及施工场地征用费				448
1	建设及施工场地征用费	亩	560	8000	448
五	其他				677.28
1	定额编制管理费				91.75
2	工程质量监督费				152.92
3	供电贴费		5900	180	106.2
4	工程保险费		72535.47	0.45%	326.41

表 8-25　　　　　　　　　　分年度投资表　　　　　　　　　　单位：万元

项目	合计	建设工期（年）				
		1	2	3	4	5
一、建筑工程	68020.18	10060.60	20536.20	20885.39	12704.16	3833.82
1. 建筑工程	58428.98	6652.03	19110.36	17638.51	11637.67	3390.41
混凝土面板堆石坝	32000.64	1600.03	11200.22	12800.26	6400.13	
溢洪道工程	5764.20				3746.73	2017.47
泄洪洞工程	13489.48	1348.95	7419.21	4721.32		
输水洞工程	1920.91				1344.64	576.27
发电厂工程	679.73					679.73
交通工程	2781.29	2781.29				
房屋建筑工程	1008.04	604.82	403.22			
其他建筑工程	784.69	316.94	87.70	116.94	146.17	116.94
2. 施工临时工程	9591.20	3408.57	1425.85	3246.88	1066.49	443.41

续表

项　目	合　计	建　设　工　期（年）				
		1	2	3	4	5
导流工程	3020.35	1182.49		1837.86		
施工交通工程	1628.50	407.125	407.125	488.55	244.275	81.425
施工房屋建筑工程	1965.04	687.764	491.26	393.008	294.756	98.252
施工场外供电工程	340.00	340				
其他施工临时工程	2637.31	791.193	527.462	527.462	527.462	263.731
二、安装工程	550.00	15.78	3.77	130.45	3.77	396.21
1. 发电设备及安装	134.11					134.11
2. 升压变电设备及安装	83.09					83.09
3. 公用设备及安装	19.12	4.02	3.77	3.77	3.77	3.77
4. 金属结构设备安装工程	313.68	11.76		126.68		175.24
三、设备工程	3965.37	523.74	25.17	1380.19	25.17	2011.08
1. 发电设备	1121.71					1121.71
2. 升压变电设备	614.08					614.08
3. 公用设备	512.15	411.45	25.17	25.17	25.17	25.17
4. 金属结构设备	1717.43	112.29		1355.02		250.12
四、独立费用	6890.69	1765.83	1414.94	1414.94	1233.88	1061.10
建设管理费	1448.46	500.038	235.038	235.038	235.038	243.308
生产准备费	695.78	139.156	139.156	139.156	139.156	139.156
科研勘测设计费	3621.17	543.1755	905.2925	905.2925	724.234	543.1755
建设及施工场地征用费	448.00	448				
其他	677.28	135.456	135.456	135.456	135.456	135.456
一至四部分合计	79426.16	12365.96	21980.10	23810.70	13966.99	7302.21

表 8-26　　　　　资　金　流　量　表　　　　　单位：万元

项　目	合　计	建　设　工　期（年）				
		1	2	3	4	5
一、建筑工程						
分年度资金流量	68020.18	16586.02	16537.85	18501.10	12020.76	4374.45
混凝土面板堆石坝	32000.64	5360.11	9360.19	11360.23	5120.10	800.02
溢洪道工程	5764.20				4006.12	1758.08
泄洪洞工程	13489.48	4114.29	5260.90	3777.05	337.24	
输水洞工程	1920.91				1344.64	576.27
发电厂工程	679.73					679.73

续表

项 目	合计	建 设 工 期 （年）				
		1	2	3	4	5
交通工程	2781.29	2781.29				
房屋建筑工程	1008.04	604.82	403.22			
其他建筑工程	784.69	316.94	87.70	116.94	146.17	116.94
导流工程	3020.35	1182.49		1837.86		
施工交通工程	1628.50	407.13	407.13	488.55	244.28	81.43
施工房屋建筑工程	1965.04	687.76	491.26	393.01	294.76	98.25
施工场外供电工程	340.00	340.00				
其他施工临时工程	2637.31	791.19	527.46	527.46	527.46	263.73
二、安装工程						
分年度资金流量	550.00	15.78	3.77	130.45	3.77	396.21
三、设备工程						
分年度资金流量	3965.37	527.52	228.43	1176.94	323.06	1709.42
四、独立费用						
分年度资金流量	6890.69	1765.83	1414.94	1414.94	1233.88	1061.10
一至四部分合计	79426.16	18895.15	18184.99	21223.44	13581.48	7541.18
分年度资金流量	79426.16	18895.15	18184.99	21223.44	13581.48	7541.18
基本预备费	4765.57	1133.71	1091.10	1273.41	814.89	452.47
静态总投资	84191.73	20028.86	19276.09	22496.84	14396.37	7993.65
价差预备费	14363.88	1201.73	2382.53	4297.26	3778.71	2703.66
建设期融资利息	4608	380.16	845.568	1352.9088	2029.3632	
总投资	103163.61	21610.75	22504.19	28147.01	20204.45	10697.30

表 8-27　　　　　　　　　建筑工程单价汇总表　　　　　　　　　单位：元

序号	工程名称	单位	单价	其 中						
				人工费	材料费	机械使用费	其他直接费	现场经费	间接费	企业利润	税金
一	土石方工程										
1	坝基土方开挖	m³	11.70	0.26	0.51	7.95	0.22	0.78	0.87	0.74	0.36
2	围堰土夹石填筑	m³	19.07	1.79	1.16	11.27	0.36	1.28	1.43	1.21	0.59
3	围堰土方填筑	m³	19.87	1.65	1.16	12.00	0.37	1.33	1.49	1.26	0.62
4	强风化岩开挖（挖运弃）	m³	44.22	4.01	4.43	24.51	0.82	2.96	3.31	2.80	1.38
5	坝基强风化岩开挖	m³	42.91	2.19	4.88	24.90	0.80	2.88	3.21	2.72	1.34
6	坝基弱风化岩开挖	m³	49.63	4.32	6.48	26.18	0.92	3.33	3.71	3.15	1.55
7	河槽坡积物开挖	m³	18.28	0.33	0.51	12.78	0.34	1.23	1.37	1.16	0.57
8	两岸坡积物开挖	m³	20.44	1.59	0.47	13.17	0.38	1.37	1.53	1.30	0.64

续表

序号	工程名称	单位	单价	人工费	材料费	机械使用费	其他直接费	现场经费	间接费	企业利润	税金
9	利用溢洪道开挖方	m³	31.15	1.46	0.93	20.82	0.58	2.09	2.33	1.97	0.97
10	灰岩开挖（挖运弃方）	m³	47.94	3.74	6.18	25.80	0.89	3.21	3.58	3.04	1.50
…	…										
二	混凝土工程										
33	150号混凝土扭曲面	m³	222.41	29.42	111.47	32.67	4.34	13.88	9.59	14.10	6.94
34	150号混凝土护底	m³	283.08	16.76	159.13	45.02	5.52	17.67	12.21	17.94	8.83
35	200号混凝土中墩	m³	290.41	27.13	166.57	32.93	5.67	18.13	12.52	18.41	9.06
36	250号混凝土牛腿、工作桥	m³	375.86	30.24	232.96	30.11	7.33	23.46	16.21	23.82	11.73
37	下游150号混凝土扭曲面	m³	220.38	29.42	111.47	31.09	4.30	13.76	9.50	13.97	6.87
38	扭曲段150号混凝土护坦	m³	208.26	13.92	117.88	30.72	4.06	13.00	8.98	13.20	6.50
39	扭曲段100号混凝土找平层	m³	213.67	19.41	111.17	36.17	4.17	13.34	9.21	13.54	6.67
40	150号混凝土路沿石	m³	484.22	126.23	154.41	97.22	9.45	30.23	20.88	30.69	15.11
41	100号趾板垫层	m³	239.77	39.77	111.17	36.17	4.68	14.97	10.34	15.20	7.48
42	100号坝基断层带处理	m³	260.76	39.77	111.17	52.55	5.09	16.28	11.24	16.53	8.13
43	垫层坡面水泥砂浆	m²	4.53	1.99	1.52	0.03	0.09	0.28	0.20	0.29	0.14
44	进口引渠边坡150号混凝土	m³	273.96	30.86	158.02	24.91	5.34	17.10	11.81	17.36	8.55
45	钢筋制安	t	4661.63	428.91	2975.17	233.72	90.94	291.02	200.99	295.45	145.42
…	…										
三	钻孔灌浆工程										
64	帷幕灌浆	m	442.24	32.21	94.78	214.76	8.54	23.92	26.20	28.03	13.80
65	岸幕	m	453.96	33.50	97.72	219.59	8.77	24.56	26.89	28.77	14.16
66	固结灌浆	m	308.70	58.34	55.58	124.64	5.96	16.70	18.29	19.57	9.63
67	固结灌浆	m	164.14	40.26	26.05	60.52	3.17	8.88	9.72	10.40	5.12
68	混凝土防渗墙	m²	1261.16	268.51	186.91	519.18	24.36	68.22	74.70	79.93	39.34
69	回填灌浆	m²	74.08	12.94	28.32	15.99	1.43	4.01	4.39	4.70	2.31
…	…										

表 8-28　　　　　　　　　　安装工程单价汇总表　　　　　　　　　单位：元

序号	工程名称	单位	单价	人工费	材料费	机械使用费	装置性材料费	其他直接费	现场经费	间接费	企业利润	税金
1	水轮机 HLA55—LJ—84	台	95474	31620	15625	7427		1750	14229	15810	6052	2960
2	水轮发电机 SF1250—10/2150	台	89432	30146	11120	9461		1623	13566	15073	5669	2773

续表

序号	工程名称	单位	单价	人工费	材料费	机械使用费	装置性材料费	其他直接费	现场经费	间接费	企业利润	税金
3	主阀 JZH—00/ϕ1200×1.0	台	16794	6107	1599	1410		292	2748	3053	1065	521
4	水轮机 HLA384—LJ—84	台	95474	31620	15625	7427		1750	14229	15810	6052	2960
5	水轮发电机 SF2500—8/2150	台	107030	35783	13857	11341		1951	16102	17891	6785	3319
6	主阀 JZH—00/ϕ1200×1.6	台	16794	6107	1599	1410		292	2748	3053	1065	521
7	主变压器 S7—1600/35	台	16709	5459	1840	2339		308	2456	2729	1059	518
8	拦污栅	t	399	102	27	127		8	46	51	25	12
9	拦污栅埋件	t	3094	888	328	683		61	399	444	196	96
10	斜拉式卷扬机 180kN—80m	台	10105	3459	812	1411		182	1557	1730	641	313
11	检修闸门	t	1543	512	104	266		28	231	256	98	48
12	闸门埋件	t	2978	888	308	601		57	399	444	189	92
13	配重	t	236	69	4	71		5	31	34	15	7
14	手动葫芦 3t	台	2020	682	280	183		37	307	341	128	63
15	卷扬式启闭机 800kN—75m	台	13057	4504	965	1844		234	2027	2252	828	405
16	锥形阀（ϕ=1600mm）	台	47383	16957	4851	4162		831	7631	8478	3004	1469
17	压力钢管	t	14139	1876	6125	2680		342	844	938	896	438
18	锥形阀（ϕ=2200mm）	台	61338	21665	6450	5767		1084	9749	10833	3888	1902
19	压力钢管	t	13135	1672	5960	2356		320	752	836	833	407
20	检修闸门	t	1901	717	113	178		32	323	358	120	59
21	闸门埋件	t	3254	921	365	721		64	415	461	206	101
22	电动葫芦 CD2×20kN—9mD	台	3798	1399	319	328		65	629	699	241	118
23	防洪闸门	t	1901	717	113	178		32	323	358	120	59
24	闸门埋件	t	3254	921	365	721		64	415	461	206	101
25	螺杆式启闭机 QLSD—2×100kN	台	4341	1688	256	311		72	760	844	275	135
26	弧形工作闸门	t	1610	477	214	281		31	215	239	102	50
27	手动葫芦 10t	台	3798	1399	319	328		65	629	699	241	118
28	液压式启闭机 2000/450—8	台	71110	23064	5069	13037		1317	10379	11532	4508	2205
29	检修闸门	t	1611	512	120	309		30	231	256	102	50
30	闸门埋件	t	3093	990	298	515		58	445	495	196	96

第九章 水利水电工程投资估算、施工图预算和施工预算

第一节 投 资 估 算

一、概述

可行性研究是基本建设程序的一个重要组成部分，也是进行基本建设的一项重要工作。在可行性研究阶段需要提出可行性研究报告，对工程规模、坝址、基本坝型、枢纽布置方式等提出初步方案并进行论证；估算工程总投资及总工期；对工程兴建的必要性及经济合理性提出评价。在可行性研究报告中，投资估算是一项重要内容，它是国家选定水利水电建设近期开发项目和批准进行工程初步设计的重要依据，其准确性直接影响到对项目的决策。根据国家计委《关于控制建设工程造价的若干规定》，投资估算应对建设项目总造价起控制作用。可行性研究报告一经批准，其投资估算就成为该建设项目初步设计概算静态总投资的最高限额，不得任意突破。

投资估算的准确性，直接影响国家（业主）对项目选定的决策。但由于受勘测、设计和科研工作的深度限制，可行性研究阶段往往只能提出主要建筑物的主体工程量和发电机、水轮机、主变压器等主要设备。在这种情况下，要合理地编制出投资估算，除了要遵守规定的编制办法和定额外，概预算专业人员还要深入调查研究，充分掌握第一手材料，合理地选定单价指标。

二、投资估算文件的编制内容

水利工程可行性研究投资估算与初步设计概算在组成内容、项目划分和费用构成上基本相同，但两者设计深度不同。投资估算可根据《水利水电工程可行性研究报告编制规程》的有关规定，对初步设计概算编制规定中部分内容进行适当简化、合并和调整。

投资估算按照 2002 年水利部《水利水电工程设计概（估）算编制规定》的办法编制。

1. 编制说明

（1）工程概况。工程概况包括：河系、兴建地点、对外交通条件、水库淹没耕地及移民人数、工程规模、工程效益、工程布置形式、主体建筑工程量、主要材料用量、施工总工期和工程从开工至开始发挥效益工期、施工总工日和高峰人数等。

（2）投资主要指标。投资主要指标为：工程静态总投资和总投资，工程从开工至开始发挥效益静态投资，单位千瓦静态投资和投资，单位电度静态投资和投资，年物价上涨指数，价差预备费额度和占总投资百分率，工程施工期贷款利息和利率等。

（3）编制依据和主要问题。包括：①投资估算编制原则和依据；②人工、主要材料、施工供电、砂石料等基础单价的计算依据；③主要设备价格的编制依据；④建安工程定额、指标采用依据；⑤建安工程单价综合系数、安装工程材料费和机械使用费调差系数计算的说

明；⑥费用计算标准及依据；⑦水库淹没处理补偿费以及环保费用和简要说明；⑧工程资金来源。

(4) 估算编制中存在的和其他应说明的问题。

(5) 主要技术经济指标表。

2．投资估算表

投资估算表包括：

(1) 总投资表。

(2) 建筑工程估算表。

(3) 设备及安装工程估算表。

(4) 分年度投资表。

3．投资估算附表

投资估算附表包括：

(1) 建筑工程单价汇总表。

(2) 安装工程单价汇总表。

(3) 主要材料预算价格汇总表。

(4) 次要材料预算价格汇总表。

(5) 施工机械台时费汇总表。

(6) 主要工程量汇总表。

(7) 主要材料量汇总表。

(8) 工时数量汇总表。

(9) 建设及施工征地数量汇总表。

4．附件

附件材料包括：

(1) 人工预算单价计算表。

(2) 主要材料运输费用计算表。

(3) 主要材料预算价格计算表。

(4) 混凝土材料单价计算表。

(5) 建筑工程单价表。

(6) 安装工程单价表。

(7) 资金流量计算表。

(8) 主要技术经济指标表。

三、投资估算计算方法

水利水电工程中的主要建筑物以及主要设备及安装工程是永久工程中的主体，在工程总投资中占有举足轻重的份额，所以为了保证投资估算的基本精度，采用了与概算相同的项目划分和计算方法。永久工程中上述以外的非主要工程（或称次要工程），由于项目繁多，工程量及投资相对较小，在可行性研究阶段由于受设计深度的限制，难以提出工程数量，所以在估算中采用合并项目，用粗略的方法（指标或百分率）估算其投资。

投资估算和设计概算编制程序和方法基本相同，其主要差别在于要求的工作深度不一样。具体差别表现在：①依据的定额不同。初设概算采用概算定额编制工程单价，而估算则采用综合性较强的估算指标编制估算单价，如采用概算定额编制估算单价，则要乘以一个扩大系数，现采用10%。②留取的余度不同。由于可行性研究的设计深度较初设低，对有些问题的研究还未深化，为了避免估算总投资失控，故编制估算所留的余地较概算要大。主要表现在：估算的工程量阶段系数值较初设概算要大；基本预备费率，估算采用的费率要大，现行规定：估算为10%，初设概算为5%～8%。③投资估算对次要工程投资采用简化的方法计算。

下面简单地介绍一下投资估算的编制方法。

1. 建筑工程

建筑工程由主体建筑工程、交通工程、房屋建筑工程和其他建筑工程组成，前三项基本概算的编制方法相同。

（1）主体建筑工程。包括水利枢纽、水电站、水库工程、水闸、泵站、灌溉渠系、防洪堤以及河湖疏浚工程等，是构成总投资的重要组成部分，也是编制其他项目投资估算的基础。因此，必须作深入细致的工作，尽可能接近实际。

主体建筑工程投资估算的计算方法，与概算编制方法基本相同，即采用主体建筑工程的工程量乘以相应单价。

主体建筑工程单价应根据已掌握的工程具体条件，例如人工工资标准、对外交通情况、砂石材料的开采运输条件和主要施工方案等，拟定出人工预算单价，主要材料预算价格，砂、石、水、电、风等基础单价，施工机械台班费，采用估算指标，计算出投资估算单价。估算采用的三级项目较概算粗略。一般均采用概算定额编制估算单价，则要乘以一个扩大系数，现行规定扩大系数为1.10。

（2）交通工程。包括上坝、进厂、对外等场内一切永久性的铁路、公路、桥涵、码头等，以及对地方原有公路、桥梁等进行的改建加固工程。

交通工程的投资按设计交通工程量分别乘以公里及延长米指标计算。公路工程造价指标可按照设计要求的道路等级、工程所在地区经济状况、现场地形地质条件、施工难易程度及工程量大小等，参照交通部颁发的有关规定计算。铁道工程可根据地形、地区经济状况，按每公里造价指标估算。

（3）房屋建筑工程。包括辅助生产厂房、仓库、办公室、生活及文化福利建筑和室外工程。编制方法与概算基本相同。

（4）其他建筑工程。指除主体建筑工程和交通工程以外的永久性建筑工程，包括动力线路、照明线路、通信线路工程，厂坝区及生活区供水、供热、排水等公用设施工程，厂坝区环境建设设施，内外部观测工程，水情自动测报系统工程等，全部合并在一起，采用占主体建筑工程（挡水、泄洪、引水、发电等）投资的百分率的方法估算其投资。百分率一般采用3%～5%，也可根据本工程的具体条件和工程规模估算。

2. 机电设备及安装工程

编制方法与概算基本相同，由主要机电设备及安装工程和其他机电设备及安装工程两项组成。

（1）主要机电设备及安装工程。包括发电设备及安装工程、升压变电设备及安装工程、公用设备及安装工程；泵站设备及安装工程、小水电站设备及安装工程、供变电工程、公用设备及安装工程。

主要设备及安装工程投资，包括设备出厂价、运杂费和安装费。

设备出厂价，对于定型产品，执行市场价；非定型产品，采用厂家报价，如不能取得厂家报价时，可按设计确定的设备重量，以单位价格指标（元/t）计算。机组价格中包括油压装置、调速器、自动化元件和透平油等配套设备价格。

设备运杂费，可按占设备出厂价的一定的百分数计算。安装费，可按设备安装费概算定额乘以10%计算。

（2）其他机电设备及安装工程。包括除主要设备以外的其他全部设备，如水力辅助机械、电气、通信、机修、变电站高压设备和一次拉线等工程。其投资估算可根据装机台数、电压等级、输电电线回数以及接线复杂程度，按装机总容量乘以单位千瓦指标（元/kW）估算，也可按主要设备投资的百分率计算。

将电梯、坝区馈电、供水、供热、水文、环保、外部观测、交通等设备及安装，以及全厂保护网、全厂接地等其他工程全部合并，以占主要机电设备及安装工程投资的百分率来估算其投资。

3. 金属结构设备及安装工程

由水工建筑物各单项工程及灌溉渠道等工程中的金属结构设备及安装工程组成。包括闸门、启闭机、拦污栅、升船机和压力钢管等。其投资估算按各单项工程金属结构数量和每台（套）单位重量估算，与概算的计算方法基本相同。

4. 施工临时工程

施工临时工程由导流工程、施工交通工程、房屋建筑工程、施工供电工程和其他施工临时工程五项组成。估算编制方法及计算标准与概算相同。

（1）导流工程。同主体建筑工程一样，采用工程量乘以单价计算，其他难以估量的项目，可按计算出的导流投资的10%增列。

（2）施工交通工程。参照主体建筑工程中交通工程的方法编制，也可按主体建筑工程的百分率估算。

（3）房屋建筑工程。施工房屋建筑工程投资按估算编制办法的有关规定估算。

（4）施工供电工程。依据设计电压等级、线路架设要求和长度，参考表9-1指标计算。

表9-1 施工场外供电线路估算指标（万元/km）

地区	电压等级	
	110kV	220kV
平原	4.5～5.5	7.0～9.0
丘陵	5.5～6.0	9.0～11.0
山岭	6.0～7.0	11.0～13.0

（5）其他施工临时工程。一般可按工程项目一至四部分的建安工作量（不包括其他临时工程本身的建安工作量）的一定的百分率计算，枢纽工程和引水工程取3.0%～4.0%，河道工程取0.5%～1.0%。

5. 独立费用

编制方法及计算标准基本与概算相同。

（1）建设管理费。按全部建安工作量的一定百分率估算。

（2）生产准备费。按全部建安工作量的一定百分率估算。

（3）科研勘测设计费。按部颁标准计算。

(4) 建设及施工场地征用费。

(5) 其他费用。一般按全部建安工作量的一定百分率计列。其中，技术准备费按建安工作量的 2.5%～6%计列；施工企业基地建设补贴费按建安工作量的 1%～2.5%计列。

6. 预备费、建设期还贷利息、静态总投资和总投资

预算费分为基本预备费和价差预备费。

(1) 基本预备费。以上述 5 项费用之和为基数计算，可行性研究投资估算费率取 10%～12%，项目建议书阶段基本预备费率取 15%～18%。

(2) 价差预备费。根据施工年限及预测的物价指数计算，和初步设计概算相同。

(3) 建设期还贷利息，应根据分年度投资计划，计算复利。其计算方法，可参考有关章节的内容。

第二节 施工图预算

施工图预算是由设计单位依据施工图设计文件、施工组织设计、现行的工程预算定额及费用标准等文件编制的。施工图预算是施工图设计预算的简称，又称设计预算，以与施工单位编制的施工预算相区别。

一、施工图预算的作用

施工图预算是在施工图设计阶段，在批准的概算范围内，根据国家现行规定，按施工图纸和施工组织设计综合计算的造价。其主要作用如下：

(1) 是确定单位工程项目造价的依据。预算比主要起控制造价作用的概算更为具体和详细，因而可以起确定造价的作用。这一点对于工业与民用建筑而言，尤为突出。如果施工图预算超过了设计概算，应由建设单位会同设计部门报请上级主管部门核准，并对原设计概算进行修改。

(2) 是签订工程承包合同，实行投资包干和办理工程价款结算的依据。因预算确定的投资较概算准确，故对于不进行招投标的特殊或紧急工程项目等，常采用预算包干。按照规定程序，经过工程量增减，价差调整后的预算作为结算依据。

(3) 是施工企业内部进行经济核算和考核工程成本的依据。施工图预算确定的工程造价，是工程项目的预算成本，其与实际成本的差额即为施工利润，是企业利润总额的主要组成部分。这就促使施工企业必须加强经济核算，提高经营管理水平，以降低成本，提高经济效益。同时也是编制各种人工、材料、半成品、成品、机具供应计划的依据。

(4) 是进一步考核设计经济合理性的依据。施工图预算的成果，因其更详尽和切合实际，可以进一步考核设计方案的技术先进性和经济合理程度。施工图预算，也是编制固定资产的依据。

二、施工图预算的内容和编制依据

1. 施工图预算的内容

施工图预算有单位工程预算、单项工程预算和建设项目总预算。单位工程预算是根据施工图设计文件、现行预算定额、费用标准以及人工、材料、设备、机械台班（时）等预算价格资料，以一定方法，编制单位工程的施工图预算。然后汇总所有各单位工程施工图

预算，成为单项工程施工图预算。再汇总所有各单项工程施工图预算，便是一个建设项目建筑安装工程的总预算。

单位工程预算包括：建筑工程预算，机电设备及安装工程预算，金属结构设备及安装工程预算，施工临时工程预算，独立费用预算等。建筑工程预算项目包括枢纽工程中的挡水工程、泄洪工程、引水工程、发电厂工程、升压变电站工程、航运工程、鱼道工程、交通工程、房屋建筑工程和其他建筑工程，引水工程及河道工程中的供水、灌溉渠（管）道、河湖整治与堤防工程、建筑物工程、交通工程、房屋建筑工程、供电设施工程和其他建筑工程等组成。机电设备及安装工程预算由枢纽工程中的发电设备及安装工程、升压变电设备及安装工程、公用设备及安装工程，引水工程及河道工程中的泵站设备及安装工程、小水电设备及安装工程、供变电工程和公用设备及安装工程等组成。金属结构设备及安装工程预算主要包括闸门、启闭机、拦污栅、升船机等设备及安装工程，压力钢管制作及安装工程及其他金属结构设备及安装工程等组成。施工临时工程预算由导流工程、施工交通工程、施工房屋建筑工程、施工场外供电线路工程和其他施工临时工程组成。独立费用预算由建设管理费、生产准备费、科研勘测设计费、建设及施工场地征用费和其他组成。

2. 施工图预算的编制依据

（1）施工图纸及说明书和标准图集。经审定的施工图纸、说明书和标准图集，完整地反映了工程的具体内容、各部分的具体做法、结构尺寸、技术特征以及施工方法，是编制施工图预算的重要依据。

（2）现行预算定额及编制办法。国家和水利部颁发的建筑、设备及安装工程预算定额及有关的编制办法、工程量计算规则等，这些是编制施工图预算确定分项工程子目、计算工程量、计算直接工程费的主要依据。

（3）施工组织设计或施工方案。因为施工组织设计或施工方案中包括了与编制施工图预算必不可少的有关资料，如建设地点的土质、地质情况、土石方开挖的施工方法及余土外运方式与运距、施工机械使用情况、重要或特殊机械设备的安装方案等。

（4）材料、人工、机械台班（时）预算价格及调价规定。材料、人工、机械台班（时）预算价格是预算定额的三要素，是构成直接工程费的主要因素。尤其是材料费在工程成本中占的比重大，而且在市场经济条件下，材料、人工、机械台班（时）的价格是随市场而变化的。为使预算造价尽可能接近实际，国家和地方主管部门对此都有明确的调价规定。因此，合理确定材料、人工、机村台班预算价格及其调价规定是编制施工图预算的重要依据。

（5）水利水电建筑安装工程费用定额。水利部规定的费用定额及计算程序。

（6）有关预算的手册及工具书。预算工作手册和工具书包括了计算各种结构件面积和体积的公式，钢材、木材等各种材料规格、型号及用量数据，各种单位的换算比例等，这些资料是常用的。

三、施工图预算编制方法

施工图预算与设计概算的项目划分、编制程序、费用构成、计算方法都基本相同。施工图是工程实施的蓝图，在这个阶段，建筑物的细部结构构造、尺寸，设备及装置性材料的型号、规格等都已明确，所以据此编制的施工图预算，较概算编制要精细。编制施工图预算的方法与设计概算的不同之处具体表现在以下几个方面。

1. 主体工程

施工图预算与概算都采用工程量乘单价的方法计算投资,但深度不同。

概算根据概算定额和初步设计工程量编制,其三级项目经综合扩大,概括性强,而预算则依据预算定额和施工图设计工程量编制,其三级项目较为详细。如概算的闸、坝工程,一般只需套用定额中的综合项目计算其综合单价;而施工图预算须根据预算定额中按各部位划分为更详细的三级项目,分别计算单价。

2. 非主体工程

概算中的非主体工程以及主体工程中的细部结构采用综合指标(如铁路以元/km,遥测水位站以元/座计等)或百分率乘二级项目工程量的方法估算投资;而预算则均要求按三级项目乘工程单价的方法计算投资。

3. 造价文件的结构

概算是初步设计报告的组成部分,于初设阶段一次完成,概算完整地反映整个建设项目所需的投资。由于施工图的设计工作量大,历时长,故施工图设计大多以满足施工为前提,陆续出图。因此,施工图预算通常以单项工程为单位,陆续编制,各单项工程单独成册,最后汇总成总预算。

第三节 施 工 预 算

一、施工预算及其作用

施工预算是施工企业根据施工图纸、施工措施及施工定额编制的建筑安装工程在单位工程或分部分项工程上的人工、材料、施工机械台班消耗数和直接费标准,是建筑安装产品及企业基层成本的计划文件。施工预算的作用是:

(1) 施工预算是编制施工作业计划的依据。施工作业计划是施工企业计划管理的中心环节,也是计划管理的基础和具体化。编制施工作业计划,必须依据施工预算计算的单位工程或分部分项工程的工程量、构配件、劳力等。

(2) 施工预算是施工单位向施工班组签发施工任务单和限额领料的依据。施工任务单是把施工作业计划落实到班组的计划文件,也是记录班组完成任务情况和结算班组工人工资的凭证。施工任务单的内容可以分为两部分:一部分是下达给班组的工程任务,包括工程名称、工作内容、质量要求、开工和竣工日期、计量单位、工程量、定额指标、计件单价和平均技术等级;第二部分是实际任务完成的情况记载和工资结算,包括实际开工和竣工日期、完成工程量、实用工日数、实际平均技术等级、完成工程的工资额、工人工时记录表和每人工资分配额等。其主要工程量、工日消耗量、材料品种和数量均来自施工预算。

(3) 施工预算是计算超额奖和计算计件工资、实行按劳分配的依据。社会主义应当体现按劳分配的原则,施工预算所确定的人工、材料、机械使用量与工程量的关系是衡量工人劳动成果、计算应得报酬的依据,它把工人的劳动成果与劳动报酬联系起来,很好地体现了多劳多得、少劳少得的按劳分配原则。

（4）施工预算是施工企业进行经济活动分析的依据。进行经济活动分析是企业加强经营管理，提高经济效益的有效手段。经济活动分析，主要是应用施工预算的人工、材料和机械台班数量等与实际消耗量对比，同时与施工图预算的人工、材料和机械台班数量进行对比，分析超支、节约的原因，改进操作技术和管理手段，有效地控制施工中的消耗，节约开支。

施工预算、施工图预算、竣工结算是施工企业进行施工管理的"三算"。

二、施工预算的编制依据

（1）施工图纸。施工图纸和说明书必须是经过建设单位、设计单位和施工单位会审通过的，不能采用未经会审通过的图纸，以免返工。

（2）施工定额及补充定额。包括全国建筑安装工程统一劳动定额和各部、各地区颁发的专业施工定额。凡是已有施工定额可以参照使用的，应参照施工定额编制施工预算中的人工、材料及机械使用费。在缺乏施工定额作为依据的情况下，可按有关规定自行编排补充定额。施工定额是编制施工预算的基础，也是施工预算与施工图预算的主要差别之一。

（3）施工组织设计或施工方案。例如土方开挖，应根据施工图设计，结合具体的工程条件，确定其边坡系数、开挖采用人工还是机械、运土的工具和运输距离等。由施工单位编制详细的施工组织设计，据以确定应采取的施工方法、进度以及所需的人工材料和施工机械，作为编制施工预算的基础。

（4）有关的手册、资料。例如，建筑材料手册，人工、材料、机械台班费用标准等。

三、施工预算的编制步骤和方法

1. 编制步骤

编制施工预算和编制施工图预算的步骤相似。首先应熟悉设计图纸及施工定额，对施工单位的人员、劳力、施工技术等有大致了解；对工程的现场情况，施工方式方法要比较清楚；对施工定额的内容，所包括的范围应了解。为了便于与施工图预算相比较，编制施工预算时，应尽可能与施工图预算的分部、分项项目相对应。在计算工程量时所采用的计算单位要与定额的计量单位相适应。具备施工预算所需的资料，并已熟悉了基础资料和施工定额的内容后，就可以按以下步骤编制施工预算：

（1）计算工程实物量。工程实物量的计算是编制施工预算的基本工作，要认真、细致、准确，不得错算、漏算和重算。凡是能够利用施工图预算的工程量，就不必再算，但工程项目、名称和单位一定要符合施工定额。工程量的计算方法可参考本书有关章节的内容。工程量计算完毕经仔细核对无误后，根据施工定额的内容和要求，按工程项目的划分逐项汇总。

（2）套用的施工定额必须与施工图纸的内容相一致。分项工程的名称、规格、计量单位必须与施工定额所列的内容相一致，逐项计算分部分项工程所需人工、材料、机械台班使用量。

（3）工料分析和汇总。有了工程量后，按照工程的分项名称顺序，套用施工定额的单位人工、材料和机械台班消耗量，逐一计算出各个工程项目的人工、材料和机械台班的用工用料量，最后同类项目工料相加予以汇总，便成为一个完整的分部分项工料汇总表。

（4）编写编制说明。编制说明包括的内容有：编制依据，包括采用的图纸名称及编号，采用的施工定额，施工组织设计或施工方案；遗留项目或暂估项目的原因和存在的问题以及处理的办法等。施工预算所采用的主要表格可参考表 9-2～表 9-5。

表 9-2　　　　　　　　　　　　施工预算工程量汇总表

工程名称：

序号	定额	分项工程名称	单位	数量	备注

审核：　　　　　　　　　　　　　　　　制表：

表 9-3　　　　　　　　　　　　施工预算工料分析表

工程名称：

定额编号	分部分项工程名称	单位	工程量	工　料　名　称					
				单位用量	合计用量	单位用量	合计用量	单位用量	合计用量

审核：　　　　　　　　　　　　　　　　制表：

表 9-4　　　　　　　　　　　　单位工程材料或机械汇总表

工程名称：

序号	分部工程名称	材料或机械名称	规格	单位	数量	单价（元）	复价（元）

审核：　　　　　　　　　　　　　　　　制表：

表 9-5　　　　　　　　　　　　施　工　预　算　表

工程名称：

序号	定额号	分部分项工程名称	单位	数量	预算价值（元）		其中		
					单价	合计	人工	材料	机械

审核：　　　　　　　　　　　　　　　　制表：

2. 编制方法

编制施工预算有两种方法，一是实物法，二是实物金额法。

实物法的应用比较普遍。它是根据施工图和说明书按照劳动定额或施工定额规定计算工程量，汇总、分析人工和材料数量，向施工班组签发施工任务单和限额领料单。实行班组核算，与施工图预算的人工和主要材料进行对比，分析超支、节约原因，以加强企业管理。

实物金额法即根据实物法编制施工预算的人工和材料数量分别乘以人工和材料单价，求得直接费，或根据施工定额规定计算工程量、套用施工定额单价，计算直接费。其实物量用于向施工班组签发施工任务单和限额领料单，实行班组核算。直接费与施工图预算的直接费进行对比，以改进企业管理。

四、施工预算和施工图预算对比

施工预算和施工图预算对比是建筑企业加强经营管理的手段，通过对比分析，找出节约、超支的原因，研究解决措施，防止人工、材料和机械费的超支，避免发生计划成本亏损。

施工预算和施工图预算对比是将施工预算计算的工程量，套用施工定额中的人工定额、材料定额，分析出人工和主要材料数量然后按施工图预算计算的工程量套用预算定额中的人工、材料定额，得出人工和主要材料数量，对两者人工和主要材料数量进行对比，对机械台班数量也应进行对比，这种对比称为"实物对比法"。

将施工预算的人工和主要材料、机械台班数量分别乘以单价，汇总成人工、材料和机械费与施工图预算相应的人工、材料和机械费进行对比。这种对比法称为"实物金额对比法"。

由于施工图预算定额与施工预算定额的定额水平不一样，施工预算的人工、材料、机械使用量及其相应的费用，一般应低于施工图预算。当出现相反情况时，要调查分析原因，必要时要改变施工方案。

第十章 水利水电工程造价管理与控制

第一节 工程造价管理

一、工程造价管理的含义

工程造价管理是随着社会生产力的发展、商品经济的发展和现代管理科学的发展而产生和发展的。工程造价管理有两种含义：一是建设工程投资费用管理；二是工程价格管理。工程造价管理不仅是指概预算的编制，也不仅是指投资管理，而是指建设项目从可行性研究阶段工程造价的预测开始，工程造价预控、经济性论证、承发包价格确定、建设期间资金运用管理到工程实际造价的确定和工程后评价为止的整个建设过程的工程造价管理。水利水电工程造价管理，是指水利水电建设项目从项目建议书、可行性研究报告、初步设计、施工准备、建设实施、生产准备、竣工验收、后评价等各阶段所对应的投资估算、设计概算、项目合理预算、标底价、合同价、工程竣工决算等工程造价文件的编制和执行，进行规范指导和监督管理。

作为建设工程的投资费用管理，它属于投资管理范畴。管理，是为了实现一定的目标而进行的计划、预测、组织、指挥、监控等系统活动。工程建设投资管理，就是为了达到预期的效果（效益）对建设工程的投资行为进行计划、预测、组织、指挥和监控等系统活动。但是，工程造价第一种含义的管理侧重于投资费用的管理，而不是侧重工程建设的技术方面。建设工程投资费用管理的含义是，为了实现投资的预期目标，在拟定的规划、设计方案的条件下，预测、计算、确定和监控工程造价及其变动的系统活动。这一含义既涵盖了微观的项目投资费用的管理，也涵盖了宏观层次的投资费用的管理。

作为建设工程的价格管理，属于价格管理范畴。在社会主义市场经济条件下，价格管理分微观价格管理和宏观价格管理。微观价格管理，是指业主对某一建设项目的建设成本的管理和承、发包双方对工程承包价格的管理。它是在掌握市场价格信息的基础上，为实现管理目标而进行的成本控制、计价、订价和竞价的系统活动。它反映了微观主体按支配价格运动的经济规律，对商品价格进行能动的计划、预测、监控和调整，并接受价格对生产的调节。发、承包方为了维护各自的利益，保证价格的兑现和风险的补偿，双方都要对工程承发包价格进行管理，如工程价款的支付、结算、变更、索赔、奖惩等，这都属于微观价格管理。宏观价格管理，是指国家利用法律、经济、行政等手段对建设项目的建设成本和工程承发包价格进行的管理和调控。

工程建设关系国计民生，同时今后国家投资公共、公益性项目仍然会有相当份额，所以国家对工程造价的管理，不仅承担一般商品价格的调控职能，而且在政府投资项目上也承担着微观主体的管理职能，有着双重角色的双重管理职能。

二、我国工程造价管理体制

1. 我国工程造价管理的产生

19世纪末到20世纪上半叶,在外国资本侵入的一些口岸和沿海城市,工程投资的规模有所扩大,出现了招投标承包方式,建筑市场开始形成。为了适应这一形势,国外工程造价管理方法和经验逐步传入,而我国自身经济发展虽然落后,但民族工业也有了发展。民族新兴工业项目的建设,也要求对工程造价进行管理。这样工程造价管理就在我国产生了。

但是,由于受历史条件的限制,特别是受到当时的经济发展水平的限制,工程造价管理只能在很小的地区和少量的工程建设中采用。

2. 新中国成立后工程造价管理体制的建立

1949年新中国成立后,全国面临着大规模的恢复重建工作,特别是实施第一个五年计划后,为合理确定工程造价,用好有限的基本建设资金,引进了前苏联的一套概预算定额管理制度,同时也为新组建的国营建筑施工企业建立了企业管理制度。相继颁布了一些概预算方面的文件,建立了概预算工作制度,确立了概预算在基本建设工作中的地位,同时对概预算的编制原则、内容、方法和审批、修正办法、程序等作了规定,确立了对概预算编制依据实行集中管理为主的分级管理原则。

1976年,十年动乱结束为顺利重建造价管理制度提供了良好的条件。从1977年起,国家恢复重建造价管理机构。二十多年来国家主管部门、国务院各有关部门、各地区对建立、健全工程造价管理制度,改进工程造价计价依据作了大量工作。

3. 工程造价管理体制的改革

党的十一届三中全会以来,随着经济体制改革的深入和对外开放政策的实施,计划经济的内在弊端逐步暴露出来。传统的与计划经济相适应的概预算定额管理,实际上是用来对工程造价实行行政指令的直接管理,遏制了竞争,抑制了生产者和经营者的积极性与创造性。市场经济能适应不断变化的社会经济条件而发挥优化资源配置的基础作用。因而,最近一些年来,我国对传统的概预算定额管理进行了改革,基本建设概预算定额管理的模式已逐步向工程造价管理模式转换。主要表现在:

(1) 重视和加强项目决策阶段的投资估算工作,努力提高可行性研究报告投资估算的准确度,切实发挥其控制建设项目总造价的作用。

(2) 明确概预算工作不仅要反映设计、计算工程造价,更要能动地影响设计、优化设计,并发挥控制工程造价、促进合理使用建设资金的作用。工程经济人员与设计人员要密切配合,作好多方案的技术经济比较,通过优化设计来保证设计的技术经济合理性。要明确规定设计单位逐级控制工程造价的责任制,并辅以必要的奖罚制度。

(3) 从基本建设产品也是商品的认识出发,以价值为基础,确定建设工程的造价和建筑安装工程的造价,使工程造价的构成合理化,逐渐与国际惯例接轨。

(4) 把竞争机制引入工程造价管理体制,打破以行政手段分配建设任务和施工单位依附于主管部门吃大锅饭的体制,冲破条条割裂、地区封锁,在相对平等的条件下进行招标承包,择优选择工程承包公司和设备材料供应单位,以促使这些单位改善经营管理,提高应变能力和竞争能力,降低工程造价。

(5) 用动态方法研究和管理工程造价。研究如何体现项目投资额的时间价值,各地区各部门工程造价管理机构定期公布各种设备、材料、工资、机械台班的价格指数以及各类工程造价指数。

(6) 对工程造价的估算、概算、预算、承包合同价、结算价、竣工决算实行一体化管理，建立一体化的管理制度。

(7) 工程造价咨询行业的产生并逐渐发展。作为受委托方委托，为建设项目的工程造价的合理确定和有效控制提供咨询服务的工程造价咨询单位在全国全面迅速发展，造价工程师执业资格制度正式建立，中国建设工程造价管理协会及各专业委员会和各省、市、自治区工程造价管理协会普遍建立，中国水利学会也设立了水利工程造价管理专业委员会。

最终工程造价管理体制要适应以下工作：一是改变现行的工程定额管理方式，实行量价分离，逐步建立起由工程定额作为指导的通过市场竞争形成工程造价的机制。由国务院建设行政主管部门统一制定符合国家有关标准、规范，并反映一定时期施工水平的人工、材料、机械等消耗量标准，实现国家对消耗量标准的宏观管理，制定统一的工程项目划分、工程量计算规则，为逐步实行工程量清单报价创造条件。工程造价管理机构依据市场价格的变化对人工、材料、机械单价等发布工程造价相关信息和指数。二是加强工程造价信息的收集、处理和发布工作。工程造价管理机构应做好工程造价资料积累工作，建立相应的信息网络系统，及时发布信息，以适应市场的需要。三是对政府投资工程和非政府投资工程，实行不同的定价方式。对于政府投资工程，应以统一的工程消耗量定额为依据，按生产要素市场价格编制标底，并以此为基础，实行在合理幅度内确定中标价的定价方式。对于非政府投资工程，应强化市场定价原则，既可参照政府投资工程的做法，采取以合理低价中标的定价方式，也可由发承包双方依照合同约定的其他方式定价。四是加强对工程造价的监督管理，逐步建立工程造价的监督检查制度，规范定价行为，确保工程质量和工程建设的顺利进行。

三、工程造价管理的基本内容

（一）工程造价管理的目标和任务

(1) 工程造价管理的目标。工程造价管理的目标是按照经济规律的要求，利用科学管理方法和先进管理手段，合理地确定造价和有效地控制造价，以提高投资效益和建筑安装企业经营效果。

(2) 工程造价管理的任务。工程造价管理的任务是加强工程造价的全过程动态管理，强化工程造价的约束机制，维护有关各方的经济利益，规范价格行为，促进微观效益和宏观效益的统一。

（二）工程造价管理的基本内容

工程造价管理的基本内容就是合理确定和有效地控制工程造价。

1. 工程造价的合理确定

所谓工程造价的合理确定，就是在建设程序的各个阶段，合理确定投资估算、概算造价、预算造价、承包合同价、结算价、竣工决算价等。

(1) 在项目建议书阶段，按照有关规定，应编制初步投资估算。经有权部门批准，作为拟建项目列入国家中长期计划和开展前期工作的控制造价。

(2) 在可行性研究报告阶段，按照有关规定编制投资估算，经有权部门批准，即为该项目控制造价。

(3) 在初步设计阶段，按照有关规定编制初步设计总概算，经有权部门批准，即作为拟建项目工程造价的最高限额。对初步设计阶段，实行建设项目招标承包制签订承包合同协议的，其合同价也应在最高限价（总概算）相应的范围以内。

（4）在进行施工图设计时，按规定编制施工图预算，用以核实施工图阶段预算造价是否超过批准的初步设计概算。

（5）对招标投标的工程，承包合同价也是以经济合同形式确定的建筑安装工程造价。

（6）在工程实施阶段要按照承包方实际完成的工程量，以合同价为基础，同时考虑因物价上涨所引起的造价提高，考虑到设计中难以预计的而在实施阶段实际发生的工程和费用，合理确定结算价。

（7）在竣工验收阶段，全面汇总在工程建设过程中实际花费的全部费用，编制竣工决算，如实反映建设工程的实际造价。

2. 工程造价的有效控制

所谓工程造价的有效控制，就是在优化建设方案、设计方案的基础上，在建设程序的各个阶段，采用一定的方法和措施把工程造价控制在合理的范围和核定的造价限额以内。具体说，要用投资估算价控制设计方案的选择和初步设计概算造价，用概算造价控制技术设计和修正概算造价，用概算造价或修正概算造价控制施工图设计和预算造价。以求合理使用人力、物力和财力，取得较好的投资效益。

为了有效控制工程造价应做好以下工作：

（1）以设计阶段为重点实行建设全过程造价控制。工程造价控制贯穿于项目建设全过程，但是必须重点突出。很显然，工程造价控制的关键在于施工前的投资决策和设计阶段，而在项目做出投资决策后，控制工程造价的关键就在于设计。建设工程全寿命费用包括工程造价和工程交付使用后的经常开支费用（含经营费用、日常维护修理费用、使用期内大修理和局部更新费用）以及该项目使用期满后的报废拆除费用等。据西方一些国家分析，设计费一般只相当于建设工程全寿命费用的1%以下，但正是这少于1%的费用对工程造价的影响度占75%以上。由此可见，设计质量对整个工程建设的效益是至关重要的。

长期以来，我国普遍忽视工程建设项目前期工作阶段的造价控制，而往往把控制工程造价的主要精力放在施工阶段——审核施工图预算、结算建安工程价款。这样做尽管也有效，但毕竟是亡羊补牢，事倍功半。要有效地控制建设工程造价，就要坚决地把控制重点转到建设前期阶段上来，当前尤其应抓住设计这个关键阶段，以取得事半功倍的效果。

（2）以预防可能发生的造价偏离为重点进行主动控制。传统决策理论是建立在绝对的逻辑基础上的一种封闭式决策模型，它把人看作具有绝对理性的"理性的人"或"经济人"，在决策时，会本能地遵循最优化原则来选择实施方案。美国经济学家西蒙首创的现代决策理论认为，由于人的头脑能够思考和解答问题的容量同问题本身规模相比是渺小的，因此在现实世界里，要采取客观合理的举动，哪怕接近客观合理性，也是很困难的。因此，对决策人来说，最优化决策几乎是不可能的。西蒙提出了用"令人满意"这个词来代替"最优化"，他认为决策人在决策时，可先对各种客观因素、执行人据以采取的可能行动以及这些行动的可能后果加以综合研究，并确定一套切合实际的衡量准则。如某一可行方案符合这种衡量准则，并能达到预期的目标，则这一方案便是满意的方案，可以采纳；否则应对原衡量准则作适当的修改，继续挑选。

一般说来，造价工程师基本任务是对建设项目的建设工期、工程造价和工程质量进行有效的控制，为此，应根据业主的要求及建设的客观条件进行综合研究，实事求是地确定一套切合实际的衡量准则。只要造价控制的方案符合这套衡量准则，取得令人满意的结果，则应该说造价控制达到了预期的目标。

长期以来，人们一直把控制理解为目标值与实际值的比较，以及当实际值偏离目标值时，分析其产生偏差的原因，并确定下一步的对策。这种立足于调查——分析——决策基础之上的偏离——纠偏——再偏离——再纠偏的控制方法，只能发现偏离，不能使已产生的偏离消失，不能预防可能发生的偏离，因而只能说是被动控制。自20世纪70年代初开始，人们将系统论和控制论研究成果用于项目管理后，将"控制"立足于事先主动地采取决策措施，以尽可能地减少以至避免目标值与实际值的偏离，这是主动的、积极的控制方法，因此被称为主动控制。也就是说，我们的工程造价控制，不仅要反映投资决策，反映设计、发包和施工，被动地控制工程造价，更要能动地影响投资决策，影响设计、发包和施工，主动地控制工程造价。

（3）以技术与经济相结合的方法进行控制。要有效地控制工程造价，应从组织、技术、经济等多方面采取措施。从组织上采取的措施，包括明确项目组织结构，明确造价控制者及其任务，明确管理职能分工；从技术上采取措施，包括重视设计多方案选择，严格审查监督初步设计、技术设计、施工图设计、施工组织设计，深入技术领域研究节约投资的可能性；从经济上采取措施，包括动态地比较造价的计划值和实际值，严格审核各项费用支出，对节约与浪费投资采取奖惩措施等。

应该看到，技术与经济相结合是控制工程造价最有效的手段。长期以来，在我国工程建设领域，技术与经济相分离。财会、概预算人员的主要责任是根据财务制度办事，他们往往不熟悉工程知识，也较少了解工程进展中的各种关系和问题，往往单纯地从财务制度角度审核费用开支，难以有效地控制工程造价。以提高工程造价效益为目的，在工程建设过程中把技术与经济有机结合，通过技术比较、经济分析和效果评价，正确处理技术先进与经济合理两者之间的对立统一关系，力求在技术先进条件下的经济合理，在经济合理基础上的技术先进，把控制工程造价观念渗透到各项设计和施工技术措施之中。

3. 工程造价管理的工作内容

工程造价管理围绕合理确定和有效控制工程造价这个基本内容，采取全过程全方位管理，其具体的工作内容大致归纳为以下各点：

（1）在可行性研究阶段对建设方案进行认真优选，编好投资估算。

（2）从优选择建设项目的咨询（监理）单位、设计单位，搞好相应的招标。

（3）合理选定工程的建设标准、设计标准，贯彻国家的建设方针。

（4）开展初步设计，积极、合理地采用新技术、新工艺、新材料，优化设计方案，编好初步设计概算。

（5）对设备、主材进行择优采购，抓好相应的招标工作。

（6）择优选定施工单位，抓好相应的招标工作。

（7）认真控制施工图设计，推行"限额设计"。

（8）协调好与各有关方面的关系，合理处理配套工作（包括征地、拆迁、移民等）中的经济关系。

(9) 严格按概算对造价实行静态控制、动态管理。

(10) 用好、管好建设资金，保证资金合理、有效地使用，减少资金利息支出和损失。

(11) 严格合同管理，作好工程索赔价款结算。

(12) 强化项目法人责任制，落实项目法人对工程造价管理的主体地位，在法人组织内建立与造价紧密结合的经济责任制。

(13) 社会咨询（监理）机构要为项目法人积极开展工程造价提供全过程、全方位的咨询服务，遵守职业道德，确保服务质量。

(14) 重视造价工程师的培养和培训工作，促进人员素质和工作水平的提高。

4. 工程造价管理阶段

对工程造价分三个阶段进行管理。具体如下：

(1) 立项可研阶段。投资的大小，往往决定项目是否兴建的命运。国家为了保证选择投入较少，产出效益较大的建设项目，制订了非常详细、具体的规程、审批程序和方法，如国民经济评价、财务评价、投资估算编制办法、指标等等，大型水利水电工程均需通过国家计委审查和中国国际咨询公司评估通过。

(2) 设计阶段。设计阶段是决定设计优劣和经济是否合理的关键，为了保证设计阶段工程造价预测的合理。几十年来各行业主管部门一直致力于制订工程造价预测所需的各项定额、标准、办法，特别是2002年水利部颁发的有关定额和标准，形成了建国以来水利系统最完整的工程投资预测、审批的制度。

(3) 建设实施阶段。是以国家批准的初步设计概算投资为最高限额，在保证工程功能、质量和安全的前提下，保证投资不突破概算，并力争最大限度地降低工程造价。这是确保投资不突破概算的最后一道防线。

四、国外工程造价管理简介

国外工程造价管理的特点主要有以下几个方面：

1. 政府负责间接调控工程造价

在国外，按项目投资来源渠道的不同，一般可划分为政府投资项目和私人投资项目。政府对建设工程造价的管理，主要采用间接手段，对政府投资项目和私人投资项目实施不同力度和深度的管理，重点控制政府投资项目。如英国对政府投资工程采取集中管理的办法，按政府的有关面积标准、造价指标，在核定的投资范围内进行方案设计、施工设计，实行目标控制，不得突破。如遇非正常因素非突破不可时，宁可在保证使用功能的前提下降低标准，也要将投资控制在额度范围内。美国对政府的投资项目则采用两种方式，一是由政府设专门机构对工程进行直接管理。美国各地方政府、州政府、联邦政府都设有相应的管理机构，如纽约市政府的综合开发部（DGS）、华盛顿政府的综合开发局（GSA）等都是代表各级政府专门负责管理建设工程的机构。二是通过公开招标委托承包商进行管理。美国在法律规定所有的政府投资项目都要采用公开招标，特定情况下（涉及国防、军事机密等）可邀请招标和议标。但对项目的审批权限、技术标准（规范）、价格、指数都做出特定规定，确保项目资金不突破审批的金额。而对于私人投资项目，国外先进的工程造价管理，一般都是对各项目的具体实施过程不加干预，只进行政策引导和信息指导，由市场经济规律调节；体现政府对造价的宏观管理和间接调控。美国政府对私人工程项目投资方向的控制有一套完整的项目或产品目录，明确规定私人投资者应在哪些领域投资，应将资金投放在哪些行业上。政府鼓励私人投资投放在哪些方面，所采取的手段是使用经济杠杆，如用价格、税收、利率、信息指导、城市规划等来引导和约束私人投资方向和区域分布。政府通过定期发布信息资料，使私人投资者了解市场状况，尽可能使投资项目符合经济发展的需要。

2. 权威机构编制计价依据

从国外造价管理来看，一定的造价依据仍然是不可缺少的。美国对于工程造价计价的标准不由政府部门组织制定，没有统一的造价计价依据和标准。定额、指标、费用标准等，一般是由各个大型的工程咨询公司制定。各地的咨询机构，根据本地区的具体特点，制定单位建筑面积的消耗量和基价，作为所管辖项目的造价估算的标准。此外，美国联邦政府、州政府和地方政府也根据各自积累的工程造价资料，并参考各工程咨询公司有关造价的资料，对各自管辖的政府工程项目制订相应的计价标准，作为项目费用估算的依据。英国工程量计算规则是参与工程建设各方共同遵守的计量、计价的基本规则，现行的SMM是皇家测量学会组织制定并为各方共同认可的，在英国使用最为广泛。英国政府投资的工程从确定投资和控制工程项目规模及计价的需要出发，各部门大都制定了并经财政部门认可的各种建设标准和造价指标，这些标准和指标均作为各部门向国家申报投资、控制规划设计、确定工程项目规模和投资的基础，也是审批立项、确定规模和造价限额的依据。在英国十分重视已完工数据资料的积累和数据库的建设。每个皇家测量师学会会员都有责任和义务将自己经办的已完工程的数据资料，按照规定的格式认真填报，收入学会数据库，同时也即取得利用数据库资料的权利。计算机实行全国联网，所有会员资料共享。这些不仅为测算各类工程的造价指数提供基础，同时也为工程在没有设计图纸及资料的情况下，提供类似工程造价资料和信息参考。在英国，对工程造价的调整及价格指数的测定、发布等有一整套比较科学、严密的办法，政府部门发布《工程调整规定》和《价格指数说明》等文件。

3. 咨询机构发布工程造价信息

造价信息是基本建设产品估价和结算的重要依据，是建筑市场价格变化的指示灯。及时、准确地捕捉建筑市场价格信息是业主和承包商保持竞争优势和取得盈利的关键。在美国，建筑造价指数一般由一些咨询机构和新闻媒介来编制，在多种造价信息来源中，ENR (Engineering News-Record) 造价指标是比较重要的一种。编制ENR趋价指数的目的是为了准确地预测建筑价格，确定工程造价。它是一个加权总指数，由构件钢材、波特兰水泥、木材和普通劳动力4种个体指数组成。ENR共编制两种造价指数，一是建筑造价指数，一是房屋造价指数。这两个指数在计算方法上基本相同，区别仅体现在计算总指数中的劳动力要素不同。ENR指数资料来源于20个美国城市和2个加拿大城市，ENR在这些城市中派有信息员，专门负责收集价格资料和信息。ENR总部则将这些信息员收集到的价格信息和数据汇总，并在每周的星期四计算并发布最近的造价指数。

4. 造价工程师进行动态估价

在英国，业主对工程的估价一般要委托工料测量师来完成。测量师的估价大体上是按比较法和系数法进行，经过长期的估价实践，他们都拥有极为丰富的工程造价实例资料，甚至建立了工程造价数据库,对于标书中所列出的每一项目价格的确定都有自己的标准。在估价时,工料测量师将不同设计阶段提供的拟建工程项目资料与以往同类工程项目对比,结合当前建筑市场行情,确定项目单价,未能计算的项目(或没有对比对象的项目),则以其他建筑物的造价分析得来的资料补充。承包商在投标时的估价一般要凭自己的经验来完成,往往把投标工程划分为各分部工程,根据本企业定额计算出所需人工、材料、机械等的耗用量,而人工单价主要根据提供劳务的组织的报价,材料单价主要根据各材料供应商的报价,自行确定管理费率,最后做出体现当时当地实际价格的工程报价。总之,工程任何一方的估价,都是以市场状况为重要依据,是完全意义的动态估价。

在美国,工程造价的估算主要由设计部门或专业估价公司来承担,造价估算师在进行具体的工程估价时,除了考虑工程项目本身的特征因素(如项目拟采用的独特工艺和新技术、项目管理方式、现有场地条件以及资源获得的难易程度等)外,一般还对项目进行较为详细的风险分析,以确定适度的预备费。但确定工程预备费的比例并不固定,因项目风险程度大小而不同,对于风险较大的项目,预备费的比例就高,否则就较小。造价估算师通过掌握不同的预备费率来调节造价估算的总体水平。

美国工程造价估算中的人工费由基本工资和工资附加费两部分组成。其中,工资附加费项目包括管理费、保险金、劳动保护金、退休金、税金等。估算中人工费是基本工资加工资附加费总额。至于材料费和机械使用费均以现行的市场行情或市场租赁价作为造价估算的基础,并在人工费、材料费和机械使用费总额的基础上按照一定的比例(一般为10%左右)再计提管理费和利润,考虑到工程造价管理的动态性,美国造价估算也允许有一定的误差范围。目前在造价估算中允许的误差幅度一般为:可研估算为$+30\%\sim-20\%$,初设估算为$+15\%\sim-10\%$,施工图估算为$+10\%\sim-5\%$。对造价估算规定一定的误差范围利于有效控制造价。

总之,美国在编制造价估算方面的工作做得细致具体,而且考虑了动态因素对造价估算的影响。

5. 采用规范、严密的合同文本

作为各方签订的契约,合同在国外工程造价管理中有着重要的地位,对双方都具有约束力,对于各方利益与义务的实现都有重要的意义。因此,国外都把严格按合同规定办事作为一项通用的准则来执行,并且有的国家还实行通用的合同文本。在英国其建筑合同制度已有几百年的历史,有着丰富的内容和庞大的体系。澳大利亚、新加坡和香港的建筑合同制度都始于英国,著名的国际咨询工程师联合会FIDIC合同文件,也以英国的一种文件作为母本。英国有着一套完整的标准建筑合同体系,包括JCT(Joint Contract Triounal 联合合同化)合同系列、ACA(咨询顾问建筑师协会)合同系列、ICE(土木工程师学会)合同系列、皇家政府合同系列。JCT是英国的主要合同体系,主要通用于房屋建筑工程。TCT合同系列本身又是一个系统的合同文件体系,它针对房屋建筑中不同的工程规模、性质、建造条件,提供各种不同的文本,供建设的人员在发包、采购时选择。其内容由三部分组成,即协议书条款、合同条件和附录。

6. 重视实施过程中的造价控制

国外对工程造价的管理是以市场为中心的动态控制。造价工程师能对造价计划执行中所出现的问题及时分析研究，及时采取纠正措施，这种强调项目实施过程中的造价管理的做法，体现了造价控制的动态性，并且重视造价管理所具有的随环境、工作的进行以及价格等变化而调整造价控制标准和控制方法的动态特征。以美国为例，造价工程师十分重视工程项目具体实施过程中的控制和管理，对工作预算执行情况的检查和分析工作做得非常细致，对于建设工程的各分部、分项工程都有详细的成本计划，美国的建筑承包商是以各分部分项工程的成本详细计划为依据来检查工程造价计划的执行情况、对于工程实施阶段实际成本与计划目标出现偏差的工程项目，首先按照一定标准筛选成本差异，然后进行重要成本差异分析，并填写成本差异分析报告表，由此反映出造成此项差异的原因、此项成本差异对项目其他成本项目的影响、拟采取的纠正措施以及实施这些措施的时间、负责人及所需条件等。对于采取措施的成本项目，每月还应跟踪检查采取措施后费用的变化情况。如若采取的措施不能消除成本差异，则需重新进行此项成本差异的分析，再提出新的纠正措施，如果仍不奏效，造价控制项目经理则有必要重新审定项目的竣工决算。而且，美国一些大的工程公司，重视工程变更的管理工作，建立了较为详细的工程变更制度，可随时根据各种变化了的情况及时提出变更，修改造价估算。美国工程造价的动态控制还体现在造价信息的反馈系统。各微观造价管理单位（工程公司）十分注意收集在造价管理各个阶段上的造价资料，并把向有关行业提出造价信息资料视为一种应尽的义务，不仅注意收集造价资料，也派出调查员实地调查，以事实为依据。这种造价控制反馈系统使动态控制以事实为依据，保证了造价管理的科学性。

五、在建设实施阶段进行造价管理的原则

加强实施阶段的造价管理与控制工作，对于提高工程建设投资的经济效益和社会效益，具有重要的意义。

长期以来，在基本建设领域内，工程决算超预算，预算超概算，概算超估算的"三超"现象非常严重，成为几乎无法解决的难题。究其原因，主要是在计划经济体制下，基本建设项目实行国家无偿拨款建设，项目建设部门不负责还本付息，建设项目投资突破，可以通过修改概算进行追加。因此，有关部门和地区为了争上项目，采用的一个重要手段就是人为压低建设项目设计概算，搞"钓鱼"概算、"胡子"概算，争取项目先上马，投资慢慢再要求追加。这种造价管理方式会产生两方面的问题：一是多数建设项目预测的投资，均有较大的缺口，造成在建设过程中必须大幅度追加投资才能完成项目的建设任务；二是由于兴建的项目大大超过国家经济承受能力，为应付这种局面，国家只好多发钞票，加大对基建项目的投入，然后引发通货膨胀；或者强制性采用行政手段进行宏观调控，压缩基建规模，使在建项目正常的资金需求得不到满足，造成建设项目工期后拖，不能按合理工期完工，甚至不得已勒令大批基建项目停工、下马，给国家和人民造成严重的经济损失。

在工程实施阶段，要保证投资控制和管理工作能够符合实际情况，造价管理应该遵循一定的原则。对于水利水电工程，应该遵循的基本原则是：静态控制，动态管理；分级管理，各负其责。

静态控制，是指经设计单位以某一价格水平年编制的全部工程的设计概算静态投资经审查批准以后，即作为建设项目控制静态投资的最高限额，不允许突破。水利水电工程的静态投资一般包括建筑工程、设备及安装工程、金属结构设备及安装工程、施工临时工程、独立费用、水库移民征地补偿费、水土保持工程、环境保护工程等费用。静态投资是工程实施阶段造价管理与控制的重要参数。

动态管理，是指在工程建设过程中，对动态投资进行管理和控制。动态投资包括物价变化需调整的投资；工程建设中使用贷款需在建设期内支付的利息；以及工程利用外资时的汇率风险损失等。上述影响造成的投资变化，是静态控制所不能包括的内容。动态管理中，利息一般采用实报实销的管理方式。物价变化引起的工程总投资中的价差，是动态管理的核心。管理好了价差，就管理好了动态投资。

要实现对投资进行静态控制、动态管理，首先要将静态投资和动态投资所包含的项目，按照有利于投资管理和控制的目的予以划分（见图10-1）。

静态投资中的基本预备费，其开支的内容主要指建设过程中工程项目和工程量增加，为预防自然灾害所采取的预防性措施而预留的投资。量的变化，实际上也是动态管理内容，为了投资管理与控制的需要，我们将量的变化纳入静态管理范畴。动态投资，仅狭义指价格、利率、税率、汇率等的变化。

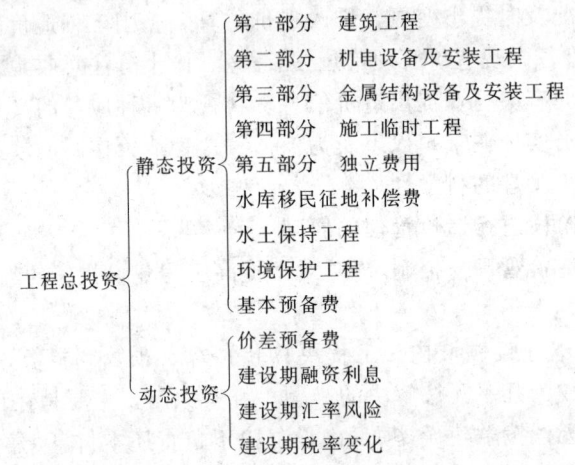

图 10-1　工程造价管理投资划分图

对静态投资进行控制，最基本的原则就是静态投资总量不允许突破。为了保证投资不突破，达到有效控制静态投资目的，必须解决好四个关键问题：一是工程量不增加或增加的工程量严格控制在允许的范围之内；二是承包商的中标价格与概算相应价格有一个较大的差额；三是不任意提高建设标准，不突破相应的预算投资；四是要有足够的风险预留金。初步设计概算静态投资总额的编制，必须严格执行行业主管部门颁发的各项规程、标准、定额、制度、办法，编制概预算的造价专业人员应当具备一定的业务能力。一般情况下，所编制的概算，通过各级审批之后，从总体水平来看，已具有较可靠的准确度，但从概算中的各个项目之间、标准之间，由于设计深度和客观条件限制，不可能每一项工程费用均与实际情况相吻合，有的项目投资可能偏大，有的项目投资可能偏小，有的价格可能偏高，有的价格可能偏低等等，这是一个很正常和难以避免的现象，这就要求项目法人结合工程的实际情况，对初步设计概算重新再组合和调整，编制适合于投资主体对投资进行管理和控制的投资文件，即项目管理预算，使之既符合工程实际情况，又能起到事先控制和指导的作用。这是确保静态总投资不突破，实现总量控制目标的重要手段。

设计工程量的变化，包括设计的原因和项目法人要求提高标准扩大规模等原因，往往是投资失控的原因乃至是主要原因之一。为了确保投资控制的目标，做到控制基本建设项目静态投资不突破，必须对设计单位提出限额设计要求，要求设计单位在保证工程功能的前提下，在批准的初步设计和招标设计基础上，进行限额设计。项目法人要与主体设计单位签订限额设计合同，明确项目法人和设计单位的责任，建立激励机制，对节超投资实行奖惩，达到降低工程造价的目的。合同的主要内容应包括：

（1）设计量的增加必须控制在允许增加的幅度之内。以初步设计工程量作为测算施工图设计工程量减少或超量的依据。

（2）设计量的增加超出规定的幅度，要从经济上予以惩罚。

（3）除非经过项目法人同意，技施设计一般不得改变招标设计中的布置方式、结构形式、技术标准和设备型号、规格等内容，以免引起变更和索赔。

（4）由于设计的优化，节约了工程投资，要给予设计单位和设计者以奖励。

（5）设计造成投资增减额，一律以静态价计算。

物价上涨、建设期还贷利率变动、税费增加等造成的投资增加，是构成动态投资部分。这是由于国家的金融政策、物价政策、税赋政策、国家对国民经济实施的宏观调控政策所造成的。因此，对工程的动态投资部分，一方面要根据国家的现行政策和规定，进行合理的预测，力求预测的动态投资尽可能符合和接近工程实际，以利于业主筹措资金和实现财务评价目标。但这种预测的不准确性，特别是目前我国的市场经济还不成熟的情况下，与实际的差异，甚至是大幅度的差异，是难以避免的。这就要求承认其客观现实，允许工程建设项目中的动态投资，可以随建设期的物价上涨幅度、利率变动幅度，通过国家发布或权威中介机构提出的各年价格指数和贷款银行的实际利率逐年计算，经过规定的审批程序，按审批额度支付给项目法人。工程建设项目中这部分投资与原概算的差异，应是动态投资的合理调整，不能纳入概算突破或节余的范围，项目法人和设计单位不承担其投资增加的责任。对实行项目法人责任制的建设项目，政府主管部门应允许项目法人在执行过程中按审批程序批准的价格指数、银行利率、外汇牌价、税法规定的税种、税率，在批准概算静态投资基础上自动进行跟踪调整和控制。政府和投资方依法进行监督、检查。

国家计委在《关于实行建设项目法人责任制的暂行规定》中规定，国有单位经营性基本建设大中型项目在建设阶段必须组建项目法人。继而在《水利产业政策》中再次明确规定供水、水力发电、水库养殖、水上旅游及水利综合经营等以经济效益为主、兼有一定社会效益的项目必须实行项目法人责任制和资本金制度，项目法人对项目的全过程负责。如在水利水电工程中的有鲁布革工程管理局、漫湾水电站工程管理局、岩滩水电站工程建设公司、水口水电站工程建设公司、五强溪水电站工程建设公司、三峡建设总公司、黄河小浪底建管局等一批为实施该项目而组建的建设单位。

对于实行项目法人责任制的一般建设项目来说，董事会对股东会或资方负责，是公司的决策机构，履行项目法人职责；由董事会聘任的总经理对董事会负责，主持公司的生产经营工作和组织实施董事会决议的是建设管理执行单位。由于水利水电项目在建设过程中风险因素较多，情况瞬息万变，需要当机立断，迅速果断采取相应对策，因此董事会应授予总经理及其执行机构足够的权力，特别是处置现场生产、经营的权力，才能做到快速反应，保证工程顺利进展。

第二节 工程招标与投标

一、概述

招标投标是市场经济条件下的一种商品交易竞争方式。它是在交易双方自愿同意的基础上，由惟一的买主（或卖主）设定标的（标的就是交易对象，如货物、劳务、建筑工程项目等），招请若干卖主（或买主）通过秘密报价进行竞争，从中选择优胜者与之达成交易协议，然后按协议实现标的。

工程招标投标是国际上广泛采用的分派建设任务的主要交易方式，在世界各国尤其是发达国家和地区得到广泛应用，已经有200多年的历史。在进行工程项目施工以及设备、材料采购和服务时，国外的业主大都通过招标方式从投标人中选定其需要的承包商、供应商或设备制造商。虽然招标投标源于商品生产，是市场自由竞争的产物，尤其在价值规律占统治地位的资本主义国家得到发展并不断完善，但从其特征看，它并不是资本主义国家特有的东西，同样也适用于社会主义国家。

水利水电工程是具有一般商品属性和特点的特殊商品，对水利水电工程建设项目施工实行招标投标，可以达到控制建设工期、确保工程质量、降低工程造价和提高投资效益的目的。因此，早在1995年水利部就发布了《水利工程建设项目施工招标投标管理规定（试行）》，用以规范我国水利水电工程建设项目招标投标工作。1999年8月30日全国人大常委会第十一次会议通过了《中华人民共和国招标投标法》（以下简称《招投标法》），并于2000年10月1日开始执行。水利部根据《招投标法》，于2001年10月29日发布了《水利工程建设项目施工招标投标管理规定》（以下简称《招标投标管理规定》），2002年1月1日起开始执行。

《招标投标管理规定》中规定，符合下列具体范围并达到规模标准之一的水利工程建设项目必须进行招标。

具体范围：①关系社会公共利益、公共安全的防洪、排涝、灌溉、水力发电、引（供）水、滩涂治理、水土保持、水资源保护等水利工程建设项目；②使用国有资金投资或者国家融资的水利工程建设项目；③使用国际组织或者外国政府贷款、援助资金的水利工程建设项目。

规模标准：①施工单项合同估算价在200万元人民币以上的；②重要设备、材料等货物的采购，单项合同估算价在100万元人民币以上的；③勘察设计、监理等服务的采购，单项合同估算价在50万元人民币以上的；④项目总投资额在3000万元人民币以上，但分标单项合同估算价低于规模标准第①、②、③项规定的标准的项目原则上都必须招标。

建设工程招标，根据具体招标工程项目的条件，可以采用不同的招标方法。方法不同，招标和投标的工作内容也各不相同。一般招标形式有：

（1）全过程招标。即从项目建议书开始，包括可行性研究、勘察、设计、工程材料和设备的采购与供应、工程施工、生产准备，直到竣工投产、交付使用，实行全面招标。

（2）勘察、设计招标。指勘察、设计阶段的招标，可以将工程项目的勘察、设计任务一起招标发包，也可以单独进行勘察招标或设计招标。

（3）重要材料、设备招标。就工程项目建设所需的重要材料、设备的采购进行招标。

（4）施工招标。施工招标可根据建设项目的规模大小、技术复杂程度、工期长短、施工现场管理条件等情况，采用全部工程、单项工程（如拦河坝工程）、单位工程（如灌区工程中的分水闸工程）、或者分部工程（如土石方、混凝土工程）等形式进行招标。同一工程中不同的分标项目，可采取不同的招标方式，全部工程不宜分标过多，分标的项目以有利于项目管理、有利于吸引施工企业竞争为原则。

（5）监理招标。是指对建设项目的建设监理实行招标，择优选择建设监理单位。

招标方式有：

（1）公开招标。国家重点水利项目、地方重点水利项目及全部使用国有资金投资或者国有资金投资占控股或者主导地位的项目应当公开招标。招标人应当依照法定程序和方式，公开发布招标公告，提供载有招标工程的主要技术要求、主要合同条款、评标标准和方法，以及开标、评标、决标的程序等内容的招标文件，公开招标时，不得限制合格投标人的数目。经资格审查后认可的投标人不得少于三家。公开招标可使招标人有较大的选择余地，能够在众多的投标企业中选择报价合理、工期较短、信誉良好的企业。

（2）邀请招标。采用邀请招标的应当符合以下规定并经主管部门批准：达不到规模标准的；项目技术复杂，有特殊要求或涉及专利权保护，受自然资源或环境限制，新技术或技术规格事先难以确定的项目；应急度汛项目；其他特殊项目。邀请招标由招标人向有承担该工程能力的三个以上的企业发出招标邀请书，至少要有三个企业参加投标。这种招标方式的优点是招标人对受邀请单位一般都比较了解，双方互相信任，投标人大都具有较为丰富的经验和良好的信誉。不足之处是有时可能使招标流于形式。

以下项目可不进行招标，但须经项目主管部门批准：涉及国家安全、国家秘密的项目；应急防汛、抗旱、抢险、救灾等项目；项目中经批准使用农民投工、投劳施工的部分（不包括该部分中勘察设计、监理和重要设备、材料采购）；不具备招标条件的公益性水利工程建设项目的项目建议书和可行性研究报告；采用特定专利技术或特有技术的；其他特殊项目。

二、水利水电工程施工招标

（一）招标条件

对建设项目施工实行招标的招标人应当具有项目法人资格（或法人资格），具有与招标项目规模和复杂程度相适应的有关方面专业技术力量，具有编制招标文件和组织评标的能力，具有从事同类工程建设项目招标的经验，设有专门的招标机构或者拥有3名以上专职招标业务人员，熟悉和掌握招标投标法律、法规、规章。

当招标人不具备上述条件时，应当委托符合相应条件的招标代理机构办理招标事宜。

为了保证建设项目施工招标的顺利进行，招标人在申请施工招标时，应具备下列条件：

（1）初步设计已经批准。

（2）建设资金来源已落实，年度投资计划已经安排。

(3) 监理单位已确定。

(4) 具有能满足招标要求的设计文件,已与设计单位签订适应施工进度要求的图纸交付合同或协议。

(5) 有关建设项目永久征地、临时征地和移民搬迁的实施、安置工作已经落实或已有明确安排。

(二) 施工招标程序

建设项目施工招标工作由招标人按下列程序进行:

(1) 招标前,按项目管理权限向水行政主管部门提交招标报告备案。报告具体内容应当包括:招标已具备的条件、招标方式、分标方案、招标计划安排、投标人资质(资格)条件、评标方法、评标委员会组建方案以及开标、评标的工作具体安排等。

(2) 编制招标文件。

(3) 发布招标信息(招标公告或投标邀请书)。

(4) 发售资格预审文件。

(5) 按规定日期接受潜在投标人编制的资格预审文件。

(6) 组织对潜在投标人资格预审文件进行审核。

(7) 向资格预审合格的潜在投标人发售招标文件。

(8) 组织购买招标文件的潜在投标人现场踏勘。

(9) 接受投标人对招标文件有关问题要求澄清的函件,对问题进行澄清,并书面通知所有潜在投标人。

(10) 组织成立评标委员会,并在中标结果确定前保密。

(11) 在规定时间和地点,接受符合招标文件要求的投标文件。

(12) 组织开标评标会。

(13) 在评标委员会推荐的中标候选人中,确定中标人。

(14) 向水行政主管部门提交招标投标情况的书面总结报告。

(15) 发中标通知书,并将中标结果通知所有投标人。

(16) 进行合同谈判,并与中标人订立书面合同。

采用公开招标方式的项目,招标人应当在国家发展计划委员会指定的媒介发布招标公告,其中大型水利工程建设项目以及国家重点项目、中央项目、地方重点项目同时还应当在《中国水利报》发布招标公告,公告正式媒介发布至发售资格预审文件(或招标文件)的时间间隔一般不少于10日。招标人应当对招标公告的真实性负责。招标公告不得限制潜在投标人的数量。采用邀请招标方式的,招标人应当向3个以上有投标资格的法人或其他组织发出投标邀请书。投标人少于3个的,招标人应当依照规定重新招标。

(三) 施工招标各阶段的工作内容

1. 准备招标文件和编制标底

招标文件是投标人编制投标文件的主要依据,也是决标后签订工程施工合同的基础和合同文件的组成部分;标底是招标工程的预期价格,是评标、决标的重要依据。

招标文件的主要内容如下:

(1) 工程综合说明。目的在于帮助投标人了解招标工程的基本情况,包括:①招标工程的概况（名称、地点、水文地质条件、规模、结构、工期等）；②招标发包范围和内容；③可供使用的场地情况（场地条件、设施情况等）。

(2) 招标公告或投标邀请书。

(3) 投标须知。投标须知主要是对投标人规定投标的手续和要求，用来指导投标人正确投标，避免造成废标。其内容包括：总则、招标文件、投标文件的编写、投标文件的递交、开标、授予合同等。

(4) 投标文件格式及其附件。投标文件格式应符合有关规定。

(5) 工程量报价表及其附录。工程量报价表是编制标底、报价和评标、决标的主要依据，是按照设计文件和技术说明书计算得出，它不能约束投标人的投标报价（因为设计文件和技术说明书才是投标报价的基本依据，招标人对工程量报价表的准确性一般不负责任），但可以约束中标人对施工合同的履行（因为工程量报价表是合同文件的组成部分）。

(6) 合同书格式及履约保函。

(7) 合同条款。一般应包括：工程开竣工日期，工程奖罚条件，材料及设备的供应方式，工程量的量测，工程款的支付方式，预付款的百分比，违约责任，材料标准价格的采用，材料及设备价差的调整方法等。

(8) 技术规范、验收规程。主要是应明确执行的规范和规程。

(9) 图纸、技术资料和设计说明。

2. 组织招标

招标报告上报备案后，招标人即可组织招标。其工作步骤是：

(1) 发布招标公告或发送招标邀请函。招标人应按照有关法律、法规和规定发布招标公告或发送招标邀请函。

(2) 对潜在投标人进行资格审查。对潜在投标人进行资格审查的内容是：①企业注册证明和技术等级；②企业的信誉（既往施工经历、经营作风、合同履行状况等）；③企业的实力（企业技术力量、装备水平、资金或财务状况等）；④企业能够用于招标工程的力量（目前承建的在建项目及其分布状况，对资金、人力、装备等的占用状况，能够用于招标工程的人、财、物实力）。经过审查符合投标资格要求的潜在投标人，即向其发售招标文件。招标文件发出后，不得随意更改。如确需修改或补充，至少应在投标截止日期前15天正式通知所有投标人；延期发出通知，投标截止日期也应相应后延。

(3) 组织现场勘查和召开标前会。组织购买招标文件的潜在投标人进行现场勘查和召开标前会的目的，在于让投标人更充分、更直接地了解场地情况、工程内容、周围环境和其他情况，并利用标前会进行工程交底，解答潜在投标人就招标文件提出的疑问，以利于投标人更全面、准确地编制投标文件。对潜在投标人疑问的答复应以书面形式并作为招标文件的附件。答疑纪要，应印发至所有潜在投标人。在投标截止日期前15天内，招标人不再解答问题。

3. 开标、评标和决标

投标截止后，招标人应按招标文件规定的时间、地点，邀请各投标人和有关方面代表参加，当众公开开标。开标人员至少由主持人、监标人、开标人、唱标人、记录人组成，上述人员对开标负责。开标时应注意：①先公开宣布标底，后启开标箱；②逐一宣布各投标文件的主要内容，即标价、工期、质量、主要技术措施和优惠条件，对各投标文件登记造册并由主持人、监标人、开标人、唱标人、记录人签名。

投标文件有以下情况之一者无效：①投标文件密封不符合招标文件要求的；②逾期送达的；③投标人法定代表人或授权代表人未参加开标会议的；④未按招标文件规定加盖单位公章和法定代表人（或其授权人）的签字（或印鉴）的；⑤招标文件规定不得标明投标人名称，但投标文件上标明投标人名称或有任何可能透露投标人名称的标记的；⑥未按招标文件要求编写或字迹模糊导致无法确认关键技术方案、关键工期、关键工程质量保证措施、投标价格的；⑦未按规定交纳投标保证金的；⑧超出招标文件规定，违反国家有关规定的；⑨投标人提供虚假资料的。

以上工作结束后，就可以开始评标、决标等工作。

(1) 评标。评标工作一般按以下程序进行：①招标人宣布评标委员会成员名单并确定主任委员；②招标人宣布有关评标纪律；③在主任委员主持下，根据需要，讨论通过成立有关专业组和工作组；④听取招标人介绍招标文件；⑤组织评标人员学习评标标准和方法；⑥经评标委员会讨论，并经二分之一以上委员同意，提出需投标人澄清的问题，以书面形式送达投标人；⑦对需要文字澄清的问题，投标人应当以书面形式送达评标委员会；⑧评标委员会按招标文件确定的评标标准和方法，对投标文件进行评审，确定中标候选人推荐顺序；⑨在评标委员会三分之二以上委员同意并签字的情况下，通过评标委员会工作报告，并报招标人。评标委员会工作报告附件包括有关评标的往来澄清函、有关评标资料及推荐意见等。

评标工作由评标委员会负责，为了保证评标的公正性，评标委员会由招标人的代表和有关技术、经济、合同管理等方面的专家组成，成员人数为七人以上单数，其中专家（不含招标人代表人数）不得少于成员总数的三分之二。公益性水利工程建设项目中，中央项目的评标专家应当从水利部或流域管理机构组建的评标专家库中抽取；地方项目的评标专家应当从省、自治区、直辖市人民政府水行政主管部门组建的评标专家库中抽取，也可从水利部或流域管理机构组建的评标专家库中抽取。评标专家的选择应当采取随机的方式抽取。根据工程特殊专业技术需要，经水行政主管部门批准，招标人可以指定部分评标专家，但不得超过专家人数的三分之一。评标委员会成员不得与投标人有利害关系，所指利害关系包括：是投标人或其代理人的近亲属；在5年内与投标人曾有工作关系；或有其他社会关系或经济利益关系。评标委员会成员名单在招标结果确定前应当保密。

评标委员均不代表各自的单位或组织，并严禁私下与投标人接触，更不得泄露评标情况和评标结果。开标以后，投标人提出的任何修正声明或附加优惠条件，一律不得作为评标依据；为防止投标哄抬物价，或盲目压低报价，可确定标底，标底的确定因工程而异。开标后，对投标文件中不清楚的问题，招标人有权向投标人提出询问，对所澄清和确认的问题，应采取书面方式，经双方签字后，作为投标文件的组成部分。

评标方法可采用综合评分法、综合最低评标价法、合理最低投标价法、综合评议法及两阶段评标法。施工招标设有标底的，评标标底可采用：招标人组织编制的标底A；以全部或部分投标人报价的平均值作为标底B；以标底A和标底B的加权平均值作为标底；以标底A值作为确定有效标的标准，以进入有效标内投标人的报价平均值作为标底。施工招标未设标底的，按不低于成本价的有效标进行评审。

对照预先确定、并在开标现场首先公布的标底和评价方法，综合分析、评价各投标文件，对各投标文件进行排队，从中评议出候选的中标人。首先应对照招标文件规定的废标条件，剔除废标，然后根据各投标人的技术和财务实力。社会信誉、投标文件中的承诺等条件，在公开性、公正性、合理性的原则下，进行定性或定量的评议。目前，一般是根据招标工程的具体情况，将评价内容分解为报价、工期、信誉、技术力量、机械设备、材料供应、合理化建议、质量、施工技术组织措施等一系列指标，并确定各指标所占的权重。如工期较紧的工程，工期、施工技术组织措施所占的权数应大一些；资金较紧的工程，报价、合理的节约投资建议、垫支部分工程款的优惠条件所占的权数应大一些等。对照评价办法和投标文件，并参考进行投资资格预审时所得资料，算出每一投标文件的综合得分值，然后按照得分高低顺序列出清单，写出评标报告，推荐中标候选单位，报招标人决策。

(2) 决标。决标是通过评标最终确定中标人的决策过程。对于较简单的工程项目，可在开标当场经过评审决定中标人；规模较大、内容较复杂的工程，则应由招标人根据评标委员会推荐的候选中标人，全面衡量，择优选择中标人。决标应在招标有效期内确定中标人，如是特殊情况，招标人可发出通知，延长投标有效期，但投标人也可以不接受这种延长。中标人确定后，经报上级招标投标管理机构批准，即向中标人发出中标通知书。

(3) 签订施工合同。自中标通知书发出之日起 30 日内，中标人持中标通知书和施工合同草稿，以及履约保函，与招标人进行协商，就施工合同条款达成协议，签订施工合同。招标人和中标人不得另行订立背离招标文件实质性内容的其他协议。招标人在确定中标人后，应当在 15 日之内按项目管理权限向水行政主管部门提交招标投标情况的书面报告。当确定的中标人拒绝签订合同时，招标人可与确定的候补中标人签订合同，并按项目管理权限向水行政主管部门备案。

投标人接到中标通知后，借故拖延不签合同，招标人可没收其投标保证金。因招标人本身原因致使招标失败，招标人应按双倍投标保证金的数额赔偿投标人的经济损失，同时退还投标保证金。

招标人无需向未中标人解释未中标原因，但应退回投标保证金。

三、水利水电工程施工投标

（一）投标条件

凡持有营业执照、具有法人资格、取得施工企业资质等级证书、具备有关专业资质要求的水利水电施工企业，均可参加与其资质相适应的水利水电工程施工投标。非水利水电行业的施工企业参加投标，其资质应符合"水利水电施工企业资质等级标准"；参加有特殊水工要求的建设项目的投标，还应取得有关招标投标管理机构核发的针对该工程项目的投标许可证。

（二）投标的一般过程和工作内容

企业为了在投标竞争中获胜，应设置有实权，懂技术、经济、法律，会管理的专门投标工作机构，承担从收集招标投标情报信息资料开始，直至中标后签约的一系列工作。投标工作机构成员不仅应熟悉投标工作的程序和内容，而且还应掌握选择投标项目的原则、投标报价的规律和方法，以充分发挥企业优势，创造一切可能条件，争取中标。

1. 日常准备工作内容

(1) 收集招标投标信息。在建筑市场激烈的竞争中，掌握信息十分重要。企业要在竞争中获胜，必须建立有效的信息系统，及时、全面、准确地收集与企业投标有关的经济、技术和社会方面的信息。

(2) 准备投标资格预审资料。投标人应按资格预审公告（通知）的要求，填写资格预审文件，并向招标人提供下列材料：①施工企业资质证书（副本），营业执照（副本）及会计师事务所或银行出具的资信证明；②企业职工人数、技术人员、技术工人数量及平均技术等级，企业主要施工机械设备；③近几年承建的主要工程情况（要附有质量监督部门出具的质量评定意见）；④现有主要施工任务（包括在建和已中标尚未开工的建设项目）；⑤近几年企业的财务状况。

2. 投标阶段的工作内容

在前期工作的基础上，投标人即可依照投标原则，选择那些有兴趣的招标项目，提出投标申请，提交资格预审资料，获得审查同意后，购买招标文件，并立即着手进行研究。应当注意，收集信息的工作贯穿投标活动始终，而非仅仅在申请投标之前。

(1) 研究招标文件。购买招标文件后，应认真研究文件中所列工程条件、范围、项目、工程量、工期和质量要求、施工特点、合同主要条款等，弄清承包责任和报价范围，避免遗漏，发现含义模糊的问题，应做书面记录，以备向招标人提出询问。同时，列出材料和设备的清单，调查其供应来源状况、价格和运输问题，对进口材料设备，更要广泛调查运输线路和方式、时间、地点，各项费用的支付数额和方式，以便在报价时综合考虑。

(2) 勘查现场，参加招标会议。工程现场的自然、经济和社会条件，均是制约施工的重要因素，应在报价中予以考虑。除平时收集的有关资料外，应参加招标人组织的现场勘查，深入了解现场位置、地质地貌、交通及通讯设施、供水供电、当地材料供应等情况，以利于合理报价。

研究招标文件和勘查现场过程中发现的问题，应向招标人提出，并力求得到解答，而且自己尚未注意到的问题，可能会被其他投标人提出；设计单位、招标人等也将会就工程要求和条件、设计意图等问题做出交底说明。因此，参加招标会议对于进一步吃透招标文件，了解招标人意图、工程概况和竞争对手情况等均有重要作用，投标人不应忽视。

(3) 确定投标策略。施工企业参加投标竞争，目的在于得到对自己有利的施工合同，从而获得尽可能多的盈利。为此，必须注意正确运用投标策略。

需要注意，在确定投标策略之前，经过前期准备工作及对招标文件的研究、招标项目可靠性的分析和现场勘查，如得出下列结论之一时，则应及早放弃投标，以免造成更大损失。①本企业主营或兼营能力之外的项目；②工程规模或技术要求超出本企业技术等级的项目；③企业等级、信誉、能力明显竞争不过对手的项目；④建设单位工作态度不利于本企业承包的项目；⑤资金、材料等条件不落实，本企业又无垫支能力的项目；⑥本企业生产任务饱满，而招标工程本身预期盈利水平又较低或风险较大的项目。

(4) 编制投标文件。投标文件是投标人争取中标的书面承诺，是以完全同意招标文件为前提编报的，投标人应按照招标文件的要求，认真编制投标文件，并做到以下各条：①充分理解招标文件和项目法人（或建设单位）对投标人的要求；②弄清工程性质、规模和质量标准；③确定本企业的各种定额水平；④施工企业应得的7%企业利润要计入单价；⑤拟定最优投标方案。

投标文件的内容应符合招投标文件的要求，主要应包括：①投标文件综合说明，工程总报价；②按照工程量清单填写单价分析、单位工程造价、全部工程总造价、三材用量；③施工组织设计，包括选用的主体工程和施工导流工程施工方案，参加施工的主要施工机械设备进场数量、型号清单；④保证工程质量、进度和施工安全的主要组织保证和技术措施；⑤计划开工、各主要阶段（截流、下闸蓄水、第一台机组发电、竣工等）进度安排和施工总工期；⑥参加工程施工的项目经理和主要管理人员、技术人员名单；⑦工程临时设施用地要求；⑧招标文件要求的其他内容和其他应说明的事项。

投标人对招标文件个别内容不能接受者，允许在投标文件中另作声明。投标时未作声明，或声明中未涉及的内容，均视为投标人已经接受，中标后，即成为双方签订合同的依据。不得以任何理由提出违背招标文件的附加条件，或在中标后提出附加条件。

施工企业在规定投标内容以外，可以附加提交"替代方案"，包括修改设计、更改合同条款和承包范围等，并做出这类变更的报价，供招标人选用。在投标文件封面上应注明"替代方案"字样。招标人有权拒绝或接受"替代方案"。

如果一个施工企业力量不足以承担招标工程的全部任务，或不能满足投标资格的全部条件时，允许由两个或两个以上施工企业组成联营体，接受资格审查，进行联合投标。联合投标应出具联合协议书，明确责任方和联营体各方所承担的工程范围和责任，并由责任方作为联营体的法人代表。联合协议书应经公证处公证。

联合投标，不得以变换责任单位的方式来增加投标的机会。

投标人必须出具银行的投标保函，保证金额按工程规模大小，在招标文件中明确规定。投标文件提交招标人后，在投标截止时间前，允许投标人以正式函件调整已报的报价，或做出附加说明。此类函件与投标文件具有同等效力。投标文件分为"正本"和"副本"，"正本"具有法律效力。

四、招标标底与标底的编制方法

在编制招标文件中，最重要的工作内容是制决标底。标底是招标工程的预期价格，它主要是以施工图预算或设计概算为基础编制的。业主（项目法人、或建设单位）委托具有相应资质的设计单位、社会咨询单位编制的标底，包括发包造价、与造价相适应的质量保证措施及主要施工方案、为缩短工期所需的措施费等。工程标底是业主对招标项目工程造价"内部控制"的预算，只有有了标底，才能正确地判断投标者所投标价的合理性和可靠性，从而在评标时做出正确评价。就水利水电工程而言，通常标底与概算是完全不同的两个概念。这是因为：①概算中的项目划分常常与招标合同划分不一致，因此，有些费用内容也不一样；②概算受初设深度影响，工程项目细度不够或工程量有一定的偏差；③概算中有很多综合处理的因素，在招标时应分别处理；④概算是按概算编制规定编制的，是一整套体系，而标底应按招标文件的具体要求进行编制；⑤概算是按统一的定额、取费标准进行编制的，没有充分考虑工程具体情况的特殊性、材料、设备供应方式以及市场供应状况等，因此，概算代替不了标底，二者的作用也不相同。

(一) 标底的作用

标底的主要作用是：

(1) 国家以标底为主要尺度考核发包工程的造价。标底反映定期建设招标工程的社会平均劳动水平，投标报价则反映投标人的个别劳动水平，它应该接近于社会平均劳动水平，也就是报价应该等于或略高、略低于标底。因此，国家可以根据标底对基本建设产品的发包价格进行有效的监督。

(2) 招标人根据标底浮动范围控制工程造价，避免决策中的盲目性。由于水电工程的复杂性，概算的整体性较强，招标合同划分后，常常与概算项目不一致，造成有关费用不易划分归项，甚至由于招标合同界面的变化导致增加一些费用项目，因此，通过编制工程标底的"自我预测"，做到心中有数。

(3) 作为评议投标报价的标准和尺度。招标工程的标底是进行评标和决标工作的重要依据，是审核报价、评标、决标的标准，因此，标底的准确与否直接影响工程项目的招标工作的成败。有些招投标管理办法从保护承包商利益角度出发，对投标报价与标底的相差幅度作了规定，超过规定幅度，即视为废标。这时，标底的作用就更为重要，不过，对一般小型工程或重复性很强的工程而言，规定相差幅度也许可行，但对大型工程，尤其是水利水电工程项目，硬性规定报价与标底的差别幅度不一定很合适，因为先进技术的应用，施工方案的革新，管理水平的提高，常常会大幅度降低报价。招标人以标底为基础，结合其他要求，以浮动形式选择投标企业的合理报价，确定建筑产品价格（发包造价），这有利于控制工程造价，提高投资效益。

(4) 标底是保证工程质量的经济基础。经过审定的标底，不低于建造招标工程所需的活劳动和物化劳动的最低消耗量，在保证工程质量、工期定额的条件下合理确定。因此，既可避免招标人片面压价，又可防止投标人盲目投低标甚至投机报价，导致施工中出现资金短缺、偷工减料等现象。准确的标底是工程质量可靠的经济保证。

另外，在合同执行过程中，当发包方和承包方之间发生索赔争议时，标底可作为解决索赔争议的重要参考依据之一。招标设计阶段应在初步设计阶段之后进行，一般情况下各个标的标底总和不应超过相应的执行概算。

(二) 标底的编制原则

标底的计算，以设计文件、技术说明书、国家规定的现行定额、材料预算价格和取费标准为主要依据，并将凡因满足招标工程特殊要求所需的措施费、材料调价发生的费用、不可预见费等列入。标底必须是持证的熟悉有关业务的概预算专业人员编制，编制标底的单位及有关人员不得介入该工程的投标文件编制业务。

开标前，标底属于绝密材料，严禁以任何形式泄露，否则应给予严肃处理，直至给予法律制裁。

标底的编制遵循以下原则：①招标项目划分、工程量、施工条件等应与招标文件一致；②应根据招标文件、设计图纸及有关资料按照国家和有关部委颁发的现行技术标准、经济定额标准及规范等认真编制，不得简单地以概算乘以系数或用调整概算作为标底；③在标底的总价中，必须按国家规定列入施工企业应得的7%企业利润；④一个招标项目，只能有一个标底，不得针对不同的投标人而有不同的标底；⑤编制标底应不突破业主预算，未编业主预算的则不应突破国家批准的设计概算中相应部分投资额；⑥标底价格是项目法人对实施工程项目所需费用的预测价格，应力求与市场的实际变化吻合，要有利于竞争和保证工程质量。

标底突破上级批准的总概算，应说明原因，由设计单位进行调整，并经原概算批准单位审批后才可招标。

（三）标底的编制步骤

大中型水利水电建设项目标底的编制常以设计概算为基础，其编制步骤如下：

（1）编制常规设计概算。大中型基本建设项目，如水利水电工程项目、电力工程项目、化学工程项目等，一般难以等到施工图设计完成以后再招标，而多以初步设计为招标依据，因此编制标底时也以常规设计概算为依据。而其他小型项目和一般工业与民用建筑，因其设计周期短，可在施工图完成后进行招标，因此编制标底时以施工图预算为基础。

（2）计算综合单价。工程概预算一般都由主体工程费用、临时工程费用和其他费用三部分组成。按照国际惯例，国际工程在招标的标底和投标的标价中，通常不出现临时工程费用及其他费用，只有招标项目的工程量乘以某一单价——综合单价。因此，综合单价既包含了主体工程的概预算单价，又包含了临时工程及其他费用的摊入单价。

（3）标底的计算。根据招标设计提供的各项工程的工程量，乘以相应的综合单价，即为各项工程的预算费用。汇总各项工程的预算费用便得出总预算费用。此外尚需考虑一些不可预见因素所引起的费用，如工料调价、赶工费、计划外工程及无法估计的费用等，这些是计算标底的基础，再分析影响本次招标的各种因素，考虑一个浮动幅度，加以调整后即可作为标底。

为了便于分析各投标人标价的合理性以及在合同实施过程中进行监督，标底的项目划分与排列序号，应和招标文件和工程报价表一致。

（四）工程标底的编制方法

编制工程标底的主要工作是编制基础价格和工程单价，现把基础价格和工程单价的编制方法介绍如下：

1. 基础价格

（1）人工费单价。如果招标文件没有特别规定，人工费单价可以参照前面有关章节介绍的方法进行计算。

（2）材料预算价格。一般材料的供应方式有两种：一种是由承包商自行采购运输；另一种是由业主采购运输材料到指定的地点，发包方按规定的价格供应给承包商，再提货运输到用料地点。因此在编制标底时，应严格按照招标文件规定的条件计算材料价格。对于前一种供应方式，材料价格可采用第五章中所介绍的方法计算；对于后一种情况，应以招标文件规定的发包方供货价为原价，加上供货地至用料点的运输费，再酌加适当的采保费。

（3）施工用电、风、水预算价格。具体如下：

1）施工用电价格。一般招标文件都明确规定了承包商的接线起点和计量电表的位置，并提供了基本电价。因此，编制标底时应按照招标文件的规定确定损耗的范围，据以确定损耗率和供电设施维护摊销费，计算出电网供电电价。

自备柴油机发电的比例，应根据电网供电的可靠程度以及本工程的特性来确定。电网电价及自备柴油机发电电价可参照第五章中所介绍的方法计算。最后按比例计算出综合电价。

2）施工用水价格。招标文件中常见的供水方式有两种：一是业主指定水源点，由承包商自行提取使用；二是由业主提水，按指定价格在指定接口（一般为水池出水口）向承包商供水。对于前一种情况，可参照第五章中所介绍的方法计算。对于后一种情况，应以业主供应价格作为原价，再加上指定接口以后的水量损耗和管网维护摊销费。

3）施工用风价格。一般承包商自行生产、使用施工用风，故风价可参照第五章中所介绍的方法计算。

（4）砂石料单价。一般砂石料的供应方式有两种：一种是业主指定料场，由承包商自行生产、运输、使用；另一种是由业主指定地点，按规定价格向承包商供货。承包商自行采备的砂石料单价应根据料源情况、开采条件和生产工艺流程进行计算。

一般应将砂石料场覆盖层清除和有关弃料处理费用摊入砂石料单价或列入工程量报价表的有关项目内。

砂石料单价应考虑砂石料生产加工过程中的体积变化、加工损耗、运输堆存损耗、含泥量清除等各种因素，具体按定额规定的方法计算。

在实际工程中，如施工组织设计确定的生产工艺流程与《水利水电建筑工程概算定额》中的砂石料定额子目不一致，砂石料单价可按施工组织设计确定的设备配备、加工能力、工序环节计算。

如果由业主在指定地点提供砂石料，则应按招标文件中提供的供应单价加计自供料点到工地拌和楼堆料场的运杂费用和有关损耗。

（5）施工机械台时费

计算方法可参照有关章节中介绍的方法。如果业主提供某些大型施工设备，则台时费的组成及价格标准应按招标文件规定，业主免费提供的设备就不应计算基本折旧费，又如业主提供的是新设备，本招标项目使用这些设备的时间不长，则不计入或少计入大修理费。

2. 工程单价计算

工程单价由直接工程费、间接费、企业利润和税金组成。直接工程费计算方法主要有工序法、定额法和直接填入法。

（1）工序法。工序法是根据该项目总工程量和实施该项目各个工序所需人工、施工机械的工作时间以及相应的基础价格计算工程直接费单价的一种方法。工作时间可以通过进度计划中的逻辑顺序确定；也可以通过若干假定的生产效率确定；也可以靠概预算专业人员的经验判断确定。国外估价师广泛采用工序法，因为在土木工程造价中，施工机械使用费所占的比重相当大，而施工机械闲置时间这一重要因素在定额法中是无法恰当地加以考虑的。国外有些估价师不仅用工序法来估算以施工机械使用费为主的工程单价，而且在其余的工程单价中也尽可能使用这种方法。这种方法的主要程序是：制定施工计划，确定各道工序所需的人员及设备的数量、规格、时间，计算各种人员、施工设备的费用，再加上材料费用，然后除以工程总量即可得出工程直接费单价。

（2）定额法。定额法是根据预先确定的完成单位产品的工效、材料消耗定额和相应的基础价格计算工程直接费单价的一种方法。依据的定额可参照执行行业现行定额，对于少数不适用的定额作必要的调整，对采用新技术、新材料、新工艺而造成定额缺项时，可编制补充定额。编制标底时，应仔细研究施工方案，确定合适的施工方法，选用恰当的定额进行单价计算。

(3) 直接填入法。一项水利水电工程招标文件的工程量报价单包含许多工程项目，但是少数一些项目的总价却构成了合同总价的绝大部分。专业人员应把主要的精力和时间用于计算这些主要项目的单价。对总价影响不大的项目可用一种比较简单的、不进行详细费用计算的方法来估算项目单价。这种方法称为直接填入法。这种方法的基础是专业人员应有丰富的实践经验。

在计算某些工程单价时，专业人员也可以将工序法和定额法同时运用。如混凝土单价，可用定额法计算混凝土材料单价，而用工序法计算混凝土浇筑单价。

间接费可参照概算编制的方法计算，但费率不能生搬硬套，应根据招标文件中材料供应、付款、进退场费用等有关条款作调整。利润和税金按照水利部对施工招投标的有关规定进行计算，不应压低施工企业的利润、降低标底从而引导承包商降低投标报价。

3. 临时工程费用

有些业主在招标文件中，把大型临时工程单独在工程量报价表中列项，标底应计算这些项目的工程量和单价，招标文件中没有单独开列的大型临时设施应按施工组织设计确定的项目和数量计算其费用，并摊入各有关项目内。

4. 编制标底文件

在工程单价计算完毕后，应按招标文件所要求的表格格式填写有关表格，计算汇总有关数据，编写编制说明，提出分析报表，形成全套工程标底文件。

除了以上编制标底的方法外，还可以用对照统计指标的办法来确定标底。对于中小型工程，如果本地区已修建过类似的项目，可对其造价进行统计分析，得出综合单价的统计指标，以这种统计指标为编制标底的依据，再考虑材料价格涨落、劳动工资及各种津贴等费用的变动，加以调整后得出标底。

目前一般工业与民用建筑工程的国内招标常以工程预算书的格式，依据综合预算定额编制标底，亦即不计算综合单价，而是计算直接工程费、间接费、企业利润、税金直至预算造价，再考虑一个包干系数作为标底，从形式上它的编制方法同施工图预算的编制方法一样。

目前国内标底编制尚无定制。对于国际工程或国际招标项目招标标底的编制应遵守国际上通用的标底编制方法，一般应符合 FIDIC 合同条件，如我国的鲁布革水电工程、二滩水电工程以及黄河小浪底水利工程。

五、投标报价与报价的编制

(一) 投标报价的规律

研究投标策略及投标报价的规律和方法，目的在于以最小的代价获得最大的经济效益。

1. 投标报价的一般规律

(1) 宜报较低报价的情况。

1) 宜报较低报价的工程项目。建筑安装工程量较大的工程；技术简单的工程；竞争对手多而强的工程。

2) 企业内部因素决定宜报较低报价的情况。如：①企业施工任务不足时；②企业内部经营管理水平高，在施工中能够降低成本，提高劳动生产率，能以较低的报价获得较高的利润率时；③为掌握新技术、开辟新市场或其他原因而对招标项目抱很大兴趣时；④招标文件不完善留下索赔活口。建设单位技术管理力量薄弱、管理不善造成索赔机会等情况下，就可以报低价，而着眼于以施工索赔来取得盈利。

(2) 宜报较高报价的情况。

1) 宜报较高报价的工程项目。技术复杂的工程；大型工程；施工条件恶劣的工程；现行定额不适用的工程。

2) 宜报较高报价的企业内部情况。如：①任务饱满，对招标项目兴趣不大，但愿意陪标时；②有绝对取胜的把握，竞争对手明显不如自己时；③判定招标项目是本企业的优势施工项目，或独家具有承建能力，无人竞争时。

2. 报价的常用技巧

(1) 修改设计。投标人在研究招标文件时，重点研究设计文件和技术说明书，以期发现其中的问题，提出改进设计的意见。

1) 改正设计错误，显示投标企业的雄厚技术实力，在相同报价下能够增强竞争力。

2) 改进设计，在原设计功能不变的情况下，降低工程造价；以原设计内容为准编制一个报价，再以修改后的设计为准编制一个报价，同时报出，以期比较。

3) 改进设计，保持工程造价不变，大大改善设计功能，这一方面可以显示投标人的技术力量，另一方面直接提高了投资效益，等于间接节约了投资，降低了工程造价。

(2) 投标文件中附加优惠条件。在投标时，根据所掌握的招标人的信息，结合企业的实际能力，提出对招标人有吸引力、在众多投标者中有竞争力的优惠条件，以此来创造中标机会。在实践中，优惠条件五花八门，种类繁多，主要有：

1) 提出垫支工程款、不收预付工程款，工程开工一段时间内不收工程价款，或按比例减收工程款，以缓解招标人的筹资困难。

2) 解决主材、主设备的采供问题。有些招标人采购工程所需的主要材料、设备有困难，投标人就以帮助其解决困难为优惠条件。

3) 协助招标人进行三大目标控制。有些招标项目的建设单位技术、管理力量薄弱，对做好工程项目的三大目标控制工作心中无数，希望得到帮助。投标人针对这种情况，可以在投标文件中提出帮助其进行三大目标控制和其他工程管理工作的计划，以解其忧。

4) 提出工期优惠。在一些招标项目中，工期要求特别紧急，按正常工期施工，则招标人觉得时间太长；向前赶工，又会大大增加造价。在这种情况下，经验丰富、实力雄厚的投标企业就可以在投标文件中提出既能满足招标人的工期要求，又不增加工程造价的条件，并附上详细的计划，以吸引招标人。

(3) 逐步升级法。在邀请招标或邀请议标方式中，投标人可以利用竞争对手少或没有竞争对手的优势，先报出较低的报价，然后在反复的协商、洽谈过程和拟定施工合同的过程中，提出种种制约施工的因素或其他对投标人不利的因素，并借故要求加价，逐步升级，最后协商成功时的发包造价，已远远高于开始时的报价。

3. 投标报价的编制步骤

（1）核对或计算工程量。工程量是计算投标报价的重要依据。在招标文件中均有实物工程量清单，投标人在投标作价前应进行核对。遇有工程量清单与设计图纸不符的情况，则投标人就应详细计算工程量后再据以逐项分析单价，从而确定标价。

（2）编制分部工程单价表。此表是计算标价的又一重要依据，它的编制分为两个基本步骤，即先确定直接费诸因素的基础单价，再按不同分部分项工程的工料等消耗定额确定其预算单价，此预算单价为计算标价的基础。

（3）施工间接费率的测算。在报价中，施工间接费占有一定的比重，要做到合理报价并科学地确定本企业的间接费开支水平，应根据本单位的实际情况，进行必要的测算。

（4）资金占有和利息分析。根据我国现行规定，建筑企业的流动资金实行有偿占用，即由银行提供贷款，由建筑企业按规定利率支付利息，所以在投标报价时要对资金占用和利息进行分析。

建筑企业在一个建设项目施工中的利息支出，决定于占用资金的数量、时间和利率三个因素。降低利息支出的关键在于占用资金数量少，占用时间短，即周转速度快。

（5）不可预见因素的考虑。因材料价格变化，基础施工遇到意外情况以及因其他意外事故造成停工、窝工等，都会影响工程造价。因此，在投标报价时应对这些因素予以适当考虑，特别是采用固定总价合同时，更应充分注意，酌加一定的系数（例如3％～5％，或更低些），以不可预见费的名目，列为标价的组成部分。

（6）预期利润率的确定。我国建筑业实行低利润率政策，现行企业利润率仅为7％，但在实行招标承包制的条件下，为了鼓励竞争，建筑企业在投标报价时，应允许采取有适当弹性的利润率，即为了争取中标，预期利润率可低于7％，甚至在某一工程上有策略性的亏损，以提高报价的竞争力。在降低成本、保证工程量的前提下，预期利润率也可以高于7％。对此，投标人应自主作出决策。

（7）确定基础报价。将分别确定的直接费、间接费、不可预见费以及预期利润汇总，即得出造价。汇总后须进行检查，必要时加以适当调整，最后形成基础标价。

（8）报价方案。在投标实践中，基础报价不一定就作为正式报价，还应作多方案比较，即进行可能的低标价和高标价方案的比较分析，为决策提供参考。

低报价应该是能够保本的最低报价。高报价是充分考虑可能发生的风险损失以后的最高报价。

至于对某一具体工程，究竟以什么样的报价作为投标的正式报价，则应由决策人根据竞争情况和自身条件作出决策。

（二）投标报价编制方法

编制报价的主要依据有：招标文件及有关图纸；企业定额，如无企业定额，则可参照国家颁布的行业定额和有关参考定额及资料；工程所在地的主要材料价格和次要材料价格；施工组织设计和施工方案；以往类似工程报价或实际完成价格的参考资料。

编制投标报价的主要程序和方法与编制标底基本相同，但是由于立场不同、作用不同，因而方法有所不同，现在把主要不同点介绍如下：

1. 人工费单价

人工费单价的计算不但要参照现行概算编制规定的人工费组成，还要合理结合本企业的具体情况。如果按以上方法算出的人工费单价偏高，为提高投标的竞争力，可适当降低。可考虑的降低途径有：更加详细地划分工种；各项工资性津贴按照调查资料计算；工人年有效工作日和工作小时数按工地实际工作情况进行调整。

2. 施工机械台时费

施工机械台时费与机械设备来源密切相关，机械设备可以是施工企业已有的和新增的，新增的包括购置的或是租赁的。

(1) 购置的施工机械。其台时费包括购置费和运行费用，即包括基本折旧费、轮胎折旧费、修理费、机上人工和动力燃料费、车船使用税、养路费和车辆保险费等可视招标文件的要求计入施工机械台时费或计入间接费内。施工机械台时费的计算可参照行业有关定额和规定进行计算，缺项时，可补充编制施工机械台时费。

(2) 租借的施工机械。根据工程项目的施工特点，为了保证工程的顺利实施，业主有时提供某些大型专用施工机械供承包商租用，或承包商根据自己的设备状况而租借其他部门的施工机械。此时，施工机械台时费应按照业主在招标文件中给出的条件或租赁协议的规定进行计算。对于租借的施工机械，其基本费用是支付给设备租赁公司的租金。编制标价时，往往要加上操作人员的工资、燃料费、润滑油费、其他消耗性材料费等。

3. 工程直接费单价编制

按照工程量报价单中各个项目的具体情况，可采用编制标底的几种方法，即定额法、工序法、直接填入法。采用定额法计算工程单价应根据所选用的施工方法，确定适用的定额或补充定额进行单价计算。关于定额，最好是采用本企业自己的定额，因为企业定额充分反映了本企业的实际水平。

编制报价的其他方法还有包含法、条目总价包干法、暂定金额法等。现分别介绍如下：

(1) 包含法。概预算专业人员可在某一工程条目上注明已包括在其他条目内，即其他工程项目中包含了这条项目的工作内容，所以不再单独计算此条的单价。

(2) 条目总价包干法。工程量报价表中可能有一些项目没有给出工程量，要求估价人员填入一个包干价。这种方法常用于一些与合同要求和特定要求有关的一般条目中，如：场地清理费、施工污染防治费等。

(3) 暂定金额。为了一些尚未确定的工程施工、物资材料供应、提供劳务或不可预见项目临时确定的金额，有的招标文件中列有"暂定金额"条目，在招标文件发布时这些项目还不能充分预见、定义或做出具体说明，在工程实施中可能全部或部分地发生，或根本不发生，这些未定项目发生与否将根据监理工程师的判断确定，投标人不能改动暂定金额，因为它不包含承包商的利润。所以，工程量报价单中如有这种项目时，承包商需将完成这些项目应获得的利润包括在报价中。一般而言，暂定金额条目下都有一条子目，供投标人填写调整百分数，这个调整百分数按人工、施工设备、计日工费用为计取基数，其目的是包含有关费用和利润。

4. 间接费计算

计算间接费时要按施工规划、施工进度、施工要求确定下列数据或资料：

(1) 管理机构设置及人员配备数量。

(2) 管理人员工作时间和工资标准。

(3) 合理确定人均每年办公、差旅、通信等费用指标。

(4) 工地交通管理车辆数量、工作时间及费用指标。

(5) 其他，如固定资产折旧、职工教育经费、财务费用等归入间接费项目的费用估算。

按照以上资料可粗略算出间接费率与主管部门规定的间接费率相比较，前者一般不能大于后者。间接费的计算既要结合本企业的具体情况，更要注意投标竞争情况，过高的间接费率，不仅会削弱竞争能力，也表示本企业管理水平低下。

5. 企业利润、税金

投标人应根据企业状况、施工水平、竞争情况、工作饱满程度等确定利润率。并按国家规定的税率计算税金。

6. 确定报价

在投标报价工作基本完成后，概预算专业人员应向投标决策人员汇报工作成果，供讨论修改和决策。

7. 填写投标报价书

投标总报价确定后，有关费用在工程量报价单中的分配，并不一定按平均比例进行。也就是说，在保持总价不变的前提下，有些单价可以高一些，而另一些单价则低一些。其目的在于：

(1) 工程量报价单中的某些工程量，经造价或设计人员核对，可能少了，于是就可能有机会通过提高这些工程条目的单价和利用实际结算工程量的增加来获取额外收入。

(2) 造价人员常用提高早期完工项目的工程单价来增加前期收入，从而缓解承包商的资金压力。

(3) 在通货膨胀较高时，利率低于通货膨胀率，加大项目后期完工工程的费用可能有利于价差调整。

单价调整完成后，填入工程单价表，并进行汇总计算和详细校核。最后将填好的工程量报价表以及全部附表与正式的投标文件一起报送业主。

(三) 投标报价中有关问题的处理

投标决策以后总报价就固定下来了，但待摊费用应该怎样在各工程单价内进行分配平衡，哪些单价宜高些，哪些单价宜低些，业主在评标过程中对不平衡报价如何评定，这些问题是值得投标人员认真加以分析和研究的。

1. 待摊费用的分摊办法

待摊费用指工程量报价表中没有工程项目而在报价中又必须包含的费用。这些费用主要有间接费、投标费用、保函手续费、保险费，招标文件规定的价差调整范围以外的价差、次要工程项目以及不可预见费等。严格来讲，待摊费用应根据工程费用发生的额度和时间分配在相应时段的工程条目单价内。但往往由于工程条目十分繁多，待摊费用又繁又杂，要准确计算分摊是不现实的。另外，承包商往往从自身效益和改善资金流动出发有意在待摊费用分摊上做文章。主要有以下几种分摊方法：

(1) 均摊法。平价摊入各工程项目的费用，是指随工程进度平稳发生，难于预测或按完成工作量计算的费用。如：利润、税金、保险费和不可预见费用等。

（2）早摊法。将待摊费用摊入早期施工的早期施工的项目，其目的是尽快将资金收回，减少贷款利息。早期摊入的费用项目有：投标过程中的费用、施工机械进场费、保函手续费、临时工程费。

（3）递增法。有些费用在工程后期发生，此时可按递增法分摊有关费用。

（4）递减法。有些费用随工程进展而逐渐减少，此时可按递减方式分摊有关费用。

在实际工程中往往是综合运用上述分摊方法。分摊的实质是确定工程量报价单中所填入的工程条目单价的高低。在总报价一定条件下，哪些单价可高些，哪些单价可低些，这对改善承包商资金流动或获得额外盈利十分有益。一般原则是：

（1）估计到以后工程量会增加的项目，其单价可定得高些；估计到以后工程量会减少的项目，其单价可适当降低。

（2）对先期施工的项目（如土方开挖），其单价可定得高一些，有利于增加早期收入。减少贷款利息或增加存款利息；对后期施工的项目，其单价可低些，以利变更估价时采用。

（3）没有工程量，只填单价的项目，其单价宜高些，因为它不在总报价之内。这样做既不影响投标总报价，以后发生时又可获利。

（4）图纸有缺陷的，估计今后会修改的项目，其单价可高些。

（5）计日工单价和机械台时费单价可稍高于工程单价的人工、施工设备台时费单价。因尽管在投标报价中可能列有此项，但并不构成承包总价的范围，发生时实报实销，也可多获利。

（6）在通货膨胀较高时，利率低于通货膨胀率，在有价差调整条款时，加大项目后期完工工程的费用可能是有利的。

（7）对于暂定金额，估计暂定金额会发生的项目，其调整百分率可高一些，估计暂定金额不会发生的项目，其调整百分率可低一些。

2. 不平衡单价

所谓不平衡单价是指在工程量报价单内填入的单价与概预算专业人员一般掌握的合理单价有差距。按照上述分摊方法和原则进行分配的结果是可能产生不平衡单价。在这种情况下，承包商从自身利益出发，在确定费用分摊时采取措施，对工程单价进行调整——通常称为"单价重分配"。但应该认识到业主可以通过编制标底和从各投标单价横向对比中发现不平衡单价。业主评标人员的主要任务之一是审查投标人所报的单价，从中找出不符实际的单价，旨在从修改设计和工程量变化中获得好处的策略性单价以及错误和漏项。过度的不平衡单价会使评标人员产生反感，影响评标得分，即使勉强中标，业主往往会要求提高履约保证金的额度以使业主免除中标者一旦不能履约后造成的损失。

3. 工程单价水平

对于水利水电工程而言，不好一概而论什么样的单价是合适的，不同类别的工程单价变化幅度也不同。如土石方单价主要是和施工机械生产效率有关，材料和人工费用占的比例不大，而混凝土单价则人工费和材料费占的比重较大。一般而言，土石方单价在合理单价上下变化20%以内还可接受，混凝土单价在合理单价上下变化10%以内也可接受。

六、国际工程招标程序简介

国际工程是指我国的施工企业参与投标竞争的国外工程项目，或者是在我国建设而需

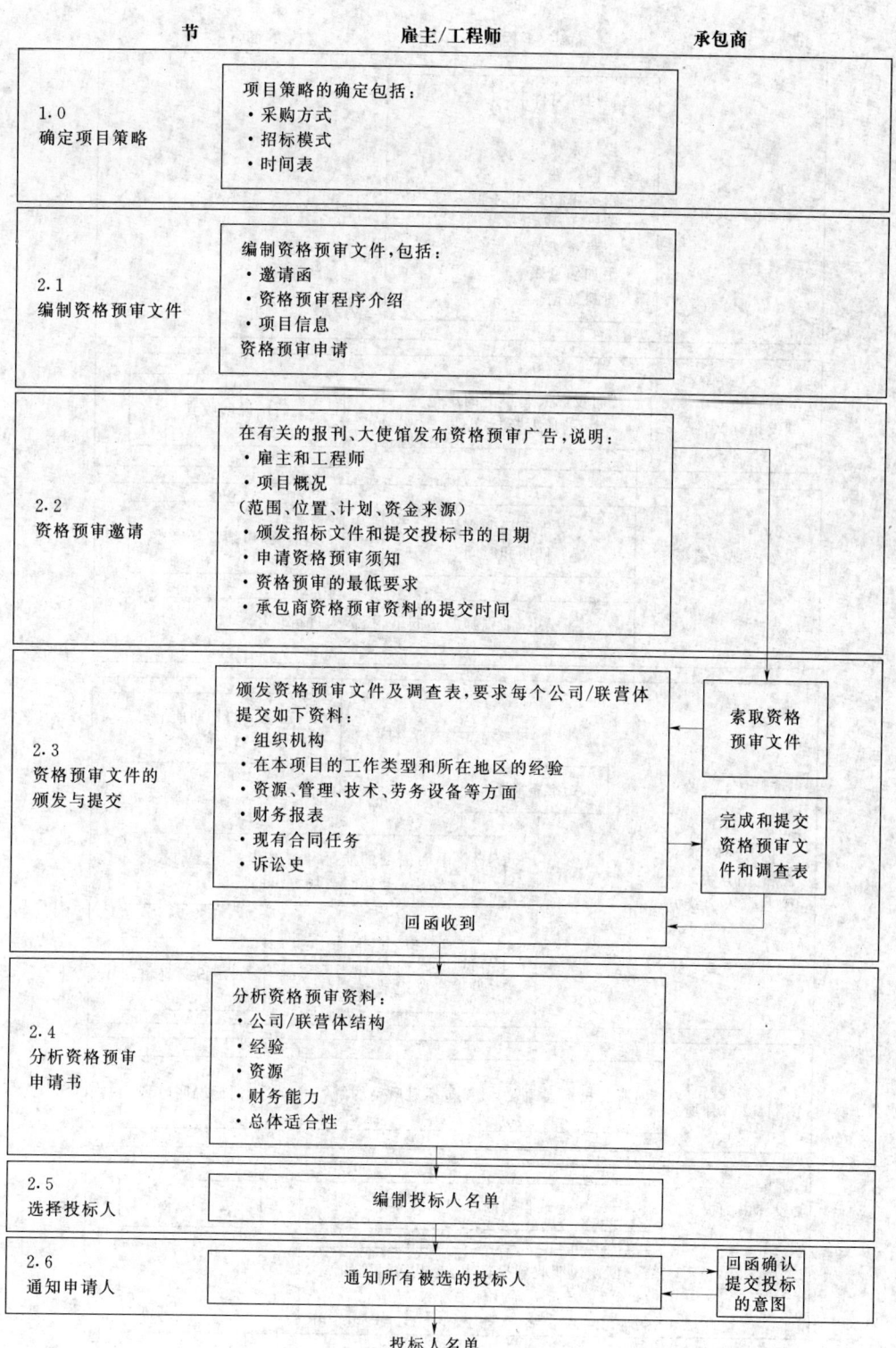

图 10-1 资格预审程序

要采用国际招标的工程项目。我国加入世贸组织后,国际工程项目会越来越多,会更多地

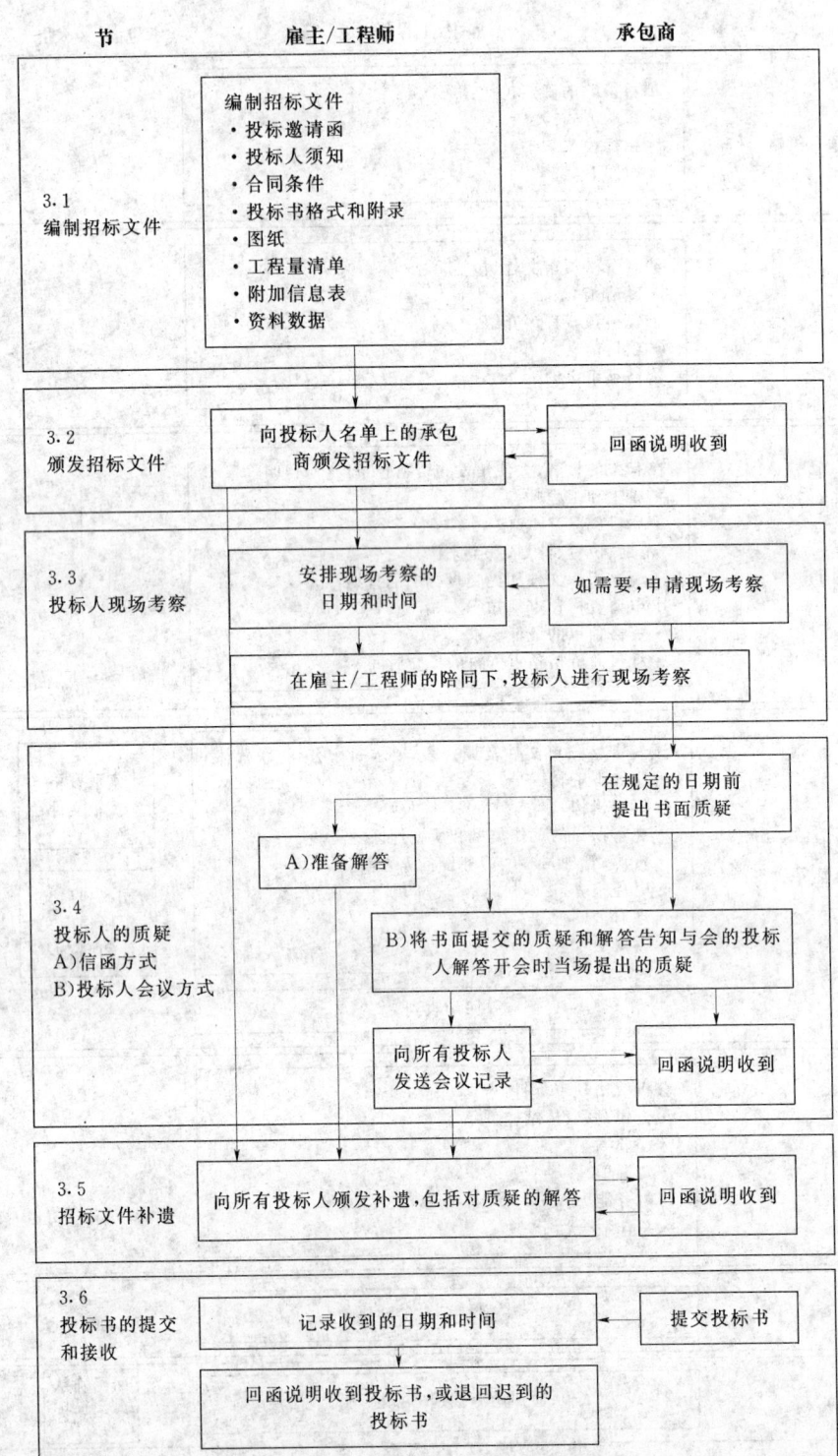

图 10-2　推荐的招标程序

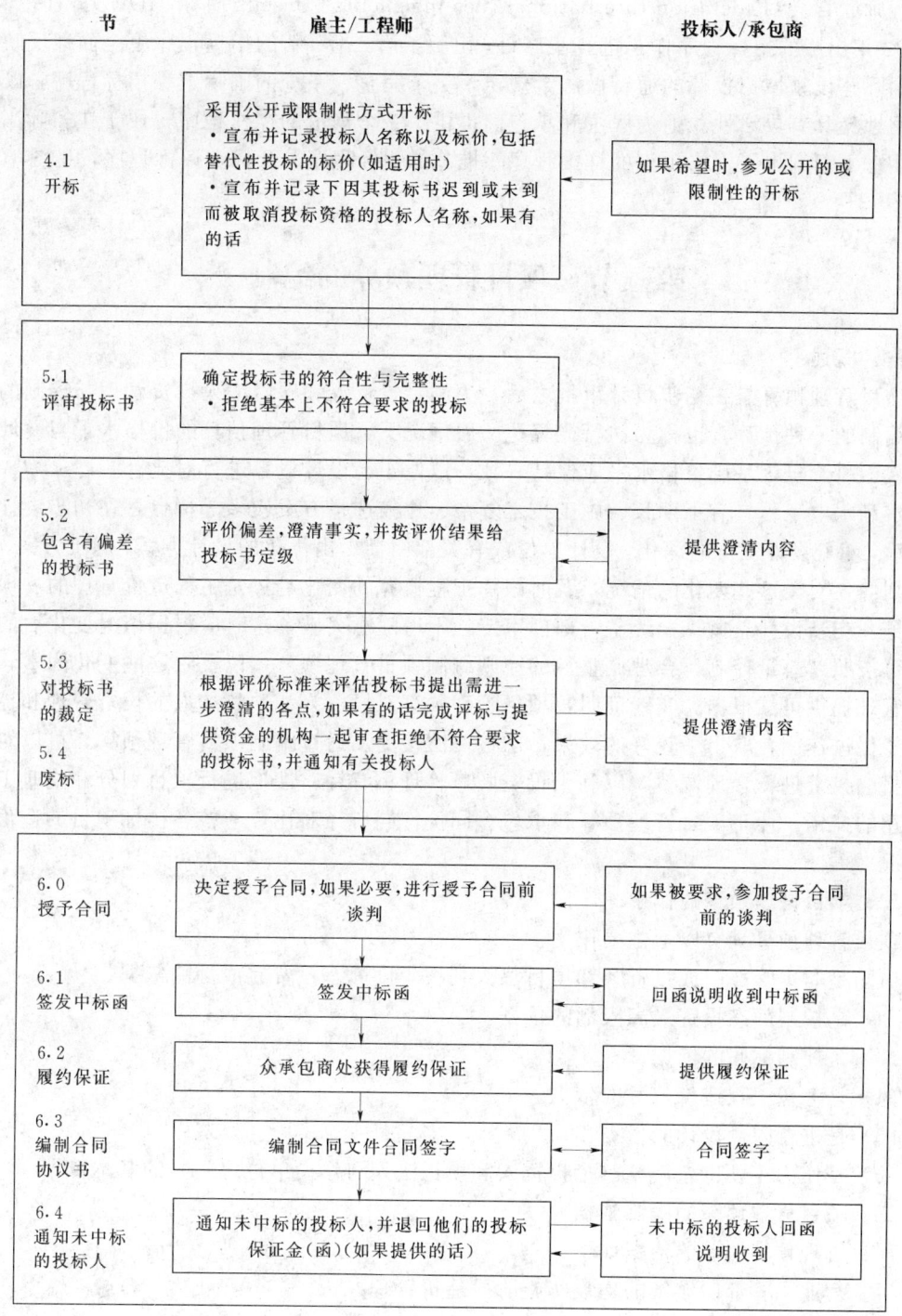

图 10-3 推荐的开标和评标程序

吸收世界银行、亚洲开发银行、外国政府、财团和基金会的贷款作为建设资金,这些工程的招投标必须遵从国际惯例。国际工程一般采用 FIDIC 招标程序,下面简单介绍一下。国际工程师联合会(Féderation Internationale dés Ingenieurs Conseils 简称 FIDIC)于 1994 年对 1982 年出版的招标程序作了进一步修订,出版了第二版。新的招标程序更全面地反映了当今国际建设领域招投标的通行做法,规定了一个完整、系统的国际工程招标程序,既具有实用性又具有灵活性。他为雇主和承包商提供了一个规范的操作程序,便于在实际工作中应用。下面列出了资格预审的详细程序、推荐的招标程序、开标和评标程序,见图 10-1 ~图 10-3。

第三节 项目管理预算的编制

一、概述

项目管理预算是在初步设计审批之后,为满足投资人和项目法人投资管理与控制的需要而编制的一种预算,也称为执行概算。一般情况下,项目管理预算的价格水平与设计概算的人、材、机等基础价格水平应保持一致,以便于与设计概算进行对比。

水利水电工程具有工期长、施工技术复杂、比较选择方案较多等特点,在初步设计审批之后,随着设计工作的深化,设计单位或有关部门会提出优化的设计方案、施工方案、分标计划等,对于这些变化的情况,及时跟踪工程概算的变化趋势是工程造价管理的一项基本任务。初步设计总概算一经主管部门审定,不得随意突破,这时应根据情况变化后的初设概算按照"总量控制、合理调整"的原则编制项目管理预算,以反映这些变化因素,为科学管理提供可靠根据。实践证明,项目管理预算对投资人和项目法人的投资管理和控制起到了促进作用,取得了较好的效果,已被广泛接受。通过编制项目管理预算,可以对工程项目的投资进行合理调整,以利于投资归口管理;有针对性地进行项目划分和临时工程与费用的摊销,便于项目管理预算和承包合同价作同口径对比,考核各招标项目的造价执行情况。

二、项目管理预算的作用

项目管理预算具有以下主要作用:
(1) 是向主管部门或投资人和项目法人列报年度静态投资完成额的依据。
(2) 是控制静态投资最高限额的依据。
(3) 是控制标底的依据。
(4) 是考核工程造价盈亏的依据。
(5) 是进行限额设计的依据。
(6) 是作为年度价差调整(指投资人和项目法人与建设单位之间)的基本依据。

三、项目管理预算的编制依据

项目管理预算编制的依据如下:
(1) 行业主管部门颁发的建设实施阶段造价管理办法。
(2) 行业主管部门颁发的项目管理预算编制办法。
(3) 批准的初步设计概算。
(4) 招标设计文件和图纸。
(5) 国家有关的定额标准和文件。

(6) 董事会的有关决议、决定。

(7) 出资人资本金协议。

(8) 工程融资协议。

(9) 其他有关文件合同、协议。

四、项目划分

项目管理预算项目,原则上划分为四个层次和七个部分。即第一层次一般划分为建安工程采购、设备采购、专项工程采购、技术服务采购、地方政府包干项目、项目法人管理费用、预留风险费用以及价差预备费和建设期融资利息等七部分。第二个层次参照《项目划分》的一级（或二级）工程项目划分。第三、第四层次的项目划分,原则上按行业主管部门颁布的工程项目划分,结合工程的具体情况和工程投资管理的要求设定。

五、项目管理预算文件的组成内容

项目管理预算文件由编制说明、总预算表、预算表及有关计算书（表）等组成,主要包括以下各项：

1. 编制说明

(1) 工程概况。包括工程河系和兴建地点、对外交通条件、工程规模、工程效益、枢纽布置形式、资本金比例、资金来源比例、主体工程主要工程量、主要材料量、主体工程施工总工时、施工高峰人数、建设总工期、开工建设至发挥效益工期、工程静态总投资、工程总投资、价差预备费、价格指数、建设期融资利息、融资利率、其他主要技术经济指标。

(2) 项目管理预算与设计概算的主要变动说明。包括工程量变动、单位和分部工程投资变动、工效变动、费率和标准变动、预留风险费用情况、其他应说明的内容。

(3) 编制依据。具体说明编制项目管理预算所依据的主要文件和规定。

2. 总预算表和项目预算表

包括总预算表、建安工程采购项目预算表、设备采购项目预算表、专项工程采购项目预算表、技术服务采购项目预算表、地方政府包干项目预算表、项目法人管理费用项目预算表、预留风险费预算表。

3. 其他计算书表

包括分年度投资表、分年度资金流量表、建筑工程单价汇总表、安装工程单价汇总表、主要材料预算价格汇总表、施工机械台时费用汇总表、主要费率和费用标准汇总表、主体工程主要工程量汇总表、主要材料和工时量汇总表、分类工程权数汇总表、项目管理预算与设计概算投资对照表、项目管理预算与设计概算工程量对照表。

4. 附件

包括单价计算表、分类工程权数计算表、有关协议和文件等。

六、编制原则和方法

(1) 在编制项目管理预算时,可一次编制整个工程的项目管理预算,也可分期分批编制单项工程项目管理预算,最后汇总成整个工程的项目管理预算。无论采用哪种方式,项目管理预算总额必须控制在主管部门审批的初步设计概算之内,不得突破。

(2) 各单项项目管理预算的项目划分和工程量一般应与招标文件工程量报价单中的项目和工程量一致,基础价格水平应保持与审定的初步设计概算编制年份的价格水平一致。

（3）基础单价可按工程实际情况进行调整。

（4）其他直接费率、间接费率可采用初设概算值，也可按招标的具体情况，对费率进行调整，以反映临时工程费用的分摊情况和提高施工管理水平。

（5）施工利润和税金一般应采用初设概算值，不宜变动。

（6）人工工效，材料消耗定额及施工设备生产效率，根据施工组织设计和工地实际情况，参考有关定额标准，可以进行适当优化提高。

（7）工程单价的总水平，应与概算单价基本持平或略低于概算单位价水平，但为区别不同情况，招标项目或单项工程之间可进行适当调整。

（8）基本预备费，指为某一特定工程项目实施过程中发生不可预见因素而预留的费用，可参照设计的深度和设计工程量变动情况进行调整。一般来说，随着设计工作的深入，初设阶段未预见因素，大多已在技术设计阶段或招标设计阶段出现和量化，基本预备费率可低于初设概算采用值。

第四节 概预算的审查

工程概预算编制完成后，必须经过审批后才能生效。主管审批部门应请工程咨询公司、建设单位和有关单位参加审查，也可请施工单位及有关咨询人员参加。

一、审查的主要内容

（1）概预算文件必须符合国家的政策及有关法律、制度，坚持实事求是，遵守基本建设程序，不允许多要投资和硬留投资缺口。

（2）概预算文件必须完整。设计文件内的项目不能遗漏、重复，设计外的项目不能列入。概算投资应包括工程项目从筹备到竣工投产的全部建设费用。

（3）审查各项技术经济指标是否先进合理。可与同类工程的相应技术经济指标进行对比；分析高低的原因。

（4）针对各项具体概预算表格审查。

二、审查的一般步骤和方法

概预算的审查是一项复杂细致的工作，既要懂得设计、施工专业技术知识，又要懂得概预算知识，要深入现场调查，掌握第一手材料，使审批后的概预算更加确切。

1. 审查步骤

（1）掌握必要的资料。要熟悉图纸和说明书，弄清概预算的内容、编制依据和方法，收集有关的定额、指标和有关文件，为审查工作做好必要的准备。

（2）进行对比分析，逐项核对。利用规定的定额、指标以及同类工程的技术经济指标进行对比，找出差距的原因。根据设计文件所列的项目、规模、尺寸等，与概预算书计算采用的项目、数据核对；根据概预算书引用的定额、标准与原定额、标准核对，找出差别或错漏。

（3）调查研究。对于在审查中遇到问题，包括随着设计、施工技术的发展所遇到的新问题，一定要深入实际调查研究，弄清建筑的内外部条件，了解设计是否经济合理、概预算所采用的定额、指标是否符合现场实际等。

2. 审查方法

由于工程的规模大小、繁简程度不同，设计施工单位情况也不同，所编工程概预算的繁简和质量水平也就有所不同。因此，参加审核概预算的人员应采用多种多样的审核方法，例如，全面审核法、重点审核法、经验审核法、分解对比审核法以及用统筹法原理审核等，以便多快好省地完成审核任务。下面以预算的审查说明这些方法。

（1）全面审核法。全面审核法是指按照全部施工图的要求，结合有关预算定额分项工程中的工程细目，逐一进行审核的方法。其具体计算方法和审核过程与编制预算时的计算方法和编制过程基本相同。

全面审核法的优点就是全面、细致，所审核过的工程预算质量较高，差错较少，但工作量太大。

作为建设单位，对于一些工程量较小、工艺比较简单的工程，特别是由集体所有制建设队伍承包的工程，由于编制工程预算的技术力量较弱，并且有时缺少必要的资料，工程预算差错率较大，应该尽量采用全面审核法，逐一地进行审核。作为建设银行，对于某些已定型的标准施工图，适于采用全面审核法，因为审核一个，就等于审核了一批，即使有些设计有了变更，因有了全面审核的基础，再把设计变更部分作个增减或估算，也就方便多了。

（2）重点审核法。抓住工程预算中的重点进行审核的方法，称为重点审核法。那么，什么是工程预算的重点？怎样进行重点审核？现介绍如下：

1）选择工程量或造价较高的项目进行重点审核。如水利水电枢纽工程中的大坝、溢洪道、厂房、泄洪洞、机电设备及金属结构设备等。

2）审核基础单价计算的正确性。其人工工资标准是否正确、是否与本地区的工资标准相符合、各数据引用是否准确、计算是否合理等，以及材料的来源、各材料预算价格的计算、施工单位或建设单位直接向厂家采购材料的手续费、运输工具的合理性等需要逐项进行审核。

3）工程单价是否正确。单价包括的内容是否重复、遗漏，引用定额是否正确，以及补充单价等应进行重点审核。在工程预算中，由于定额缺项，施工企业根据有关规定编制补充单价是经常发生的，审核预算人员应把补充单价作为重点，主要审核补充单价的编制依据和方法是否符合规定，材料用量预算价格组成是否齐全、准确，人工工日或机械台班计算是否合理等。

4）工程量计算是否正确。审批时应抓住重点，例如，对工程量较大的挡水工程、厂房工程，主要安装工程要逐项核对，其他分项工程可作一般性的审查。要注意各工程的构件配件名称、规格、数量和单位是否与设计和施工的规定相符合。

5）各项费用标准，应根据有关规定查对，对采用费率计算的，例如间接费、计划利润、税金等应对计算基础费率标准进行逐一审查，防止错算和漏算。审查各项其他费用，尤其要注意土地征用费、移民安置费、库区淹没赔偿费等，是否符合国家和地方的有关规定，要进行实地调查。

应用重点审核法审核工程预算时，应灵活掌握审核范围。如没有发现问题，或者发现的差错很小，应考虑适当缩小审核范围。此外，如果建设单位工程预算的审核力量相对来说较强,或时间比较充裕,则审核的范围可宽一些;反之,则应适当缩小。

(3) 分解对比审核法。所有单位工程,如果其用途、建筑结构和建筑标准都一样,在一个地区范围内,其预算单价也应基本相同,特别是采用标准施工图或复用施工图的单位工程更是如此。把一个单位工程,按直接费与间接费进行分解,然后再把直接费按工种工程和分部工程进行分解,分别与审定的标准预算进行对比分析的方法,称为分解对比审核法。

分解对比法的步骤:①全面审核某种建筑的定型标准施工图或复用施工图的工程预算,审核后作为审核其他类似工程预算的对比标准;②把上述已审定的定型标准施工图的工程预算分解为直接费和间接费(包括所有应取费用)两部分,再把直接费分解为各工种工程和部分工程预算,分别计算出它们的预算单价;③把拟审的同类型工程预算造价,先与上述审定的工程预算造价进行对比。如果出入不大,就可以认为本工程预算问题不大,不再审核;如果出入较大,譬如超过已审定的标准设计施工图预算造价的1%或少于3%(根据本地区要求),再按分部分项工程进行分解,边分解边对比,哪里出入较大,就进一步审核哪一部分工程项目的预算价格。

分解对比审核的方法:①经过分解对比,如发现应取费用相差较大,应考虑承包企业的所有制及其取费项目和取费标准是否符合规定;材料调价所占的比重如何。如与作为对比标准的工程预算中的材料调价相差较大,则应进一步审核《材料调价统计表》,将表中的各种调价材料的用量、单位差价及其调整数等,逐项进行对比。如果发现某项出入较大(调价材料的单价差价应与规定的完全一致,数量应与审定的标准施工图预算基本一致),则需进一步查找该项目所差的原因。②经过分解对比,发现某一部分工程预算价格的差异较大时,就应进一步对比各项工程或工程细目。对比时,应首先检查所列工程细目多少是否一致,预算合价是否一致。对比发现相差较大者,再进一步查看所套用的预算单价,最后审核该项目工程细目的工程量。

(4) 用统筹法原理审核工程量。任何工作都有自己的规律,编制与审核工程概预算也不例外。这个规律应该基本上反映编、审工程预算的特点,并能满足准确、及时地编审工程预算的需要。统筹法是一种先进的数学方法,运用统筹法原理可以方便地计算出主要工程量,据以核实工程预算中的工程量,从而加快审核工程预算的速度。

统筹法原理的最大特点,就是不完全按照预算定额中的分项工程顺序计算工程量,而是按下述顺序统筹计算出有关的工程量:

1) 凡是有减与被减关系的工程细目,先计算应减工程量,如在工业与民用建筑中,计算砌墙体积前,先计算应扣除的门窗、洞口面积及钢筋混凝土构件体积,后计算砌墙体积;装修工程中,先计算应扣除的局部面积,再计算整片的装修面积。

2) 先计算可以作其他数据基数的数据,一个数据可以多次使用的,应连续使用,连续计算。例如,工业与民用建筑中外墙外边线(外包线)是一个基数,可以依据它计算出多项工程量,就要先计算它。

使用统筹法原理审核工程量,应遵守本地区预算定额中的工程量计算规则,必要时应编制本地区的计算项目和计算程序,以免产生差错。

统筹法原理也可以用于编制工程概预算时计算工程量,但计算前最好先根据本地区概预算定额列出所需的工程细目,然后再将各工程细目尽量纳入某一个工程量统筹计算表中。不能纳入工程量统筹计算表中的工程细目,则仍按前面介绍的方法计算工程量,然后再一起填入工程概预算表。采用统筹法原理的工程量计算程序和计算方法,同时使用前面介绍的工程量计算表,对于加快计算速度也有一定作用。

(5) 经验审核法。经验审核法是指根据以前的实践经验,审核容易发生差错的那一部分工程细目的方法。

第五节　工程竣工结算和竣工决算

工程竣工后,要及时组织验收工作,尽快交付投产,这是基本建设程序的重要内容。施工企业要按照双方签订的工程合同,编制竣工结算书,向建设单位并通过建设银行结算工程价款。建设单位应组织编写竣工决算报告,以便正确地核定新增固定资产价值,使工程尽早正常地投产运行。竣工结算与竣工决算是不同的概念,最明显的特征是:办理竣工结算是建设单位与施工企业之间的事,办理竣工决算是建设单位与业主(或主管部门)之间的事。竣工结算是编制竣工决算的基础。

一、竣工结算

工程竣工结算是指工程项目或单项工程竣工验收后,施工单位向建设单位结算工程价款的过程,通常通过编制竣工结算书来办理。

单位工程或工程项目竣工验收后,施工单位应及时整理交工技术资料,绘制主要工程竣工图,编制竣工结算书,经建设单位审查确认后,由建设银行办理工程价款拨付。因此,竣工结算是施工单位确定工程建筑安装施工产值和实物工程完成情况的依据,是建设单位落实投资额,拟付工程价款的依据,是施工单位确定工程的最终收入、进行经济核算及考核工程成本的依据。

1. 竣工结算资料

竣工结算资料包括:

(1) 工程竣工报告及工程竣工验收单。

(2) 施工单位与建设单位签订的工程合同或双方协议书。

(3) 施工图纸、设计变更通知书、现场变更签证及现场记录。

(4) 预算定额、材料价格,基础单价及其他费用标准。

(5) 施工图预算、施工预算。

(6) 其他有关资料。

2. 竣工结算书的编制

竣工结算书的编制内容、项目划分与施工图预算基本相同。其编制步骤为:

(1) 以单位工程为基础,根据现场施工情况,对施工图预算的主要内容逐项检查和核对,尤其应注意以下三方面的核对:①施工图预算所列工程量与实际完成工程量不符合时应作调整,其中包括:设计修改和增漏项而需要增减的工程量,应根据设计修改通知单进行调整;现场工程的更改,例如基础开挖后遇到古墓,施工方法发生某些变更等,应根据现场记录按合同规定调整;施工图预算发生的某些错误,应作调整。②材料预算价格与实际价格不符时应作调整。

其中包括:因材料供应或其他原因,发生材料短缺时,需以大代小,以优代劣,这部分代用材料应根据工程材料代用通知单计算材料代用价差进行调整;材料价格发生较大变动而与预算价格不符时,应根据当地规定,对允许调整的进行调整。③间接费和其他费用,应根据工程量的变化作相应的调整。由于管理不善或其他原因,造成窝工、浪费等所发生的费用,应根据有关规定,由承担责任的一方负担,一般不由工程费开支。

(2) 对单位工程增减预算查对核实后,按单位工程归口。

(3) 对各单位工程结算分别按单项工程进行汇总,编出单项工程综合结算书。

(4) 将各单项工程综合结算书汇编成整个建设项目的竣工结算书。

(5) 编写竣工结算说明,其中包括编制依据、编制范围及其他情况。

工程竣工结算书编好之后,送业主(或主管部门)、建设单位等审查批准,并与建设单位办理工程价款的结算。

二、竣工决算

竣工决算是综合反映竣工项目建设成果和财务情况的总结性文件,也是办理交付使用的依据。基本建设项目完建后,在竣工验收前,应该及时办理竣工决算,大中型项目必须在六个月内,小型项目必须在三个月内编制完毕上报。

竣工决算应包括项目从筹建到竣工验收投产的全部实际支出费,即建筑工程费、设备及安装工程费和其他费用,它是考核竣工项目概预算与基建计划执行情况以及分析投资效益的依据,是总结基建工作财务管理的依据,也是办理移交新增固定资产和流动资产价值的依据,对于总结基本建设经验,降低建设成本,提高投资效益具有重要的价值。竣工决算报告依据《水利工程基本建设项目竣工财务决算报告编制规程》(SL19—2001)编制,对于大中型水力发电工程依据电力系统的规定执行。

1. 做好编制竣工决算前的工作

(1) 做好竣工验收的准备工作。竣工验收是对竣工项目的全面考核,在竣工验收前,要准备整理好技术经济资料,分类立卷以便验收时交付使用。单项工程已按设计要求建成时,可以实行单项验收;整个项目建成并符合验收标准时,可按整个建设项目组织全面验收准备工作。

(2) 要认真做好各项账务、物资及债权债务的清理工作,做到工完场清、工完账清。要核实从开工到竣工整个拨、贷款总额,核实各项收支,核实盘点各种设备、材料、机具,做好现场剩余材料的回收工作,核实各种债权债务,及时办理各项清偿工作。

(3) 要正确编制年度财务决算。只有在做好上述工作的基础上,才能进行整个项目的竣工决算编制工作。

2. 竣工决算编制的内容

(1) 竣工决算报告。组成竣工决算报告的内容如下:

1) 竣工决算报告的封面及目录。

2) 竣工工程的平面示意图及主体工程照片。

3) 竣工决算报告说明书。

4) 竣工决算报表。

(2) 竣工决算报告说明书。竣工决算报告说明书是总括反映竣工工程建设成果,全面考核分析工程投资与造价的书面文件,是竣工决算报告的重要组成部分,其主要内容包括:

1）工程概况。包括工程一般情况、建设工程、设计效益、主体建筑物特征及主要设备的特性、工程质量等，以及项目法人责任制、招投标制、建设监理制和合同管理制的实施情况。

2）概预算与工程计划执行情况。包括概预算批复及调整情况，概预算执行情况，工程计划执行情况，主要实物工程量完成、变动情况及原因。

3）投资来源：包括投资主体、投资性质及投资构成分析。

4）基建收入、基建结余资金的形成和分配等情况。

5）移民及土地征用专项处理等情况。

6）财务管理方面的情况。

7）项目效益及主要技术经济指标的分析计算。

8）交付使用财产情况。

9）存在的主要问题及处理意见。

10）需要说明的其他问题。

11）编表说明。

（3）竣工决算报表。按现行规定，竣工决算共9个报告。其中：

1）水利基本建设竣工项目概况表。反映竣工项目的主要特性，建设过程和建设成果等基本情况。

2）水利基本建设项目竣工决算表。反映竣工项目的综合财务情况。

3）水利基本建设项目年度财务决算表。反映竣工项目历年投资来源、基建支出、结余资金等情况。

4）水利基本建设项目投资分析表。以单项工程、单位工程和费用项目的实际支出与相应的概（预）算费用相比较，用来反映竣工项目建设投资状况。

5）水利基本建设项目成本表。反映竣工项目建设成本结构以及形成过程情况。

6）水利基本建设项目预计未完工程及费用表。反映预计纳入竣工决算的未完工程及竣工验收等费用的明细情况。

7）水利基本建设竣工项目待核销基建支出表。反映竣工项目发生的待核销基建支出明细情况。

8）水利基本建设竣工项目转出投资表。反映竣工项目发生的转出投资明细情况。

9）水利基本建设竣工项目交付使用资产表。反映竣工项目向不同资产接收单位交付使用资产情况，资产应包括固定资产（建筑物、房屋、设备及其他）、流动资产、无形资产及递延资产等。

第十一章 国际工程估价

第一节 国际工程估价概述

一、概念

估价在英语中为 Quantity Surveying,香港、新加坡等地将其译为工料测量,在美国、日本等地把估价称为 Cost Engineering。所谓的"估价"就是对工程费用的预测和计算,其含义与我国的概算或预算不完全相同。在美国、加拿大等一些国家,由于没有初步设计和施工图设计两个截然分开的设计阶段,所以也就没有类似于我国的"概算"和"预算"之分。

国际工程估价是国际工程建设中的一个重要环节。估价过程包括两大部分:工程量计算(或称摘取 Take off)和定价(Pricing)。工程量计算是估价的基础工作,是一项重要的专门性工作。定价是在工程量计算后进行编制的。工程量计算和定价通常遵循国际咨询工程师联合会(FIDIC)或英国皇家特许测量师协会(Rogal Institute of Chartered Surveyor,简称 RICS)制定的有关规则。

FIDIC 是被世界银行认可的国际咨询服务机构,是国际上具有权威性的咨询工程师组织,它的总部设在瑞士洛桑。它编制的最主要的文件范本有"土木工程施工合同条件"(也称 FIDIC 合同条件)、"电气与机械工程合同条件"和"业主——咨询工程师标准服务协议书"等。FIDIC 的文件范本大多以英国的有关文件范本为基础。

RICS 成立于 1868 年,是世界上最古老和最权威的专业组织,其估价体系在国际工程承包中被广泛采用。它编制的文件范本有"土木建筑工程标准合同条件"(也称为 ICE 合同条件)、"土木工程承包招标指南"等。RICS 的成员主要分布在英联邦国家和地区、欧洲、中东和太平洋地区。英国最大的测量师事务所——威宁谢测量师事务所(Davis Landon & Seal Chartered Quantity Surveyor)在我国香港和上海设有分公司(办事处)。

二、估价师与估价师工作内容

承担工程造价事宜的工程计算人员就是估价师。香港、新加坡等地把估价师(Quantity Surveyor)译为工料测量师,而美国、日本等国则译为成本工程师(Cost Engineer)。不论是估价师、工料测量师,还是成本工程师,他们的工作性质基本相同,相当于我国的概预算专业人员编制概预算。要想成为估价师必须经过专业考试或资格认证,如每年大约有 4000 人参加设在英国和世界各地的 60 个考试中心举行的加入 RICS 的专业考试。

据 RICS 提供的报告,在英国受雇佣的注册估价师中,55%的人在私人估价师事务所工作,18%在政府部门工作,19%在承包商处工作,剩余的 8%在其他部门工作。不管怎样划分,估价师主要服务于业主和承包商。

受雇于业主的估价师,一般要参加开发评估、合同前成本控制、税收和财务规划、合同发包、合同文件、投标分析、合同管理及工程决算,其中编制合同文件是估价师的最主要的工作内容，它包括编制工程量清单、单价表、技术说明书及成本补偿合同。

受雇于承包商的估价师，其地位和作用与业主的估价师有所不同，他应该忠实于他的雇主，要更具有商业头脑。业主的估价师要保持公正，但承包商的估价师主要代表承包商，为承包商争取更多的利益。承包商的估价师的主要工作为编制报价、签订合约、现场测量、分包商工程款的结算、进行合同纠纷与索赔、编制财务报告等。

估价过程除要遵循 FIDIC 或 RICS 规定的规则外，还要遵守一定的技术规范。工程技术规范是对设备、材料、施工和安装方法等所规定的技术要求，有的则是对工程质量进行检验、试验和验收所规定的方法和要求。一般招标文件中所规定的技术规范反映了业主对招标工程质量的要求，在国际上经常采用的规范体系有：英国 BS 标准，美国 ANSI 标准，德国 DIN 标准，法国 NF 标准，日本 JIS 标准，以及工程所在国订立的标准等。国际工程承发包市场主要在发展中国家，其中不少国家没有自己的工程技术规范，而习惯于采用某一发达国家的技术规范。

三、国际工程询价

国际工程询价是工程估价的基础。估价前必须通过各种渠道，采用各种手段对工程所需的各种材料、器材、设备等生产要素的价格、质量、供应时间、供应数量等各方面进行系统的调查，这一工作过程称为询价。

询价的内容涉及政治、经济、法律、社会和自然条件等各方面。

政治方面主要指工程所在国或资源生产国的政局稳定程度。政局动荡，可能会带来物价上涨、货币贬值，或进出口受到限制等情况。一旦发生政局动荡，业主和承包商都要承担较大的风险。如目前的海湾地区、巴尔干地区、非洲的一些地区等。

经济方面主要指工程所在国政府的财政状况，主要生产物资和有关生活物资价格的上涨幅度，金融状况，这些都会影响业主对工程款的支付能力和生产过程中承包企业的实际支出。如近期东南亚国家发生的金融危机，对业主和承包商的冲击是相当大的。此外，还要了解资源供应商的经济实力和信誉，成交后能否按期按质交货。

法律方面是指应了解物资产销国和工程所在国对物资进出口方面的法律规定。包括政策、税收、限额等。要对有关的法律背景进行分析，国际工程中常用的一些合同条件大多是以某一国的法律为基础的。但是，作为承包商，不必对工程所在国的法律十分精通，遇到重大的合同争端或法律问题，应向合同专家或律师咨询。

社会方面主要了解工程项目所在国对工程所需物资的生产情况、分布情况、购销渠道，以及劳动力情况、宗教风俗等。

自然条件方面包括地理、地质、水文、环境保护和气候等方面的资料。

国际市场商品价格比较复杂，在对工程进行询价和估价时，一定要了解国际上通用的一些贸易知识。

1. 货物价格

(1) 常用的货物术语。《国际贸易条件解释通则》(International Rules for the Interpretation of Trade Terms，简称 INCOTERMS) 中有 14 种贸易术语，最常用的有 3 种。

1) 装运港船上交货价 (Free on Board)，一般也称产品离岸价，简称 F.O.B.，注明装运港名称。这种方式的风险划分以货物装上船为界。对"装上船"这一概念，各国或各口岸的解释不尽相同。国际商会规定货物吊起并越过船舷为装上船，我国也常用这种解释。

2) 运费、保险费在内价（Cost Insurance Freight Named Port of Destination），简称 C.I.F. 目的港。它的基本含义是货价加保险和运费，是现代国际贸易中应用最普遍的一种贸易术语。一般也称为到岸价。

3) 运费在内价（Cost and Freight Named Port of Destination），简称 C.&.F. 目的港。它是指卖方将合同规定的货物装载运往指定的目的港，并支付运费，负担货物装上船以前的各项费用和风险。

上述三种贸易术语在国际上应用最广。其相同之处，都是装运港船上交货，买卖双方风险的转移均以越过船舷为界，都是象征性交货方式；不同之处是在办理手续和交付费用方面，见表 11-1。

表 11-1　　　主要货物术语的区别

术语	手　续　费　用			
	办理租船订舱	办理保险	支付运费	支付保险费
F.O.B.	买方	买方	买方	买方
C.I.F.	卖方	卖方	卖方	卖方
C.&.F.	卖方	买方	卖方	买方

(2) 商品价格的组成。具体有以下 3 种：

1) 价格的种类。国际商品的价格一般指买卖价格，由于商品、市场及贸易方式不同，对价格的规定也不同。价格的种类可分为以下几种：

买价与卖价。买价（Buying price）即买方价格（买进价格），卖价（Selling price）即卖方价格（卖出价格），两种价格之间的差价一般是中间人的佣金。

单价和总价。单价（Unit price）是指商品每一计量单位的价格金额，总价（Lump price）是指一批商品的总价格金额。

成交价格和参考价格。成交价格（Final price）是指买卖双方达成交易的实际价格，参考价格（Notional price）是指给另一方的报价，是供对方参考的价格。

现货价格和期货价格。现货价格（Spot price）是指成交后卖方应立即交货的现货交货价格，期货价格（Forward price）是指双方约定在成交后的一定时期之后交货的价格。

2) 价格构成。国际市场实际成交的价格要根据市场价格水平、销售意图以及采用不同的价格条件等多种因素来确定。其价格一般包括：成本、包装费、运输费、保险费、仓储费、出口报关手续费、税收、装卸费、商品检验费、杂费、利润、中间商佣金等。

3) 计价货币。计价货币是指用来计算货物价格的货币，因各国所用货币不同，比值不同，计价时必须注明采用哪国货币。大多数情况下，支付货币与计价货币是同一种货币。计价货币选择通常有三种方式：以买方国家货币作为计价货币；以卖方国家货币作为计价货币；以第三方国家的货币作为计价货币。

2. 货物运输

由于运输费在材料价格中占有较大的比例，所以货物的运输问题对材料、器材和设备的价格有直接影响。特别是大宗又较便宜的材料，其运费约占材料总价的 50% 左右，运输距离和货物交货期的早晚对价格也有影响。

(1) 运输方式。运输方式一般有海洋运输、铁路运输、航空运输、公里运输、联合运输。采用何种运输方式不仅考虑运输费用，而且还需要考虑运输速度和能提供的有关服务的质量。一般对贵重仪器应以空运为佳，大宗货物因数量多、运量大，一般以海洋运输和陆运为好，通常海洋运输便宜，但受自然条件影响较大，风险也大；空运、邮政运输风险小，但运费贵。同时，还要考虑到任务的缓急，以及季节、气候、距离等。目前，国际贸易中采用最多的仍是海洋运输，海洋运输分为班轮（Liner）运输、定程租船（Voyage charter）运输、定期租船（Time charter）运输。铁路运输风险小、速度快、运量大，在国际贸易中起着重要的作用，尤其在内陆国家。

（2）货物运输保险。货物运输保险是指保险公司承保货物运输风险并收取约定的保险费后，被保险货物在遭到承保责任范围内的风险受到损失时负责经济赔偿。货物在海上和其他运输过程中可能会遇到各种风险而造成损失，保险公司并不能承保所有的风险，所以在办理保险前必须了解保险公司所能承保的风险类别。

海上风险（Perils of the sea or Maritime perils），又称海险，它包含自然灾害（Natural calamities）和意外事故（Fortuitous Accidents）。

外来风险（Extraneous Risks）是指外来原因引起的风险，一般有失火、雨淋、短量、渗漏、破碎、发霉等。而战争、罢工、敌对行为及进口国拒绝进口等造成的风险属于特殊原因风险。

承保的损失种类根据损失的程度、性质、形态的不同可分为全部损失（Total Loss）和部分损失（Partial Loss）。

通常保险公司在其保险单上所规定的保险条款中注明了多种保险险别的赔偿责任范围，投保人可根据自己的需要选择投保险别，海洋运输的保险险别有主险、附加险、特别附加险和特殊附加险。

（3）货物运输费。货物运输费一般分为下列的三类：至港口的运输费和海运费、关税、陆地运输费。

1）至港口的运输费和海运费。供应商以离岸价格 F.O.B. 价对材料和设备报价，其价格包括货物到达启运港为止包括装船费在内的所有费用。海运费根据确定的海运单价计算，包括单证费和换算货币的费用。另外还必须加上保险费。

2）关税。对于材料和施工设备的进口一般要支付关税。对于本项目，H 国政府要求支付下面三种税费：进口税、销售税、附加税。

它们以发票价值的一定百分比或材料数量的一定比率来表示。

关税计算为

$$C = A(I + T + S) \tag{11-1}$$

式中 C——进口关税；
 　　I——进口税；
 　　T——销售税；
 　　S——附加税；
 　　A——包括海运保险在内的海运费总价。

3）陆地运输费。包括：将货物运输到现场的所有必需的费用，比如，结关费、港口装卸费、当地代理费及运输到现场的费用。

3. 货款支付方式

（1）支付工具。在国际贸易中，货款的支付工具是货币和汇票（Draft or Bill of exchange），货币通常作为计价、结算的支付手段，实用中常常不用现金支付，而是用非现金的支付凭证（即汇票）来完成。汇票是一种债权证书，是出票人以书面形式命令受票人立即或在一定时间内无条件地支付一定金额给指定受款人的一种凭证。

（2）支付方式。国际上支付方式有两种：有证支付和无证支付。汇付和托收为无证支付，信用证为有证支付。

汇付（Remittance）是一种最简单的支付方式，它是指付款人依据受到的单据和货物，在指定的时间内主动通过银行或其他途径将货款交给收款人的行为。汇付分为信汇、电汇、汇票。

托收（Collection）是指卖方根据发票金额开出汇票，委托银行或通过其他途径向买方收款。

信用证（Letter of credit）是银行应买方的申请开给卖方的一种有条件的承担付款责任的凭证，采用信用证对卖方、买方和银行都有利，已成为当前国际贸易中的主要支付方式。

四、工程估价的类别

进行国际招标的项目，在编制投资估算、标底和报价时，一般都要按照国际通用的造价估算编制方法和标准进行编制，因此有必要了解和掌握国际通用的造价估算方面的知识。

1. 工程估价的类别

国际上，工程估价的类别大同小异，下面以北美地区为例介绍投资估价的类别。

根据设计阶段、投资估算工作的深度和用途，一般将估价分为五种：①概念性估价；②初步性估价；③确定性估价；④工程师估价；⑤招标标底估价。

有的公司将工程师估价、招标标底估价统称为工程师估价或工程师概算。以上五种投资估价的用途、所需要的技术数据、设计图纸、基础价格资料、成果要求、估算表格形式、所采用的估算方法是各不相同的。当然，各种投资估价的准确程度也有所不同。现简述如下：

（1）概念性估价。是采用系数法和主要项目的工程量进行计算的，设备安装费用采用百分数估算，其用途是确定工程的可行性。一般误差较大，误差范围为±15%～±20%。

（2）初步性估价。其主要用途是进行工程规划和初步的资金筹措计划。它是根据初步的工程数据，如技术方案设计、初步的设备清单、一些工程布置图、初步的或概念性的工程量、主要设备的报价以及编制一些近似的单价进行估算的。误差范围为±15%。

（3）确定性估价。其用途是进行详细规划、编制合同规范和进度、准备工程预算。它是当初步设计已完成，工程规模和工作范围确定以后，根据工程计划进度和技术要求、总体布置、设备清单、工程量、设备和材料报价而进行估算的，某些项目采用系数法或把以往的价格资料加以调整后进行估算。其误差范围为±10%。

（4）工程师估价。其用途是：①协助工程经理和设计人员控制设计费用，保证在所确定的工程范围和预算内完成；②进行造价预测、施工规划、资源分配、控制场地的劳动力费用等。它是在合同划分全部完成以后，根据最新的价格资料、详细的工程量以及详细的单价进行估算。其误差范围为±5%。

（5）招标标底估价。其用途主要是估算标底和报价，分析和评价投标报价的合理性，为进行合同谈判提供依据。它是业主和投标商的估价师在同等的基础上按照招标文件中的技术规范、合同条款进行的估算。其误差范围为±5%。

2. 工程估价的工作内容

工程造价估算人员接受任务后，首先需要仔细研究工程项目，然后再做出正确的估算。为此，必须仔细阅读设计文件和图纸，到工程所在地考察施工现场，了解现场施工条件，物资供应状况，劳动力来源，进出场道路及地形地貌、水文气象等情况；向业主（投资方）了解讨论有关问题，研究确定主要施工方法，安排施工进度计划等；计算各部位的工程量、制定工程量清单；向主要材料供应商、机电设备供应商发出询价单，询价单中应包括材料、设备的规格和数量、供货日期、价格（含出厂价及运杂费等），选用合适的价格或价格调整系数以确定设备、材料的价格；评价所涉及到的风险。

若遇到大工程，超过了一个公司所能承担的任务时，通常根据行业划分，需将一部分专业工程分包出去，这时估算员应该编制出需要分包出去的工程项目和工程清单，并尽早向各分包商发出询价单，当收到分包商的报价时，经过分析比较，选取分包商的报价列入估价中。

工程估价书一般由以下几部分组成：①来往的有关信件；②签署的有关文件；③估算原则，包括所依据的图纸和技术规定、工程量的求得、工时估算指标、价格标准、关于不可预见费和物价上涨预备费用的说明；④估算结果；⑤估算的详细内容；⑥间接费；⑦施工进度计划；⑧其他资料。

第二节　国际工程工程量计算规则

英国在财务控制和建筑承包合同管理中使用建筑工程量表，已经有相当长的时期了，但是开始阶段使用比较混乱，存在的问题也不少。为此，1922年英国首次制定了一套工程量计算原则。此后，随着经验的增长和建筑工程的发展，又进行了一些修订。近一个时期以来，国际建筑业在世界范围内日益活跃，其中包括许多目前不发达的地区。对于国际工程，由于有不同国家的承包公司和咨询公司参加，从而在合同管理中产生了一些困难。在招标准备期间寻找一个减轻工作的途径，这就是工程量表，但没有任何人能提供一个规范的工程量计算草案和大家认可的计算基础。为此，英国皇家特许测量师学会指定一个委员会来制定工程量计算原则，后来这个原则成为国际上通用的工程量计算原则的基础。目前，有两种国际上通用的工程量计算方法，它们是《建筑工程量计算原则（国际通用）》和《（英国）建筑工程量标准计算方法》。下面分别介绍如下：

（1）建筑工程量计算原则。使用FIDIC合同条款时一般配套使用《建筑工程量计算原则（国际通用）》，该原则也称FIDIC工程量计算规则。FIDIC工程量计算规则是在英国工程量计算规则SMM的基础上，根据工程项目、合同管理中的要求而编制的，以适用于没有适宜规则和根本没有规则的地方。但是要正确地使用FIDIC工程量计算规则，还需提供详细的技术规范和图纸。总的说来，FIDIC工程量计算规则和英国工程量计算规则之间的差别不大，但FIDIC的规则在执行中和在技术方面更具灵活性。

（2）英国建筑工程量标准计算方法。以前，英国国内由皇家特许解决建筑工程量计算纠纷的组织有两个：测量师组织（Surveyor's Institution，简称SI）和工料测量师协会（Quantity Surveyor's Association，简称QSA）。由于两个组织规定的计算口径不同，使得承包商和估价师无所适从，不能确切地知道工程量清单中项目的含义以及如何去报价。两大组织也感到有必要确保计算工作的精确性和有一个统一的计算规则。1912年6月两个专业组织为制定标准计算规则而成立了一个联合委员会。1918年英国建筑业不同行业的代表也受全国建筑业行业雇主联合会（National Federation of Building Traedes Employers，简称NFBTE）和建造者协会（Charter Institution of Builder，简称CIOB）的任命加入了联合委员会，帮助制定标准计算规则。1922年，终于出版了第一版的标准工程计算规则（Standard Method of Measurement，简称SMM）。测量师组织和工料测量师协会也最终合并成为英国皇家特许测量师协会。

SMM在英联邦体制下的国家中被广泛接受，有的国家和地区在SMM的基础上编制了自己的规则，如新加坡、澳大利亚、香港、南非等。新版计算规则SMM7在1988年7月1日起正式使用。下面介绍英国的建筑工程量标准计算方法。

一、工程量计算书

工程量计算一般使用特定的计算纸，计算纸的形式如表11-2。

表11-2　　　　　　　工程量计算纸

倍数	尺寸	计算结果	项目描述	倍数	尺寸	计算结果	项目描述
①	②	③	④	①	②	③	④

第①列是倍数列。第②列是尺寸列。第③列是根据第②列的尺寸计算出来的结果，可以是以立方米为单位的体积，也可以是以平方米为单位的面积等。第④列是描述列，主要是对工程量所对应的项目进行说明。

1. 计算式的表示形式

工程量单位有5种：立方米、平方米、延长米、个或只、单项工程。立方米、平方米、延长米工程量的表示方法如表11-3。

2. 初级计算

表11-3　　工程量表示方法

倍数	尺寸	计算结果	项目描述	备注
	5.00		立方米工程量	
	4.00		表示实体积工程量	
	2.00		长5.00m，宽4.00m，高2.00m	
	8.00		表示平面的工程量	
	6.00		长8.00m，宽6.00m	
	7.00		延长米工程量长7.00m	

除了非常简单的情况，一般的计算过程都应写下来。写下来不但可以减少错误发生率，而且也便于其他人进行复核。

3. 项目描述

项目描述是对分项工程的内容、质量等进行说明。一个延长米项目在项目描述中乘以一个尺寸就成为了平方米项目，一个平方米项目在项目描述中乘以一个尺寸就成为了立方米项目。

二、工程量清单

1. 工程量清单的形式

工程量清单一般分成以下5个部分：

（1）开办费部分（Preliminary）。设立开办费是为了让参加投标的承包商对工程的概况有一个大致的了解，并且提供影响价格组成的一些因素。在这一部分中，投标者可以知道参加工程的各方、工程地点、范围、可能会使用的合同形式以及其他。

开办费中还应包括临时设施费用，如现场办公室等一些基本的费用项目。

（2）分部工程概要（Preambles）。在每一个分部或每一个工种项目的开始前，有一个分部工程概要，主要介绍和描述这个分部所用的人工、材料和工程质量检查等具体内容。

（3）工程量部分（Measured work）。工程量是工程量清单中最重要的组成部分，它把整个建筑的分项工程的工程量都集中在一起。为了便于估价，分项工程按照一定的规则分类组成不同的分部工程。分部工程可按功能分类、按施工顺序分类、按工种分类。

（4）分包工程款和暂定金额（Provisional sum and Prime coat）。下面分别介绍如下：

分包工程款。对于任何由于分包商完成的工程或提供的货物、材料或服务，分包商的投标中标价应以分包工程款的形式列入工程量清单中。

暂定金额是指包括在合同之内，并在工程量清单中以此名称标明供工程施工和货物、材料或服务的供应，或供不可预见费之用的一项金额，这项金额可按工程师的指示或决定使用，可全部、或部分、或根本不用。据SMM7的规定，工程量清单应该完整、精确地描述工程项目的质量和数量。如果设计还未全部完成，不能精确地描述某些分项工程，应给出项目名称，以暂定金额编入工程量清单。

（5）汇总（Collections and Summary）。为了便于投标者整理报价的内容，比较简单的方法是在工程量清单的每一页的最后做一个累加，然后在每个分部的最后作一个汇总。在工程量清单的最后把前面各个分部的名称和金额都集中在一起，得到项目投标价。如果投标被接受，这个价格就成为合同价。

2. 工程量清单的编制

一般工程量清单的格式如表11-4所示。

通常每一页清单的左上角说明该分部名称。左边第一列用于填写序号或参考号。第二列用于写标题、副标题和项目描述。第三列是用于工程量和项目单位。有些清单把这两部分拆开分别说明。后面二列是让估价师填写单价和合价。

表11-4 工程量清单的格式

清单4　　墙体结构
砌砖工程

序号	项目名称和描述	工程量	单价	合价
	砖墙			
	普通砖墙，采用水泥砂浆（1:1:6）			
	砌筑			
A	墙，1砖，垂直的	40m²		
B	烟囱，2砖，垂直的	6m²		

在项目描述中尺寸的描述应按照长度、宽度、高度的顺序。一般应尽量在描述中说明尺寸。如水槽8000mm（长）×1000mm（宽）×600mm（高）。

通常标题可以分成以下四种：分部工程标题，如砌砖分部；副标题，如砖墙部分；用于一部分项目的标题，如所有1:3水泥砂浆普通砖墙的项目；SMM规定的分标题、标题的使用不仅使估价师能找到清单的各个部分，而且还可以减少项目描述的长度。

一般以延长米、平方米、立方米为单位的项目，工程量计算时精确到小数点后二位，但填入清单时四舍五入以整数计算。对于钢筋及钢结构构件等以重量计的项目，在清单中应精确到小数点后两位。

在清单的最后做一个汇总，把每个分部的合计都汇合起来。有时最后还要加上保险、法律费用等其他与工程量无关的费用。

三、工程量计算规则

1. 地下结构工程

(1) 场地准备。清除表面土（Topsoil）。在自然土上的新建工程，需要单独列一个项目，项目单位为平方米，项目内容为保存清除的表土，应说明清除的平均深度。工程量按基础建筑面积计算。如果场地很小需要场外堆放时，还要设立一个立方米项目计算表土外运的工程量，并在项目描述中写明堆放地点。基础的开挖都从地面这一标高开始。

(2) 土方量计算。有以下两种：

1) 开挖。挖方应以永久性建筑所占的空洞或垂直于永久性建筑物任何部分的空洞所占的体积（m^3）计算。具体计算方法如下：①条形基础开挖。开挖工程量的计算不考虑土体开挖后的膨胀因素，按基坑尺寸计算，膨胀因素由承包商在报价时考虑。②地下室基础的开挖。地下室基础的开挖一般从表土底部或场地平整后的标高到地下室底板下。③独立基础的开挖。独立基础的开挖和条形基础、地下室基础一样，工程量为独立基础地坑实体积（m^3），并在项目描述中说明独立基础的个数。④开挖的额外项目（Excavation Extra over）。如果开挖面或部分开挖工程在地下水位下，应再列一个额外项目，单位为 m^3，工程量为地下水位以下的开挖工程量，不分开挖深度和基础类型。

2) 土方回填和外运。基础工程施工结束后需要及时回填土方，开挖大于回填的那部分土方则需要外运。一般为了计算简便，回填工程量总是和外运工程量一同计算的。

(3) 土臂支撑（Earthwork support）。在开挖深度大于 0.25m、土臂面与水平面角度大于 45°时，应该计算土臂支撑。承包商是否在实际施工过程中进行支撑，由承包商自行决定。但是，一旦由于承包商未进行支撑而引起塌方或造成事故，将由承包商负全部责任。土臂支撑是一个平方米项目，它的工程量为所有需要支撑的土臂的表面积。项目描述中应说明开挖的深度和相对开挖面的距离。

(4) 工作空间（Working space）。在计算地下基础工程量时必须考虑到采用何种防水方法以及如何施工。如果要在外墙面做防水层的话，那么根据 SMM7 规则规定，开挖面距外墙外小于 600mm 时应计算工作空间（m^2）。

(5) 混凝土基础。混凝土基础工程主要有三个部分组成：混凝土、钢筋、模板。

(6) 桩基础。在计算桩基础前，业主必须提供下列图纸：桩平面图、不同类型桩的分布图、工地现有建筑和工程位置图、与相邻建筑的关系图。另外还需提供有关土质或者地质勘察报告，以便能够精确地估价。若工地临河（湖），还需提供地平面高程与河（湖）面高程的关系。

桩基础一般分成板桩和承压桩两大类。

板桩有临时性板桩或永久性板桩，一般在开挖时使用，承压桩用来承压和传递重量，可以是预制桩，也可以是钻孔灌注桩。

不管何种形式的桩，必须在项目描述中写明桩的打入深度和实际长度。

1) 板桩的计算一般由下列项目组成：整根桩的打入面积、整根桩的面积、桩的连接、截桩、杂项。

整根桩的打入面积：这是个平方米项目。工程量为打入深度乘以桩的宽度。打入深度指沿着桩的轴心线从现有地面到桩尖的长度。

整根桩的面积：这也是个平方米项目。根据SMM7，按桩长分为三类：桩长不超过14m，14～24m，大于24m，分别套用并且在项目描述中说明桩的横截面尺寸。

桩的连接：当桩的长度不够时需要接桩，接桩时要计算两个项目：①需要接桩的桩长：划分为连接长度小于等于3m和大于3m两种；②接桩的数量：以根计算。

截桩：项目单位为延长米。工程量为每根桩应截去的长度。项目内容包括了截桩所需的工作空间以及工作空间的回填和土方外运。

额外项目：项目单位为延长米，工程量为桩的全长。主要包括一些转角处桩的处理、延接、封闭等工作。

板桩可以是临时性的，也可以是永久性的。临时性板桩一般在基础施工完毕后拔出，拔桩要单独立项，费用另计。

桩的工程量计算精度主要取决于桩的设计程度。若图纸是施工图设计图纸，计算工作比较简单。若处在初步设计阶段，很多数据都需要估计，工程量清单中的工程量为估计数。

2）预制桩的工程量计算一般包括以下的项目：桩的数量、桩的打入深度、接桩、截桩。

桩的数量：项目以根计算，工程量为桩的数量，项目描述应说明桩的长度以及桩打入的起始标高。

桩的打入深度：项目单位为延长米。打入深度指沿着桩的轴心线从打入的起始标高至桩尖的长度。

接桩：接桩计算需立两个项目：①接桩数量：以根计算；②接桩长度：项目分为接桩长度小于等于3m和大于3m两类。桩的接头和电焊等接桩工作均包括在项目中。

截桩：项目单位为延长米。项目内容应包括把桩的钢筋与桩帽或与地梁的钢筋连接或割除的工作。

如果设计师或建筑师要求试桩，则需另立测试项目。项目描述中说明测试所需的时间、方法和要求。

3）钻孔灌注桩的工程量计算一般包括以下项目：桩的数量、桩混凝土部分的长度、最大的钻入深度、钢筋、泥浆处理。

桩的数量：项目以个计算，项目描述中说明钻入的起始标高。

桩混凝土部分的长度：按实际长度计算。

最大的钻入深度：以延长米计算。钻入深度是沿着桩的轴心线从钻入的起始标高钻孔底部的长度。

钢筋：单位以吨计算。一般钻孔桩的钢筋由插筋和螺旋箍筋组成。

泥浆处理，是表示把钻出来泥土运走，项目单位为立方米，工程量为桩的断截面积乘以混凝土长度。

（7）地下连续墙。随着工程基础深度的增加，地下连续墙的使用也越来越多。地下连续墙是指地坪以下用作承压或抵挡的封闭的墙。由于地下连续墙在地坪以下较深处，必须采用特殊的机械进行挖掘。

地下连续墙的计算与桩一样，需要业主提供地下连续墙的平面图以及它与周围建筑的关系；地下连续墙的深度、长度和厚度。另外还需提供场地土质和地质地状勘察报告。

2. 钢筋混凝土结构工程

(1) 钢筋混凝结构。一般情况下，钢筋混凝土结构图纸比较复杂，这就需要计算人员要认真、耐心。除另有说明外，混凝土、模板及钢筋应分别计算。可以分层计算每层的混凝土、模板和钢筋用量，但在大多数情况下，一般应按结构构件计算，例如先计算梁，再计算板等。

计算混凝土、模板及钢筋用量时，孔洞一般均不扣除，而是到以后再作调整。

(2) 混凝土。混凝土工程以立方米为计量单位，混凝土的强度要求应予说明。不同强度的混凝土须单独计算，混凝土板、墙、柱、梁等均应分别计算。混凝土体积中不需扣除钢筋的体积。

(3) 模板。模板应以与混凝土实际接触的面积（m²）计算，保留不拆的模板应予说明。独立柱和独立梁的模板用量为横截面周长乘以梁柱的长度。墙体模板的用量为墙体两侧面的面积。

(4) 钢筋。钢筋以延长米计算，轧钢误差、支垫、隔离件及绑扎铁丝等不另增加。钢筋在工程量清单中以不同直径分类，并以吨数计价，只计算净重。若配筋时选用钢筋网，则以面积计算其用量，搭接面积不另计算。不同级别与强度的钢筋应分别计算，并注明其规格要求。

水平倾斜角不超过 30°的称为水平钢筋，长度超过 12m 归为一类，并以每递增 3m 为一个分类间隔。计算时应注意，钢筋的弯起端长度应不小于钢筋直径的 9 倍。如果是受拉钢筋，搭接钢筋的长度为钢筋直径的 25 倍再加 150mm，若是受压钢筋，长度则为钢筋直径的 20 倍再加 150mm。

水平倾斜角超过 30°的称为垂直钢筋，长度超过 6m 归为一类，并以每递增 3m 为一个分类间隔。

(5) 预制钢筋混凝土构件。预制构件的费用包括混凝土、钢筋、模板和提升安装的费用。预制构件一般是以个数计算，如梁、支撑、隧道拱梁等；或按延长米计算，如过梁、沟盖板等；或按面积计算，如楼板、隔断板等。

3. 钢结构工程

钢结构的重量以净重计算，轧钢误差及焊接材料不另计算，空洞、缺口等不予扣除，但焊接、铆接或螺栓连接应分别说明。钢结构工程可以分成两种形式：一是独立结构的钢结构工程，这是指结构的重量通过墙体传递到基础上的钢结构，这种钢结构不需要专门工厂制作。二是框架结构形式的钢结构工程，这是指楼面、屋面的重量通过钢的框架结构传递到基础上。

独立结构的钢结构将来不可以改建和扩建，一般承包商可以自行建造，但框架结构形式的钢结构则由专业分包商来制作。

第三节 国际工程工程师估价

工程师估价在各种估价中占据着重要的地位，只要弄清楚工程师估价的编制方法，其他估价也就比较容易编制。下面介绍工程师估价的基本方法。

一、工程师估价项目划分和费用构成

1. 工程师估价项目划分

工程项目划分是做工程师估价的基础性工作，进行这项工作之前要详细阅读和认真分析设计文件以及有关的工程技术规范、规程等。

水利水电工程估价的内容，一般包括：①枢纽工程及其辅助设施的施工造价；②输变电工程造价；③征地及移民费用；④环境保护措施费用。有时还包括施工期贷款利息及物价上涨费用。

工程的项目划分一般根据构成水利水电工程的水工建筑物、设施或系统进行划分，对每一水工建筑物、设施或系统再划分为若干个独立的施工项目。在进行项目划分时，应充分考虑有关施工合同的划分。

对于大型水电工程，国际上通用的惯例是根据工程的实际情况把整个工程施工分成若干个施工合同标的。这样可以减少承包商所承担的风险和利息支出，同时，较小的合同标的使得更多的承包商增强信心，通过投标竞争以降低工程造价。合同标的划分要考虑施工项目的性质、复杂程度以及施工进度等因素。此外，还要考虑每个合同标的的规模和合同标的之间可能发生的干扰。

2. 工程师估价的费用构成

工程师估价按投资构成可分为：①直接费；②间接费；③其他费用；④不可预见费。

(1) 直接费。是指在工程施工现场直接发生的费用，也称为施工现场费，它可以用切合实际的方法把与工程有关费用直接计入相应的某施工项目内。直接费包括直接用于工程的人工费、材料费和永久设备费、施工机械设备的购置费和运行费、与施工企业运行有关的费用如施工栈桥、砂石料加工厂、混凝土拌和厂的费用等。另外，分包合同费用、雇主自理费用也计入在直接费内。

(2) 间接费。间接费是指组织和管理工程施工而发生的费用，它是为全体工程服务的，不宜计入分部分项工程内。间接费包括承包商管理和监督人员的工资、办公和杂项费用、设计用品费、交通费、一般设施（如办公室、生活福利设施、各种仓库、加工车间、维修车间等）的费用以及各种保险费、牌照费、税金、保证金手续费、利润和承包商的不可预见费。

(3) 其他费用。包括勘测设计费、工程管理费、施工管理费以及业主的费用等。

(4) 不可预见费。该项不可预见费与间接费中承包商的不可预见费不同，它是在投资估算编制时难以预测但又可能发生的费用，是整个工程的不可预见费。

二、基础价格

基础价格一般包括人工工资单价、材料价格、设备价格、施工机械台时费的价格。

1. 人工工资

一般劳务人员（即工人）都是由工程所在地提供，人工工资的组成内容一般包括：①日基本工资；②带薪法定假日、带薪休假日工资；③夜间施工或加班应增加的工资；④按规定应由雇主支付的税金、保险费及房租；⑤招募费及解雇时需支付的解雇费；⑥上下班交通费。工期在二年以上时，还应考虑工资上涨因素。人工工资的确定一般是根据工会和有关雇主签订的合同确定。不同施工项目的人工工资与技术工种、技术熟练程度、劳动力市场的萧条和繁荣有密切联系。

(1) 雇佣工人实际工作时间。雇佣工人的实际工作时间一般应按当地的工时制度、法定假日等规定计算，下面是计算的一般过程。

1) 全年工作的时间。全年工作时间按52周计，每周工作6d，每天8h。则

$$总工作时间=8×6×52=2496h$$

2) 加班时间。加班时间平均每天按1h计，加班时间的工资一般按正常工作时间的1.5~2.0倍计。则

$$加班时间=1.0×6×52=312h$$

3) 节假日休息时间。包括圣诞节、复活节及其他节假休息日。假设全年为3周，休息日一般不付工资，但其中有1.5周为规定的公众休息日应付工资。休息时间应在全年工作时间内扣除，同时也扣除加班时间。则

$$公假时间=(8+1)×6×3=162h$$

4) 病假休息时间。按当地政府规定，一般病假头3天不给工资，3天以后每工作日按一定数额付给。其病假规定全年为3周，其中有一半时间要付薪，则应扣除时间也为162h。

5) 特殊天气影响时间。由于暴风雨等自然因素所引起的停工时间应付给工资。其影响的时间应按当地条件具体确定，一般按以前的气象资料估算。假如预计全年为104h。

$$全年实际工作时间=2496+312-162-162-104=2380h$$

折合成297.5工日（每工日以8h计）。

(2) 计算雇佣工人人工费单价。雇佣单位除了按以上工作时间付给雇佣工人规定工资以外，还需要按当地政府或法律规定支付其他附加费用，在计算人工费时一并考虑。

1) 基本工资。在计算基本工资时，首先询价了解工人基本工资情况，如经询价，普工为7.0美元/工日；一般技工为10美元/工日。以技工为例（以下同）计算如下

$$基本工资=10×297.5=2975.00 美元$$

2) 特殊天气情况下应付的工资为

$$特殊天气工资=10×104÷8=130.00 美元$$

$$应付的基本工资总额=2975.00+130.00=3105.00 美元$$

3) 要保证的奖金最低额。设最低额奖金每周为5美元，按实际工作周发给。实际工作周应扣除休息时间后实为46周。则

$$奖金=5×46=230.00 美元$$

4) 非生产性加班所支付的费用。因加班时间所支出的工资要比正常工作时间的工资为高（设为1.5倍），而实际工作时间并没有增加。由此额外付出的费用为

$$加班费=10×1.5×6×46÷8=517.50 美元$$

5) 公众休假日所付的工资。按规定公众休假日（共1.5周）应支付工资。则

$$公假工资=10×6×1.5=90.00 美元$$

6) 病假工资。假如病休第三天后每天支付1.5美元。则

$$病假工资=1.5×3×6×0.5=13.5 美元$$

以上全年实际支付工资总额=3105.00+230.00+517.50+90.00+13.5=3956.00美元

7) 各种保险费。取实付工资总额的8%，则

$$保险费=3956.00×8\%=316.48 美元$$

8) 小型工具附加费。如果实际施工中不发生则可不计。现取实付工资的2%，即79.12美元。

9）工地人工监理费，取实付工资总额的 6%，得 237.36 美元。
10）招募及解雇费。约取 1.5 个月的基本工资，则

$$招募及解雇费 = 10 \times 25 \times 1.5 = 375.00 \text{ 美元}$$

全年工资费用总额为 4963.96 美元。

$$当地雇佣一般技工工资单价 = \frac{全年工资费总额（美元）}{全年实际工作日（工日）} = \frac{4963.96}{297.50} = 16.69 \text{ 美元/工日}$$

（3）综合人工工资单价。一般对分项工程直接费单价估价都取统一的人工工资单价。而实际施工中工人的工资有普通工、技工、高级技工以及领班等不同级别工人的工资之分，或分为非熟练工、半熟练工、技师和工长的工资，这些不同工人的工资实际上都不相同。因此，实际估价时一般都采用综合人工工资单价。

一般按技术等级工人工资单价进行综合。若某一工程工人的工资按技术等级分为高级技工、技工、普工、辅助工和壮工等。这些等级技术工人的工资单价也可按前述方法进行估算得出。计算综合工资单价时可先选择本工程中的一个典型班组，配备一名领班，然后根据各级工人的人员组合来进行综合，表 11-5 是一个计算综合工资单价的例子。

表 11-5　　　　　　　　　雇佣工人综合工资单价计算

工 种	每日工资（美元/工日）			班组的构成和班组日工资			所得税及保险金	
	基本工资	津贴	合计	非生产人员（人）	生产人员（人）	每日工资数（美元）	费率（%）	费用（美元）
领 班	28.0	8.0	36.0	1		36.0	35	12.60
高级工	18.0	1.5	19.5		2	39.0	32	12.48
专业工	15.0	1.2	16.2		4	64.8	32	20.74
一般工人	10.0	0.8	10.8		6	64.8	32	20.74
辅助工	9.0	0.6	9.6		4	38.4	32	12.29
壮 工	8.0	0.4	8.4		2	16.8	32	5.38
合 计				1	18	259.8		84.23

每工日平均工资 = 259.8 ÷ 19 = 13.67 美元
加班费 = 13.67 × 0.10 = 1.37 美元
所的税与保险金 = 84.23 ÷ 19 = 4.43 美元
综合工资单价 = 13.67 + 1.37 + 4.43 = 19.47 美元/工日

2. 材料和设备价格

包括材料、半成品和设备，其价格包括出厂价、自厂家运至工地所发生的运费、保险费以及可能的某些税金等费用。材料、半成品和设备的采购和保管费包括在间接费中。

一般通过电话、电传向有关制造厂家、公司进行询价，并与已有的价格资料综合平衡后，选用适当的报价，作为设备原价和运杂费的价格。

次要材料的价格一般是根据承包商的实际资料加以适当调整而确定。

材料、半成品和设备的预算单价一般应按施工现场交货价格。如果由当地材料供应商直接供货到现场，可直接用材料商的报价作为材料、设备的单价。

【例 11-1】　砂子每车提货价 60 美元，每车装载 8t，运费 15 美元，使用前需对砂子进行过筛，每吨

需花人工 0.2 工日，人工费为 15 美元/t，砂子损耗率为 15%，采购、保险费和利润费率确定为 5%。因需要量大，供货时间长，估计价格上涨率为 5%。试计算沙子的价格。

解：

$$现场每吨交货价 = [60 \times (1 + 0.05) + 15] \div 8 = 9.75 \text{ 美元}/t$$

$$砂子单价 = [(9.75 + 15 \times 0.2) \div (1 - 0.15)] \times (1 + 0.05) = 15.75 \text{ 美元}/t$$

3. 施工设备台时费

国际工程的施工设备台时费与国内工程施工机械台班（时）费差别较大。国际工程施工设备台时费，可分为两大类，一类是租赁设备的台时费；另一类是自购设备的台时费。除个别具体条款和内容有所不同外，这两类台时费是相似的。这里主要介绍自购设备的台时费。

施工设备台时费包括拥有成本（固定成本）和运行成本（可变成本）两项。拥有成本包括设备折旧费、利息、保险、税金。运行成本包括轮胎折旧费（对于轮式设备）、燃料费、修理费、润滑油脂费、滤清器费和零星器材费。施工设备台时费不包括操作人员的工资、设备进退场费、管理费用和利润。

(1) 设备折旧费确定。具体方法如下：

1) 设备价格包括设备出厂价格、销售税和运至工地发生的运杂费用，可以向厂家进行询价。

2) 设备残值是工程结束后施工机械设备的残余价值，应按可用程度和可能的去向考虑确定。除可转移到其他工程上继续使用或运走的贵重机械设备外，一般可不计残值。很多承包商倾向于把设备在其使用寿命内全部折旧，即残值为零，但也有部分承包商考虑设备残值。设备残值随设备本身的状况、地区、市场条件而有很大变化。但是，设备在拍卖时，其本身的完好状况、已经工作的时间对残值有极大影响，一般残值率为 15%。

3) 设备的折旧年限（经济寿命）代表设备在平均条件下的经济生产寿命，它是决定设备折旧费，也是决定小时修理费、维护费和消耗性器材费的重要因素之一，它对设备台时费的影响最大。承包商不同、工作类型不同、工作地区不同，选择的设备折旧年限也就不完全相同。折旧年限一般按不超过 5a 计算，如果工程项目的工期为 2a，则可从直线折旧法、递减余值折旧法、等值折旧法中任选一种计算。在工期较长（如 2~3a 以上）或工程量较大的工程上，机械设备可考虑一次折旧。

美国财政部国内收入署规定，施工设备（海运设备除外）经济寿命一般为 4~6a。主要施工设备的经济寿命参见表 11-6。

表 11-6　　　　　　　　　主要施工设备的经济寿命参考资料

名　称	规　格	经济寿命（h）
推土机	74.6 kW	17530
	104.4 kW	12460
	149.1 kW	13940
	249.8 kW	16260
	298.3 kW	17530
轮式装载机	3.1 m³	13305
	5.4 m³	17530
	10.3 m³	21120

续表

名 称	规 格	经济寿命（h）
自卸汽车	10t	10560
	20t	12460
	32t	17530
	45t	19220
	77t	19220
正铲和反铲液式挖掘机	2.3 m³	14995
	3.6 m³	17530
	9.6 m³	26400
平地机	100.7 kW	14995
	186.4 kW	21120
振动碾	14t、23t	11825
平碾	45t	13940
运水车	11400L	11825
	19000L	13305
混凝土搅拌机	3.1、6.1、7.6、9.1 m³	11825
平板车	5t	11825
空压机活动式和螺旋式	12.7、17.0、25.5、34.1m³/min	13305
液压履带钻机	75mm、100～150mm	14495
钻架台车	2臂、3臂、5臂	18000
汽车起重机	80t	14995
	115t	14995
	250t	21120
自行式液压起重机	10～20t	13350
	30～50t	14995

当设备的实际使用寿命较经济寿命长时，折旧费稍低，但修理费用增加，见表11-7。

4）设备折旧费计算一般有三种方法：①直线折旧法；②递减余值折旧法；③等值折旧法。

表11-7 设备寿命延长时的修理费调整系数

延长的寿命（h）	履带式设备	轮胎式设备
≤5000	1.10	1.07
5000～8000	1.15	1.12
8000～12000	1.22	1.18
≥12000	1.31	1.25

直线折旧法是把设备的折旧价值在其使用寿命内均匀摊销，这种方法的优点是计算简单，应用方便，因此也最为常用。

$$\text{小时折旧费} = \frac{P-S}{Nh} \tag{11-2}$$

式中 P——设备价格；
S——残值；
N——使用寿命，a；
h——年工作小时数，h/a。

北美地区通常采用直线折旧法，不计残值。但有时可适当考虑部分残值。

$$\text{小时折旧费} = \frac{\text{设备预算价格} - \text{轮胎价格} - \text{残值}}{\text{设备寿命(h)}} \quad (11\text{-}3)$$

对于轮胎式设备，因轮胎寿命和设备寿命相差较远，故把轮胎折旧费作为运行成本的一部分。

递减余值折旧法是每年的折旧值与当年年初余额之比为定值，这种方法的残值不可能为零。

设定值为 e，则第 n 年折旧值 Q 和余额 R 分别为

$$Q = P(1-e)^{n-1}e \quad (11\text{-}4)$$

$$R = P(1-e)^n \quad (11\text{-}5)$$

到第 N 年时，其余额等于残值 S，即

$$S = P(1-e)^N \quad (11\text{-}6)$$

则

$$e = 1 - \sqrt[N]{S/P} \quad (11\text{-}7)$$

由 e 可计算出每年的折旧值，最后可求出每年的小时折旧费。

等值折旧法可用下式计算为

$$[\text{小时折旧费}]_n = \frac{(N+1-n)}{S_N} \cdot \frac{(P-S)}{h} \quad (11\text{-}8)$$

$$S_N = \sum_{n=1}^{N} n \quad (11\text{-}9)$$

式中　h——年工作小时数，a。

等值折旧法和递减余值折旧法的特点是设备在其寿命的前期折旧速度快，在后期折旧速度较慢。许多公司喜欢这两种方法。在设备使用寿命的初期，修理费用相对比后期要少些，因此采用这两种方法，在设备使用寿命内，设备折旧费和维修费之和相对于直线折旧法而言更均匀些。

（2）台时费的计算。具体方法如下：

1）固定成本可按下式计算为

$$\text{固定成本} = \text{折旧费} + \text{利息} + \text{保险} + \text{税金} \quad (11\text{-}10)$$

有些承包商把利息作为小时拥有成本和运行成本的一部分，但也有部分承包商把利息放在间接费中，当计入台时费时，一般根据施工设备的年平均投资进行计算

$$\text{利息} = \frac{\left[\dfrac{N+1}{2N} \times \text{设备预算价格}\right] \times \text{年单利}\%}{\text{年工作小时数}} \quad (11\text{-}11)$$

式中　N——设备使用寿命，a；

年单利%——一般为 6%～9%。

保险费和税金计算公式同上，财产税税率一般为 1.5%～4.5%，保险费率一般为 1%～3%。

2）运行成本计算公式为

$$\text{运行成本} = \text{轮胎折旧费} + \text{燃料动力费} + \text{维修保养费}$$
$$+ \text{润滑油脂费、滤清器费} + \text{零星器材费} \quad (11\text{-}12)$$

轮胎折旧费的计算公式为

$$\text{小时折旧费} = \frac{\text{轮胎价格（美元）}}{\text{轮胎寿命(h)}} \quad (11-13)$$

式中轮胎寿命见表 11-8。轮胎价格可向有关厂家询价。

表 11-8　　　　　　　　国外主要施工设备的轮胎寿命

名　称	轮胎寿命（h）	名　称	轮胎寿命（h）
铲运机	2500	自卸汽车（后卸和底卸）	2500
轮式装载机	2500	大型拖拉平板车	2500
隧洞装载机	1000	平地机	3000
公路运输车辆	2000	运水车	3000
轮式拖拉机	2500	汽车起重机	4000
拖拉式碾压机械	5000	活动式骨料设备和皮带机	4000
电动碾压设备	2500	其他轮胎式设备	2500

燃料动力费即施工机械的燃料动力费一般应据实计算，也可按消耗定额和当地燃料、动力单价进行计算，故

$$\text{小时燃油费} = \text{小时耗油量} \times \text{燃油单价} \quad (11-14)$$

燃油耗量随着负荷系数、高程、发动机性能、操作人员的技术和地区而变。确定燃油耗量最简单的方法是对某台设备进行测算，然后根据燃油的实际单价计算小时燃油费。有的设备制造厂家有时提供设备在某一特定工作状况下的理论耗油量。

$$\text{小时耗油量} = \text{发动机功率（kW）} \times \text{负荷系数} \times \text{单位耗量}\ [kg/(kW \cdot h)]$$

施工设备的运转状况决定负荷系数，从而影响耗油量。施工设备在连续不断地全负荷运转情况下，其负荷系数为 1，但一般达不到。设备空闲、转弯或下坡时，负荷系数都会下降。一般负荷系数，起重机为 30%～50%，索铲、抓斗式挖掘机为 40%～60%，正铲、反铲式挖掘机为 50%～60%。起重机和挖掘机的单位耗油量估算值，汽油类型为 0.32～0.39 kg/(kW·h)，柴油类型为 0.21～0.29 kg/(kW·h)。

有很多因素影响耗油量，如在同样的工作条件下，司机不同可能导致燃油耗量相差 10%～12%。表 11-9 为卡特皮勒公司制造的履带拖拉机在各种负荷条件下的小时耗油量，从表中可以看出高低负荷的耗油量可相差近一倍左右。

维修保养费用包括设备大修理费、中小修理费、日常维护保养费，由修理人工费和修理部件费组成。

可以根据实际情况计算维修保养费用。有时也可采用按占设备折旧价值的百分比进行估算，见表 11-10。

润滑油脂、滤清器费，润滑油脂耗量和燃油耗量一样随发动机的大小和型式以及设备类型而变化。有两种计算润滑油脂小时费用的方法：一种是按占小时燃油费用的百分比进行计算；另一种更为准确的方法是确定各部位的润滑油脂耗量，然后乘以润滑脂单价进行计算。各部位的润滑油耗量可参考设备使用手册或实际测试数据。当非常粗略估算时，润滑油脂单位耗量可以采用 0.0026kg/(kW·h)

表 11-9　履带式拖拉机小时耗油量

型号	低负荷（L）	中负荷（L）	高负荷（L）
D8L449kW	28～38	40～45	51～57
D9L617kW	42～49	57～64	70～80
D11N1032kW	62～70	85～93	108～115

表 11-10　维修保养费占折旧费的比值

名称	工作状况		
	轻度（%）	重度（%）	平均（%）
起重机	40	45	50
索铲、抓斗	60	65	70
正铲、反铲	65	70	75

$$\text{小时润滑油脂费用} = \text{小时单位耗量（kg/h）} \times \text{单价（元/kg）} \tag{11-15}$$

零星器材费，包括斗齿、垫板、滚筒、起重机臂焊接的费用等。可根据实际的资料或以往的历史资料进行估算。该项费用随挖装材料的类型、设备使用方式、操作技术水平而变化。

3）台时费计算，施工机械台时费可按下式计算为

$$\text{台时费} = \text{固定成本} + \text{可变成本} \tag{11-16}$$

施工机械台时费除包括上述这些费用外，一般还包括安装拆卸费、使用税和使用许可证手续费等。

三、分项工程单价的计算

工程单价包括直接费和间接费两部分。

1. 直接费

直接费包括人工费、材料费和施工机械使用费等。

（1）分项工程直接费估价方法。估算分项工程直接费单价除了要算出人工、材料等资源的直接费单价外，更重要的工作是对各分项工程所需人工、材料的消耗进行分析，亦称"工料分析"。国际工程估价没有统一的定额可以遵循，估价时可根据某一特定的定额或具体情况进行制定。

如有些与国内相同或类似的项目，可以套用国内定额，只需对用工量、材料的配合比等酌情加以适当的调整。国内没有的项目，则可根据定额测定的方法，对现场进行调查后自行制定；对有些属各项目的组合项目，亦可套用国内相应的综合预算定额进行调整。无论采用哪种方法，都必须根据当地的国情、习惯做法、技术规范和施工验收标准、具体施工方法进行，切不可生搬硬套。

任何一个普通的建筑工程，往往都有上百项分项工程，有的甚至更多。据资料统计，如果把这些分项工程按费用大小顺序排列，从中可以看出，往往较少比例（约20%）的分项工程却包含了工程总价款的绝大部分（约80%）。因此，根据不同项目所占总费用比例的重要程度，采用不同的估价方法。常用的估价方法有定额估价法、作业估价法和框算法等。

1）定额估价法。采用定额估价法应具备较正确的工效、材料、机械台时的消耗定额；人工、材料和机械台时的使用单价。一般有较可靠定额标准的企业，常常使用定额估价法。

【例 11-2】　1:2:4 混凝土现浇柱，参照某定额确定其消耗指标，其中工人用量按增加15%进行计算，具体计算条件见计算过程，其他材料不作考虑。试求每立方米 1:2:4 现浇柱直接费单价。

解：
$$\text{人工费} = 18 \times 1.25 \times 1.15 = 25.88\text{（美元/m}^3\text{）}$$
$$\text{混凝土运输车费用} = 286.8 \times 0.119 = 34.13\text{（美元/m}^3\text{）}$$

$$混凝土搅拌机费用 = 696.2 \times 0.065 = 45.25 \text{（美元/m}^3)$$
$$混凝土振动器费用 = 5.8 \times 0.115 = 0.67 \text{（美元/m}^3)$$
$$塔吊费用 = 650.3 \times 0.065 = 42.27 \text{（美元/m}^3)$$
$$混凝土 = 55.20 \times 1.015 = 56.03 \text{（美元/m}^3)$$

将以上数据合计可得出每立方米 1∶2∶4 现浇混凝土柱直接费单价为 204.23 美元。

钢筋、模板等项目内容也可按照同样的方法进行估算，然后汇总得该分项工程的直接费单价。实际上采用不同的施工方法，不同的施工机械，其工效是不同的。因此，套用定额时，必须根据实际情况进行调整。

2) 作业估价法。应用定额估价法是以定额消耗标准为依据，并不考虑作业的持续时间，特别是当机械设备所占比重较大，使用的均衡性较差，机械设备搁置时间过长而使其费用增大，当出现这种机械搁置又无法在定额估价中恰当给予考虑的情况时，可采用作业估价法进行计算。

作业估价法是先估算出总工作量、分项工程的作业时间和正常条件下劳动人员、施工机械的配备，然后计算出各项作业持续时间内的人工和机械费用。这种方法应用相当普遍，尤其是在那些广泛使用网络计划编制施工作业制度的企业中。

【例 11-3】 某工程全部混凝土量共 1 万 m^3，设用 12 个月完成混凝土作业，其材料费为 55.20 美元/m^3，根据计划确定用于浇筑混凝土的设备如表 11-11 所示。试求每立方米混凝土直接费单价。

表 11-11　　　　　　　　使 用 设 备 表

机械类型	数量（台）	单价（美元/台）	利用率（%）	总价（美元）
混凝土搅拌机（20m^3/h）	1	399862	100	399862
混凝土输送车（6m^3）	2	156380	100	312760
塔式起重机（$Q=30t$）	1	431158	30	129347
振动器	6	3120	100	18720
合　计				860689

解：
① 浇筑每立方米混凝土的机械费

$$浇筑每立方米混凝土的机械费 = \frac{860689}{1 \times 10^4} = 86.06 \text{ 美元/m}^3$$

② 浇筑混凝土人工费

设浇筑混凝土应配备 10 人，人工工资单价 18 美元，每天可完成 90m^3，养护每天 2 人，需养护 7d。则

$$人工费 = 18 \times (10 + 2 \times 7) \div 90 = 4.8 \text{ 美元/m}^3$$

③ 每立方米混凝土直接费单价

$$直接费单价 = 人工费 + 机械费 + 材料费 = 4.8 + 86.06 + 55.20 = 146.06 \text{ 美元/m}^3$$

3) 匡算估价法。工程量不大，所占费用比例较小的那些分项工程，估价师可以根据以往的实际经验或有关资料，直接估算出分项工程中人工、材料的消耗定额，从而估算出分项工程的直接费单价。采用这种方法，估价师的实际经验直接决定了估价的正确程度。

(2) 直接费单价的计算步骤。计算直接费单价的一般步骤如下：
1) 把各建筑物划分为若干个合理的工程项目（如土方、浆砌石、混凝土等）；
2) 把每个工程项目再划分为若干个基本的施工工序（如挖土、爆破、出碴）；

3) 确定施工方法和选择最合适的设备，同时确定施工设备的生产率；

4) 根据所要求的施工进度确定每个工序的生产强度；

5) 确定设备数量、劳动力组合及数量和材料消耗量；

6) 如有必要，修改施工方法、设备型号和容量；

7) 根据基础价格和半成品单价（人工工资、机械台时费、材料预算价格等）和相应的数量计算总直接费用；

8) 总直接费用除以该工程项目的工程量即得出直接费单价。

确定施工机械的生产率在计算工程单价过程中是非常重要的。影响施工机械生产率的因素较多，如操作手的技能和经验、工作环境、设备装载系数等。一般来说，国外施工设备的生产率约比国内同类型施工设备的生产率（定额水平）高30%～50%。但国外施工设备的台时费也较高。

(3) 土石方单价。在水利水电工程中，土石方工程占的比重很大。土石方开挖单价可分为两个基本工序：钻孔和爆破、出碴运输。

根据施工进度、地质、地形及岩石破碎粒度的要求选择爆破形式、爆破参数，根据设备生产率确定设备台数，根据以往的实际资料确定材料耗量。根据弃料场和开挖地点之间运输道路的距离、坡度、路面条件确定汽车的运行速度，求得每小时的循环次数，按挖掘设备的生产率配备运输设备的台数。

根据设备数量确定劳动力组合及数量之后，即可进行单价计算。

土方工程具有机械化程度高、基本不需材料费的特点。下面是一个土方工程开挖的例子。

【例11-4】 设某土方工程，开挖深度在3.0m内，采用人机组合是：1台W501型挖土机，每挖土30m³需2名普工配合修理；运土采用8t自卸汽车，运距为1.2km；汽车数量由计算确定；普工日工资18美元，挖土机台班使用费为110美元，自卸汽车台班费为86美元。试计算土方工程直接费单价。

解： ①挖土机生产率和台班产量。根据W501型挖土机工作性能表查得铲斗的斗容量为$q=0.5\text{m}^3$，另据实际情况测算得挖土斗充盈系数$K_C=1.2$，每小时挖土次数$n=60$次，时间利用系数$K_B=0.7$，土壤可松性系数$K_S=1.17$。

则挖土机生产能力为

$$Q = qn\frac{K_C}{K_S}K_B = 0.5 \times 60 \times \frac{1.2}{1.17} \times 0.7 = 21.54\text{m}^3/\text{h}$$

挖土机台班产量=21.54×8=172m³/台班

②自卸汽车需用量。采用8t自卸车，每次可运4.0m³土方，若平均运速18km/h，则

装车时间=4.0÷21.54×60=11.1min

运土时间=1.2÷18×60=4min

倾卸时间=1.0min

返回时间=3.3min

整个作业时间=11.1+4+1.0+3.3=19.4min

$$自卸汽车需要量=\frac{19.4}{11.2}=1.73\text{台}$$

配备2台自卸汽车即可。

③计算分项工程单价。

$$每天应配备普通工人数=172\div30=6\text{ 人}$$
$$人工费单价=(18\times6)\div172=0.63\text{ 美元}/\text{m}^3$$
$$机械费单价=(110+86\times2)\div172=1.64\text{ 美元}/\text{m}^3$$

土方工程直接费单价中应考虑超挖的可能性约20%，则

$$土方工程直接费单价=(0.63+1.64)\times1.2=2.72\text{ 美元}/\text{m}^3$$

（4）模板。模板是根据建筑物的具体尺寸通过计算立模系数来确定的，同时根据以往资料进行验证并加以必要的调整，国际上一般推荐用大型组合钢模板和胶合板模板，其价格可向有关公司进行询价。

【例 11-5】 设某混凝土墙采用 8 块标准胶合板模板，标准模板规格为 2440mm×1220mm，厚 19mm，每块模板加劲木楞用量为 0.5 m³，人工每工日 18 美元。试求标准模板的使用单价。

解：①材料费为

$$每块胶木板面积=2.44\times1.22=2.98\text{m}^2，取\ 3.0\text{m}^2$$

材料价格：木材为 110 美元/m³，胶合板为 4.71 美元/m²，取综合损耗系数为 17.5%，则

$$每块标准模板材料费=(110\times0.50+4.71\times3.0)\times1.175=81.23\text{ 美元/块}$$

考虑铁钉费用每平方米取 1.5 美元，则每块标准模板材料费用为

$$材料费=(81.23+1.5\times3)=85.73\text{ 美元/块}$$

②模板制作人工费。设每块标准模板制作需 3 人工作 1h，则

$$人工费=(18\times3)\div8=6.75\text{ 美元/块}$$

以上是制作标准模板的一次费用（不考虑所有机械费），应根据其周转次数摊销。

③模板安装与拆卸的人工费用。设安装与拆卸每平方米标准模板需 1.5 个人工小时，则

$$人工费=18.0\times1.5\div8=3.38\text{ 美元}/\text{m}^2$$

设用于临时支撑，螺栓及固定材料费约 1.6 美元/m²

④模板的修理、清洗和刷油的费用。标准模板每用一次都需进行修理、清洗和刷油后才能再次使用。设每平方米标准模板修理、清洗和刷油需用 0.35h，所用模板油脂每千克为 1.2 美元，每平方米标准模板需用 0.35kg 油脂，其他修理材料需 0.2 美元/m²。则标准模板修理、清洗和刷油的费用为

$$维护费=18.0\times0.35\div8+1\times0.35+0.2=1.34\text{ 美元}/\text{m}^2$$

⑤临时材料费

设用于临时支撑的螺栓及固定材料费为 1.6 美元。

⑥标准模板的使用单价

对于周转材料的周转次数，应与结构类型和对应工程量的多少、模板的材料、施工方法、施工技术等方面有关。模板每周转一次需经整修或添加补损后就可使用。在一般工程中，标准模板的周转次数应比一般模板要多，本工程由施工方案决定周转 10 次，其补损率按 30%，残值率按 10%。

模板的一次性费用应按周转次数摊销，其费用为

$$摊销费=\left[\left(\frac{85.73+6.75}{3}\right)\times0.9\times1.3\right]\div10=3.61\text{ 美元}/\text{m}^2$$

标准模板每使用一次的费用

$$使用单价=3.61+3.38+1.34+1.6=9.93\text{ 美元}/\text{m}^2$$

（5）钢筋工程。在国际工程中，钢筋一般都根据计算规则按重量单独计算。计算钢筋的单价应考虑下列因素：

1）损耗系数。钢筋可按任意长度进货，也可以根据要求按切断长度或切弯长度进货。根据不同的供货形式，应采用不同的损耗系数，常取 2.5%～10% 之间。

2) 其他材料费。包括焊接或切割所需的材料费；绑扎用的铁丝费用，其用量与钢筋直径成反比，常取 5~18kg/t；钢筋定位垫块，常取钢筋价格的 1.0%~2.0%。

3) 人工费。包括钢筋运到工地后的卸车人工，送到作业地点的人工以及调直、切断、割接、弯曲和绑扎的人工。

一个工程中不同直径的钢筋单价也可按加权平均计算出钢筋综合单价。

(6) 混凝土。混凝土单价中一般包括：材料、拌和、运输、浇筑、模板（一般单独列项，前面已经讨论）、养护、冷却水管路。工地使用的混凝土可以从当地混凝土厂购买商品混凝土，也可以在工地自行搅拌。对这两种供应方法的混凝土费用构成应分别估价。

混凝土材料费用包括砂、石、水泥等费用，有些还包括减水剂等添加剂。

混凝土拌和费用包括拌和楼和制冷设备的购置费、安装费以及运行费用。在北美，一般拌和楼容量与混凝土浇筑强度之比为 1.5:1~1.8:1。混凝土运输包括混凝土的水平、垂直运输，这样混凝土费用中应包括运输设备的购置费、安装费以及运行费。此外，还包括起重机栈桥的购置和安拆费用。

混凝土浇筑费用包括混凝土浇筑班组的人工费、振捣器和吊罐费等。

混凝土养护包括养护班组的人工费、材料费、小型机具费等。

冷却水管路费主要包括管路的材料费。

国际工程混凝土单价计算方法与国内工程计算方法不同，一般步骤如下：

1) 根据混凝土配合比，确定各种材料的用量，计算材料的费用；

2) 根据混凝土分项施工进度，确定各种混凝土施工设备的生产率和数量，从而计算各种混凝土施工设备的工作时间；

3) 根据工作总时间、台时费以及混凝土设备购置费计算混凝土工程的固定费用；

4) 根据工作总时间，计算各种混凝土施工设备的运转费用；

5) 根据立模面积和模板单价计算模板总费用；

6) 根据以往工程的统计资料计算混凝土养护和冷却水管路费。

把以上各项总费用加起来，除以混凝土工程量即得出混凝土直接费单价。

2. 间接费的组成内容及计算

间接费与企业的组织管理水平、国际市场的经济状况、市场竞争状况有关，间接费的高低在某种程度上反映承包商的经营管理水平，同时也间接地影响直接费。因此，这项费用是很重要的，有时决定投标的成败，对美国、加拿大等国的有关概算资料分析后发现，间接费与直接费之比一般为 40%~60%，有些还要超出这个范围。国际工程间接费的范围比国内工程间接费的范围要广一些。表 11-12 为加拿大某工程工程师估价中的间接费情况。

表 11-12　某工程间接费构成

项　目	间接费(C$)	直接费(C$)	间接费/直接费(%)
工程造价	147439304	214261783	68.8
其中：利润及公司费用	56500000		26.4
利息	3410000		1.6
不可预见费	4987000		2.3

(1) 间接费的组成。其组成如下：

1) 工资。包括下列人员的工资：管理和监督人员；办公室人员；设计人员；采购和仓库管理人员；劳动关系人员；安全和急救人员；看守人员；保卫人员；防火人员等。

2) 交通费。包括管理人员和生产人员的交通费用。

3) 其他运行费用。包括文具和办公用品费用；办公室租赁费用；办公设备租用费或折旧费；邮电通信费用；照相复制费用；附属企业委托设计费用；咨询费用；仓库设备的折旧和运行费；安全急救用品费用；取暖照明费用；房屋维修费用；法律诉讼费用；差旅费；生产人员迁移费用；娱乐设施费用；银行手续费用和利息；防火保护费用；卫生设施费用；现场道路和场地维修费用；现场标志牌费用；冬季停工费用。

4) 施工临时设施费用。包括临时建筑物的修建和安装费用，项目包括材料及机械设备仓库、木材、钢筋加工厂、生产车间、机修厂、试验室、工地值班室、铁路转运站等房屋建筑及设施，一般性临时道路。

5) 施工营地建设及设施费用。指施工用房屋的修建费用。

6) 施工营地运行费。指施工营地内生产运行管理人员的费用。

7) 工资以外的保险费用。指承包商的人身设备保险费用。

8) 工资以外的税金。指有关税务机关征收的税金。

9) 履约保证金（书）手续费。指业主要求办理履约保证书而支出的费用。履约保证金一般可按占工程价款的 0.5%～2% 进行估算。

10) 总部管理费用。指后方办公室总部为实施工程项目而提供的一切人员和各种服务的开支。

(2) 间接费的计算。由于设计深度不同，间接费的计算步骤、方法和考虑的项目也略有差异，一般步骤如下：

1) 确定完成施工任务所需的施工组织机构。一般根据工程项目的性质、内容和规模确定施工组织机构。业主的组成人员很少，设计工程师也不多，项目经理较多，项目经理是业主的代表。业主、项目经理、设计工程师的有关费用分别进入业主费用、施工管理费、设计费用，其间接费的计算方法与承包商的间接费用的算法相似。

2) 按照工程施工情况和施工进度确定各类人员的数量和上岗工作时间，然后按照当地各类人员的工资级别和工资标准计算管理、监督、指挥人员的工资费用。

3) 根据各类人员的数量和有关标准确定办公室和生活福利房屋的面积；根据施工活动及其规模，按有关标准确定各类车间、仓库，场院的面积。按当地的单位造价指标计算房屋的总费用。

对于水利水电工程，一般生产人员和非生产人员的住房面积在 15 m^2/人左右，施工管理人员的住房面积在 30 m^2/人左右。

4) 确定各车间、仓库、场院所需的电焊车、加油车、叉车、起重机等各类辅助设备数量，按其相应的台时费或当地价格计算总的设备费用。

5) 确定所需交通设备的数量，根据生产人员和管理监督人员的数量，按当地价格水平确定交通费用。

6) 确定其他项目的费用。如：①办公设备、用品和文具费，一般用其他工程的经验数据进行估算。在美国，此项费用约占直接生产人员人工费用的 0.6% 左右。办公设备费用可按数量乘单价计算总购置费。②通信费用约占直接生产人员人工费的 1% 左右。

7) 确定所需的各项保险费用。一般根据当地政府的有关政策和条款确定，在美国和加拿大，保险费用一般包括：①货物保险；②国内运输保险；③承包商的部分风险；④第三方财产保险；⑤

职工保险；⑥政治保险。在美国，上述六项保险费之和约占工程投资的 3%～4%。

在工程承包合同中规定有关保险的条款已成为国际惯例。水利水电建设工程一般规模大、工期长，遇到风险的可能性大。从业主和承包商双方的利益出发，在估价时列支各项保险费用是必须的，所有保险支出的费用在估价时都应当考虑。有些国家把保险分为以下几种：

工程一切险也称工程全险。即对工程在施工和保修期间，由于自然灾害、意外事故、操作疏忽或过失而可能造成的一切损失（包括第三者责任险）进行保险。

保险范围包括合同规定的全部工程；到达工地的设备、材料和施工机具，临时设施及现场上的其他物资。

建筑工程一切险的保险金额，应为保险标的建筑完成时的总值。保险费则按不同项目的危险程度、工期长短等因素确定，约在 0.18%～0.5%。

施工机械保险。承包人为保障在工地的施工机械设备在遭受损失时得到补偿所投保的机械损坏险。其保险金额应以该机械设备的重置价值为准，其年保险费率为 1.05%～2.5% 不等。

第三者责任险。建筑工程第三者责任险是分别附加在工程一切险中的。在工程保险期内，如发生意外事故造成在工地及邻近地区的第三者人身伤亡、疾病或财产损失，依当地法律应由被保险人负责时，以及被保险人因此而支付的诉讼费和经保险公司事先同意支付的其他费用，都将由保险公司负赔偿责任。第三者责任险的赔偿限额由双方商定，费率约为 0.25%～0.35% 之间。

机动车辆保险。机动车辆包括汽车、拖拉机、摩托车以及各种特种车辆，它们是机械损坏险中所不包括的。机动车辆保险分为车辆损失险和第三者责任险两部分，两者可一起或分别投保。

保险金额按被保机动车辆原值确定，保险费按不同车辆规定的基本保费，加上按保险金额 1% 的附加费。对第三者责任险也按不同车辆收取。

人身意外险。为了使施工人员在遭受意外，造成人身伤亡时得到经济补偿，减轻企业负担，可向保险公司投保团体人身意外伤害险。

国际工程中还有货物运输险、临时房屋保险等。

8）根据当地银行的有关规定和施工合同的市值，确定所需的保证金（如投标保证金、履约保证金、预付款保证金等）手续费。

9）利息。在施工初期，一方面因承包商进行一些准备工程如修建附属企业、道路等，开支较大，另一方面业主在每个单项工程结算时，扣留 5% 左右的款项作为保证金，以保证承包商按预定时间保质，保量完成整个工程。因此，承包商在施工初期是入不敷出的。这样，为保证工程顺利施工，承包商可能向银行借钱，因此会产生利息。这些利息一般以间接费形式计入工程单价。

10）利润和不可预见费，这部分费用在国际建筑市场上差别很大，一般地，利润在 8% 左右，不可预见费率在 10% 左右。

表 11-13 为某国外公司估算一特大型水利水电工程时采用的间接费率。

表 11-13　某工程间接费率

项　目	间接费/直接费（%）
施工导流工程	42.1
大坝工程	42.6
电站厂房	44.0
航运工程	36.6
临时工程	35.0
平　均	40.1

四、勘测设计费、工程管理费、施工管理费和业主费用

勘测设计费是指为完成工程勘测设计任务所需的勘测设计费用。包括可行性研究、初步设计、最终设计阶段所发生的人员、办公、差旅费用，其中还包括施工图纸、设计图册、设备和施工合同的技术规范及工程的国外咨询费。

工程管理费（Project Management Cost）是指业主的人员进行工程管理、控制、进度和估价、采购、设备催发货、质检、施工合同、投标文件、邀请招标、评标、签合同等所发生的费用。

施工管理费（Construction Management Cost）指业主在工地现场的人员进行合同管理、施工监督、质检和控制等工作过程中发生的费用。

业主费用（Owner's Cost）包括业主的雇员、董事会、专家组和各有关部门代表的工资和费用。

应该指出，不同的组织机构形式可能会派生出不同的费用名称。在美国，一般随工程规模的增大，这部分费用占工程投资的百分比呈逐渐下降趋势，见表11-14。

五、不可预见费

不可预见费不包括重大自然灾害（地震、洪水等）、设计方案的重大修改、政府的政策和法规的变化等。此外，更不包括承包商的任何经济损失，或因工期延长而对未来用户所造成的损失。不可预见费的确定方法没有固定的模式，应当根据工程实际情况和当地的有关规定估算。

表 11-14　　设计费和管理费

工程规模 （万美元）	设计费 （%）	管理费 （%）	合计 （%）
1500～3000	7～10	6～8	13～18
3000～10000	6～9	5～7	11～16
10000～25000	6～8	5～6	11～14

注　管理费包括工程管理费、施工管理费和业主费用。

六、施工期贷款利息和物价上涨

施工期贷款利息和物价上涨情况的可按下列原则确定：根据工程施工进度确定的现金流程（分年、分月）；根据资金的来源、渠道和国家有关政策、规定，确定适用的利率；根据有关部门统计的物价上涨指数，选取适当的物价上涨指数；最后根据已选择好的物价上涨率、利率进行具体计算。

第四节　国际工程估价实例分析

一、基本资料

已知H国已经从世界银行获得一笔贷款，用于建设防洪墙工程，工程包括近岸河道清淤、软基处理、河岸护坡修建和防洪墙修建，工程长度为3000m，要求18个月内完成全部工程，主要工程量清单如表11-15，中国某一公司要投标这一工程，试估算工程报价。

二、材料费、设备费、人工费和调遣返遣费

1. 材料费

根据招标文件编制一份详细的材料清单，向有关的供应商征询材料的报价。询价内容应包括：材料的规格、材料的数量、大概的交货计划、现场或保税仓库的地点以及材料的出口港、包装方式、接受及确认报价的期限、提交报价单的截止日期、通用贸易合同条件等。

表 11-15　　工程量清单

序号	项目名称和描述	单位	数量	单价（美元）	合价（美元）
1	一般项目				
1.1	设备进场及退场	L.S.	1		
1.2	施工地形测量				
1.2.1	陆地测量	L.S.	1		
1.2.2	近岸水中测量	L.S.	1		
1.3	土壤检验				
1.3.1	岸边钻孔取样	m	100		
1.3.2	近岸水中钻孔	m	100		
1.3.3	土壤样本的实验室试验	L.S.	1		
1.4	业主和工程师办公室				
1.4.1	办公室	m²	200		
1.4.2	新购交通工具	Nos.	4		
1.4.3	新购发电机（300kVA）	Nos.	1		
1.4.4	饮用水和储藏罐	L.S.	1		
1.4.5	宿舍	Nos.	8		
2	现场准备				
2.1	现场清理				
2.1.1	施工现场清理	L.S.	1		
2.1.2	弃料区清理	L.S.	1		
2.2	现场准备				
2.2.1	办公室	L.S.	1		
2.2.2	现场实验室（包括设备和人员）	L.S.	1		
2.2.3	材料仓库	L.S.	1		
2.2.4	施工用水和生活饮用水系统	L.S.	1		
2.2.5	临时装卸货码头	L.S.	1		
3	土方工程				
3.1	近岸河道清淤				
3.1.1	清淤，包括挖出泥沙的运出处理	m³	2500000		
3.1.2	清淤后的测量	L.S.	1		
3.2	土方回填				
3.2.1	机械吹填	m³	60000		
3.2.2	机械碾压回填	m³	90000		
3.2.3	砂石找平	m³	62500		
3.3	护坡工程				
3.3.1	护面块石的供应与施工（200～300kg）	m³	70000		
4	桩基础工程				
4.1	钢筋混凝土灌注桩（φ750mm，40m 长）				
4.1.1	灌注桩施工	Nos.	50		
4.1.2	检验桩	Nos.	2		
4.1.3	250t 的静荷载试验	Nos.	5		
4.2	混凝土工程	Nos.	4		
4.2.1	桩和桩帽混凝土	m³	2100		
4.2.2	桩的顶部找平及处理	Nos.	50		
4.3	钢筋				
	用于上述 4.2 的钢筋：				
	直径 $d \leqslant 10$mm	t	54		
	直径 $d \leqslant 19$mm	t	580		
	直径 $d \leqslant 29$mm	t	650		

续表

序号	项目名称和描述	单位	数量	单价（美元）	合价（美元）
5	防洪墙工程				
5.1	防洪墙基础				
5.1.1	基础毛石的供应与施工（50~100kg/块）	m³	92500		
5.2	混凝土工程				
5.2.1	基础混凝土	m³	15100		
5.2.2	上部墙体混凝土	m³	7560		
5.2.3	用于充填缝隙的不收缩灰浆	Nos.	150		
5.2.4	钢筋				
5.3	用于5.2的460/425级钢筋				
	直径 $d \leqslant 10$mm	t	162		
	直径 $d \leqslant 19$mm	t	1875		
	直径 $d \leqslant 29$mm	t	670		

表 11-16 列出了项目所有材料的价格，表中的材料在 H 国购买，价格按美元计算。这些价格包括了运到现场的所有运输费以及当地税。

表 11-16 在 H 国内购买的材料的价格

名称	规格	单位	单价（美元）	名称	规格	单位	单价（美元）
水泥		t	40.00	粗沙		m³	8.00
钢筋	直径 $d \leqslant 10$mm	t	362.00	骨料		m³	10.00
	直径 $d \leqslant 19$mm	t	327.50	护面块石	200~300kg/块	m³	18.00
	直径 $d \leqslant 29$mm	t	331.42	块石	50~100kg/块	m³	20.00
扎丝	21号	t	480.00				

2. 设备费

承包商为此项工程要采购新的施工设备，如表11-17，并将其出口到 H 国，设备项目的运输费包括在调遣费中。并且将在 H 国内再租用一些设备，租用设备价格如表11-18。

表 11-17 在国内采购的施工机械和设备

名称	规格	单位	单价（美元）	备注	名称	规格	单位	单价（美元）	备注
拌和楼	70m³/h	套	200000.00		水泵	ϕ8	台	15000.00	
粉碎设备		套	50000.00		填缝清浆机		台	8000.00	
筛分设备		套	30000.00		混凝土运输车辆	6m³	辆	15000.00	
冲洗设备		套	30000.00		振捣设备		台	400.00	
发电机	300kVA，柴油	台	35000.00		汽车吊	100t	台	160000.00	
面包车	20人	辆	12000.00		卡车	4t	辆	10000.00	
皮卡车	1800cl	辆	7000.00		铲车	5t	台	10000.00	
实验室设备		L.S.	10000.00		合计			592400.00	

3. 人工工资

本工程将雇佣 H 国当地工人和中国国内的工人。公司在 H 国的代理商提供了当地劳务费价格，当地人工工资包括日基本工资，带薪法定假日、带薪休假日工资，夜间施工或加

表 11-18　　　　　　　　　　在 H 国租用的施工机械和设备

名　称	规　格	租赁费(美元/月)	备注	名　称	规　格	租赁费(美元/月)	备注
搅拌机		1000.00		推土机	D—5	1200.00	
混凝土运输车		1000.00		挖掘机	$0.8m^3$	350.00	
打桩机		15000.00		平地机	4.5m	500.00	
挖泥船	7350kW	200000.00		轮胎式压路机	11t	400.00	
汽车吊	20t	500.00		挖掘机	$0.6m^3$	450.00	
转臂机	2t	200.00		罐车	$30m^3$	500.00	
拖车	20t	150.00		发电机		200.00	
弯筋设备		75.00		混凝土泵	$60m^3/h$	270 天	
履带式起重机	50	9000.00					

班应增加的工资，按规定应由雇主支付的税金、保险费及房租，招募费及解雇时需支付的解雇费，上下班交通费。人工工资是和有关的劳工所通过签定合同确定的。人工工资见表 11-19。

表 11-19　　　　　　　　　　人 工 工 资 表

工种	H国工人(美元/月)	中国工人(美元/月)	工种	H国工人(美元/月)	中国工人(美元/月)
监理	35.00	2000.00	机械工	167.00	
操作工	117.00		电工	167.00	
司机	50.00		潜水员	200.00	3000.00
木工	100.00	1500.00	电焊工	150.00	1500.00
钢筋工	84.00	1500.00	看门人	34.00	
架子工	84.00	1500.00	办公室服务员	34.00	
普工	50.00		船员	2000.00	1500.00

表 11-20　　材料税率

项目	进口税(%)	销售税(%)	附加税(%)
钢材	100	12.5	12.5
除钢材以外的材料	80	12.5	20
施工机械	20	12.5	20

4. 货物运输费

货物运输费包括：到起运港的运费（由供应商支付）、在保税仓库的仓储费、清关费、装船费、海运费、卸船费、至现场的运输费。

不同的材料税率不同，如表 11-20。

表 11-17 所列的设备在中国采购，然后运到 H 国，在工程完成之后，再运回中国。因此，在计算运至现场的设备总价时，估价师需要把海运费、保险费以及到现场的陆路运输费都包括在内。海运费将根据"海运吨"计算，"海运吨"等于材料实际重量（按吨计）或材料体积（按立方米计）两者中的大者。

设备运输到现场的有关附加费计算如下：设备的 F.O.B. 价为 651640 美元（表 11-17 设备原价加上设备穿过起运港船舷前发生的费用，按设备原价加上设备原价的 10% 计算），运输的总"海运吨"为 1520，海运单价为 95.00 美元/海运吨。

$$海运费 = 95 \times 1520 = 144400 \text{ 美元}$$
$$货运代理费 = 0.75\% \times 144400 = 1083 \text{ 美元}$$
$$单证费 = 1 \times 380 = 380 \text{ 美元}$$
$$总的运输费 = 144400 + 1083 + 380 = 145863 \text{ 美元}$$

设备的 C.&.F. 价（包括设备的海运费和陆运费在内的总价格）：
$$总价格 = 651640 + 145863 = 797503 \text{ 美元}$$
$$保险费 = 0.5\% \times 总价格 = 0.5 \times 797503 = 3988 \text{ 美元}$$
包括海运费、陆运费和保险费在内的总价
$$总价 = 797503 + 3988 = 801491 \text{ 美元}$$
设备到达 H 国港口以后的费用计算如下：

已知，设备的进口税、销售税、附加费分别为 20%、12.5%、20%，根据式 11-1 计算 H 国征收的施工设备进口税如下：
$$进口关税 = 801491 \times (0.20 + 0.125 + 0.2) = 801491 \times 0.525 = 420783 \text{ 美元}$$

因为施工机械只在该国临时使用，按照 H 国的规定应退还 60% 的关税，这样设备应付的关税为：
$$关税 = 420783 \times (1 - 60\%) = 168313 \text{ 美元}$$
$$结关费(50 \text{ 美元}/\text{每批货}, 2.5 \text{ 美元}/\text{"海运吨"}) = (1520 \times 2.5) + 50 = 3850 \text{ 美元}$$
$$H \text{ 国港口装卸费}(3.125 \text{ 美元}/\text{"海运吨"}) = 3.125 \times 1520 = 4750 \text{ 美元}$$
$$到现场的运输费(3.438 \text{ 美元}/\text{"海运吨"}) = 1520 \times 3.438 = 5226 \text{ 美元}$$
$$当地代理佣金(2.5 \text{ 美元}/\text{"海运吨"}) = 1520 \times 2.50 = 3800 \text{ 美元}$$
$$当地总费 = 168313 + 3850 + 4750 + 5226 + 3800 = 185939 \text{ 美元}$$
$$设备运到现场的总价 = 801491 + 185939 = 335790 \text{ 美元}$$
$$设备的调遣费 = 设备运到现场的总价 - 设备的 F.O.B. 价$$
$$= 335790 - 651640 = 837579 \text{ 美元}$$

估价师不但需要计算把设备运到现场的费用，而且还要计算把这些设备运回国的费用。此类费用的计算与调遣费相似，但应根据设备的残值计算。设定设备的返遣费为 200000 美元。则调遣和返遣总费为：
$$调遣和返遣总费 = 335790 + 200000 = 535790 \text{ 美元}$$

三、工程直接费

1. 单价计算

（1）混凝土。费用包括沙子、水泥和骨料的采购、运输、装卸、储存、搅拌、将混凝土运到现场等费用。

工程的混凝土总量为 24760m³。假定沙子、粗骨料和水泥的损耗为 5%，混凝土所需的所有材料在当地购买，使用当地的工人搅拌和运输混凝土。

1）材料费。每立方米混凝土的材料费计算如下：
$$水泥(用量 360 \text{kg/m}^3) = 0.360 \times 40 = 14.40 \text{ 美元}$$
$$粗沙(用量 636 \text{kg/m}^3, 容重 2.62 \text{t/m}^3) = 0.636 \times 8.00/2.62 = 1.94 \text{ 美元}$$
$$粗骨料(用量 1195 \text{kg/m}^3, 容重 2.65 \text{t/m}^3) = 1.195 \times 10.00/2.65 = 4.51 \text{ 美元}$$
$$添加剂 (1.00 \text{kg/m}^3) = 1.10 \text{ 美元}$$
$$允许损耗 (损耗率 5\%) = (14.40 + 1.94 + 4.51 + 1.10) \times 5\% = 1.10 \text{ 美元}$$
$$水费（搅拌、冲洗、养护等）= 0.80 \text{ 美元}$$

通过以上计算，每立方米混凝土的材料费为：

$$材料费 = 23.85 \text{ 美元}/m^3$$
$$材料成本小计 = 24760 \times 23.85 = 590526 \text{ 美元}$$

2）设备台时费。所用的施工设备（如表11-17）为拌和楼、粉碎机、筛分机、冲洗设备、运输车、传送带、发电机、叉车。该项经费参照本章第二节的方法计算，经计算设备台时费为434000美元。

3）人工费。估算混凝土的施工期为15个月，人工费计算如下：

$$操作员 = 117 \text{ 美元}/月 \times 15 \text{ 个月} \times 1 = 1755 \text{ 美元}$$
$$司机 = 50 \text{ 美元}/月 \times 15 \text{ 个月} \times 6 = 4500 \text{ 美元}$$
$$普工 = 50 \text{ 美元}/月 \times 15 \text{ 个月} \times 8 = 6000 \text{ 美元}$$

人工费小计：12255美元

$$材料、设备和人工费总计 = 590526 + 434000 + 12255 = 1036781 \text{ 美元}$$
$$混凝土的单价 = 1036781 \text{ 美元}/24760 m^3 = 41.87 \text{ 美元}/m^3$$

（2）打桩。进行钢筋混凝土灌注桩施工所需的设备在当地租用，所需的工人包括当地和外籍工人，1个月用于打桩试验，3个月用于打桩的主体工作，整个工程施工工期是4个月。打桩设备的台时费如下：

$$打桩机 = 15000 \text{ 美元}/月 \times 4 \text{ 个月} \times 2 = 120000 \text{ 美元}$$
$$汽车吊 = 500 \text{ 美元}/月 \times 4 \text{ 个月} \times 2 = 4000 \text{ 美元}$$
$$混凝土运输车 = 1000 \text{ 美元}/月 \times 4 \text{ 个月} \times 2 = 8000 \text{ 美元}$$
$$搅拌机 = 1000 \text{ 美元}/月 \times 4 \text{ 个月} \times 4 = 16000 \text{ 美元}$$
$$发电机 = 200 \text{ 美元}/月 \times 4 \text{ 个月} \times 2 = 1600 \text{ 美元}$$

燃料和维修费（按以上设备台时费的10%计算）= 10% × 149600 = 14960美元

小计：164560美元。

人工费：

$$司机 = 50 \text{ 美元}/月 \times 4 \text{ 个月} \times 8 = 1600 \text{ 美元}$$
$$操作工 = 117 \text{ 美元}/月 \times 4 \text{ 个月} \times 16 = 7488 \text{ 美元}$$
$$普工 = 50 \text{ 美元}/月 \times 4 \text{ 个月} \times 10 = 2000 \text{ 美元}$$

小计：11088美元。

$$打桩工程的人工和设备总费 = 11088 + 164560 = 175648 \text{ 美元}$$

施工直径为750mm的混凝土桩（50根）的费用为：3513.96美元/根

（3）钢筋的费用。钢筋的单价包括：材料采购费，运输费，弯筋和绑扎费，损耗辅助材料费（间隔块、绑扎用铁丝费），损耗率为5%。工程中绑扎的钢筋总量为3991t，施工期为13个月。

钢筋在当地购买，由当地工人进行绑扎，施工中考虑下面的消耗量和劳动率。

1）扎丝（21#）的用量如下：

直径 $d \leqslant 10mm$　20kg/t

直径 $d \leqslant 19mm$　15kg/t

直径 $d \leqslant 29mm$　5kg/t

2) 弯曲率为：

直径 $d \leqslant 10\text{mm}$　　30kg/t

直径 $d \leqslant 19\text{mm}$　　15kg/t

直径 $d \leqslant 29\text{mm}$　　10kg/t

3) 绑扎率为：

直径 $d \leqslant 10\text{mm}$　　0.4t/日/人

直径 $d \leqslant 19\text{mm}$　　0.5t/日/人

直径 $d \leqslant 29\text{mm}$　　0.6t/日/人

绑扎钢筋的费用计算如下：

1) 设备台时费。设定用于钢筋加工和运输的设备作为一般的施工现场设备，在整个工程施工期间（18个月）都要使用。

$$\text{在钢筋加工现场运输费} = 500 \text{ 美元/月} \times 2 = 1000 \text{ 美元/月}$$

$$\text{弯曲钢筋的设备费} = 150 \text{ 美元/月} \times 2 = 300 \text{ 美元/月}$$

$$\text{总的设备费} = 1300 \text{ 美元/月} \times 18 \text{ 月} = 23400 \text{ 美元}$$

$$\text{每吨钢筋的设备费} = 23400/3991 = 6 \text{ 美元/t}$$

2) 人工费。雇佣当地绑扎工人的月工资为84美元（工人每月工作30d，每月总计工作200h）。

钢筋运输的人工费为：

$$\text{操作设备人工费} = 117 \text{ 美元/月} \times 4 = 468 \text{ 美元/月}$$

$$\text{总的运输劳务费} = 468 \text{ 美元/月} \times 18 = 8424 \text{ 美元}$$

$$\text{每吨的运输人工费} = 8424/3991 = \text{约 } 2 \text{ 美元/t}$$

3) 钢筋的总单价。钢筋的购买价如表11-16，每吨钢筋的总单价计算如下：

a. 直径 $d \leqslant 10\text{mm}$ 时：

$$\text{钢筋} = 362.00 \times (1 + 5\%) = 380 \text{ 美元}$$

$$\text{扎丝} = 0.02 \times 480 = 10 \text{ 美元}$$

$$\text{间隔块} = 1.5\% \times \text{钢筋} = 6 \text{ 美元}$$

$$\text{弯筋} = 84 \times 30 \times 200 = 13 \text{ 美元}$$

$$\text{绑扎} = 84 \times 1/0.4 \times 1/30 = 7 \text{ 美元}$$

$$\text{运输人工费} = 2 \text{ 美元}$$

$$\text{运输和弯筋设备费} = 6 \text{ 美元}$$

该种直径钢筋的费用为424美元/t。

b. 直径 $d \leqslant 19\text{mm}$ 时：

$$\text{钢筋} = 327.50 \times (1 + 5\%) = 344 \text{ 美元}$$

$$\text{扎丝} = 0.015 \times 480 = 7 \text{ 美元}$$

$$\text{间隔块} = 1.5\% \times \text{钢筋} = 5 \text{ 美元}$$

$$\text{弯筋} = 84 \times 15 \times 200 = 7 \text{ 美元}$$

$$\text{绑扎} = 84 \times 1/0.5 \times 1/30 = 6 \text{ 美元}$$

$$\text{运输人工费} = 2 \text{ 美元}$$

$$运输和弯筋设备费 = 6 美元$$

该种直径钢筋的费用为 377 美元/t。

c. 直径 $d \leqslant 29mm$ 时：

$$钢筋 = 331.42 \times (1 + 5\%) = 348 美元$$
$$扎丝 = 0.005 \times 480 = 3 美元$$
$$间隔块 = 1.5\% \times 钢筋 = 5 美元$$
$$弯筋 = 84 \times 10 \times 200 = 5 美元$$
$$绑扎 = 84 \times 1/0.6 \times 1/30 = 5 美元$$
$$运输人工费 = 2 美元$$
$$运输和弯筋设备费 = 6 美元$$

该种直径钢筋的费用为 374 美元/t。

2. 单项直接费的计算

(1) 1.1 项：设备的进场与退场费用，即调遣和返遣费用，此项目以包干价报价。前面已经计算了调遣和返遣费用，此项的总额为 535790 美元。

(2) 1.4 项：业主和工程师办公设施和设备费，包括：新购汽车，新购发电机，新购储藏罐，修建宿舍等。

每辆汽车的价格为 7000 美元。

每台发电机的价格为 35000 美元。

每套储藏罐的价格为 20000 美元。

再加上这三项的 20% 的余量作为维护费（包括人工和配件费用）。

宿舍以每个单元 12500 美元分包出去。

(3) 2.1 项：现场清理。包括一般现场清理、弃料区清理，是一个包干价项目，这两个项目包括整平 92500m² 的地面，设立 1000m 长的围栏和建设 500m×10m 的临时道路。估价师假定：整平需要 2 周，设立围栏需要 10 天，道路施工需要 1 周。假定人工、材料和设备全部来自当地。经计算该项费用为 16780 美元。

(4) 3.1.1 项：清淤处理。根据施工进度，清淤、回填和护坡从第 4 个月开始到第 16 个月结束，共计 13 个月。假定清淤将在 6 个月内完成。需清淤和处理的总数量为 2500000m³。

1) 清淤：

设备台时费：

挖泥船费用（200000 美元/月，共 6 个月）＝1200000 美元

人工费：

挖泥船上的船员（外籍）（2000 美元/月，共 3 人、6 个月）＝36000 美元

当地辅助工人：

操作工（117 美元/月，共 1 人、6 个月）＝702 美元

燃料：

$$燃料费用 = 5\% 的挖泥船费 = 5\% \times 1200000 = 60000 美元$$
$$清淤的总费用 = 1200000 + 36000 + 702 + 60000 = 1297902 美元$$

2）弃料区：

设备台时费：

推土机费用（1200美元/月，共6个月）＝7200美元

人工费：

操作工（当时）（117美元/月，共6个月）＝702美元

燃料：

$$燃料费＝5\%的推土机费用＝5\%\times 7200＝360 美元$$
$$处理的总费＝7200＋702＋360＝8262 美元$$
$$清淤和处理的总费＝1297092＋8262＝1306164 美元$$

每立方米泥沙的清淤和处理费＝1306164/2500000＝0.54 美元/m³

当地费 70164 美元。

每立方米的当地费＝70164/2500000＝0.03 美元/m³。

表 11-21　　　　　　　　　护坡工程单价计算表

项目	名称	单位	单价（美元）	数量	时间（月）	金额（美元）
一、材料	护面块石	m³	18	70000		1260000
二、设备	起重船	只	10000	1	9	90000
	履带式起重机	台	27000	1	1	243000
	敞口驳船	只	4500	1	9	40500
	拖船	只	6000	1	9	54000
	吊斗	个	1000	1	9	9000
	燃料	%	436500	6	9	26160
三、人工	船员	人	2000	2	9	36000
	普工	人	50	58	9	26100
	操作工	人	117	2	9	2106
		合计				1786866

（5）3.3项：护坡工程。本项目包括护面块石的采购和施工，本工作计划在9个月内完成。施工设备在当地租借，护面块石由当地的分包商以18美元/m³的价格提供，允许损失率为5％。这项工作的总费用计算如下：

护面块石采购和施工单价＝1786866/70000＝25.53 美元/m³

其他项目的费用计算和以上的计算方法基本相同，这里不再重复。

四、直接费汇总

计算了工程量清单中的每一个项目的费用后，然后汇总计算，就可以得出工程的直接费，见表 11-22。

工程直接费合计为 9375938 美元。

五、现场管理费

除了工程直接费，还要计算间接费。间接费包括现场管理费和其他费用。在施工中，现场管理费是维护现场正常施工所必须的，包括：工资、交通费、其他运行费、施工营地修

表 11-22　　　　　　　　　　工 程 直 接 费 汇 总 表

序 号	项目名称和描述	单 位	数 量	单 价 (美元)	合 价 (美元)
1	一般项目				
1.1	设备进场及退场	L.S.	1	535790	535790
1.2	施工地形测量				
1.2.1	陆地测量	L.S.	1	15000	15000
1.2.2	近岸水中测量	L.S.	1	30000	30000
1.3	土壤检验				
1.3.1	岸边钻孔取样	m	100	160	16000
1.3.2	近岸水中钻孔	m	100	210	21000
1.3.3	土壤样本的实验室试验	L.S.	1	1200	1200
1.4	业主和工程师办公室				
1.4.1	办公室	m²	200	100	20000
1.4.2	新购交通工具	Nos.	4	7000	28000
1.4.3	新购发电机（300kVA）	Nos.	1	35000	35000
1.4.4	饮用水和储藏罐	L.S.	1	20000	20000
1.4.5	宿舍	Nos.	8	12500	100000
2	现场准备				
2.1	现场清理				
2.1.1	施工现场清理	L.S.	1	12483	12483
2.1.2	弃料区清理	L.S.	1	2297	2297
2.2	现场准备				
2.2.1	办公室	L.S.	1	15000	15000
2.2.2	现场实验室（包括设备和人员）	L.S.	1	22000	22000
2.2.3	材料仓库	L.S.	1	24000	24000
2.2.4	施工用水和生活饮用水系统	L.S.	1	43000	43000
2.2.5	临时装卸货码头	L.S.	1	52500	52500
3	土方工程				
3.1	近岸河道清淤				
3.1.1	清淤，包括挖出泥沙的运出处理	m³	2500000	0.57	1425000
3.1.2	清淤后的测量	L.S.	1	20000.00	20000
3.2	土方回填				
3.2.1	机械吹填	m³	60000	0.39	23400
3.2.2	机械碾压回填	m³	90000	4.50	405000
3.2.3	砂石找平	m²	62500	1.30	81250
3.3	护坡工程				
3.3.1	护面块石的供应与施工（200～300kg）	m³	70000	25.53	178700
4	桩基础工程				
4.1	钢筋混凝土灌注桩（ϕ750mm，40m长）				
4.1.1	灌注桩施工	Nos.	50	3513.96	175698
4.1.2	检验桩	Nos.	2	4560.00	9120
4.1.3	250t 的静荷载试验	Nos.	5	4500	22500
4.2	混凝土工程	Nos.	4		
4.2.1	桩和桩帽混凝土	m³	2100	41.87	87927
4.2.2	桩的顶部找平及处理	Nos.	50	260.00	13000
4.3	钢筋				
	用于上述 4.2 的钢筋：				
	直径 $d \leqslant 10$mm	t	54	424.00	22896
	直径 $d \leqslant 19$mm	t	580	377.00	218660
	直径 $d \leqslant 29$mm	t	650	374.00	243100

续表

序号	项目名称和描述	单位	数量	单价(美元)	合价(美元)
5	防洪墙工程				
5.1	防洪墙基础				
5.1.1	基础毛石的供应与施工（50～100kg/块）	m³	92500	36.00	3330000
5.2	混凝土工程				
5.2.1	基础混凝土	m³	15100	41.87	632237
5.2.2	上部墙体混凝土	m³	7560	41.87	316537
5.2.3	用于充填缝隙的不收缩灰浆	Nos.	150	1010.00	151500
5.2.4	钢筋				
5.3	用于5.2的460/425级钢筋				
	直径 $d\leqslant 10$mm	t	162	424.00	68688
	直径 $d\leqslant 19$mm	t	1875	377.00	706875
	直径 $d\leqslant 29$mm	t	670	374.00	250580
	合　计				9375938

建费和运行费、保险费、税金等。各项费用合计为1538265美元，计算过程如下：

(1) 工资。主要是承包商管理人员和管理辅助人员的工资。在18个月的施工期间需要15个本公司职员，还要在当地招募职员，工资额为527958美元，见表11-23。

(2) 交通费。包括管理人员和生产人员的交通费用，交通费为89000美元，见表11-24。

表 11-23　工资计算表

项目	单价(美元)	单位	数量	金额(美元)
职　员	2000	人	270	540000
当地职员	150	人	54	8100
监　工	125	人	90	11250
杂　工	32	人	36	1152
门　卫	32	人	108	3456
合　计				563958

表 11-24　交通费计算表

项目	单位	单价	数量	金额
皮　卡	辆	7000	4	28000
中　巴	Nos.	12000	4	48000
司　机	Nos.	50	60	3000
汽　油	Nos.		1	12000
合　计				91000

(3) 其他运行费。包括办公费、差旅费、通信费、医疗和急救费等，该项费用为266329美元，具体见下面的计算过程。

1) 办公费。具体计算见表11-25。

2) 差旅费。用于职员和医护人员以及最多32位工人。具体见表11-26。

3) 通信费。具体计算见表11-27。

4) 医疗和急救费。合同期间（18个月）需要1位医生和1位护士。其中：

医生费：4000美元/月，护士费：2500美元/月，设备费：30000美元。

医疗和急救总费＝(4000×18)＋(2500×18)＋30000＝147000美元

表 11-25　办公费计算表

项目	单价	单位	数量	金额
复印机	2000	台	2	4000
照相机等	400	台	4	1600
办公桌	100	张	30	3000
桌　子	80	张	10	800
书　架	100	个	20	2000
柜　子	150	个	20	3000
绘图仪器		套	1	500
纸　张			1	2000
合　计				16900

表 11-26　差旅费计算表

项目	单位	数量	金额
当地工作许可证	项	1	14429
往返机票	Nos.	1	48000
其他差旅	L.S.	1	10000
国内差旅	L.S.	1	5000
合计			77429

表 11-27　通信费计算表

项目	单位	数量	金额
电话	L.S.	1	15000
电传	L.S.	1	5000
现场广播	L.S.	1	2000
对讲机	L.S.	1	3000
合计			25000

(4) 施工营地建设与设施及运行费。包括施工营地设施、设备与水电费等，该项费用为 200600 美元，具体计算见表 11-28 的计算过程。

表 11-28　施工营地设施、设备费计算

项目	单位	单价	数量	金额
住房	m²	50	500	25000
线路	L.S.		1	2000
管道	L.S.		1	10000
空调	L.S.		1	20000
生活用品	L.S.		1	10000
伙房和餐厅	m²	50	100	5000
冰箱	Nos.	1000	4	4000
桌椅	Nos.		1	3000
杂项	Nos.		1	1000
聚餐	L.S.		1	8000
合计				85000

水电费计算如下：

1) 水费需要计算的是水的购买、储存和运输所需的费用。根据用水量，每月水的购买费为 2000 美元。

水车的费用：600 美元/月，共要使用 18 个月，总的费用为 10800 美元

储藏罐的费用：2000 美元

总费用＝36000＋10800＋2000＝48800 美元

2) 电费。需要 4 台发电机，每台的租金为 600 美元/月。

总费＝600×4×8＝43200 美元

燃料费＝670000 升×0.18 美元/升＝10800 美元

总的电费＝43200＋10800＝66800 美元

(5) 保险费。所有当地的和中国的工人和职员都要投工人伤害保险，保险单价为其总工资的 3.3%。

所需的保险金＝1341500×3.3%＝44270 美元

工程所需的汽车要购买机动车保险。通过当地的代理从当地的保险公司得到报价单，总费用为 4485 美元/年。施工期间的总费用为 6728 美元（假定为 18 个月）。承包商对此项目的工程一切险和第三方保险的总费为 180480 美元。

保险费＝180480＋6728＋44270＝231478 美元

(6) 税金。承包商有义务缴纳下列税：职员和工人薪金的所得税；公司在此项目上所得利润的公司税。所有税根据施工期间的平均薪金和 H 国的现行法律估算。总额为 84900 美元。

依据 H 国的法律，参照工程的预计利润和其他参与基建项目的非常驻公司的纳税情况，公司的预计纳税总额为 100000 美元。因此应付的纳税总额：

税金＝84900＋100000＝184900 美元

以上所有计算的费用为施工总费用，合计为 10914203 美元。

六、其他费用。

包括履约保函证书手续费、总部管理费、不可预见费、利润。

(1) 履约保函证书手续费。按施工总费用的 1% 计算，为 109142 美元。

(2) 总部管理费。公司确定的该项目总的管理费为 70000 美元。

(3) 不可预见费。为了防范不可预见的因素带来的风险，按施工总费用的 10% 计入不可预见费，该项费用为 1091420 美元。

(4) 利润。承包商把该工程的利润定为 8%，即按施工总费用的 8% 计算利润，经计算利润为 873136 美元。

以上合计工程总估价为 13057901 美元，据此公司决定投标报价为 13057901 美元，并把超过直接费的部分按比例分摊到工程量清单项目中去，修改以上的工程量清单，组成报价单价。

第十二章 水利水电工程经济评价

第一节 概 述

一、经济评价的基本概念

一项建设工程在经济上是否可行，取决于该项工程所需的费用和所能得到的效益。从不同的角度期评价一个项目，会得出完全不同的结论。例如，一个对环境污染严重的企业，可能能获得很高的利润。从企业的角度去评价它可能是一个可行的项目，但站在国家的角度去评价，就不可行；在一个水资源短缺的河道上修建拦河大坝，从大坝的受益地区的角度去评价，它可能是可行的；但从河道下游地区来看，由于减少了水资源的供应量，因而未必可行。因此，尽管是同一个项目，从不同角度进行评价，得出的结论完全不同。根据评价角度来划分，水利建设项目的经济评价一般包括国民经济评价和财务评价。国民经济评价是从国家、社会的角度考察、分析项目对国家的贡献与国家付出的代价，按照资源最优配置原则，判别项目在经济上的合理性。国民经济评价一般在财务评价的基础上，对项目的财务费用与参数进行调整并计算国民经济效益和国民经济评价指标，以判断项目的经济合理性。而财务评价是在我国现行财税制度与价格的条件下，从投资者的角度分析、测算项目的费用与收益，考察项目获利、清偿和外汇平衡能力等财务状况，判断项目的财务可行性。一般情况下，应以国民经济评价结论作为项目取舍的主要依据。

经济评价要使用一些标准以判断项目的可行与合理性。一般地说，只有经济上合理，项目方可立项。具体地说，项目的评价结果是国民经济上合理，财务上可行，项目才是可行的；国民经济评价不合理，财务上不可行，项目就不可行；而国民经济评价不合理，财务可行，项目亦不可行；但经济上合理，财务不可行，项目也可认为可行，但要求根据财务分析提出维持项目财务自理的措施。水利建设上的防洪、除涝、灌溉，乃至乡镇供水、小水电等凡属公共设施建设的许多项目，或涉及农民支付的项目，一般地说，财务上很难平衡；在项目评价中，这类项目也要进行详尽的财务评价，并分析维持财务自理的可能措施。

二、国民经济评价与财务评价的主要区别

项目经济评价中的基本方法用在国民经济评价或财务评价时所涉及的目的、价格、参数、指标是不一样的。国民经济评价与财务评价的主要区别，可归纳为表12-1。

这些主要区别根源于目的、出发点的差别。国民经济评价所考察的目标是国民收入，凡是增加国民收入的都视为项目的效益，凡是减少国民收入的都视为项目的费用。而财务评价所考察是企业或投资者的净收入，凡是增加投资者（或项目）净收入的都视为效益，凡是减少投资者（或项目）净收入的都视为费用。因此，国民经济评价中将整个国民经济作为一个大系统，把项目放在这个大系统中去考察；而财务评价只考察项目本身。国民经济评价立足点高、视野广，不仅考察项目取得的内部效果，对于项目区的外部效果也要考察。

表 12-1　　　　　　　　国民经济评价与财务评价的主要区别

项　目	国民经济评价	财务评价
目　的	提高投资效果、实现资源最优配置	企业生存、盈利能力
出发点	国民收入	企业盈利
外部效益、费用	计　入	不　计
税收、补贴等转移收付	不　计	计　入
折　旧	不　计	计　入
贷款和归还	不　计	计　入
价　格	影子价格	财务价格
折现率	社会折现率	行业基准收益率
汇率	影子汇率	官方汇率
评价标准	净现值、效益费用比、内部收益率	净现值、效益费用比、内部收益率、投资利润率、投资回收期、资产负债率、投资利税率、借款偿还期
评价结果可行	必须合理	不一定可行

例如，环境污染等，企业有时有法律依据时可以逃避，而无需支付任何费用，国家则必须考察为此付出的代价，因而要作为费用计入；又如，水库和渠道方便了农村生活用水，企业或管理单位在没有依据时不能收费，因而不能作为效益计算，而国家由于减少了生活供水投资，应计其为效益。国民经济评价是从国民整体角度研究考察项目，视项目的效益为对国家的贡献，项目费用为国家资源代价。因而税收、补贴、国内银行贷款利息等，只是在国家部门间内部转移，即由一个部门转移到另一个部门，不发生国家的资源增减，称为内部转移支付，在国民经济评价中不计为效益或费用。而溢出项目区的外部效果与费用，仍由国家承受与处理，因而要尽量计入间接影响。国民经济评价立足点高、范围广，属宏观评价，避免了内部转移的过程考虑，例如国内贷款偿还、企业内部分配过程、折旧方式等；但却要认真处理资源的真正价格、汇率与社会折现率等，以实现资源的合理配置等。利用外资项目的经济评价，投资应分别按两种方式处理。具体如下：

（1）只计国内投资，国外资金按还贷的本息作费用处理。要计及国外借款本金、借款手续费、承诺费、贷款利息的偿还。这是按实际资金流量的评价，其结果是项目决策的依据。

（2）假定全部资金均是国内资金，按全部投资进行评价。因而费用流量项内不包括国外借款本息、手续费、承诺费等。这是假设的资金流，其结果便于与一般非外资项目对比，供决策时参考。

第二节　国民经济评价

国民经济评价是水利建设项目经济评价的核心内容。在国民经济评价中所指的费用，是指国民经济为项目建设和运行付出的全部代价，所指的效益是指项目为国民经济做出的全部贡献。因此，对项目不仅应计算直接费用和直接效益，而且还应计入明显的间接费用和间接效益。在分析中不仅要定量计算的可以用货币计量的有形费用和有形效益，而且还应对不能用货币衡量的无形的社会效益和遭受的无形损失，用文字来进行实事求是的定量和定性描述。

当某些效益与费用涉及项目以外的一些措施，只有统一计算才能考察其经济效益时，应将这些措施与项目作为一个统一的整体进行评价。例如当火电建设项目与水电建设项目进行经济比较时，火电建设项目的投资费用，除考虑火电厂本身外，还应计入专为火电厂服务的煤矿、铁路及环境保护措施的投资与年运行费；而水电站库区往往存在大量的移民安置，应计入开发移民新区所需的全部生产和生活设施的费用。

水电建设项目在国民经济评价中的效益，可以采用下列各种方法计算：

（1）影子价格法。采用水利水电工程项目的直接产出物（例如水电站的供电量、水库的城镇供水量等）分别按影子电价和影子水价计算出来的电费和水费收入，作为本项目的效益。

（2）最优等效替代法。采用能同等程度满足社会需要的并用影子价格计算的最优替代方案的费用，作为本项目的效益。例如由水库引水灌溉的工程效益，可以用其最优替代方案例如在当地抽取地下水灌溉的工程费用（包括投资与运行费，下同）表示。水电站的效益，可以用其最优替代方案即火电站的费用表示，尤其当影子水价和影子电价不易确定时，国内外常采用最优替代方案的费用作为本项目的效益。

（3）缺水缺电损失法。按在项目修建之前，项目拟服务范围内缺水、缺电造成的以影子价格计算的城乡工农业损失计算。

社会折现率 i_S 是国民经济评价中用以计算评价指标的一项重要参数，是指从国民经济范围来看的资金的边际收益率，即使用资金的机会成本，也是资金的影子价格。选择适当的社会折现率，有助于合理分配有限的建设资金，引导投资各方以全社会总福利达到最大的目标投资。社会折现率过高，对工程长期效益好或社会效益显著的项目不能配置所需的资金；社会折现率过低，国家将有部分资金不能充分发挥应有的投资效益。因此，确定一个适当的社会折现率是十分重要的，但由于影响社会折现率的因素复杂，按照国家计委1990年调整发布的《建设项目经济评价方法与参数》，根据我国在一定时期内的投资收益水平、资金供求状况，规定所有建设项目的社会折现率统一采用 $i_S=12\%$。《水利建设项目经济评价规范》（SL72—94）建议对于属于或兼有社会公益性质的项目，可同时取用 $i_S=12\%$ 和 $i_S=7\%$ 两种折现率进行评价。采用较低的折现率，是因为像灌溉、防洪、除涝等社会公益性的水利项目，其社会效益很多难于定量计入，为了反映全面效益情况，一般也采用较低的社会折现率计算其评价指标，便于项目决策时能更为全面考察。

水利建设项目的国民经济评价，应以经济效益费用流量表（表12-2）反映建设项目在计算期各年的效益、费用和净效益流程，并据以计算主要经济评价指标。现对各项经济评价指标分述于下。

一、经济内部收益率（EIRR）

经济内部收益率是用以反映水利建设项目对国民经济投资回收能力的相对指标。它是使项目在计算期内经济净现值累计等于零时的折现率，其表达式为

$$\sum_{t=1}^{n}(B-C)_t(1+EIRR)^{-t}=0 \qquad (12\text{-}1)$$

式中 B——年效益，为水利建设项目某一年的产出效益；

C——年费用，为水利建设项目某一年的投入费用，包括投资和年运行费；

$(B-C)_t$——第 t 年水利建设项目的净效益；

n——计算期年数，包括建设期、运行初期和正常运行期；

t——计算期的年份序号，基准年点的序号为 0。

表 12-2 国民经济效益费用流量表（万元）

序号	项目	年份							合计
		建设期		运行初期		正常运行期			
		1	…	…	…	…	…	n	
1	效益流量 B								
1.1	项目各功能的流量								
1.1.1	***								
	***								
	***								
1.2	回收固定资产余值								
1.3	回收流动资金								
1.4	项目间接效益								
2	固定资产投资（含更新改造投资）								
2.2	流动资金								
2.3	年运行费								
2.4	项目间接费用								
3	净效益流量（B-C）								
4	累计净效益流量								

评价指标：经济内部收益率；   经济效益费用比（$i_S=$ ）；
经济净现值（$i_S=\nu$）

注 项目各功能的效益应根据该项目的实际功能计算；本表引自规范《水利建设项目经济评价规范》(SL72—94) 表 2.4.5。

经济内部收益率 $EIRR$ 可由式（12-1）试算求出，在 Excel 中有 IRR 函数，可以很方便地算出。当经济内部收益率 $EIRR$ 大于或等于社会折现率 i_S 时，建设项目在经济上是合理可行的。

二、经济净现值（$ENPV$）

经济净现值是反映水利建设项目对国民经济所做贡献的绝对指标。它是用社会折现率 i_S 将项目计算期内各年的净效益 $(B-C)_t$ 折算到建设期起点（即开工的第一年年初）的现值之和，其表达式为

$$ENPV = \sum_{t=1}^{n}(B-C)_t(1+i_S)^{-t} \tag{12-2}$$

式中 i_S——社会折现率，目前规定 $i_S=12\%$；

其他符号意义同前。

当经济净现值大于或等于零时，建设项目在经济上是合理可行的。由式（12-2）可知，经济净现值 $ENPV$ 为项目在计算期内全部效益现值减去全部费用现值之差额。当 $ENPV=0$，表示建设项目所投入费用（包括投资和运行费），其贡献（即产出的效益）恰好满足社会折现率的要求；当 $ENPV>0$，表示有关部门为拟建项目付出的代价（费用），除得到符合社会折现率的要求外，还可以得到以经济净现值 $ENPV$ 表达的超额社会盈余；在一般情况下，希望在某一投资规模时，可以获得最大的经济净现值，即 $ENPV=\max$；当 $ENPV<0$，表示拟建项目达不到规定的社会折现率 i_S 的要求，显然在经济上是不可行的。经济净现值也可采用 Excel 中的 NPV 函数计算。

三、经济净现值率（$ENPVR$）

经济净现值率为经济净现值 $ENPV$ 与投资现值 I_P 之比，它是反映项目单位投资为国民经济所做净贡献的相对指标。经济净现值率越大，项目经济效果越好。当各方案的工程项目投资额不同时，可采用经济净现值率法进行比较。

$$ENPVR = ENPV/I_P \tag{12-3}$$

式中　I_P——投资（包括固定资产投资和流动资金）的现值；

其他符号意义同前。

四、经济效益费用比（$EBCR$）

经济效益费用比 $EBCR$，即为经济效益现值与费用现值之比，它是反映工程项目单位费用为国民经济所作贡献的一项相对指标。其表达式为

$$EBCR = \frac{\sum_{t=1}^{n} B_t (1-i_S)^{-t}}{\sum_{t=1}^{n} C_t (1+i_S)^{-t}} \tag{12-4}$$

式中　B_t——第 t 年的效益；

C_t——第 t 年的费用；

其他符号意义同前。

当经济效益费用比 $EBCR \geq 1$ 时，工程项目在经济上才是合理可行的。

当建设项目进行国民经济评价时，可以采用上述一个或几个评价指标。当采用上述方法进行方案比较时，尚应考虑资金来源条件，当资金不受约束时，可采用经济净现值法、差额（增量）内部收益率法或差额（增量）效益费用比法；当资金比较困难，希望单位投资能获得较高收益率时，可采用净现值率法。

第三节　财　务　评　价

水利建设项目财务评价是根据现行财税制度和现行价格，分析测算项目的实际收入和实际支出，考察项目的盈利能力、清偿能力、外汇平衡能力等财务状况，以评价项目的财务可行性。

为了节省计算工作量，水利建设项目的财务评价，可以在国民经济评价的基础上，选取其中经济效果较优的方案进行。由于财务评价是研究项目核算单位的实际财务支出和收入，因此对财务效果的衡量只限于项目的直接费用和直接效益，不计间接费用和间接效益。

水利建设项目的财务支出，包括固定资产投资、流动资金、年运行费、税金以及贷款利息等。项目建设期的贷款利息，一般按年计息，当工程竣工时，全部贷款利息计入固定资产价值。项目投产后的贷款利息，由项目投产后的收益归还，不再计入固定资产价值。

水利建设项目的财务收益，是指出售水利产品（水、电等）的销售收入和提供服务（排水、航运等）所获得的财务收益。

进行项目财务评价前，首先应了解资金来源、筹措方式、贷款金额和偿还条件；然后列出各项财务支出，分析计算全部水利产品（或服务）的成本，根据销售水利产品（或服务）所获得的财务收益，扣除成本和应交纳的税金后，便是实现的利润，即

$$年利润 = 年财务收入 - 年总成本 - 年销售税金 - 年其他支出 \quad (12-5)$$

水利建设项目财务评价使用的基本报表有：现金流量表（全部资金和自有资金）、损益表、资金来源与运用表、资产负债表、财务外汇平衡表（涉及外资收支的水利建设项目）、总成本费用估算表（按经济用途分类和按经济性质分类）、借款还本付息表等。其中财务现金流量表用以反映项目在计算期内各年的现金流入和现金流出，以计算各项财务评价指标，进行项目的盈利分析。损益表用以计算项目在计算期内各年的利润以分析项目的盈利能力，资金来源与运用表用以分析项目的资金来源和贷款偿还能力。资产负债表用以计算项目历年的固定资产、流动资产、无形资产及递延资产变动情况，用以评价项目的负债情况；财务外汇平衡表用以测算涉及外资收支的水利建设项目在计算期内各年外资金盈余或短缺情况，以分析项目的外汇平衡能力；总成本估算表用于分析项目的成本费用；借款还本付息表，用于分析项目的借款及可供偿还的资金，供选择资金筹措方案、制订借款和偿还借（贷）款计划。

财务评价常以财务内部收益率、财务净现值、投资回收期、贷款偿还期、投资利润率和投资利税率等作为主要评价指标，现分述如下。

一、财务内部收益率（FIRR）

财务内部收益率是指项目在计算期内各年净现金流量现值累计等于零时的折现率，是用以反映项目盈利能力的重要动态指标，其表达式为

$$\sum_{t=1}^{n}(CI-CO)_t(1+FIRR)^{-t}=0 \quad (12-6)$$

式中　　CI——现金流入量；
　　　　CO——现金流出量；
　　$(CI-CO)_t$——第 t 年的净现金流量；
　　　　n——计算期年数。

财务内部收益率 $FIRR$ 的计算方法同经济内部收益率 $EIRR$。当 $FIRR \geq i_c$（财务基准收益率）时，该项目即被认为在财务上是可行的。财务基准收益率 i_c 为：

(1) 城镇供水项目 $i_c=9\%\sim10\%$。
(2) 小水电站项目 $i_c=10\%$。

二、财务净现值（FNPV）和净现值率（FNPVR）

财务净现值和净现值率都是反映项目在计算期内获利能力的动态评价指标。前者是指项目按行业基准收益 i_c 将各年的净现金流量折现到基准点（建设期初）的现值之和，后者

是指项目净现值与全部投资现值之比，其表达分别为

$$FNPV = \sum_{t=1}^{n}(CI - CO)_t(1 + i_c)^{-t} \tag{12-7}$$

$$FNPVR = FNPV/I_P \tag{12-8}$$

式中 I_P——投资（包括固定资产投资和流动资金）的现值；

其余符号含义同上。

财务净现值和财务净现值率大于或等于零的项目，均被认为财务上是可行的。在方案比选时，当各方案的投资额基本上相同时，应选择净现值较大的方案；当各方案的投资额不同时，应选择净现值率较大的方案。

三、贷款偿还期（P_d）

贷款偿还期是指根据国家财务规定，项目投产后可以用作还贷的利润、折旧、减免税金及其他收益，偿还固定资产投资的贷款本金和利息所需的时间。一般从贷款开始年算起，其表达式为

$$I_d = \sum_{t=1}^{P_d}(R_P + D' + D'' + R_0 - R_r)_t \tag{12-9}$$

$$D' = D(1 - 25\%)(0.8 \sim 0.5)$$

式中 I_d——固定资产投资贷款本金和利息之和；

P_d——贷款偿还期，年；

R_P——年利润，参阅式（12-5）；

D'——可用作偿还贷款的年折旧费；

D——工程年折旧费，先扣除15%的能源交通重点建设基金和10%的国家预算调节基金，然后在投产后的第一年至第三年提取80%，第四年以后提取50%用作偿还贷款；

D''——可用作偿还贷款的年减免税金（水电工程的减免税金为：对发电环节减征的产品税，可全部用于归还该发电项目借款的本息；对供电环节免征的产品税，可按一定百分比用于归还送电项目的借款本息；其余项目按当地财政部门规定计算）；

R_0——可用作偿还贷款的年其他收益，大型项目基建和运行期间其他收益较多的，以其90%用于归还贷款，收益少的可以不考虑；

R_r——还款期间的年企业留利，应由主管部门会同财务部门核定，一般为工资总额的15%左右作为企业基金和奖励基金，利润的1%～3%作为新产品试制基金。

当贷款偿还期满足贷方的要求期限时，即认为本项目具有清偿能力，财务上是可行的。

四、投资利润率和投资利税率

（1）投资利润率一般是指项目达到设计生产能力后的一个正常生产年份的年利润总额与项目总投资的比率。其计算公式为

$$\text{投资利润率} = \frac{\text{年利润或年平均利润}}{\text{总投资}} \times 100\% \tag{12-10}$$

式中 总投资——固定资产投资（不包括更新改造投资）、建设期利息和流动资金之和。

项目投资利润率与行业投资利润率比较，可以判别本项目单位投资盈利能力是否达到

行业的平均水平。

(2) 投资利税率是指项目达到设计生产能力后的一个正常生产年份的年利税额与总投资的比率。其计算公式为

$$投资利税率 = \frac{年利税总额或年平均利税总额}{总投资} \times 100\% \quad (12\text{-}11)$$

项目投资利税率与行业平均利税率比较，可以判别项目单位投资对国家积累的贡献是否达到行业的平均水平。

五、投资回收期（P_t）

投资回收期（还本年限）是项目的净收益抵偿全部投资所需的时间，它是反映项目投资回收能力的评价指标。投资回收期一般从建设期开始年份算起，其一般表达式为

$$\sum_{t=1}^{n}(CI-CO)_t(1+i_c)^{-t} = 0 \quad (12\text{-}12)$$

投资回收期可以通过财务现金流量表中净现金流量累计值等于零时，即可求出 P_t 值，它是反映项目投资回收能力的评价指标。当项目投资回收期小于行业基准投资回收期时，本项目在财务上是可行的。

第四节 不确定性分析

水利建设项目经济评价中所采用的数据，很多来自预测和估算，因此具有一定程度的不确定性。分析由各种不确定性因素的变化对经济评价指标的影响，称为不确定性分析。进行不确定性分析的目的，在于考察和预测建设项目可能承担的风险和评价指标的可靠程度，供项目决策时参考。

不确定性分析包括敏感性分析、概率（风险）分析和盈亏平衡分析。前两项分析可用于水利建设项目的国民经济评价和财务评价，后一项分析一般只用财务评价。现分述于下。

一、敏感性分析

敏感性分析是研究和验证各项主要因素发生变化时对整个建设项目的经济评价指标的影响，从中找出最为敏感的因素。同时根据指标的变化程度，进行必要的补充研究，以便论证计算结果的可靠性和合理性。

1. 分析对象与敏感因素

敏感性分析的对象就是评价指标，分析这些指标对不确定性因素反应的敏感性。在可行性研究阶段，主要针对净现值、内部收益率与效益费用比。影响评价指标的不确定性因素很多，如价格变动与通货膨胀、技术革新、生产能力变化、建设资金到位时间与工期、国家的政策与新法规等等都是不确定性因素。严格地说，与项目效益、费用的有关因素都有不确定性，那些变幅大、对指标影响大，或者在预测中感到把握性不大的因素叫敏感因素，需在敏感分析中找出来。因而先要全面分析，再整理分析结果，以挑选出敏感因素，对其进行特别的注意，以提高其资料精度。

2. 分析方法

目前，一般采用单变量的分析方法，即分析某个影响因素时，假定其他因素都不变。可按规定选取影响因素的变化范围，研究在因素变化时，指标变化程度。如规范中规定投资、

效益变化范围为±10%～±20%；建设年限±1～2年。

二、概率（风险）分析

建设项目经济评价的概率分析，是运用数理统计原理，研究一个或几个不确定因素发生随机变化情况下，对项目经济评价指标所产生影响的一种定量分析方法。其目的在于研究建设项目盈利的概率或亏损的风险率，对概率分析有时也被称为风险分析。

上述敏感性分析，只能指出项目评价指标对各个不确定因素的敏感程度，但不能表明不确定因素的变化对评价指标的影响发生的概率。敏感性分析与概率分析的区别还在于，敏感性分析中不确定因素的各种状态的概率是未知的，而概率分析不确定因素的各种状态的概率是可知的。

概率分析一般包括两方面内容：

（1）计算并分析项目净现值、内部收益率等评价指标的期望值。

（2）计算并分析净现值大于、等于零，或内部收益率大于、等于社会折现率（或行业基准收益率）的累计概率。累计概率的数值越大（上限值为1.0），项目承担的风险越小。

三、盈亏平衡分析

当各种不确定性因素发生变化时，会影响方案的投资效果，当这些因素达到某一临界值时，会影响方案的取舍。盈亏平衡分析就是找出不确定因素变化的临界值，判断方案对不确定性因素的承受能力。下面以生产量为例，简介盈亏平衡分析的基本方法。

设企业的生产能力为Q_c，年生产量为Q，假定生产的产品都可以销售出去，企业的固定成本（如折旧、利息等）为C_f，单位产量的变动成本为C_v，则企业一年的总成本C为

$$C = C_f + C_v Q \tag{12-13}$$

年销售收入R为

$$R = PQ \tag{12-14}$$

当年产量减少时，若减少到Q_0正好使总成本等于销售收入，则Q_0称为盈亏平衡点产量：

$$Q_0' = \frac{C_f}{P - C_v} \tag{12-15}$$

企业运行过程中，固定费用总是要支付的，只要亏损小于固定费用，企业一般仍坚持亏损运行，所以，企业关门停产的产出水平一般比盈亏平衡点低。

【例12-1】某混凝土预制件厂，每生产一件预制件平均可变成本500元，每年固定成本费用为20万元，预制件价格为1500元/件，年计划产出能力是600件。请对该企业进行盈亏平衡分析。

解：由（12-5）有

$Q_0 = 200000/(1500 - 500) = 200$ 件/年

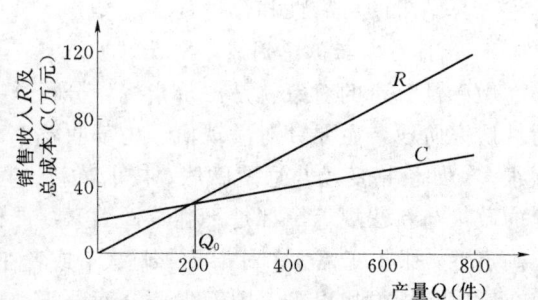

图12-1 盈亏平衡分析图

或由图12-1总成本线与收益的交点$Q_0 = 200$件/年。该企业每年必须拿到200件以上的定单，方可避免亏损。

显然，该厂不管在什么时候都应生产，因为只要有产出，收益便可减少固定费用的损失，其停点关门

产出为 $Q=0$。

第五节 实 例 分 析

一、概述

某小水电站,其主要工程包括蓄水坝、引水渠道、发电厂房及配套的输变电工程。蓄水坝拟采用混凝土面板垒石坝,拦蓄库容7000万 m^3,是一座有季调节能力的水电站。设计装机8000(4×2000)kW,保证出力3500kW,年利用小时数为6420h,年发电量5136万kW·h,其中丰水期电量占30%,电站出线电压为6.3kV,经变电站升压至35kV后,送12km与地区电网联接。

目前该地区电网每年向大电网出售一定的电量。但在枯水期,地区电网的电力不足,需要从大电网买进一定的电量,以保证当地的基本用电需要。该电站建成后,可解决枯水期的本地用电问题,其他季节电能可全部销售给大电网。

地区电网向大电网售电的现行价格为0.18元/(kW·h),丰水期电量为0.12元/(kW·h),从大电网买进电量为0.32元/(kW·h)。考虑到地区电网的实际售电收入,决定本电站的电价只按向大电网售电的价格计算即平常电价0.18元/(kW·h),丰水期电价0.12元/(kW·h)。

二、基本数据

(一)实施进度及计算期

工程计划四年完成,到第三年末安装完两台机组,并在第四年投入运行,第四年末安装完另两台机组,从第五年起全部四台机组投入正常运行。即建设期3年,运行初期1年,正常运行期20年,整个分析计算期共为24年。土建类固定资产的折旧剩余值在第24年末作为余值回收。

(二)投资估算及资金筹措

根据类似已建成工程的投资构成和当地现行价格情况,工程固定资产投资估算于表12-3。

表 12-3　　　　　　　固定资产投资估算表　　　　　　　单位:万元

序号	工程或费用名称	估算价值					占总投资比例(%)
		建筑工程	设备购置	安装工程	其他费用	总 值	
1	建筑工程	1519.10	204.10	21.40		1744.60	47.24
1.1	拦河坝	685.20	37.50	3.20		725.90	
1.2	引水闸及水渠	321.40	11.70	2.50		335.60	
1.3	发电厂房	408.00	75.80	8.40		492.20	
1.4	升压站	35.00	66.90	5.80		107.70	
1.5	道路及附属设施	40.70	7.40	1.50		49.60	
1.6	生活及服务设施	28.80	4.80			33.60	
2	机电设备及安装工程		703.80	38.40		742.20	21.10

续表

序号	工程或费用名称	估算价值					占总投资比例(%)
		建筑工程	设备购置	安装工程	其他费用	总值	
3	金属设备及安装工程		91.70	8.50		100.20	2.71
4	送电线路工程	22.20	307.30	31.40		360.90	9.77
5	其他费用				125.70	125.70	3.4
5.1	占地赔偿费用				35.00		
5.2	勘测设计费				58.40		
5.3	场地清理费				7.00		
5.4	生产准备费				25.30		
	1～5项合计	1541.30	1306.90	99.70	125.70	3073.60	83.23
6	预备费				619.28	619.28	16.77
6.1	基本预备费*				307.36		
6.2	价差预备费**				311.92		
	固定资产投资（1～6）					3692.88	100
7	建设期利息				388.80	388.80	
	建设总投资					4081.68	

* 基本预备费1～5项合计的10%计算；

** 价差预备费在建设期内按每年6%计算。

全部固定资产投资加预备费共需3692.88万元。现已申请到政府有关部门用于支持小水电开发建设的专项贷款1000万元，年利率7.2%，建设银行计划内项目贷款1000万元，年利率12.8%，地区财政计划投资500万元，不足资金，由水电站自筹解决，地区财政拨款及自筹资金，一并归入自有资金，计算中不考虑利息。资金筹措及分年度使用计划见表12-4。建设期利息亦列于表12-3，另工程投入运行后需流动资金100万元，同样由自有资金支付。

表12-4　　　　　　　　　资金筹措及使用计划表　　　　　　　　单位：万元

序号	年份 项目	建设期			建设初期	合计
		1	2	3	4	
1	建设总投资	628.60	1022.00	1258.75	1272.33	4181.68
1.1	固定资产投资	605.00	951.20	11337.95	998.73	3692.88
1.2	建设期利息	23.60	70.80	120.80	173.60	388.80
1.3	流动资金				100.00	100.00
2	资金筹措	628.60	1022.00	1258.75	1272.33	4181.68
2.1	自有资金	105.00	451.20	637.95	598.73	1792.88
	其中：流动资金				100.00	
2.2	专项贷款	310.80	332.40	250.40	264.80	1158.40
2.3	建行贷款	212.80	238.40	370.04	408.80	1230.40
	借款合计	523.60	570.80	620.80	673.60	2388.80

三、财务评价

(一) 售电收入估算

年售电收入的估算公式为

$$年售电收入 = 年售电量 \times 售电单价 \qquad (12-16)$$

$$年售电量 = 年设计发电量 \times 有效系数 \times (1 - 厂用电率 - 线损率) \qquad (12-17)$$

根据电站的运行特性及调节能力确定有效系数为95%，厂用电率按目前平均水平1%计算，线损率只计从电站出线到与地区电网接口的12km输电线路及变电站的损失，估计为0.8%。

由此　年售电量 = $5136 \times 0.95 \times (1 - 1\% - 0.8) = 4791.37$ 万 kW·h

目前地区电网向大电网售电价格为0.18元/(kW·h)，丰水期电量为0.12元/(kW·h)，经电力电量平衡分析计算确定该电站电量亦按此价格计算。

即：　年售电收入 = $4791.37[(0.18 \times 0.7) + 0.12 \times 0.3]$
$$= 4791.37 \times 0.162 = 776.20 (万元)$$

(二) 销售税金及附加估算

1. 增值税

根据国家有关政策和规定，以及小水电行业的经营特点，税务部门核定该水电站的进项应税额占销项应税额的50%。

增值税的计算公式为

$$增值税额 = (进项应税额 - 销项应税额) \times 17\%$$

$$增值税额 = 售电收入 \times 50\% \times 17\% = 售电收入 \times 0.85\%$$

2. 教育费附加

教育费附加按增值税的2%计缴。综合以上两项，销售税金及附加共按销售收入的8.67%计算。

(三) 发电总成本费用估算

(1) 固定资产折旧费。固定资产折旧费按折旧年限分为三类计算，具体计算过程及结果见表12-5。

表 12-5　　　　　　　固定资产折旧费估算表　　　　　　　单位：万元

序号	项目	折旧年限(年)	投资额(1)	分摊费用(2)	固资形成率(3)	分摊利息(4)	固定资产原值 [(1)+(2)]×3+(4)	运行初期折旧费(第4年)	正常运行期折旧费(5~24年)	余值
1	拦河坝(土建)	50	685.20	171.35	0.94	89.42	894.58	17.89	17.89	518.81
2	其他建筑工程	40	856.10	216.40	0.94	112.76	1120.57	28.01	28.01	532.19
3	设备及安装工程	20	1406.60	367.59	0.94	186.62	1844.96		92.25	
	合计		2947.90	744.98		388.80	3860.11	45.90	138.154	1051.00

(2) 材料费。按装机容量 15 元/kW 计算。

(3) 工资及福利费。根据定员标准及类似工程现行工资水平，确定电站定员 60 人，年平均工资 5000 元/人，福利费占工资总额的 20%。

(4) 修理费。按年折旧费的 30% 计算。

(5) 工程维护费。包括水工建筑物及输电线路的维护理费用，参照当地类似工程估定。

(6) 其他费用。包括交通、运输费用、办公费、差旅费、会务费、工会经费及有关地方征收的税费，参照类似工程及有关规定确定。

各项费用估计值见表 12-6。

表 12-6　　　　　　　　　　总成本费用估算表　　　　　　　　　　单位：万元

序号	项目	运行初期（第 4 年）	正常运行期（5～24 年）	说明	序号	项目	运行初期（第 4 年）	正常运行期（5～24 年）	说明
1	材料费	6.00	12.00	每千瓦装机容量 15 万元	5	工程维护费	10.00	20.00	
2	工资及福利费	18.00	36.00	5000（元）×60（人）×1.2	6	其他费用	8.00	16.00	每千瓦装机容量 20 元
3	折旧费	45.90	138.15		7	总成本费用	101.67	263.60	
4	修理费	13.77	41.45	折旧费×30%	8	其中：运行费	55.77	125.45	

(四) 盈利能力分析

全部投资和自有资金的财务现金流计算分别见表 12-7 和表 12-8。

由表 12-7 可得出全部投资的各项评价指标为：

财务内部收益率：

（税前）　　　$FIRR=12.58\%$

（税后）　　　$FIRR=10.17\%$

财务净现值（标准收位置率 10%）：

（税前）　　　$FNPV=637.22$（万元）

（税后）　　　$FNPV=162.85$（万元）

投资回收期：

（税前）　　　$P_t=10.17$（年）

（税后）　　　$P_t=10.57$（年）

由表 12-8 可得出自有资金的财务评价指标为：

财务内部收益率：

$$FIRR=11.05\%$$

财务净现值：$FNPV(i_c=10\%)=154.46$（万元）

损益表见表 12-9。

由损益表（表 12-9）可得出：

投资利润率 $=\dfrac{449.37}{4081.68}\times 100\%=11.01\%$

投资利税率 $=\dfrac{516.67}{44081.68}\times 100\%=12.66\%$

表 12-7 现金流量表（全部投资）

序号	项目 \ 年份	建设期 1	建设期 2	建设期 3	运行初期 4	正常运行期 5	6	7	8	9	10	11	12	13~23	24	合计
1	现金流入量 CI				388.14	776.20	776.20	776.20	776.20	776.20	776.20	776.20	776.20	776.20	1927.27	17063.21
1.1	售电收入				388.14	776.20	776.20	776.20	776.20	776.20	776.20	776.20	776.20	776.20	776.20	15912.14
1.2	回收固定资产余值														1051.00	
1.3	回收流动资金				100.00										100.00	
2	现金流出量 CO	605.00	951.20	1137.95	1192.74	206.57	206.57	206.57	206.57	206.57	220.77	222.86	222.86	222.86	222.86	8260.55
2.1	固定资产投资	605.00	951.20	1137.95	998.73											
2.2	流动资金				100.00											
2.3	年运行费				55.77	125.45	125.45	125.45	125.45	125.45	125.45	125.45	125.45	125.45	125.45	
2.4	销售税金及附加				33.65	67.30	67.30	67.30	67.30	67.30	67.30	67.30	67.30	67.30	67.30	
2.5	特种基金				4.59	13.82	13.82	13.82	13.82	13.82	28.02	30.11	30.11	30.11	30.11	
	税前净现金流量	−605.00	−951.20	−1137.95	−804.60	569.70	569.70	569.70	569.70	569.70	555.50	553.41	553.41	553.41	1704.41	8803.69
	税前累计净现金流量	−1556.20	−2694.15	−3498.75	−2929.05	−2359.35	−1789.65	−1219.95	−650.25	−94.75	458.66	1012.07	7099.58	8803.99		
2.6	所得税										137.99	148.29	148.29	148.29	148.29	2214.05

评价指标

	所得税后	所得税前
财务内部收益率：	12.58%	10.73%
财务净现值（i_c=10%）：	637.22 万元	162.85 万元
投资回收期：	10.17 年	10.57 年

表 12-8 现金流量表（自有资金）

序号	项目	建设期 1	建设期 2	建设期 3	运行初期 4	正常运行期 5	6	7	8	9	10	11	12	13～23	合计
1	现金流入量 CI				388.14	776.20	776.20	776.20	776.20	776.20	776.20	776.20	776.20	776.20	17063.21
1.1	售电收入				388.14	776.20	776.20	776.20	776.20	776.20	776.20	776.20	776.20	776.20	15912.14
1.2	回收固定资产余值														1051.00
1.3	回收流动资金														100.00
2	现金流出量 CO	105.00	451.20	637.95	972.61	227.90	366.00	412.85	465.32	498.82	389.97	371.15	371.15	317.15	11469.83
2.1	固定资产投资中自有资产	105.00	451.20	637.95	498.73										
2.2	流动资金中自有资金				100.00					29.11	2.10				
2.3	借款本金偿还				279.87	308.93	170.83	123.98	71.51	38.01					
2.4	借款利息支付				55.77	125.45	125.45	125.45	125.45	125.45	125.35	125.45	125.45	125.45	
2.5	年运行费				33.65	67.30	67.30	67.30	67.30	67.30	67.30	67.30	67.30	67.30	
2.6	销售税及附加										137.99	148.29	148.29	148.29	
2.7	所得税				4.59	13.82	13.82	13.82	13.82	13.82	28.02	30.11	30.11	30.11	
2.8	特种基金					32.87	32.87	32.87	32.87	32.87	32.87	405.12	405.12	1556.12	5594.71
3	净现金流量	−105.00	−451.20	−637.95	−584.47	−1745.75	−1712.88	−1680.01	−1647.14	−1614.27	−1227.97	−822.85	4038.59	5594.71	5594.71
4	累计净现金流量			−1194.15	−1778.62	20.41	18.54	16.86	15.35	13.94	149.11	141.79	966.17	158.72	154.46
	折现净现金流 i=10%	−95.45	−372.69	−479.10	−399.19										

评价指标：财务内部收益率 ($FIRR$)=11.05%；财务净现值 (i_s=10%)=154.46（万元）

表12-9　　　　　　　　　　损　益　表　　　　　　　　　　单位：万元

序号	年份 项目	运行初期 4	正常运行期			说　明
			5～9	10	11～24	
1	售电收入	388.14	776.20	776.20	776.20	
2	销售税金及附加	33.65	67.30	67.30	67.30	
3	总成本费用	101.67	263.60	263.60	263.60	
4	利润总额	252.82	449.37	449.37	449.37	
5	所得税			137.99	148.29	按利润额的33%，从还清全部借款年限开始计缴
6	税后利润			280.17	301.08	
7	特种基金			28.02	30.11	为国家预算调节基金，按税后利润的10%计缴
8	企业留利	6.00	12.00	12.00	12.00	职工福利基金和企业发展基金，按工资总额计提
9	可用于还贷利润	246.82	437.37	31.21		
10	可供分配利润			268.17	258.97	

以上各财务评价指标综合见表12-10。

表12-10　　财务评价指标

序号	指标名称		指标值	
			所得税前	所得税后
1	全部投资	财务内部收益率	12.58%	10.73%
2		财务净现值($i_c=10\%$)	637.22万元	162.85万元
3		投资回收期	10.17年	10.57年
4		投资利润率	11.01%	
5		投资利税率	12.66%	
6	自有资金	财务内部收益率		11.05%
7		财务净现值		154.46（万元）

由以上所得的各项评价指标可以看出：在所得税前及税后，财务内部收益率均大于目前的小水电的行业基准收益率10%，净现值为正值，其他几项指标也基本满足要求；表明该小水电站建成后在财务上将是可行的。

（五）清偿能力分析

借款本息偿还计算见表12-11，表中用于还款的折旧费是将年折旧费扣除10%的国家预算调节基金后，20%作为企业留用折旧，80%作为还贷资金。由该表计算可知还清全部借款的时间为借款开始算起的第10年，满足还款期限的15年的要求，但这并不能完全表明该项目清偿能力的水平，因为全部借款只占整个投资的57%，只能说明有能力在规定期限内还清现有比例的借款。可以预测如借款的比例增大，以及借款利率上升，则该项目现有的还款能力是难以胜任的。

财务资金平衡分析计算结果见表12-12。

（六）敏感性分析

由以上财务盈利能力及清偿能力分析可以看出，该项目的几项主要财务评价指标基本能满足要求。为了进一步分析即若投资、总成本费用、售电收入等因素发生一定的变化，项目在财务上的抗风险能力，现以全部投资情况下所得税前的财务内部收益率作为分析对象，进行敏感性分析，计算结果如表12-13。

表 12-11　　　　　　　　　　借款还本付息计算表　　　　　　　　　单位：万元

序号	年份 项目	建设期			运行初期	正常运行期						合计
		1	2	3	4	5	6	7	8	9	10	
1	借款及还本付息											
1.1	年初借款本息累计		523.60	1094.40	1715.20	2108.93	1772.10	1406.10	993.25	527.93	29.11	
1.11	本金		500.00	1000.00	1500.00	2000.00	1772.10	1406.10	993.25	527.93	29.11	
1.12	利息		23.60	94.40	215.20	108.93						
1.2	本年借款	500.00	500.00	500.00	500.00							2000.00
1.2.1	专项贷款	300.00	300.00	200.00	200.00							
1.2.2	建行贷款	200.00	200.00	300.00	3300.00							
1.3	本年应计利息	23.60	70.80	120.80	173.60	200.00	170.83	123.98	71.51	38.01	2.10	995.23
1.3.1	专项贷款利息	10.80	32.40	50.40	68.40	72.00	72.00	72.00	71.51	38.01	2.10	
1.3.2	建行贷款利息	12.80	38.40	70.40	108.80	128.00	98.83	51.98				
1.4	本年还本				227.90	366.00	412.85	465.32	498.82	29.11		2000.00
1.5	本年付息				279.87	308.93	170.83	123.98	71.52	38.01	2.10	995.23
2	还款资金来源				279.87	536.83	536.83	536.83	536.83	536.83	31.21	2995.23
2.1	利润				246.82	437.37	437.37	437.37	437.37	437.37	31.21	2464.88
2.2	折旧				33.05	99.46	99.46	99.46	99.46	99.46		530.35

由上表计算结果可知，售电收入和固定资产投资对内部收益率影响较大。但变动幅度在 15% 以内，项目的财务内部收益率均在行业基准收益率 10% 以上，表明项目有较好的抗风险能力。

四、国民经济评价

(一) 投资及费用的调整

1. 直接转移支付的处理

本项目涉及的直接转移支付有各类税金及附加，国内银行的借款利息等，只有建筑工程费用中的钢材、木材两项的调整系数不等于1，分别是 1.15 和 1.2，另外在财务评价的估算中，对人工费用一项按当地民工平均工资估算，略低于市场劳务价格，按增加 20% 调整。以上三项费用的调整计算见表 12-14。

由建筑工程费用调整后增加 137.02 万元。则可得出全部固定资产投资额由 3692.88 调整为 3829.90 万元。

$$综合调整系数 = \frac{3829.9}{3692.88} = 1.04$$

2. 年运行费用的调整

年运行费按财务评价中的估计值乘以综合调整系数进行调整。即在正常运行年份

表12-12 现金流量表（全部投资）

序号	项目	建设期 1	建设期 2	建设期 3	运行初期 4	正常运行期 5	6	7	8	9	10	11	12	13~23	24	合计
1	资金来源	628.60	1022.00	1258.75	1571.05	587.52	587.52	587.52	587.52	587.52	587.52	587.52	587.52	587.52	1738.52	17381.80
1.1	利润总额				252.82	449.37	449.37	449.37	449.37	449.37	449.37	449.37	449.37	449.37	449.37	9240.22
1.2	折旧费				45.90	138.15	138.15	138.15	138.15	138.15	138.15	138.15	138.15	138.15	138.15	2808.90
1.3	长期借款	536.60	570.80	620.80	673.60											2388.80
1.4	自有资金	105.00	451.20	637.95	598.73											1792.88
1.5	回收固定资产余值														1051.00	1051.00
1.6	回收流动资金														100.00	100.00
2	资金运用	628.60	1022.00	1258.75	1571.05	587.52	587.52	587.52	587.52	587.52	587.52	587.52	587.52	587.52	1738.52	17381.80
2.1	固定资产投资	605.00	951.20	1137.95	998.73											3692.88
2.2	建设期利息	23.60	70.80	120.80	173.60											388.80
2.3	流动资金				100.00											100.00
2.4	所得税				4.59	13.82	13.82	13.82	13.82	13.82	137.09	148.29	148.29	148.29	148.29	2214.05
2.5	特种基金				6.00	12.00	12.20	12.00	12.20	12.00	28.02	30.11	30.11	30.11	30.11	523.25
2.6	应付利润										12.00	12.00	12.00	12.00	12.00	246.00
2.7	长期借款本金偿还					227.90	366.00	412.85	465.32	498.82	29.11					2000.00
2.8	长期借款利息支付				279.87	308.93	170.98	123.98	71.51	38.01	2.10					995.23
2.9	更新改造基金				8.26	24.67	24.87	24.87	24.87	24.87	24.87	24.87	24.87	24.87	24.87	505.66
3	盈余资金										353.43	372.25	372.25	372.25	1523.25	6715.93
4	累计盈余资金											725.68	1097.93	5192.68	6715.93	6715.93

表 12-13　财务内部收益率敏感性分析计算表　　单位：%

变动因素 \ 变动幅度	-15%	-10%	基本方案(FIRR)	+10%	+15%
售电收入	10.67	11.34	12.6	13.85	14.48
固定资产投资	14.25	13.72	12.6	11.49	10.92
年运行费用	12.75	12.69	12.6	12.51	12.44

经济年运行费用 $=125.45\times1.04$
$=130.47$（万元）

3. 间接费用

水库淹没的山林和耕地每年的损失约30万元，暂不列入计算项目。

（二）效益估算

1. 售电效益

在国民经济评价中，售电效益可由有效电量乘影子电价得出。本电站地处华中电网，由有关资料查得该地区35kV电网平均影子电价为0.1962元／（kW·h）；再根据小水电评价的有关规定，还须考虑电站与大电网的关系、当地缺电情况、交通运输条件及当地经济发展水平等因素分别进行相应的调整：

该电站与大电网有一定的距离，调整系数取1.10；

枯水期缺电，取调整系数1.15。

交通条件不便，取调整系数1.15；

当地经济发展水平中等，取系数1.15。

表 12-14　　建筑工程费用调整计算表

费用名称	财务估算值	占建筑工程费用比例	调整系数	调整后费用值	差　额
建筑工程费用	1541.30	1.00	1.089	1678.32	137.02
钢　材	194.20	0.126	1.15	223.33	29.13
木　材	107.89	0.07	1.20	129.47	21.58
人　工	431.56	0.28	1.20	517.87	86.31

于是得出该电站影子电价为：

$$0.1962\times1.10\times1.15\times1.15\times1.15=0.328 \text{元}/(kW\cdot h)$$

由以上两项影子电价，可算出年售电效益为：

$$791.76\times(0.328\times0.7+0.22\times0.3)=4791.76\times0.2956=1416.44（万元）$$

2. 间接效益

本电站水源工程有7000m³的库库容，有一定的防洪功能，即在洪水期可拦蓄一定的水量，以减轻下游的洪水威胁。增加了对当地的电力供应，可增加地方的工农业产值。此外，水库的养殖、旅游等功能也有一定的社会效益。由于以上间接效益目前尚难以估算其价值，故在计算中暂不考虑。

（三）国民经济盈利能力分析

根据以上调整后的基础数据，编制出全部投资国民经济效益费用流量表，见表12-15，由该表算出：

经济内部收益率 $EIRR=26.6\%$（远大于社会标准收益率12%）

当取 $i_S=12\%$ 时经济净现值

$$ENPV=3682.57 \text{万元}$$

表 12-15　　　　　　　　　　　国民经济效益费用流量表　　　　　　　　　　　单位：万元

序号	年份\项目	建设期 1	建设期 2	建设期 3	运行初期 4	正常运行期 5	正常运行期 6～23	正常运行期 24	合计
1	效益流量 B				708.22	1416.44	1416.44	2609.48	
1.1	售电效益				708.22	1416.44	1416.44	1416.44	
1.2	回收固定资产余值							1093.04	
1.3	回收流动资金							100.00	
2	费用流量 C	627.45	986.49	1180.17	1035.79	130.47	130.47	130.47	
2.1	固定资产投资	627.45	986.49	1180.17	1035.79				
2.2	流动资金				100.00				
2.3	年运行费				58.00	130.47	130.47	130.47	
3	净效益流量 $B-C$	-627.45	-986.49	-1180.17	-485.57	1285.79	1285.79	2479.01	23629.34
4	累计净效益流量		-1613.94	-2794.11	-3279.68	-1993.89	21150.33	23629.34	
	折现净效益流量 $I=12\%$	-560.31	-786.23	-840.28	-308.82	729.04	5285.56	163.61	3682.57

评价指标：经济内部收益率 $EIRR=26.6\%$
　　　　　经济净现值（$i_S=12\%$）$ENPV=3682.57$ 万元

以上两项指标表明该项目的国民经济效果是相当好的。

（四）敏感性分析

从以上国民经济盈利能力分析可知，该项目的国民经济效果是很好的。评价指标值均远大于标准值。说明其抗风险能力也是很强的。为了较具体明确掌握有关因素的变化对评价指标的影响程度，仍以国民经济内部收益率作为分析对象，分析其对售电收入和固定资产投资两项影响较大的因素的敏感性，计算结果见表 12-16。

表 12-16　　　　　国民经济（内部收益率）敏感性分析表（单位：%）

变化幅度\变化因素	-20%	-10%	基本方案（EIRR）	+120%	+20%
售电收入	23.34	25.03	26.60	28.37	31.10
固定资产投资	29.25	28.89	26.60	25.48	24.12

由表中计算结果中可以看出，项目的抗风险能力是相当强的，国民经济效果是稳定的。

五、结论

根据以上财务评价和国民经济评价的结果可知，该项目在现行的价格因素下，财务效果好、项目具有一定的抗风险能力。在国民经济评价中，各项评价指标远大于标准值，并且具有很强的抗风险能力。说明该项目在经济上是可行的。是一个对国家和地方都能带来较大利益的项目。

附录1 水利工程项目划分

第一部分 建筑工程

序号	一级项目	二级项目	三级项目	技术经济指标
Ⅰ		枢 纽 工 程		
一	挡水工程			
1		混凝土坝（闸）工程		
			土方开挖	元/m³
			石方开挖	元/m³
			土石方回填	元/m³
			模板	元/m²
			混凝土	元/m³
			防渗墙	元/m²
			灌浆孔	元/m
			灌浆	
			排水孔	元/m
			砌石	元/m³
			钢筋	元/t
			锚杆	元/根
			锚索	元/束
			启闭机室	元/m²
			温控措施	
			细部结构工程	元/m³
2		土（石）坝工程		
			土方开挖	元/m³
			石方开挖	元/m³
			土料填筑	元/m³
			砂砾料填筑	元/m³
			斜（心）墙土料填筑	元/m³
			反滤料、过渡料填筑	元/m³
			坝体（坝趾）堆石	元/m³
			土工膜	元/m²
			沥青混凝土	元/m³
			模板	元/m²
			混凝土	元/m³
			砌石	元/m³
			铺盖填筑	元/m³
			防渗墙	元/m²
			灌浆孔	元/m
			灌浆	
			排水孔	元/m
			钢筋	元/t

续表

序号	一级项目	二级项目	三级项目	技术经济指标
I		枢 纽 工 程		
			锚索（杆）	元/束（根）
			面（趾）板止水	元/m
			细部结构工程	元/m³
二	泄洪工程			
1		溢洪道工程		
			土方开挖	元/m³
			石方开挖	元/m³
			土石方回填	元/m³
			模板	元/m²
			混凝土	元/m³
			灌浆孔	元/m
			灌浆	
			排水孔	元/m
			砌石	元/m³
			钢筋	元/t
			锚索（杆）	元/束（根）
			温控措施	
			细部结构工程	元/m³
2		泄洪洞工程		
			土方开挖	元/m³
			石方开挖	元/m³
			模板	元/m²
			混凝土	元/m³
			灌浆孔	元/m
			灌浆	
			排水孔	元/m
			钢筋	元/t
			锚索（杆）	元/束（根）
			细部结构工程	元/m³
3		冲砂洞（孔）工程		
			土方开挖	元/m³
			石方开挖	元/m³
			模板	元/m²
			混凝土	元/m³
			灌浆孔	元/m
			灌浆	
			排水孔	元/m
			钢筋	元/t
			锚索（杆）	元/束（根）
			细部结构工程	元/m³
4		放空洞工程		元/m³
三	引水工程			
1		引水明渠工程		
			土方开挖	元/m³
			石方开挖	元/m³

311

续表

序号	一级项目	二级项目	三级项目	技术经济指标
1		枢纽工程		
			模板	元/m^2
			混凝土	元/m^3
			钢筋	元/t
			锚索（杆）	元/束（根）
			细部结构工程	元/m^3
2		进（取）水口工程		
			土方开挖	元/m^3
			石方开挖	元/m^3
			模板	元/m^2
			混凝土	元/m^3
			钢筋	元/t
			锚索（杆）	元/束（根）
			细部结构工程	元/m^3
3		引水隧洞工程		
			土方开挖	元/m^3
			石方开挖	元/m^3
			模板	元/m^2
			混凝土	元/m^3
			灌浆孔	元/m
			灌浆	
			钢筋	元/t
			锚索（杆）	元/束（根）
			细部结构工程	元/m^3
4		调压井工程		
			土方开挖	元/m^3
			石方开挖	元/m^3
			模板	元/m^2
			混凝土	元/m^3
			喷浆	元/m^2
			灌浆孔	元/m
			灌浆	
			钢筋	元/t
			锚索（杆）	元/束（根）
			细部结构工程	元/m^3
5		高压管道工程		
			土方开挖	元/m^3
			石方开挖	元/m^3
			模板	元/m^2
			混凝土	元/m^3
			灌浆孔	元/m
			灌浆	
			钢筋	元/t
			锚索（杆）	元/束（根）
			细部结构工程	元/m^3
	四	发电厂工程		

续表

序号	一级项目	二级项目	三级项目	技术经济指标
I		枢 纽 工 程		
1		地面厂房工程		
			土方开挖	元/m³
			石方开挖	元/m³
			模板	元/m²
			混凝土	元/m³
			砖墙	元/m³
			砌石	元/m³
			灌浆孔	元/m
			灌浆	
			钢筋	元/t
			锚索（杆）	元/束（根）
			温控措施	
			厂房装修	元/m²
			细部结构工程	元/m³
2		地下厂房工程		
			石方开挖	元/m³
			模板	元/m²
			混凝土	元/m³
			喷浆	元/m²
			灌浆孔	元/m
			灌浆	
			排水孔	元/m
			钢筋	元/t
			锚索（杆）	元/束（根）
			温控措施	
			厂房装修	元/m²
			细部结构工程	元/m³
3		交通洞工程		
			土方开挖	元/m³
			石方开挖	元/m³
			模板	元/m²
			混凝土	元/m³
			灌浆孔	元/m
			灌浆	
			钢筋	元/t
			锚索（杆）	元/束（根）
			细部结构工程	元/m³
4		出线洞（井）工程		
5		通风洞（井）工程		
6		尾水洞工程		
7		尾水调压井工程		
8		尾水渠工程		
			土方开挖	元/m³
			石方开挖	元/m³
			模板	元/m²

续表

序号	一级项目	二级项目	三级项目	技术经济指标
五	升压变电站工程			
1		变电站工程	混凝土	元/m³
			砌石	元/m³
			钢筋	元/t
			细部结构工程	元/m³
			土方开挖	元/m³
			石方开挖	元/m³
			模板	元/m²
			混凝土	元/m³
			砌石	元/m³
			构架	元/m³（t）
			钢筋	元/t
			细部结构工程	元/m³
2		开关站工程	土方开挖	元/m³
			石方开挖	元/m³
			模板	元/m²
			混凝土	元/m³
			砌石	元/m³
			构架	元/m³（t）
			钢筋	元/t
			细部结构工程	元/m³
六	航运工程			
1		上游引航道工程	土方开挖	元/m³
			石方开挖	元/m³
			模板	元/m²
			混凝土	元/m³
			砌石	元/m³
			钢筋	元/t
			锚索（杆）	元/束（根）
			细部结构工程	元/m³
2		船闸（升船机）工程	土方开挖	元/m³
			石方开挖	元/m³
			模板	元/m²
			混凝土	元/m³
			灌浆孔	元/m
			灌浆	
			防渗墙	元/m²
			钢筋	元/t
			锚索（杆）	元/束（根）
			控制室	元/m²
			温控措施	

续表

I		枢 纽 工 程		
序号	一级项目	二级项目	三级项目	技术经济指标
3		下游引航道工程	细部结构工程	元/m³
			土方开挖	元/m³
			石方开挖	元/m³
			模板	元/m²
			混凝土	元/m³
			砌石	元/m³
			钢筋	元/t
			锚索（杆）	元/束（根）
			细部结构工程	元/m³
七	鱼道工程			
八	交通工程			
1		公路工程		
			土方开挖	元/m³
			石方开挖	元/m³
			土石方回填	元/m³
			砌石	元/m³
			路面	
2		铁路工程		元/km
3		桥梁工程		元/延米
4		码头工程		
九	房屋建筑工程			
1		辅助生产厂房		元/m²
2		仓库		元/m²
3		办公室		元/m²
4		生活及文化福利建筑		
5		室外工程		
十	其他建筑工程			
1		内外部观测工程		
2		动力线路工程（厂坝区）		元/km
3		照明线路工程		元/km
4		通信线路工程		元/km
5		厂坝区及生活区供水、供热、排水等公用设施		
6		厂坝区环境建设工程		
7		水情自动测报系统工程		
8		其他		

II		引水工程及河道工程		
序号	一级项目	二级项目	三级项目	技术经济指标
一	渠（管）道工程（堤防工程、疏浚工程）			
1		××~××段干渠（管）工程（××~××段堤防工程、××~××段疏浚工程）		

续表

Ⅱ		引水工程及河道工程		
序号	一级项目	二级项目	三级项目	技术经济指标
			土方开挖(挖泥船挖土、砂)	元/m³
			石方开挖	元/m³
			土石方回填	元/m³
			土工膜	元/m²
			模板	元/m²
			混凝土	元/m³
			输水管道	元/m
			砌石	元/m³
			抛石	元/m³
			钢筋	元/t
			细部结构工程	元/m³
2		××～××段支渠(管)工程		
二	建筑物工程			
1		泵站工程(扬水站、排灌站)		
			土方开挖	元/m³
			石方开挖	元/m³
			土石方回填	元/m³
			模板	元/m²
			混凝土	元/m³
			砌石	元/m³
			钢筋	元/t
			锚杆	元/根
			厂房建筑	元/m²
			细部结构工程	元/m³
2		水闸工程		
			土方开挖	元/m³
			石方开挖	元/m³
			土石方回填	元/m³
			模板	元/m²
			混凝土	元/m³
			防渗墙	元/m²
			灌浆孔	元/m
			灌浆	
			砌石	元/m³
			钢筋	元/t
			启闭机室	元/m²
			细部结构工程	元/m³
3		隧洞工程		
			土方开挖	元/m³
			石方开挖	元/m³
			模板	元/m²
			混凝土	元/m³
			灌浆孔	元/m
			灌浆	
			钢筋	元/t

续表

Ⅱ			引水工程及河道工程	
序号	一级项目	二级项目	三级项目	技术经济指标
			锚索（杆）	元/束（根）
			细部结构工程	元/m³
4		渡槽工程		
			土方开挖	元/m³
			石方开挖	元/m³
			土石方回填	元/m³
			模板	元/m²
			混凝土	元/m³
			砌石	元/m³
			钢筋	元/t
			细部结构工程	元/m³
5		倒虹吸工程		
			土方开挖	元/m³
			石方开挖	元/m³
			土石方回填	元/m³
			模板	元/m²
			混凝土	元/m³
			砌石	元/m³
			钢筋	元/t
			细部结构工程	元/m³
6		小水电站工程		
			土方开挖	元/m³
			石方开挖	元/m³
			土石方回填	元/m³
			模板	元/m²
			混凝土	元/m³
			砌石	元/m³
			钢筋	元/t
			锚筋	元/t
			厂房建筑	元/m²
			细部结构工程	元/m³
7		调蓄水库工程		
8		其他建筑物工程		
三	交通工程			
1		公路工程		
			土方开挖	元/m³
			石方开挖	元/m³
			土石方回填	元/m³
			砌石	元/m³
			路面	
2		铁路工程		元/km
3		桥梁工程		元/延米
4		码头工程		
四	房屋建筑工程			
1		辅助生产厂房		元/m²

续表

II	引水工程及河道工程			
序号	一级项目	二级项目	三级项目	技术经济指标
2		仓库		元/m²
3		办公室		元/m²
4		生活及文化福利建筑		
5		室外工程		
五	供电设施工程			
六	其他建筑工程			
1		内外部观测工程		
2		照明线路工程		元/km
3		通信线路工程		元/km
4		厂坝（闸、泵站）区及生活区供水		
5		供热、排水等公用设施		
6		厂坝（闸、泵站）区环境建设工程		
7		水情自动测报系统工程		
8		其他		

第二部分 机电设备及安装工程

I	枢 纽 工 程			
序号	一级项目	二级项目	三级项目	技术经济指标
一	发电设备及安装工程			
1		水轮机设备及安装工程		
			水轮机	元/台
			调速器	元/台
			油压装置	元/台
			自动化元件	元/台
			透平油	元/t
2		发电机设备及安装工程		
			发电机	元/台
			励磁装置	元/台套
3		主阀设备及安装工程		
			蝴蝶阀（球阀、锥形阀）	元/台
			油压装置	元/台
4		起重设备及安装工程		
			桥式起重机	元/台
			转子吊具	元/具
			平衡梁	元/付
			轨道	元/双10m
			滑触线	元/三相10m
5		水力机械辅助设备及安装工程		
			油系统	
			压气系统	
			水系统	
			水力量测系统	
			管路（管子、附件、阀门）	
6		电气设备及安装工程		

续表

序号	一级项目	二级项目	三级项目	技术经济指标
I		枢纽工程		
二	升压变电设备及安装工程		发电电压装置 控制保护系统 直流系统 厂用电系统 电工试验 35kV 及以下动力电缆 控制和保护电缆 母线 电缆架 其他	
1		主变压器设备及安装工程	变压器 轨道	元/台 元/双 10m
2		高压电气设备及安装工程	高压断路器 电流互感器 电压互感器 隔离开关 (SF$_6$ 全封闭组合电器(GIS)) (高频阻波器) (高压避雷器) 110kV 及以上高压电缆	
3		一次拉线及其他安装工程		
三	公用设备及安装工程			
1		通信设备及安装工程	卫星通信 光缆通信 微波通信 载波通信 生产调度通信 行政管理通信	
2		通风采暖设备及安装工程	通风机 空调机 管路系统	
3		机修设备及安装工程	车床 刨床 钻床	
4		计算机监控系统		
5		管理自动化系统		
6		全厂接地及保护网		
7		电梯设备及安装工程	大坝电梯	

续表

I		枢 纽 工 程		
序号	一级项目	二级项目	三级项目	技术经济指标
8		坝区馈电设备及安装工程	厂房电梯	
			变压器	
			配电装置	
9		厂坝区供水、排水、供热设备及安装工程		
10		水文、泥沙监测设备及安装工程		
11		水情自动测报系统设备及安装工程		
12		外部观测设备及安装工程		
13		消防设备		
14		交通设备		

II		引水工程及河道工程		
序号	一级项目	二级项目	三级项目	技术经济指标
一	泵站设备及安装工程			
1		水泵设备及安装工程		
2		电动机设备及安装工程		
3		主阀设备及安装工程		
4		起重设备及安装工程		
			桥式起重机	元/台
			平衡梁	元/付
			轨道	元/双10m
			滑触线	元/三相10m
5		水力机械辅助设备及安装工程		
			油系统	
			压气系统	
			水系统	
			水力量测系统	
			管路（管子、附件、阀门）	
6		电气设备及安装工程		
			控制保护系统	
			盘柜	
			电缆	
			母线	
二	小水电站设备及安装工程			
三	供变电工程			
		变电站设备及安装		
四	公用设备及安装工程			
1		通信设备及安装工程		
			卫星通信	
			光缆通信	
			微波通信	
			载波通信	
			生产调度通信	
			行政管理通信	

续表

II		引水工程及河道工程		
序号	一级项目	二级项目	三级项目	技术经济指标
2		通风采暖设备及安装工程	通风机 空调机 管路系统	
3		机修设备及安装工程	车床 刨床 钻床	
4		计算机监控系统		
5		管理自动化系统		
6		全厂接地及保护网		
7		坝(闸、泵站)区馈电设备及安装工程	变压器 配电装置	
8		厂坝(闸、泵站)区供水、排水、供热设备及安装工程		
9		水文、泥沙监测设备及安装工程		
10		水情自动测报系统设备及安装工程		
11		外部观测设备及安装工程		
12		消防设备		
13		交通设备		

第三部分 金属结构设备及安装工程

I		枢 纽 工 程		
序号	一级项目	二级项目	三级项目	技术经济指标
一	挡水工程			
1		闸门设备及安装工程	平板门 弧形门 埋件 闸门防腐	元/t 元/t 元/t
2		启闭设备及安装工程	卷扬式启闭机 门式启闭机 油压启闭机 轨道	元/台 元/台 元/台 元/双10m
3		拦污设备及安装工程	拦污栅 清污机	元/t 元/t(台)
二	泄洪工程			
1		闸门设备及安装工程		
2		启闭设备及安装工程		
3		拦污设备及安装工程		
三	引水工程			

续表

		枢 纽 工 程		
序号	一级项目	二级项目	三级项目	技术经济指标
1		闸门设备及安装工程		
2		启闭设备及安装工程		
3		拦污设备及安装工程		
4		钢管制作及安装工程		
四	发电厂工程			
1		闸门设备及安装工程		
2		启闭设备及安装工程		
五	航运工程			
1		闸门设备及安装工程		
2		启闭设备及安装工程		
3		升船机设备及安装工程		
六	鱼道工程			

		引水工程及河道工程		
序号	一级项目	二级项目	三级项目	技术经济指标
一	泵站工程			
1		闸门设备及安装工程		
2		启闭设备及安装工程		
3		拦污设备及安装工程		
二	水闸工程			
1		闸门设备及安装工程		
2		启闭设备及安装工程		
3		拦污设备及安装工程		
三	小水电站工程			
1		闸门设备及安装工程		
2		启闭设备及安装工程		
3		拦污设备及安装工程		
4		钢管制作及安装工程		
四	调蓄水库工程			
五	其他建筑物工程			

第四部分 施工临时工程

序号	一级项目	二级项目	三级项目	技术经济指标
一	导流工程			
1		导流明渠工程		
			土方开挖	元/m³
			石方开挖	元/m³
			模板	元/m²
			混凝土	元/m³
			钢筋	元/t
			锚杆	元/根
2		导流洞工程		
			土方开挖	元/m³

续表

序号	一级项目	二级项目	三级项目	技术经济指标
			石方开挖	元/m³
			模板	元/m²
			混凝土	元/m³
			灌浆	
			钢筋	元/t
			锚杆（索）	元/根（束）
3		土石围堰工程		
			土方开挖	元/m³
			石方开挖	元/m³
			堰体填筑	元/m³
			砌石	元/m³
			防渗	元/m³（m²）
			堰体拆除	元/m³
			截流	
			其他	
4		混凝土围堰工程		
			土方开挖	元/m³
			石方开挖	元/m³
			模板	元/m²
			混凝土	元/m³
			防渗	元/m³（m²）
			堰体拆除	元/m³
			其他	
5		蓄水期下游断流补偿设施工程		
6		金属结构设备及安装工程		
二	施工交通工程			
1		公路工程		元/km
2		铁路工程		元/km
3		桥梁工程		元/延米
4		施工支洞工程		
5		码头工程		
6		转运站工程		
三	施工供电工程			
1		220kV 供电线路		元/km
2		110kV 供电线路		元/km
3		35kV 供电线路		元/km
4		10kV 供电线路（引水及河道）		元/km
5		变配电设施（场内除外）		元/座
四	房屋建筑工程			
1		施工仓库		
2		办公、生活及文化福利建筑		
五	其他施工临时工程			

注 凡永久与临时相结合的项目列入相应永久工程项目内。

第五部分 独 立 费 用

序号	一级项目	二级项目	三级项目	技术经济指标
一	建设管理费			
1		项目建设管理费	建设单位开办费 建设单位经常费	
2		工程建设监理费		
3		联合试运转费		
二	生产准备费			
1		生产及管理单位提前进厂费		
2		生产职工培训费		
3		管理用具购置费		
4		备品备件购置费		
5		工器具及生产家具购置费		
三	科研勘测设计费			
1		工程科学研究试验费		
2		工程勘测设计费		
四	建设及施工场地征用费			
五	其他			
1		定额编制管理费		
2		工程质量监督费		
3		工程保险费		
4		其他税费		

附录2 常用计量单位换算

附表 2.1 习用非法定计量单位与法定计量单位的换算表

量的名称	非法定计量单位 名称	非法定计量单位 符号	法定计量单位 名称	法定计量单位 符号	换算关系
力	千克力	kgf	牛顿	N	$1kgf = 9.80665N$
力矩	千克力米	$kgf \cdot m$	牛顿·米	$N \cdot m$	$1kgf \cdot m = 9.80665 N \cdot m$
力偶矩、转矩	千克力立方米	$kgf \cdot m^2$	牛顿立方米	$N \cdot m^2$	$1kgf \cdot m^2 = 9.80665 N \cdot m^2$
重力密度	千克力每立方米	kgf/m^3	牛顿每立方米	N/m^3	$1kgf/m^3 = 9.80665 N \cdot m^3$
压强	千克力每平方米	kgf/m^2	帕斯卡	Pa	$1kgf \cdot m^2 = 9.80665 Pa$
	工程大气压	at	帕斯卡	Pa	$1at = 9.80665 \times 10^4 Pa$
	巴	bar	帕斯卡	Pa	$1bar = 10^5 Pa$
	毫米水柱	mmH_2O	帕斯卡	Pa	$1mmH_2O = 9.80665 Pa$
	毫米汞柱	mmHg	帕斯卡	Pa	$1mmHg = 133.322 Pa$
应力、强度	千克力每平方厘米	kgf/cm^2	帕斯卡	Pa	$1kgf/cm^2 = 9.80665 \times 10^4 Pa$
	千克力每平方毫米	kgf/mm^2	帕斯卡	Pa	$1kgf/mm^2 = 9.80665 \times 10^6 Pa$
弹性模量、剪切模量	千克力每平方厘米	kgf/cm^2	帕斯卡	Pa	$1kgf/cm^2 = 9.80665 \times 10^4 Pa$
〔动力〕粘度	泊	P	帕斯卡秒	$Pa \cdot s$	$1P = 0.1 Pa \cdot s$
能量、功	千克力米	$kgf \cdot m$	焦耳	J	$1kgf \cdot m = 9.80665 J$
功率	千克力米每秒	$kgf \cdot m/s$	瓦特	W	$1kgf \cdot m/s = 9.80665 W$
	〔米制〕马力		瓦特	W	1〔米制〕马力 $= 735.499 W$
热、热量	国际蒸汽表卡	cal	焦耳	J	$1cal = 4.1868 J$
导热率	国际蒸汽表卡每秒厘米开尔文	$cal/s \cdot cm \cdot K$	瓦特每米开尔文	$W/m \cdot K$	$1cal/s \cdot cm \cdot K = 4.1868 \times 10^2 W/m \cdot K$
传热系数	国际蒸汽表卡每秒平方厘米开尔文	$cal/s \cdot cm^2 \cdot K$	瓦特每平方米开尔文	$W/m^2 \cdot K$	$1cal/s \cdot cm^2 \cdot K = 4.1868 \times 10^4 W/m^2 \cdot K$
比热容、比熵	国际蒸汽表卡每克开尔文	$cal/g \cdot K$	焦耳每千克开尔文	$J/kg \cdot K$	$1cal/g \cdot K = 4.1868 \times 10^3 J/kg \cdot K$
比内能	国际蒸汽表卡每克	cal/g	焦耳每千克	J/kg	$1cal/g = 4.1868 \times 10^3 J/kg$

附表 2.2 长度单位换算

单位	公制				市制	
	毫米（mm）	厘米（cm）	米（m）	公里（km）	市尺	市里
1mm	1	0.1	0.001		0.003	
1cm	10	1	0.01	0.00001	0.03	0.00002
1m	1000	100	1	0.001	3	0.002
1km	1000000	100000	1000	1	3000	2

续表

单 位	公 制				市 制	
	毫米（mm）	厘米（cm）	米（m）	公里（km）	市 尺	市 里
1市尺	333.3333	33.3333	0.3333	0.0003	1	0.0007
1市里	500000	50000	500	0.5000	1500	1
1日寸	30.3030	3.0303	0.0303		0.0909	0.0001
1日尺	303.0303	30.3030	0.3030	0.0003	0.9091	0.0006
1日间	1818.2	181.82	1.8182	0.0018	5.4546	0.0036
1日里	3927300	392730	3927.3	3.9273	11781.9	7.8545
1英寸（1in）	25.4	2.54	0.0254		0.0762	0.0001
1英尺（1ft）	304.8	30.48	0.3048	0.0003	0.9144	0.0006
1码（1yd）	914.4	91.44	0.9144	0.0009	2.7432	0.0018
1英里（1mile）		160934	1609.34	1.6093	4828.02	3.2186

单 位	日 制				英 美 制			
	日寸	日尺	日间	日里	英寸(in)	英尺(ft)	码(yd)	英里(mile)
1mm	0.033	0.0033	0.0006		0.03937	0.00328	0.00109	
1cm	0.33	0.033	0.0055		0.3937	0.0328	0.0109	
1m	33.0033	3.3003	0.5499	0.0003	39.3701	3.2808	1.0936	0.0006
1km	33000	3300.33	549.9945	0.2546		3280.8398	1093.6132	0.6214
1市尺	11.0011	1.0999	0.1833	0.0001	13.1234	1.0936	0.3645	0.0002
1市里	16500	1650	274.95	0.1273	19685.0	1640.4	546.8	0.3107
1日寸	1	0.1	0.0167		1.1930	0.0994	0.0331	
1日尺	10	1	0.1667	0.0001	11.9303	0.9942	0.3314	0.0002
1日间	60	6	1	0.0005	71.5825	5.9652	1.9884	0.0011
1日里	129600.9	12960.09	2160.2937	1	154617.8	12884.842	4294.9345	2.4404
1英寸（1in）	0.8382	0.0838	0.01397		1	0.0833	0.0278	
1英尺（1ft）	10.0584	1.0058	0.1676	0.0001	12	1	0.3333	0.0002
1码（1yd）	30.175	3.0175	0.5029	0.0002	36	3	1	0.0006
1英里（1mile）	53108.22	5310.822	885.1124	0.4098	63360	5280	1760	1

英 寸(in)（分数）	英 寸(in)（小数）	我国习惯称呼	毫 米（mm）
1/16	0.0625	半分	1.5875
1/8	0.1250	一分	3.1750
3/16	0.1875	一分半	4.7625
1/4	0.2500	二分	6.3500
5/16	0.3125	二分半	7.9375
3/8	0.3750	三分	9.5250
7/16	0.4375	三分半	11.1125
1/2	0.5000	四分	12.7000
9/16	0.5625	四分半	14.2875
5/8	0.6250	五分	15.8750
11/16	0.6875	五分半	17.4625
3/4	0.7500	六分	19.0500
13/16	0.8125	六分半	20.6375
7/8	0.8750	七分	22.2250
15/16	0.9375	七分半	23.8125
1	1.0000	一英寸	25.4000

注　1俄尺＝0.3048米（m）＝0.9144市尺＝0.3333码（yd）＝1英尺（ft）＝1.0058日尺。

附表 2.3　　　　　　　　面 积 单 位 换 算

单　　位	公　制				市　制	
	平方米 (m²)	公亩 (a)	公顷 (ha)	平方公里 (km²)	平方市尺	市亩
1平方米（1m²）	1	0.01	0.0001		9	0.0015
1公亩（1a）	100	1	0.01	0.0001	900	0.15
1公顷（1ha）	10000	100	1	0.01	90000	15
1平方公里（1km²）		10000	100	1	9000000	1500
1平方尺	0.11111	0.00111	0.00011		1	0.00017
1市亩	666.666	6.66667	0.06667	0.00067	6000	1
1日坪	3.30579	0.03306	0.00033		29.75211	0.00496
1日亩	99.1736	0.99174	0.00992	0.00009	892.5624	0.14876
1平方英尺（1ft²）	0.0929	0.00093	0.000093		0.83613	0.000139
1平方码（1yd²）	0.83612	0.00836	0.00084		7.52508	0.00125
1英亩（1acre）	4046.85	40.4685	0.40469	0.00405	36421.65	6.07029
1美亩	4046.87	40.4687	0.40469	0.00405	36421.83	6.07037
1平方英里（1mile²）	2589984	25899.84	259.0674	2.592	23309856	3884.986

单　　位	日　制		英　美　制				
	日坪	日亩	平方英尺 (ft²)	平方码 (yd²)	英亩 (acre)	美亩	平方英里 (mile²)
1平方米（1m²）	0.3025	0.01008	10.7639	1.19600	0.00025	0.00025	
1公亩（1a）	30.25	1.00833	1076.39	119.6	0.02471	0.02471	0.00004
1公顷（1ha）	3025.0	100.833	107639	11960	2.47106	2.47104	0.00386
1平方公里（1km²）	302500	10083.3	10763900	1196000	247.106	247.104	0.3858
1平方尺	0.03361	0.00112	1.19598	0.13289	0.00003	0.00003	
1市亩	201.667	6.72222	7175.9261	797.34	0.16441	0.16474	0.00026
1日坪	1	0.03333	35.58319	3.95481	0.00082	0.00082	
1日亩	30	1	1067.4956	118.64419	0.02451	0.02451	0.00004
1平方英尺（1ft²）	0.0281	0.00094	1	0.11111	0.00002	0.00002	
1平方码（1yd²）	0.25293	0.00843	8.99991	1	0.00021	0.00021	
1英亩（1acre）	1224.17	40.8057	43559.888	4840.0346	1	0.99999	0.00157
1美亩	1224.18	40.806	43560.105	4840.0588	1.000005	1	0.00157
1平方英里（1mile²）	783468.8	26115.648	27878188	3097606.6	640	639.9936	1

注　1俄亩=1.092公顷（ha）=16.38亩。
　　1町步（朝鲜）=14.85亩=0.99公顷（ha）。
　　1霍尔特（匈牙利）=8.55亩=0.57公顷（ha）。
　　1狄卡儿（保加利亚）=1.5亩=0.1公顷（ha）。
　　1杜努姆（伊拉克）=3.75亩=0.25公顷（ha）。
　　1町（日本）=14.88亩=0.99174公顷（ha）。
　　1费丹（阿联）=6.3亩=0.42公顷（ha）。
　　1卡瓦耶里亚（古巴）=201.28亩=13.418公顷（ha）。
　　1摩根（南非）=约12亩=0.8公顷（ha）。

附表 2.4　　体积、容积单位换算

单　位	公　制			市　制		
	立方厘米 (cm³)	升 (L)	立方米 (m³)	立方市尺	市斗	市石
1 立方厘米（1cm³）	1	0.001	0.000001	0.000027	0.0001	0.00001
1 升（1L）	1000	1	0.001	0.027	0.1	0.01
1 立方米（1m³）	1000000	1000	1	27	100	10
1 立方尺	37037.037	37.037037	0.037037	1	3.703704	0.370370
1 斗	10000	10	0.01	0.27	1	0.1
1 石	100000	100	0.1	2.7	10	1
1 日升	1805.0541	1.805054	0.001805	0.048736	0.180505	0.018050
1 日斗	18050.541	18.050541	0.018051	0.487365	1.805054	0.180505
1 日石	180505.41	180.50541	0.180505	4.873650	18.050541	1.805054
1 立方英寸（1in³）	16.387075	0.016387	0.000016	0.000442	0.001639	0.000164
1 立方英尺（1ft³）	28571.428	28.571428	0.028571	0.761456	2.857143	0.285714
1 蒲式耳（1bu）	35335.689	35.335689	0.035336	0.954064	3.533569	0.353357
1 加仑(1gal)（美液量）	3787.8787	3.787879	0.003788	0.102273	0.378788	0.037879

单　位	日　制			英　美　制			
	日升	日斗	日石	立方英寸 (in³)	立方英尺 (ft³)	蒲式耳 (bu)	加仑（gal） (美液量)
1 立方厘米（1cm³）	0.000554	0.000055	0.000006	0.061024	0.000035	0.000028	0.000264
1 升（1L）	0.554	0.0554	0.00554	61.0237	0.035	0.0283	0.264
1 立方米（1m³）	554.01662	55.400127	5.540013	61023.7	35.000525	28.299750	263.99165
1 立方尺	20.518713	2.051850	0.205185	2260.137	1.30794	1.048148	9.777752
1 斗	5.540013	0.554	0.0554	610.237	0.35	0.282999	2.639999
1 石	55.40166	5.540013	0.554001	6102.37	3.500004	2.829999	26.39999
1 日升	1	0.1	0.01	110.15642	0.063177	0.051083	0.476533
1 日斗	10	1	0.1	1101.5642	0.63177	0.51830	4.765331
1 日石	100	10	1	11015.642	6.3177	5.108301	47.65331
1 立方英寸（1in³）	0.009078	0.000908	0.00091	1	0.00058	0.000464	0.004326
1 立方英尺（1ft³）	15.828545	1.582855	0.158286	1728	1	0.808571	7.542857
1 蒲式耳（1bu）	19.575984	1.957598	0.195759	2156.31440	1.236750	1	9.328619
1 加仑(1gal)（美液量）	2.098485	0.209849	0.020985	231.160420	0.132576	0.107197	1

注　1 加仑（gal）（干量）=277.274 立方英寸（in³）（英）=268.80 立方英寸（in³）（美）。
　　1 加仑（gal）（液量）=277.274 立方英寸（in³）（英）=231 立方英寸（in³）（美）。
　　1 蒲式耳（bu）=8 加仑（gal）。

附表 2.5　　重量单位换算

克 (g)	公斤 (kg)	吨 (t)	市两	市斤	市担	盎司 (floz)	磅 (lb)	美(短)吨 (short ton)	英(长)吨 (long ton)
1	0.001		0.02	0.002		0.0353	0.0022		
1000	1	0.001	20	2	0.02	35.274	2.2046		
		1000		2000	20	35274	2204.6	1.1023	0.9842
50	0.05		1	0.1		1.7637	0.1102		
500	0.5		10	1	0.01	17.637	1.1023		
	50	0.05	1000	100	1	1763.7	110.23	0.0551	0.0492

续表

克(g)	公斤(kg)	吨(t)	市两	市斤	市担	盎司(floz)	磅(lb)	美(短)吨(short ton)	英(长)吨(long ton)
28.35	0.0284		0.567	0.0567		1	0.0625		
453.59	0.4536		9.072	0.9072		16	1		
	907.19	0.9072		1814.4	18.144		2000	1	0.8929
	1016	1.016		2032.1	20.321		2240	1.12	1

注 1日斤=0.6公斤（kg）
　　　=1.2市斤
　　　=1.3228磅（lb）。

1普特（俄）=16.3805公斤（kg）
　　　　　=32.761市斤
　　　　　=36.112磅（lb）
　　　　　=27.30日斤。

附表 2.6　　流 速 单 位 换 算

米/秒(m/s)	英尺/秒(ft/s)	码/秒(yd/s)	公里/小时(km/h)	英里/小时(mile/h)	海里/小时(n mile/h)
1	3.2808	1.0936	3.6000	2.2370	1.944
0.3048	1	0.3333	1.0973	0.6819	0.5925
0.9144	3	1	3.2919	2.0457	1.7775
0.2778	0.9114	0.3038	1	0.6214	0.5400
0.4470	1.4667	0.4889	1.6093	1	0.8689
0.5144	1.6881	0.5627	1.8520	1.1508	1

附表 2.7　　流 量 单 位 换 算

升/秒(L/s)	米^3/时(m^3/h)	英尺^3/秒(ft^3/s)	英尺^3/分(ft^3/min)	英尺^3/时(ft^3/h)	美加仑/秒(gal/s)	英加仑/秒(gal/s)
1	3.6	0.03531	2.119	127.13	0.2642	0.2201
0.2778	1	9.81×10^{-3}	0.587	35.31	0.0734	0.0611
28.326	101.9408	1	60	3600	7.4813	6.2279
0.472	1.7	0.0617	1	60	0.125	0.104
7.866×10^{-3}	0.0283	2.778×10^{-4}	0.0167	1	2.0833×10^{-3}	1.7333×10^{-3}
3.7863	13.6222	0.1337	8.01	480.6	1	0.8333
4.5435	16.3466	0.1607	9.62	577.2	1.2004	1

附表 2.8　　温 度 单 位 换 算

关系式＼已知温度　所求温度	摄氏温度(°C)	绝对温度(K)	华氏温度(°F)	兰氏温度(°R)
摄氏温度 $t°C$	1	$tK-273.15$	$\frac{5}{9}(t°F-32)$	$\frac{5}{9}t°R-273.15$
绝对温度 tK	$t°C+273.15$	1	$\frac{5}{9}(t°F+459.67)$	$\frac{5}{9}t°R$
华氏温度 $t°F$	$\frac{9}{5}t°C+32$	$\frac{9}{5}tK-459.67$	1	$t°R-459.67$
兰氏温度 $t°R$	$\frac{9}{5}t°C+491.67$	$\frac{9}{5}tK$	$t°F+459.67$	1

注　$1°F=\left(\frac{5}{9}\right)°C=\left(\frac{5}{9}\right)K$。

附表 2.9　　　　　　　　　　　压强单位换算

Pa	kPa	kgf/cm²	标准大气压	mH₂O	mmHg
1	10^{-3}	0.102×10^{-4}	0.987×10^{-5}	0.101×10^{-3}	7.5×10^{-3}
10^3	1	0.102×10^{-1}	0.987×10^{-2}	0.101	7.5
9.8×10^4	98	1	0.968	10	735.6
101325	101.325	1.033	1	10.33	760
9806.55	9.80655	10^{-1}	0.968×10^{-1}	1	7.356
133.332	0.133332	1.36×10^{-3}	1.316×10^{-3}	1.36×10^{-2}	1

附表 2.10　　　　　　　　　　　功率单位换算

瓦 特[①] (W)	千瓦特 (kW)	千克力·米/秒 (kgf·m/s)	米制马力 (Ps)	英制马力 (hP)
1	1×10^{-3}	0.101972	1.35962×10^{-3}	1.34102×10^{-3}
1×10^{-3}	1	0.101972×10^{-3}	1.35962	1.34102
9.80665	9.80665×10^{-3}	1	0.0133333	0.0131509
735.499	0.735499	75	1	0.986320
745.700	0.745700	76.0402	1.01387	1
1.35582	1.35582×10^{-3}	0.138255	1.84340×10^{-3}	1.81818×10^{-3}
4.1868	4.1868×10^{-3}	0.426935	5.69246×10^{-3}	5.61459×10^{-3}
1.163	1.163×10^{-3}	0.118593	1.58124×10^{-3}	1.55961×10^{-3}
0.293071	0.293071×10^{-3}	2.98849×10^{-2}	3.98466×10^{-4}	3.93015×10^{-4}
0.527530	0.527530×10^{-3}	0.053793	0.717240×10^{-3}	0.707428×10^{-3}

英尺·磅力/秒 (ft·lbf/s)	卡[②]/秒 (cal/s)	千卡/小时 (kcal/h)	英热单位/小时 (BtU/h)	摄氏度热单位/小时 (CHU/h)
0.737562	0.238846	0.859845	3.41214	1.89563
0.737562×10^{-3}	0.238846×10^{-3}	0.859845×10^{-3}	3.41214×10^{-3}	1.89563×10^{-3}
7.23301	2.34228	8.43220	33.4617	18.5897
542.476	175.671	632.415	2509.63	0.139423×10^{-4}
550	178.107	641.186	2544.43	0.141357×10^{-4}
1	0.323832	1.16579	4.62624	2.57013
3.08803	1	3.6	14.2860	7.93662
0.857785	0.277778	1	3.96832	2.20461
0.216158	0.069999	0.251996	1	0.555556
0.389086	0.125998	0.453594	1.8	1

① 1瓦（W）=1焦耳/秒（J/s）=1安培·伏特（A·V）=1平方米·千克·秒$^{-3}$（m²·kg·s^{-3}）。

② 热量单位卡（cal）在文献中可能遇到四种，即：
cal
cal$_{IT}$称国际蒸汽表卡，1cal=1cal$_{IT}$=4.1868J。
cal$_{th}$称热化学卡，1cal$_{th}$=4.1840J。
cal$_{15}$称15度卡，它规定在一个标准大气压下把一克无空气的水从14.5℃加热到15.5℃时所需的热量。1cal$_{15}$=4.1855J。

注　1升标准大气压/秒（L·atm/s）=101.325瓦特（W），1电工马力=746瓦特（W）。
　　1升工程大气压/秒（L·at/s）=98.0665瓦特（W），1锅炉马力=9809.5瓦特（W）。

附表 2.11　　　　　　　　　标准筛常用网号、目数对照

网号（号）	目数（目）	孔/cm²	网号（号）	目数（目）	孔/cm²	网号（号）	目数（目）	孔/cm²	网号（号）	目数（目）	孔/cm²
5	4	2.56	0.63	28	125.44	0.301	60	576	0.088	160	
4	5	4	0.6	30	144	0.28	65	676	0.077	180	5184
3.22	6	5.76	0.55	32	163.84	0.261	70	784		190	5776
2.5	8	10.24	0.525	34	185	0.25	75	900	0.076	200	6400
2	10	16	0.5	36	207	0.2	80	1024	0.065	230	8464
	12	23.04	0.425	38	231	0.18	85			240	9216
1.43	14	31.36	0.4	40	256	0.17	90	1296	0.06	250	10000
1.24	16	40.96	0.375	42	282	0.15	100	1600	0.052	275	12100
1	18	51.84		44	310	0.14	110	1936		280	12544
0.95	20	64	0.345	46	339	0.125	120	2304	0.045	300	14400
	22	77.44		48	369	0.12	130	2704	0.044	320	16384
0.7	24	92.16	0.325	50	400		140	3136	0.042	350	19600
0.71	26	108.16		55	484	0.1	150	3600	0.034	400	25600

注　1. 网号系指筛网的公称尺寸，单位为：毫米（mm）。例如：1号网，即指正方形网孔每边长1mm。
　　2. 目数系指一英寸（in）长度上的孔眼数目，单位为：目/英寸（目/in）。例如：1in（25.4mm）长度上有20孔眼，即为20目。
　　3. 一般英美各国用目数表示，前苏联用网号表示。

附录3 普通热轧钢筋有关参数

附表 3.1　　　　　　　　　**强度普通热轧钢筋级别表**

强 度 级 别	屈服点/抗拉强度（MPa）	外　形
I	235/370	光圆钢筋
II	335/510	变形钢筋
III	370/470	
IV	540/835	

I 级钢筋是普通碳素钢光圆直条钢筋或盘条钢筋。II、III 和 IV 级钢筋是合金小于 5% 的低合金变形螺纹钢筋。低合金钢筋主要是镇静钢，其中 20 锰铌 [20MnNb (b)] II 级钢筋是半镇静钢钢筋，它比镇静钢钢筋可提高成材率 8%，而各项性能基本同于同类钢筋。

附表 3.2　　　　　　　　　**直条钢筋的直径、截面和重量**

公称直径 (mm)	公称横截面积 (mm^2)	单位重量 (kg/m)	公称直径 (mm)	公称横截面积 (mm^2)	单位重量 (kg/m)
8	50.27	0.395	22	380.1	2.98
10	78.54	0.617	25	490.9	3.85
12	113.1	0.888	28	615.8	4.83
14	153.9	1.21	32	804.2	6.31
16	201.1	1.58	36	1018	7.99
18	254.5	2.00	40	1257	9.87
20	314.2	2.47	50	1964	15.42

附表 3.3　　　　　　　　　**盘条钢筋的直径、重量表**

直 径 (mm)	截面面积 (mm^2)	单位重量 (kg/m)
6.5	33.18	0.261
8	50.27	0.395
10	78.54	0.617
12	113.1	0.888
14	153.9	1.21

附表 3.4　　　　　　　　　热轧螺纹钢筋规格表

计算直径 (mm)	内 径 (mm)	外 径 (mm)	公称横截面积 (cm^2)	单位重量 (kg/m)
8	7.5	9.0	0.5027	0.395
10	9.3	11.3	0.7854	0.617
12	11	13.0	1.131	0.888
14	13	15.5	1.539	1.21
16	15	17.5	2.011	1.58
18	17	20.0	2.545	2.00
20	19	22.0	3.142	2.47
22	21	24.0	3.801	2.98
25	24	27.0	4.91	3.85
28	26.5	30.5	6.158	4.83
32	30.5	34.5	8.042	6.31
36	34.5	39.5	10.18	7.99
40	38.5	43.5	12.57	9.87
50	48	54	19.64	15.42

附录4 混凝土、砂浆配合比及材料用量参数

1. 混凝土配合比有关说明

(1)除碾压混凝土材料配合参考表外,水泥混凝土强度等级均以28d龄期用标准试验方法测得的具有95%保证率的抗压强度标准值确定,如设计龄期超过28d,按附表4.1系数换算。计算结果如介于两种强度等级之间时,应选用高一级的强度等级。

附表4.1

设计龄期(d)	28	60	90	180
强度等级折合系数	1.00	0.83	0.77	0.71

(2)混凝土配合比表系卵石、粗砂混凝土,如改用碎石或中、细砂,按附表4.2系数换算。

附表4.2

项 目	水泥	砂	石子	水
卵石换为碎石	1.10	1.10	1.06	1.10
粗砂换为中砂	1.07	0.98	0.98	1.07
粗砂换为细砂	1.10	0.96	0.97	1.10
粗砂换为特细砂	1.16	0.90	0.95	1.16

注 水泥按重量计,砂、石子、水按体积计。

(3)混凝土细骨料的划分标准为:

细度模数3.19~3.85(或平均粒径1.2~2.5mm)为粗砂;

细度模数2.5~3.19(或平均粒径0.6~1.2mm)为中砂;

细度模数1.78~2.5(或平均粒径0.3~0.6mm)为细砂;

细度模数0.9~1.78(或平均粒径0.15~0.3mm)为特细砂。

(4)埋块石混凝土,应按配合比表的材料用量,扣除埋块石实体的数量计算。

① 埋块石混凝土材料量=配合表列材料用量×(1-埋块石量%)

1块石实体方=1.67码方

② 因埋块石增加的人工见附表4.3。

附表4.3

埋块石率(%)	5	10	15	20
每100m³埋块石混凝土增加人工工时	24.0	32.0	42.4	56.8

注 不包括块石运输及影响浇筑的工时。

(5)有抗渗抗冻要求时,按附表4.4水灰比选用混凝土强度等级。

附表 4.4

抗 渗 等 级	一般水灰比	抗 冻 等 级	一般水灰比
W4	0.60~0.65	F50	<0.58
W6	0.55~0.60	F100	<0.55
W8	0.50~0.55	F150	<0.52
W12	<0.50	F200	<0.50
		F300	<0.45

(6) 除碾压混凝土材料配合参考表外，混凝土配合表的预算量包括场内运输及操作损耗在内。不包括搅拌后（熟料）的运输和浇筑损耗，搅拌后的运输和浇筑损耗已根据不同浇筑部位计入定额内。

(7) 水泥用量按机械拌和拟定，若系人工拌和水泥用量增加5%。

(8) 按照国际标准（ISO3893）的规定，且为了与其他规范相协调，将原规范混凝土及砂浆标号的名称改为混凝土或砂浆强度等级。新强度等级与原标号对照见附表4.5和附表4.6。

附表 4.5 混凝土新强度等级与原标号对照

原用标号（kgf/cm²）	100	150	200	250	300	350	400
新强度等级 C	C9	C14	C19	C24	C29.5	C35	C40

附表 4.6 砂浆新强度等级与原标号对照

原用标号（kgf/cm²）	30	50	75	100	125	150	200	250	300	350	400
新强度等级 M	M3	M5	M7.5	M10	M12.5	M15	M20	M25	M30	M35	M40

2. 混凝土、砂浆配合比及材料用量表

混凝土、砂浆配合比及材料用量表见附表4.7~附表4.16。

附表 4.7 纯混凝土材料配合比及材料用量　　　　单位：m³

序号	混凝土强度等级	水泥强度等级	水灰比	级配	最大粒径(mm)	配合比 水泥	配合比 砂	配合比 石子	预算量 水泥(kg)	预算量 粗砂(kg)	预算量 粗砂(m³)	预算量 卵石(kg)	预算量 卵石(m³)	水(m³)
1	C10	32.5	0.75	1	20	1	3.69	5.05	237	877	0.58	1218	0.72	0.170
				2	40	1	3.92	6.45	208	819	0.55	1360	0.79	0.150
				3	80	1	3.78	9.33	172	653	0.44	1630	0.95	0.125
				4	150	1	3.64	11.65	152	555	0.37	1792	1.05	0.110
2	C15	32.5	0.65	1	20	1	3.15	4.41	270	853	0.57	1206	0.70	0.170
				2	40	1	3.20	5.57	242	777	0.54	1367	0.81	0.150
				3	80	1	3.09	8.03	201	623	0.42	1635	0.96	0.125
				4	150	1	2.92	9.89	179	527	0.36	1799	1.06	0.110

续表

序号	混凝土强度等级	水泥强度等级	水灰比	级配	最大粒径(mm)	配合比 水泥	配合比 砂	配合比 石子	预算量 水泥(kg)	预算量 粗砂(kg)	预算量 粗砂(m³)	预算量 卵石(kg)	预算量 卵石(m³)	预算量 水(m³)
3	C20	32.5	0.55	1	20	1	2.48	3.78	321	798	0.54	1227	0.72	0.170
				2	40	1	2.53	4.72	289	733	0.49	1382	0.81	0.150
				3	80	1	2.49	6.80	238	594	0.40	1637	0.96	0.125
				4	150	1	2.38	8.55	208	498	0.34	1803	1.06	0.110
		42.5	0.60	1	20	1	2.80	4.08	294	827	0.56	1218	0.71	0.170
				2	40	1	2.89	5.20	261	757	0.51	1376	0.81	0.150
				3	80	1	2.82	7.37	218	618	0.42	1627	0.95	0.125
				4	150	1	2.73	9.29	191	522	0.35	1791	1.05	0.110
4	C25	32.5	0.50	1	20	1	2.10	3.50	353	744	0.50	1250	0.73	0.170
				2	40	1	2.25	4.43	310	699	0.47	1389	0.81	0.150
				3	80	1	2.16	6.23	260	565	0.38	1644	0.96	0.125
				4	150	1	2.04	7.78	230	471	0.32	1812	1.06	0.110
		42.5	0.55	1	20	1	2.48	3.78	321	798	0.54	1227	0.72	0.170
				2	40	1	2.53	4.72	289	733	0.49	1382	0.81	0.150
				3	80	1	2.49	6.80	238	594	0.40	1637	0.96	0.125
				4	150	1	2.38	8.55	208	498	0.34	1803	1.06	0.110
5	C30	32.5	0.45	1	20	1	1.85	3.14	389	723	0.48	1242	0.73	0.170
				2	40	1	1.97	3.98	343	678	0.45	1387	0.81	0.150
				3	80	1	1.88	5.64	288	542	0.36	1645	0.96	0.125
				4	150	1	1.77	7.09	253	448	0.30	1817	1.06	0.110
		42.5	0.50	1	20	1	2.10	3.50	353	744	0.50	1250	0.73	0.170
				2	40	1	2.25	4.43	310	699	0.47	1389	0.81	0.150
				3	80	1	2.16	6.23	260	565	0.38	1644	0.96	0.125
				4	150	1	2.04	7.78	230	471	0.32	1812	1.06	0.110
6	C35	32.5	0.40	1	20	1	1.57	2.80	436	689	0.46	1237	0.72	0.170
				2	40	1	1.77	3.44	384	685	0.46	1343	0.79	0.150
				3	80	1	1.53	5.12	321	493	0.33	1666	0.97	0.125
				4	150	1	1.49	6.35	282	422	0.28	1816	1.06	0.110
		42.5	0.45	1	20	1	1.85	3.14	389	723	0.48	1242	0.73	0.170
				2	40	1	1.97	3.98	343	678	0.45	1387	0.81	0.150
				3	80	1	1.88	5.64	288	542	0.36	1645	0.96	0.125
				4	150	1	1.77	7.09	253	448	0.30	1817	1.06	0.110

续表

序号	混凝土强度等级	水泥强度等级	水灰比	级配	最大粒径(mm)	配合比 水泥	配合比 砂	配合比 石子	预算量 水泥(kg)	预算量 粗砂(kg)	预算量 粗砂(m³)	预算量 卵石(kg)	预算量 卵石(m³)	水(m³)
7	C40	42.5	0.40	1	20	1	1.57	2.80	436	689	0.46	1237	0.72	0.170
				2	40	1	1.77	3.44	384	685	0.46	1343	0.79	0.150
				3	80	1	1.53	5.12	321	493	0.33	1666	0.97	0.125
				4	150	1	1.49	6.35	282	422	0.28	1816	1.06	0.110
8	C45	42.5	0.34	2	40	1	1.13	3.28	456	520	0.35	1518	0.89	0.125

附表 4.8　　掺外加剂混凝土材料配合比及材料用量　　单位：m³

序号	混凝土强度等级	水泥强度等级	水灰比	级配	最大粒径(mm)	配合比 水泥	配合比 砂	配合比 石子	预算量 水泥(kg)	预算量 粗砂(kg)	预算量 粗砂(m³)	预算量 卵石(kg)	预算量 卵石(m³)	外加剂(kg)	水(m³)
1	C10	32.5	0.75	1	20	1	4.14	5.69	213	887	0.59	1230	0.72	0.43	0.170
				2	40	1	4.18	7.19	188	826	0.55	1372	0.80	0.38	0.150
				3	80	1	4.17	10.31	157	658	0.44	1642	0.96	0.32	0.125
				4	150	1	3.84	12.78	139	560	0.38	1803	1.05	0.28	0.110
2	C15	32.5	0.65	1	20	1	3.44	4.81	250	865	0.58	1221	0.71	0.50	0.170
				2	40	1	3.57	6.19	220	790	0.53	1382	0.81	0.45	0.150
				3	80	1	3.46	8.98	181	630	0.42	1649	0.96	0.37	0.125
				4	150	1	3.30	11.15	160	530	0.36	1811	1.06	0.32	0.110
3	C20	32.5	0.55	1	20	1	2.78	4.24	290	810	0.54	1245	0.73	0.58	0.170
				2	40	1	2.92	5.44	254	743	0.50	1400	0.82	0.52	0.150
				3	80	1	2.80	7.70	212	596	0.40	1654	0.97	0.43	0.125
				4	150	1	2.66	9.52	188	503	0.34	1817	1.06	0.38	0.110
		42.5	0.60	1	20	1	3.16	4.61	264	839	0.56	1235	0.72	0.53	0.170
				2	40	1	3.26	5.86	234	767	0.52	1392	0.81	0.47	0.150
				3	80	1	3.19	8.29	195	624	0.42	1641	0.96	0.39	0.125
				4	150	1	3.11	10.56	171	527	0.36	1806	1.05	0.35	0.110
4	C25	32.5	0.50	1	20	1	2.36	3.92	320	757	0.51	1270	0.74	0.64	0.170
				2	40	1	2.50	4.93	282	709	0.48	1410	0.82	0.56	0.150
				3	80	1	2.44	7.02	234	572	0.38	1664	0.97	0.47	0.125
				4	150	1	2.27	8.74	207	479	0.32	1831	1.07	0.42	0.110
		42.5	0.55	1	20	1	2.78	4.24	290	810	0.54	1245	0.73	0.58	0.170
				2	40	1	2.92	5.44	254	743	0.50	1400	0.82	0.52	0.150
				3	80	1	2.80	7.70	212	596	0.40	1654	0.97	0.43	0.125
				4	150	1	2.66	9.52	188	503	0.34	1817	1.06	0.38	0.110

续表

序号	混凝土强度等级	水泥强度等级	水灰比	级配	最大粒径(mm)	配合比 水泥	配合比 砂	配合比 石子	预算量 水泥(kg)	预算量 粗砂(kg)	预算量 粗砂(m³)	预算量 卵石(kg)	预算量 卵石(m³)	外加剂(kg)	水(m³)
5	C30	32.5	0.45	1	20	1	2.12	3.62	348	736	0.49	1269	0.74	0.71	0.170
				2	40	1	2.23	4.53	307	689	0.46	1411	0.83	0.62	0.150
				3	80	1	2.13	6.39	257	549	0.37	1667	0.97	0.52	0.125
				4	150	1	2.00	8.04	225	453	0.30	1837	1.07	0.46	0.110
		42.5	0.50	1	20	1	2.36	3.92	320	757	0.51	1270	0.74	0.64	0.170
				2	40	1	2.50	4.93	282	709	0.48	1410	0.82	0.56	0.150
				3	80	1	2.44	7.02	234	572	0.38	1664	0.97	0.47	0.125
				4	150	1	2.27	8.74	207	479	0.32	1831	1.07	0.42	0.110
6	C35	32.5	0.40	1	20	1	1.79	3.18	392	705	0.47	1265	0.74	0.78	0.170
				2	40	1	2.01	3.90	346	698	0.47	1368	0.80	0.69	0.150
				3	80	1	1.72	5.77	289	500	0.33	1691	0.99	0.58	0.125
				4	150	1	1.68	7.17	254	427	0.28	1839	1.08	0.51	0.110
		42.5	0.45	1	20	1	2.12	3.62	348	736	0.49	1269	0.74	0.71	0.170
				2	40	1	2.23	4.53	307	689	0.46	1411	0.83	0.62	0.150
				3	80	1	2.13	6.39	257	549	0.37	1667	0.97	0.52	0.125
				4	150	1	2.00	8.04	225	453	0.30	1837	1.07	0.46	0.110
7	C40	42.5	0.40	1	20	1	1.79	3.18	392	705	0.47	1265	0.74	0.78	0.170
				2	40	1	2.01	3.90	346	698	0.47	1368	0.80	0.69	0.150
				3	80	1	1.72	5.77	289	500	0.33	1691	0.99	0.58	0.125
				4	150	1	1.68	7.17	254	427	0.28	1839	1.08	0.51	0.110
8	C45	42.5	0.34	2	40	1	1.29	3.73	410	532	0.35	1552	0.91	0.82	0.125

附表 4.9　掺粉煤灰混凝土材料配合表（掺粉煤灰量 20%，取代系数 1.3）　　　单位：m³

序号	混凝土强度等级	水泥强度等级	水灰比	级配	最大粒径(mm)	配合比 水泥	配合比 粉煤灰	配合比 砂	配合比 石子	预算量 水泥(kg)	预算量 粉煤灰(kg)	预算量 粗砂(kg)	预算量 粗砂(m³)	预算量 卵石(kg)	预算量 卵石(m³)	外加剂(kg)	水(m³)
1	C10	32.5	0.75	3	80	1	0.325	4.65	11.47	139	45	650	0.44	1621	0.95	0.28	0.125
				4	150	1	0.325	4.50	14.42	122	40	551	0.37	1784	1.05	0.25	0.110
2	C15	32.5	0.65	3	80	1	0.325	3.86	10.03	160	53	620	0.42	1627	0.96	0.33	0.125
				4	150	1	0.325	3.71	12.57	140	47	523	0.35	1791	1.05	0.29	0.110
3	C20	32.5	0.55	3	80	1	0.325	3.10	8.44	190	63	589	0.40	1623	0.96	0.38	0.125
				4	150	1	0.325	2.93	10.50	168	56	495	0.33	1791	1.05	0.34	0.110
		42.5	0.60	3	80	1	0.325	3.54	9.21	173	58	616	0.42	1618	0.95	0.35	0.125
				4	150	1	0.325	3.40	11.58	152	51	519	0.35	1781	1.05	0.31	0.110

附表 4.10 掺粉煤灰混凝土材料配合表（掺粉煤灰量25%，取代系数1.3） 单位：m³

序号	混凝土强度等级	水泥强度等级	水灰比	级配	最大粒径(mm)	水泥	粉煤灰	砂	石子	水泥(kg)	粉煤灰(kg)	粗砂(kg)	粗砂(m³)	卵石(kg)	卵石(m³)	外加剂(kg)	水(m³)
1	C10	32.5	0.75	3	80	1	0.433	4.96	12.38	131	57	650	0.44	1621	0.95	0.27	0.125
				4	150	1	0.433	4.79	15.51	115	50	551	0.36	1784	1.04	0.24	0.110
2	C15	32.5	0.65	3	80	1	0.433	4.13	10.82	150	66	620	0.42	1624	0.96	0.31	0.125
				4	150	1	0.433	3.98	13.54	132	58	525	0.34	1788	1.05	0.27	0.110
3	C20	32.5	0.55	3	80	1	0.433	3.31	9.11	178	79	590	0.40	1622	0.95	0.36	0.125
				4	150	1	0.433	3.18	11.45	156	69	495	0.32	1787	1.05	0.32	0.110
		42.5	0.60	3	80	1	0.433	3.78	9.92	163	71	615	0.42	1617	0.95	0.33	0.125
				4	150	1	0.433	3.62	12.44	143	63	517	0.35	1780	1.05	0.29	0.110

附表 4.11 掺粉煤灰混凝土材料配合表（掺粉煤灰量30%，取代系数1.3） 单位：m³

序号	混凝土强度等级	水泥强度等级	水灰比	级配	最大粒径(mm)	水泥	粉煤灰	砂	石子	水泥(kg)	粉煤灰(kg)	粗砂(kg)	粗砂(m³)	卵石(kg)	卵石(m³)	外加剂(kg)	水(m³)
1	C10	32.5	0.75	3	80	1	0.557	5.30	13.09	122	69	649	0.44	1619	0.95	0.25	0.125
				4	150	1	0.557	5.10	16.32	108	61	551	0.37	1781	1.05	0.22	0.110
2	C15	32.5	0.65	3	80	1	0.557	4.39	11.39	140	80	619	0.42	1622	0.95	0.28	0.125
				4	150	1	0.557	4.20	14.20	124	70	522	0.35	1786	1.05	0.25	0.110
3	C20	32.5	0.55	3	80	1	0.557	3.54	9.61	166	95	590	0.40	1618	0.95	0.34	0.125
				4	150	1	0.557	3.34	11.93	148	83	495	0.33	1786	1.05	0.30	0.110
		42.5	0.60	3	80	1	0.557	3.97	10.33	154	86	613	0.42	1612	0.95	0.31	0.125
				4	150	1	0.557	3.84	13.11	134	76	518	0.35	1778	1.04	0.27	0.110

附表 4.12 碾压混凝土材料配合参考表 单位：kg/m³

序号	龄期(d)	混凝土强度等级	水泥强度等级	水胶比	砂率(%)	水泥	粉煤灰	水	砂	石子	外加剂	备注
1	90	C10	42.5	0.61	34	46	107	93	761	1500	0.380	江垭资料，人工砂石料
2	90	C15	42.5	0.58	33	64	96	93	738	1520	0.400	江垭资料，人工砂石料
3	90	C20	42.5	0.53	36	87	107	103	783	1413	0.490	江垭资料，人工砂石料
4	90	C10	32.5	0.60	35	63	87	90	765	1453	0.387	汾河二库资料，人工砂石料
5	90	C20	32.5	0.55	36	83	84	92	801	1423	0.511	汾河二库资料，人工砂石料
6	90	C20	32.5	0.50	36	132	56	94	777	1383	0.812	汾河二库资料，人工砂石料

续表

序号	龄期(d)	混凝土强度等级	水泥强度等级	水胶比	砂率(%)	水泥	粉煤灰	水	砂	石子	外加剂	备注
7	90	C10	32.5	0.56	33	60	101	90	726	1473	0.369	汾河二库资料，天然砂、人工骨料
8	90	C20	32.5	0.50	36	104	86	95	769	1396	0.636	汾河二库资料，天然砂、人工骨料
9	90	C20	32.5	0.45	35	127	84	95	743	1381	0.779	汾河二库资料，天然砂、人工骨料
10	90	C15	42.5	0.55	30	72	58	71	649	1554	0.871	白石水库资料，天然细骨料、人工粗骨料、砂用量中含石粉
11	90	C15	42.5	0.58	29	91	39	75	652	1609	0.325	观音阁资料，天然砂石料

单位：kg/m³

序号	龄期(d)	混凝土强度等级	水泥强度等级	水胶比	砂率(%)	水泥	磷矿渣及凝灰岩	水	砂	石子	外加剂	备注
1	90	C15	42.5	0.50	35	67	101	84	798	1521	1.344	大朝山资料，人工砂石料
2	90	C20	42.5	0.50	38	94	94	94	850	1423	1.504	大朝山资料，人工砂石料

注　碾压混凝土材料配合参考表中材料用量不包括场内运输及拌制损耗在内，实际运用过程中损耗率可采用：水泥2.5%、砂3%、石子4%。

附表 4.13　　泵用纯混凝土材料配合表　　单位：m³

序号	混凝土强度等级	水泥强度等级	水灰比	级配	最大粒径(mm)	配合比 水泥	配合比 砂	配合比 石子	预算量 水泥(kg)	预算量 粗砂(kg)	预算量 粗砂(m³)	预算量 卵石(kg)	预算量 卵石(m³)	水(m³)
1	C15	32.5	0.63	1	20	1	2.97	3.11	320	951	0.64	970	0.66	0.192
				2	40	1	3.05	4.29	280	858	0.58	1171	0.78	0.166
2	C20	32.5	0.51	1	20	1	2.30	2.45	394	910	0.61	979	0.67	0.193
				2	40	1	2.35	3.38	347	820	0.55	1194	0.80	0.161
3	C25	32.5	0.44	1	20	1	1.88	2.04	461	872	0.58	955	0.66	0.195
				2	40	1	1.95	2.83	408	800	0.53	1169	0.79	0.173

附表 4.14　　泵用掺外加剂混凝土材料配合表　　单位：m³

序号	混凝土强度等级	水泥强度等级	水灰比	级配	最大粒径(mm)	配合比 水泥	配合比 砂	配合比 石子	预算量 水泥(kg)	预算量 粗砂(kg)	预算量 粗砂(m³)	预算量 卵石(kg)	预算量 卵石(m³)	外加剂(kg)	水(m³)
1	C15	32.5	0.63	1	20	1	3.28	3.35	290	957	0.65	987	0.67	0.58	0.192
				2	40	1	3.38	4.63	253	860	0.59	1188	0.79	0.50	0.166
2	C20	32.5	0.51	1	20	1	2.61	2.77	355	930	0.62	999	0.68	0.71	0.193
				2	40	1	2.61	3.78	317	831	0.56	1214	0.81	0.62	0.161
3	C25	32.5	0.44	1	20	1	2.15	2.32	415	895	0.60	980	0.68	0.83	0.195
				2	40	1	2.22	3.21	366	816	0.54	1191	0.81	0.73	0.173

附表 4.15　　　　　　　　　　水泥砂浆材料配合表　　　　　　　　　单位：m³

(1) 砌 筑 砂 浆

砂浆类别	砂浆强度等级	水泥（kg）32.5	砂（m³）	水（m³）
水泥砂浆	M5	211	1.13	0.127
	M7.5	261	1.11	0.157
	M10	305	1.10	0.183
	M12.5	352	1.08	0.211
	M15	405	1.07	0.243
	M20	457	1.06	0.274
	M25	522	1.05	0.313
	M30	606	0.99	0.364
	M40	740	0.97	0.444

(2) 接 缝 砂 浆

序号	砂浆强度等级	体积配合比		矿渣大坝水泥		纯大坝水泥		砂（m³）	水（m³）
		水泥	砂	强度等级	数量（kg）	强度等级	数量（kg）		
1	M10	1	3.1	32.5	406			1.08	0.270
2	M15	1	2.6	32.5	469			1.05	0.270
3	M20	1	2.1	32.5	554			1.00	0.270
4	M25	1	1.9	32.5	633			0.94	0.270
5	M30	1	1.8			42.5	625	0.98	0.266
6	M35	1	1.5			42.5	730	0.93	0.266
7	M40	1	1.3			42.5	789	0.90	0.266

附表 4.16　　　　　　　　水泥强度等级换算系数参考表

原强度等级 \ 代换强度等级	32.5	42.5	52.5
32.5	1.00	0.86	0.76
42.5	1.16	1.00	0.88
52.5	1.31	1.13	1.00

附录5 常用建筑材料单位重量

附表 5.1　　　　　　　　　　常用建筑材料单位重量表

名　称	重　量	备　注	名　称	重　量	备　注
1. 木材： 杉木	400kg/m³ 以下	重量随含水率而不同	2. 金属矿产： 铸铁	7250kg/m³	
冷杉、云杉、红松、华山桦、樟子松、铁杉、拟赤杨、红椿、杨木、枫杨	400~500kg/m³	重量随含水率而不同	锻铁	7750kg/m³	
			铁矿渣	2760kg/m³	
			赤铁矿	2500~3000 kg/m³	
马尾松、云南松、田松、赤松、广东松、桤木、枫香、柳木、檫木、秦岭落叶松、新疆落叶松	500~600kg/m³	重量随含水率而不同	钢	7850kg/m³	
			紫铜、赤铜	8900kg/m³	
			黄铜、青铜	8500kg/m³	
东北落叶松、陆均松、榆木、桦木、水曲柳、苦栋、木荷、臭椿	600~700kg/m³	重量随含水率而不同	硫化铜矿	4200kg/m³	
			铝	2700kg/m³	
椎木（栲木）、石砾、槐木、乌黑	700~800kg/m³		铝合金	2800kg/m³	
			锌	7050kg/m³	
青冈栎（楮木）、栎木（柞木）、桉树、木麻黄	800kg/m³ 以上	重量随含水率而不同	亚锌矿	4050kg/m³	
			铅	1140kg/m³	
普通木板条、橡檩木料	500kg/m³ 以上	重量随含水率而不同	方铅矿	7450kg/m³	
			金	19300kg/m³	
锯末	200~250kg/m³	加防腐剂时为300kg/m³	白金	21300kg/m³	
			银	10500kg/m³	
木丝板	400~500kg/m³		锡	7350kg/m³	
软木板	250kg/m³		镍	8900kg/m³	
刨花板	600kg/m³		水银	13600kg/m³	
胶合三夹板（杨木）	1.9kg/m²		钨	18900kg/m³	
胶合三夹板（椴木）	2.2kg/m²		镁	1850kg/m³	
胶合三夹板（水曲柳）	2.8kg/m²		锑	8660kg/m³	
胶合五夹板（杨木）	3.0kg/m²		水晶	2950kg/m³	
胶合五夹板（椴木）	3.4kg/m²		硼砂	1750kg/m³	
胶合五夹板（水曲柳）	3.9kg/m²	常用规格为1.3、1.5、1.9、2.5cm	硫矿	2050kg/m³	
			石棉矿	2460kg/m³	
甘蔗板，按1.0cm厚计	3.0kg/m²	常用规格为1.3、2.0cm	石棉	1000kg/m³	压实
隔音垩，按1.0cm厚计	3.0kg/m²	溃用规格为0.6cm及1.0cm	石棉	400kg/m³	松散，含水量不大于15%
木板按1.0cm厚计	12.0kg/m²		白垩（高岭土）	2200kg/m³	

续表

名 称	重 量	备 注	名 称	重 量	备 注
石膏矿	2550kg/m³		泥灰岩	1400kg/m³	$\varphi=40°$
石膏	1300～1450 kg/m³	粗块堆放 $\varphi=30°$ 细块堆放 $\varphi=40°$	花岗岩,大理石	2800kg/m³	
石膏粉	900kg/m³		花岗石	1540kg/m³	片石堆置
3. 土、砂、砂砾 岩石： 腐殖土	1500～1600 kg/m³	干,$\varphi=40°$ 湿,$\varphi=35°$ 很湿,$\varphi=25°$	石灰石	2640kg/m³	
粘土	1350kg/m³	干,松,空隙 比为1.0	石灰石	1520kg/m³	片石堆置
粘土	1600kg/m³	干,$\varphi=40°$, 压实	贝壳石灰岩	1400kg/m³	
粘土	1800kg/m³	湿,$\varphi=35°$, 压实	水泥空心砖	980kg/m³	290×290×140 85块/m³
粘土	2000kg/m³	很湿,$\varphi=20°$,压实	水泥空心砖	1030kg/m³	300×250×110 121块/m³
砂土	1220kg/m³	干,松	粘土空心砖	1100～1450 kg/m³	能承重
砂土	1600kg/m³	干,$\varphi=35°$, 压实	白云石	1600kg/m³	片石堆置$\varphi=48°$
砂土	1800kg/m³	湿,$\varphi=35°$, 压实	滑石	2710kg/m³	
砂土	2000kg/m³	很湿,$\varphi=25°$,压实	火石(燧石)	3520kg/m³	
砂子	1400kg/m³	干,细砂	云斑石	2760kg/m³	
砂子	1700kg/m³	干,粗砂	玄武岩	2950kg/m³	
卵石	1600～1800 kg/m³	干	长石	2550kg/m³	
粘土夹卵石	1700～1800 kg/m³	干,松	角闪石,绿石	3000kg/m³	
砂夹卵石	1500～1700 kg/m³	干,松	角闪石,绿石	1710kg/m³	片石堆置
砂夹卵石	1600～1920 kg/m³	干,压实	碎石子	1400～1500 kg/m³	散置
砂夹卵石	1890～1920 kg/m³	湿	岩粉	1600kg/m³	粘土质或石灰质的
浮石	600～800kg/m³	干	多孔粘土	500～800kg/m³	作填充料用,$\varphi=35°$
浮石填充料	400～600kg/m³		硅藻土填充料	400～600kg/m³	
砂岩	2360kg/m³		辉绿岩板	2950kg/m³	
页岩	2800kg/m³		4. 砖 普通砖	1800kg/m³	
页岩	1480kg/m³	片石堆置		1900kg/m³	240×115×53 684块/m³

续表

名　　称	重　　量	备　注	名　　称	重　　量	备　注
普通砖	2100～2150 kg/m³	机器制	灰砂浆，混合砂浆	1700kg/m³	
缺砖	2000～2150 kg/m³	230×110×65 603 块/m³	水泥石灰焦渣砂浆	1400kg/m³	
红缸砖	2040kg/m³		石灰焦渣砂浆	1300kg/m³	
耐火砖	1900～2200 kg/m³	230×110×65 590 块/m³	灰土	1750kg/m³	石灰∶土＝3∶7 夯实
耐酸瓷砖	2300～2500 kg/m³	230×113×65 590 块/m³	石灰泥	1600kg/m³	
灰砂砖	1800kg/m³	砂∶白灰＝ 92∶8	纸筋石灰泥	1600kg/m³	
煤渣砖	1700～1850 kg/m³		石灰锯末	340kg/m³	1∶3，松
矿渣砖	1850kg/m³	硬矿渣∶烟灰∶石灰＝75∶15∶10	石灰三合土	1750kg/m³	石灰、砂子、卵石
焦渣砖	1200～1500 kg/m³		水泥	1250kg/m³	轻质松散，$\varphi=20°$
烟灰砖	1400～1500 kg/m³	炉渣∶电石渣∶烟灰＝30∶40∶30	水泥	1450kg/m³	散装，$\varphi=30°$
粘土坯	1200～1500 kg/m³		水泥	1800kg/m³	袋装压实，$\varphi=40°$
锯末砖	900kg/m³		矿渣水泥	1450kg/m³	
焦渣空心砖	1000kg/m³	290×290×140 85 块/m³	水泥砂浆	2000kg/m³	
碎砖混凝土	1850kg/m³		水泥蛭石砂浆	500～800kg/m³	
素混凝土	2200～2400 kg/m³	煤焦油、汽油	石棉水泥浆	1900kg/m³	
矿渣混凝土	2000kg/m³		膨胀珍珠岩砂浆	700～1500 kg/m³	
粘土空心砖	900～1100 kg/m³	不能承重	石膏砂浆	1200kg/m³	
碎砖	1200kg/m³	堆置	煤焦油	1000kg/m³	桶装，密度1.25
水泥花砖	1980kg/m³	200×200×24 1042 块/m³	汽油	670kg/m³	
磁面砖	1780kg/m³	150×150×8 5556 块/m³	汽油	640kg/m³	桶装，密度 0.72～0.76
马赛克	12kg/m³	厚 5mm	动物油，植物油	930kg/m³	
5. 石灰、水泥、灰蒙及混凝土∶生石灰块	1100kg/m²	堆置，$\varphi=30°$	6. 杂项∶稻草	120kg/m³	
生石灰粉	1200kg/m³	堆置，$\varphi=35°$	焦渣混凝土	1600～1700 kg/m³	承重用
熟石灰膏	1350kg/m³		焦渣混凝土	1000～1400 kg/m³	填充用

续表

名　　称	重　量	备　注	名　　称	重　量	备　注
铁屑混凝土	2800～6500 kg/m³		煤油	720kg/m³	桶装，密度 0.28～0.89
浮石混凝土	900～1000 kg/m³		石墨	2080kg/m³	
沥青混凝土	2000kg/m³		润滑油	740kg/m³	
无砂大孔性混凝土	1600～1900 kg/m³		膨胀珍珠岩制品	350～400kg/m³	强度 0.8～1MPa
泡沫混凝土	400～600kg/m³		膨胀蛭石	80～200kg/m³	导热系数 0.052～0.07 W/(m·k)
加气混凝土	550～750 kg/m³	单块	沥青管石板(膏)	350～400kg/m³	导热系数 0.081～0.104 W/(m·k)
钢筋混凝土	2400～2500 kg/m³		水泥蛭石板(管)	400～500kg/m³	导热系数 0.093～0.14 W/(m·k)
碎砖钢筋混凝土	2000kg/m³		普通玻璃	2550kg/m³	
钢丝网水泥	2500kg/m³	用于承重结构	钢丝玻璃	2600kg/m³	
水玻璃耐酸混凝土	2000～2350 kg/m³		泡沫玻璃	300～500kg/m³	
粉煤灰陶粒混凝土	1950kg/m³		玻璃棉	50～100kg/m³	作绝缘层填充料用
7. 沥青、煤灰、油料 石油沥青	1000～1100 kg/m³	根据密度	沥青玻璃毡	80～100kg/m³	导热系数 0.034～0.046 W/(m·k)
煤油	1200kg/m³		玻璃棉板(管套)	100～150kg/m³	导热系数 0.034～0.046 W/(m·k)
焦沥青	1340kg/m³		玻璃钢	1400～2200 kg/m³	
煤焦	1200kg/m³		矿渣棉	120～150kg/m³	松散，导热系数 0.031～0.044 W/(m·k)
煤灰	700kg/m³	堆放，$\varphi=45°$	矿渣棉制品(板、管、砖)	350～400kg/m³	导热系数 0.046～0.058 W/(m·k)
焦渣	1000kg/m³		沥青矿渣棉毡	120～160kg/m³	导热系数 0.04～0.046 W/(m·k)
煤灰	650kg/m³		膨胀珍珠岩粉料	80～200kg/m³	干、松散，导热系数 0.034～0.046W/(m·k)
煤灰	800kg/m³	压实	聚氯乙烯板(管)	1350～1600 kg/m³	
煤油	800kg/m³		聚苯乙烯泡沫塑料	50kg/m³	导热系数不大于 0.034 W/(m·k)

续表

名　称	重　量	备　注	名　称	重　量	备　注
石棉板	1300kg/m³	含水率不大于3%	盐酸	1200kg/m³	浓度40%
乳化沥青	980~1050 kg/m³		硝酸	1510kg/m³	浓度91%
软橡胶	930kg/m³		硫酸	1790kg/m³	浓度87%
松香	1070kg/m³		火碱	1700kg/m³	浓度66%
酒精	785kg/m³	100%纯	水	1000kg/m³	温度4℃，密度最大时
酒精	660kg/m³	桶装，密度0.79~0.82	冰	896kg/m³	

附录6 水利水电工程设计工程量计算规定

（一）总则

1. 水利水电工程各设计阶段的工程量，是优选设计方案的重要参数和编制工程概算的主要依据。为加强和统一设计工程量的计算工作，以适应水利水电基本建设工程体制改革的需要，特制定此规定，希遵照执行。

2. 本规定适用于可行性研究报告和初步设计阶段的工程量计算工作。

3. 根据不同设计阶段设计精度的要求，永久水工建筑物和主要的施工临时工程的工程量，均应按照水利水电基本建设工程项目划分的要求，根据建筑物或工程的设计几何轮廓尺寸进行计算。施工中超挖、超填部分已计入概算定额，不再包括在设计所提出的工程量中。

4. 按照建筑物设计的几何轮廓尺寸算得的工程量，应按下表所列种类和项目，分别乘以相应的阶段系数。

设计种类 \ 阶段系数 \ 项目	阶段	钢筋混凝土	混凝土			土石方开挖			土石方填筑			钢筋	钢材	灌浆
			工程量（万 m³）											
			300以上	100～300	100以下	500以上	200～500	200以下	500以上	200～500	200以下			
永久水工建筑物	可行性研究	1.05	1.03	1.05	1.10	1.03	1.05	1.10	1.03	1.05	1.10	1.03	1.05	1.15
	初步设计	1.03	1.01	1.03	1.05	1.01	1.03	1.05	1.03	1.03	1.05	1.03	1.03	1.10
施工临时建筑物	可行性研究	1.10	1.05	1.10	1.15	1.05	1.10	1.15	1.05	1.10	1.15	1.10	1.10	
	初步设计	1.05	1.03	1.05	1.10	1.03	1.05	1.10	1.03	1.05	1.10	1.05	1.05	
金属结构	可行性研究													1.15
	初步设计													1.10

（二）永久水工建筑物的工程量计算

1. 土石方开挖工程量，应根据开挖图按不同土壤和岩石类别分别进行计算，石方开挖工程量应将明挖、槽挖、水下开挖、暗挖分开，暗挖中应将平井、斜井和竖井分别计算。

2. 土石方填筑工程量，应根据建筑物设计断面中的不同部位及其不同材料分别进行计算，其沉陷量应包括在内。

3. 混凝土、钢筋混凝土及喷锚混凝土均应分别计算其工程量，其中采用不同标号也须分别计算。

当采用含钢率计算钢筋量时，对所采用的含钢率应说明其依据。

4. 坝基固结与帷幕灌浆的工程量（包括灌浆检查孔），自基岩面算起，钻孔深度自孔顶高程算起。单位均以米计。

地下工程顶部的回填灌浆，其范围一般在顶拱中心角 90°～120° 以内，按设计的混凝土外缘面积计算其工程量，以平方米计；地下工程的固结灌浆数量根据设计要求以米计算。

5. 地下工程的永久喷锚支护，根据设计要求计算。其中喷混凝土以立方米计，并说明锚杆直径、深度、间距，其数量均以根计。

（三）施工临建工程的工程量计算

1. 对外公路的工程量，应根据设计推荐（或选定）的线路、技术等级计算求得。可行性研究阶段可在

1/10000~1/50000 的地形图上，以相应的精度切取剖面，按设计的开挖或填筑的几何轮廓尺寸计算其挖填工程量。初步设计阶段应根据不大于 1/10000 的地形图并实测纵断面和相应精度的横剖面计算挖、填工程量，其中土石方开挖量应将不同的土壤和岩石类别分开，石方开挖量应将明、暗挖分开。

若对外公路有委托设计成果，应参照上述要求，按经过审查后的成果提出线路挖、填及桥涵隧道的各项工程量。

公路沿线桥梁的等级及工程量，按设计推荐线路的实际需要和规模确定，小桥、涵管以及沿线的一般防护工程，可采用《公路设计手册》中的扩大指标计算。

2. 场内公路，包括工区（或生活区）与工区、工区与施工现场，施工现场与现场仓库区、料场、骨料筛分及混凝土生产系统、堆渣场等之间的主要道路，可行性研究阶段应根据 1/5000~1/10000 的施工总平面布置图和设计要求的技术标准，以相应的精度切取剖面，按设计轮廓线计算其各项工程量。初步设计阶段应根据 1/2000~1/5000 的施工总平面布置图并实测若干剖面计算其各项工程量。其所需桥梁、小桥涵及防护工程，按上述对外交通相同的要求提出。

3. 施工导流与截流、闭气工程的工程量计算，应按永久水工建筑物工程量计算要求进行。

4. 地下工程的施工支洞的工程量，应根据施工组织设计要求，按永久水工建筑物工程量计算要求进行。临时支护的锚杆、喷混凝土（或砂浆）、钢支撑以及混凝土衬砌施工用的钢筋、钢材，均应根据设计要求和有关规范、定额计算其用量，工程量计算单位同永久水工建筑物工程量计算单位。

5. 施工场地平整，包括生活区、辅助企业区、砂石料场、混凝土拌和系统、骨料（或反滤料）筛分系统以及其他所有的施工场地的开挖和填筑工程量，可行性研究阶段按 1/5000 的施工总平面布置图，以相应的精度切取剖面计算工程量，初步设计阶段按 1/2000 的施工总平面布置图并实测若干剖面计算工程量。

6. 大型施工机械布置所需土建工程量，如缆式起重机平台的开挖或混凝土基座、排架和门、塔机线桥等，按水工永久建筑物相同要求计算其工程量。

7. 施工需要的其他临时工程量和永久建筑物施工需用的钢材、钢筋、水泥等，应根据有关定额与实际资料类比进行分析及计算。

8. 概算中的临建工程量，应以上述计算成果为主要依据，应与临时工程概算指标验核。

（四）金属结构工程量计算

水工建筑物各种钢闸门的重量，在可行性研究阶段，可参照《水工闸门技术特性手册》或已建工程资料用类比法加以确定；在初步设计阶段应按《水利水电工程钢闸门设计规范》（SL74—95）中各种门型的自重计算公式算出，并按已建工程资料用类比法综合研究确定。

与各种钢闸门配套的门槽埋件及各种启闭机的重量，无论在可行性或初步设计阶段，均可参考上述手册及现行启闭机系列标准的有关资料类比选用。

（五）机电设备需要量的计算

1. 可行性研究报告阶段，机电设备及安装工程量按四大主要机电设备系统计算，水轮发电机组按台吨计算，厂内桥式起吊设备按台吨计算，主变压器按台（组）计算，升压站高压设备按台（间隔）计算。对属于发电厂工程、升压变电工程和其他的机电设备，根据可行性研究报告并按已建工程资料用类比法综合研究选择。

2. 初步设计阶段，机电设备及安装工程量，应根据"水利水电基本建设工程设计概算编制规定"附件 2 的第二部分"机电设备及安装工程"中发电设备、升压变电站设备及安装工程所列细项，分别计算其设备及安装工程量。对其他机电设备及安装工程量，按其归属范围，分别按发电设备及安装工程量或升压变电设备及安装工程量计算。

附录7 工程勘察设计收费标准

1 总 则

1.0.1 工程设计收费是指设计人根据发包人的委托，提供编制建设项目初步设计文件、施工图设计文件、非标准设备设计文件、施工图预算文件、竣工图文件等服务所收取的费用。

1.0.2 工程设计收费采取按照建设项目单项工程概算投资额分档定额计费方法计算收费。铁道工程设计收费计算方法，在交通运输工程一章中规定。

1.0.3 工程设计收费按照下列公式计算
 1 工程设计收费＝工程设计收费基准价×（1±浮动幅度值）
 2 工程设计收费基准价＝基本设计收费＋其他设计收费
 3 基本设计收费＝工程设计收费基价×专业调整系数×工程复杂程度调整系数×附加调整系数

1.0.4 工程设计收费基准价

工程设计收费基准价是按照本收费标准计算出的工程设计基准收费额，发包人和设计人根据实际情况，在规定的浮动幅度内协商确定工程设计收费合同额。

1.0.5 基本设计收费

基本设计收费是指在工程设计中提供编制初步设计文件、施工图设计文件收取的费用，并相应提供设计技术交底、解决施工中的设计技术问题、参加试车考核和竣工验收等服务。

1.0.6 其他设计收费

其他设计收费是指根据工程设计实际需要或者发包人要求提供相关服务收取的费用，包括总体设计费、主体设计协调费、采用标准设计和复用设计费、非标准设备设计文件编制费、施工图预算编制费、竣工图编制费等。

1.0.7 工程设计收费基价

工程设计收费基价是完成基本服务的价格。工程设计收费基价在《工程设计收费基价表》（附表一）中查找确定，计费额处于两个数值区间的，采用直线内插法确定工程设计收费基价。

1.0.8 工程设计收费计费额

工程设计收费计费额，为经过批准的建设项目初步设计概算中的建筑安装工程费、设备与工器具购置费和联合试运转费之和。

工程中有利用原有设备的，以签订工程设计合同时同类设备的当期价格作为工程设计收费的计费额；工程中有缓配设备，但按照合同要求以既配设备进行工程设计并达到设备安装和工艺条件的，以既配设备的当期价格作为工程设计收费的计费额；工程中有引进设备的，按照购进设备的离岸价折换成人民币作为工程设计收费的计费额。

1.0.9 工程设计收费调整系数

工程设计收费标准的调整系数包括：专业调整系数、工程复杂程度调整系数和附加调整系数。

（1）专业调整系数是对不同专业建设项目的工程设计复杂程度和工作量差异进行调整的系数。计算工程设计收费时，专业调整系数在《工程设计收费专业调整系数表》（附表二）中查找确定。

（2）工程复杂程度调整系数是对同一专业不同建设项目的工程设计复杂程度和工作量差异进行调整的系数。工程复杂程度分为一般、较复杂和复杂三个等级，其调整系数分别为：一般（Ⅰ级）0.85；较复杂（Ⅱ级）1.0；复杂（Ⅲ级）1.15。计算工程设计收费时，工程复杂程度在相应章节的《工程复杂程度表》中查找确定。

（3）附加调整系数是对专业调整系数和工程复杂程度调整系数尚不能调整的因素进行补充调整的系数。附加调整系数分别列于总则和有关章节中。附加调整系数为两个或两个以上的，附加调整系数不能连乘。将各附加调整系数相加，减去附加调整系数的个数，加上定值1，作为附加调整系数值。

1.0.10 非标准设备设计收费按照下列公式计算

非标准设备设计费＝非标准设备计费额×非标准设备设计费率

非标准设备计费额为非标准设备的初步设计概算。非标准设备设计费率在《非标准设备设计费率表》（附表三）中查找确定。

1.0.11 单独委托工艺设计、土建以及公用工程设计、初步设计、施工图设计的，按照其占基本服务设计工作量的比例计算工程设计收费。

1.0.12 改扩建和技术改造建设项目，附加调整系数为1.1～1.4。根据工程设计复杂程度确定适当的附加调整系数，计算工程设计收费。

1.0.13 初步设计之前，根据技术标准的规定或者发包人的要求，需要编制总体设计的，按照该建设项目基本设计收费的5%加收总体设计费。

1.0.14 建设项目工程设计由两个或者两个以上设计人承担的，其中对建设项目工程设计合理性和整体性负责的设计人，按照该建设项目基本设计收费的5%加收主体设计协调费。

1.0.15 工程设计中采用标准设计或者复用设计的，按照同类新建项目基本设计收费的30%计算收费；需要重新进行基础设计的，按照同类新建项目基本设计收费的40%计算收费；需要对原设计做局部修改的，由发包人和设计人根据设计工作量协商确定工程设计收费。

1.0.16 编制工程施工图预算的，按照该建设项目基本设计收费的10%收取施工图预算编制费；编制工程竣工图的，按照该建设项目基本设计收费的8%收取竣工图编制费。

1.0.17 工程设计中采用设计人自有专利或者专有技术的，其专利和专有技术收费由发包人与设计人协商确定。

1.0.18 工程设计中的引进技术需要境内设计人配合设计的，或者需要按照境外设计程序和技术质量要求由境内设计人进行设计的，工程设计收费由发包人与设计人根据实际发生的设计工作量，参照本标准协商确定。

1.0.19 由境外设计人提供设计文件，需要境内设计人按照国家标准规范审核并签署确认意见的，按照国际对等原则或者实际发生的工作量，协商确定审核确认费。

1.0.20 设计人提供设计文件的标准份数，初步设计、总体设计分别为10份，施工图设计、非标准设备设计、施工图预算、竣工图分别为8份。发包人要求增加设计文件份数的，由发包人另行支付印制设计文件工本费。工程设计中需要购买标准设计图的，由发包人支付购图费。

1.0.21 本收费标准不包括本总则1.0.1以外的其他服务收费。其他服务收费，国家有收费规定的，按照规定执行；国家没有收费规定的，由发包人与设计人协商确定。

2 水利电力工程设计收费标准

2.1 水利电力工程范围

适用于水利、发电、送电、变电、核能工程。

2.2 水利电力工程各阶段工作量比例

附表7.1　　　　　　　　　　水利电力工程各阶段工作量比例表

工程类型	设计阶段	初步设计（%）	招标设计（%）	施工图设计（%）
核能、送电、变电工程		40		60
火电工程		30		70
水库、水电、潮汐工程		25	20	55
风电工程		45		55
引调水工程	建构筑物	25	20	55
	渠道管线	45	20	35
河道治理工程	建构筑物	25	20	55
	河道堤防	55	10	35
灌区田间工程		60		40
水土保持工程		70	10	20

2.3　水利电力工程复杂程度

2.3.1　电力、核能、水库工程

附表7.2　　　　　　　　　　电力、核能、水库工程复杂程度表

等级	工程设计条件
Ⅰ级	1. 新建4台以上同容量凝汽式机组发电工程，燃气轮机发电工程； 2. 电压等级110kV及以下的送电、变电工程； 3. 设计复杂程度赋分值之和≤-20的水库和水电工程
Ⅱ级	1. 新建或扩建2～4台单机容量50MW以上凝汽式机组及50MW及以下供热机组发电工程； 2. 电压等级220kV、330kV的送电、变电工程； 3. 设计复杂程度赋分值之和为-20～20的水库和水电工程
Ⅲ级	1. 新建一台机组的发电工程，一次建设两种不同容量机组的发电工程，新建2～4台单机容量50MW以上供热机组发电工程，新能源发电工程（风电、潮汐等）； 2. 电压等级500kV送电、变电、换流站工程； 3. 核电工程、核反应堆工程； 4. 设计复杂程度赋分值之和≥20的水库和水电工程

注　1. 水电工程可行性研究与初步设计阶段合并的，设计总工作量附加调整系数为1.1；
　　2. 水库和水电工程计费额包括水库淹没区处理补偿费和施工辅助工程费。

2.3.2　其他水利工程

附表7.3　　　　　　　　　　其他水利工程复杂程度表

等级	工程设计条件
Ⅰ级	1. 丘陵、山区、沙漠地区的建筑物投资之和与建设项目中所有建筑物投资之和的比例＜30%的引调水建筑物工程； 2. 丘陵、山区、沙漠地区渠道管线长度之和与建设项目中所有渠道管线长度之和的比例＜30%的引调水渠道管线工程； 3. 堤防等级Ⅴ级的河道治理建（构）筑物及河道堤防工程； 4. 灌区田间工程； 5. 水土保持工程

续表

等级	工 程 设 计 条 件
Ⅱ级	1. 丘陵、山区、沙漠地区的建筑物投资之和与建设项目中所有建筑物投资之和的比例在30%~60%的引调水建筑物工程； 2. 丘陵、山区、沙漠地区渠道管线长度之和与建设项目中所有渠道管线长度之和的比例在30%~60%的引调水渠道管线工程； 3. 堤防等级Ⅲ、Ⅳ级的河道治理建（构）筑物及河道堤防工程
Ⅲ级	1. 丘陵、山区、沙漠地区的建筑物投资之和与建设项目中所有建筑物投资之和的比例>60%的引调水建筑物工程； 2. 丘陵、山区、沙漠地区管线长度之和与建设项目中所有渠道管线长度之和的比例>60%的引调水渠道管线工程； 3. 堤防等级Ⅰ、Ⅱ级的河道治理建（构）筑物及河道堤防工程； 4. 护岸、防波堤、围堰、人工岛、围垦工程，城镇防洪、河口整治工程

注 引调水渠道或管线、河道堤防工程附加调整系数为0.85；灌区田间工程附加调整系数为0.25；水土保持工程附加调整系数为0.7；河道治理及引调水工程建筑物、构筑物工程附加调整系数为1.3。

2.4 水库和水电工程复杂程度赋分

附表7.4 水库和水电工程复杂程度赋分表

项　目	工 程 设 计 条 件	赋分值
枢纽布置方案比较	一个坝址或一条坝线方案	-10
	两个坝址或两条坝线方案	5
	三个坝址或三条坝线方案	10
建筑物	有副坝	-1
	土石坝、常规重力坝	2
	有地下洞室	6
	两种坝型或两种厂型	7
	新坝型、拱坝、混凝土面板堆石坝、碾压混凝土坝	7
综合利用	防洪、发电、灌溉、供水、航运、减淤、养殖具备一项	-6
	防洪、发电、灌溉、供水、航运、减淤、养殖具备两项	1
	防洪、发电、灌溉、供水、航运、减淤、养殖具备三项	2
	防洪、发电、灌溉、供水、航运、减淤、养殖具备四项	4
	防洪、发电、灌溉、供水、航运、减淤、养殖具备五项及以上	6
环保	环保要求简单	-3
	环保要求一般	1
	环保有特殊要求	3
泥沙	少泥沙河流	-4
	多泥沙河流	5
冰凌	有冰凌问题	5

续表

项　目	工　程　设　计　条　件	赋分值
主坝坝高	坝高＜30m	－4
	坝高30～50m	1
	坝高51～70m	2
	坝高71～150m	4
	坝高＞150m	6
地震设防	地震设防烈度≥7度	4
基础处理	简单：地质条件好或不需进行地基处理	－4
	中等：按常规进行地基处理	1
	复杂：地质条件复杂，需进行特殊地基处理	4
下泄流量	窄河谷坝高在70m以上、下泄流量25000m³/s以上	4
地理位置	地处深山峡谷，交通困难、远离居民点、生活物资供应困难	3

3 附　　表

附表7.5　　　　　　　　工程设计收费基价表　　　　　　　　单位：万元

序　号	计费额	收费基价	序　号	计费额	收费基价	序　号	计费额	收费基价
1	200	9.0	7	10000	304.8	13	200000	4450.8
2	500	20.9	8	20000	566.8	14	400000	8276.7
3	1000	38.8	9	40000	1054.0	15	600000	11897.5
4	3000	103.8	10	60000	1515.2	16	800000	15391.4
5	5000	163.9	11	80000	1960.1	17	1000000	18793.8
6	8000	249.6	12	100000	2393.4	18	2000000	34948.9

注　计费额＞2000000万元的，以计费额乘以1.6%的收费率计算收费基价。

附表7.6　　　　　　　　工程设计收费专业调整系数表

工　程　类　型	专业调整系数
1. 矿山采选工程	
黑色、黄金、化学、非金属及其他矿采选工程	1.1
采煤工程，有色、铀矿采选工程	1.2
选煤及其他煤炭工程	1.3
2. 加工冶炼工程	
各类冷加工工程	1.0
船舶水工工程	1.1
各类冶炼、热加工、压力加工工程	1.2
核加工工程	1.3
3. 石油化工工程	
石油、化工、石化、化纤、医药工程	1.2
核化工工程	1.6
4. 水利电力工程	
风力发电、其他水利工程	0.8
火电工程	1.0

续表

工 程 类 型	专业调整系数
核电常规岛、水电、水库、送变电工程	1.2
核能工程	1.6
5. 交通运输工程	
机场场道工程	0.8
公路、城市道路工程	0.9
机场空管和助航灯光、轻轨工程	1.0
水运、地铁、桥梁、隧道工程	1.1
索道工程	1.3
6. 建筑市政工程	
邮政工艺工程	0.8
建筑、市政、电信工程	1.0
人防、园林绿化、广电工艺工程	1.1
7. 农业林业工程	
农业工程	0.9
林业工程	0.8

附表 7.7　　　　　　非标准设备设计费率表

类别	非标准设备分类	费率（%）
一般	技术一般的非标准设备，主要包括： 　1. 单体设备类：槽、罐、池、箱、斗、架、台，常压容器、换热器、铅烟除尘、恒温油浴及无传动的简单装置； 　2. 室类：红外线干燥室、热风循环干燥室、浸漆干燥室、套管干燥室、极板干燥室、隧道式干燥室、蒸汽硬化室、油漆干燥室、木材干燥室	10～13
较复杂	技术较复杂的非标准设备，主要包括： 　1. 室类：喷砂室、静电喷漆室； 　2. 窑类：隧道窑、倒焰窑、抽屉窑、蒸笼窑、辊道窑； 　3. 炉类：冷、热风冲天炉、加热炉、反射炉、退火炉、淬火炉、煅烧炉、坩埚炉、氢气炉、石墨化炉、室式加热炉、砂芯烘干炉、干燥炉、亚胺化炉、还氧铅炉、真空热处理炉、气氛炉、空气循环炉、电炉； 　4. 塔器类：Ⅰ、Ⅱ类压力容器、换热器、通信铁塔； 　5. 自动控制类：屏、柜、台、箱等电控、仪控设备，电力拖动、热工调节设备； 　6. 通用类：余热利用、精铸、热工、除渣、喷煤、喷粉设备、压力加工、钣材、型材加工设备，喷丸强化机、清洗机； 　7. 水工类：浮船坞、坞门、闸门、船舶下水设备、升船机设备； 　8. 试验类：航空发动机试车台、中小型模拟试验设备	13～16
复杂	技术复杂的非标准设备，主要包括： 　1. 室类：屏蔽室、屏蔽暗室； 　2. 窑类：熔窑、成型窑、退火窑、回转窑； 　3. 炉类：闪速炉、专用电炉、单晶炉、多晶炉、沸腾炉、反应炉、裂解炉、大型复杂的热处理炉、炉外真空精炼设备； 　4. 塔器类：Ⅲ类压力容器、反应釜、真空罐、发酵罐、喷雾干燥塔、低温冷冻、高温高压设备、核承压设备及容器、广播电视塔桅杆、天馈线设备； 　5. 通用类：组合机床、数控机床、精密机床、专用机床、特种起重机、特种升降机、高货位立体仓贮设备、胶接固化装置、电镀设备，自动、半自动生产线； 　6. 环保类：环境污染防治、消烟除尘、回收装置； 　7. 试验类：大型模拟试验设备、风洞高空台、模拟环境试验设备	16～20

注　1. 新研制并首次投入工业化生产的非标准设备，乘以 1.3 的调整系数计算收费；
　　2. 多台（套）相同的非标准设备，自第二台（套）起乘以 0.3 的调整系数计算收费。

附录 8 关于工程建设监理费的有关规定

为了保证工程建设监理事业的顺利发展,维护建设单位和监理单位的合法权益,国家物价局、建设部[1992]价费字 479 号,对工程建设监理费有关问题规定如下:

(1) 工程建设监理,由取得法人资格,具备监理条件的工程监理单位实施,是工程建设的一种技术性服务。

(2) 工程建设监理,要体现"自愿互利、委托服务"的原则,建设单位与监理单位要签订监理合同,明确双方的权利和义务。

(3) 工程建设监理费,根据委托监理业务的范围、深度和工程的性质、规模、难易程度以及工作条件等情况,按照下列方法之计收:

1) 按所监理工程概(预)算的百分比计收(见附表);

2) 按照参与监理工作的年度平均人数计算: 3.5 万~5 万元/(人·年);

3) 不宜按 1)、2) 两项办法计收的,由建设单位和监理单位按商定的其他方法计收。

(4) 以上 1)、2) 两项规定的工程建设监理收费标准为指导性价格,具体收费标准由建设单位和监理单位在规定的幅度内协商确定。

(5) 中外合资、合作、外商独资的建设工程,工程建设监理费双方参照国际标准协商确定。

(6) 工程建设监理费用于监理工作中的直接、间接成本开支,缴纳税金和合理利润。

(7) 各监理单位要加强对监理费的收支管理,自觉接受物价和财务监督。

(8) 国务院各有关部门和各省、自治区、直辖市物价部门、建设部门可依据本通知规定,结合本地区、本部门情况制定具体实施办法,报国家物价局、建设部备案。

(9) 自 1992 年 10 月 1 日起施行。

附表 8.1　　　　　　　　　　工程建设监理收费标准

序号	工程概(预)算 M(万元)	设计阶段(含设计招标)监理取费 a(%)	施工(含施工招标)及保修阶段监理取费 b(%)
1	$M<500$	$0.2<a$	$2.5<b$
2	$500 \leqslant M<1000$	$0.15<a \leqslant 0.20$	$2.00<b \leqslant 2.50$
3	$1000 \leqslant M<5000$	$0.10<a \leqslant 0.15$	$1.40<b \leqslant 2.00$
4	$5000 \leqslant M<10000$	$0.08<a \leqslant 0.10$	$1.20<b \leqslant 1.40$
5	$10000 \leqslant M<50000$	$0.05<a \leqslant 0.08$	$0.80<b \leqslant 1.20$
6	$50000 \leqslant M<100000$	$0.03<a \leqslant 0.05$	$0.60<b \leqslant 0.80$
7	$100000 \leqslant M$	$a \leqslant 0.03$	$b \leqslant 0.60$

附录9 有关降低部分收费标准的规定

在国家计委、财政部关于第一批降低22项收费标准的通知（计价费[1997]2500号）中，决定第一批降低22项收费标准。具体项目和标准通知如下：

一、管理费（9项）

(1) 公路运输管理费。收费标准从最高不超过营运（营业）收入的1%，降低到最高不超过营运（营业）收入的0.8%。

(2) 水路运输管理费。收费标准从最高不超过营运（营业）收入的2%，降低到最高不超过营运（营业）收入的1.6%。

(3) 证券、期货市场监管费。国家计委、财政部已以计价费[1997]2023号文件下达收费标准，请按照执行。

(4) 乡镇企业管理费。收费标准从按销售收入的0.5%～0.7%，降低到0.1%。

(5) 野生动物资源保护管理费。对中医药生产企业收取的野生动物资源保护管理费收费标准从按销售额的6%～8%，降低到1%～2%。

(6) 免税商品海关监管手续费。收费标准从按进货到岸价格的2%，降低到1.5%。

(7) 工程定额编制管理费。对沿海城市和建安工作量大的地区，收费标准从不超过建安工作量的0.5‰～1‰降低到0.4‰～0.8‰；对其他地区收费标准从不超过建安工作量的0.5‰～1.5‰，降低到0.4‰～1.3‰。

(8) 劳动定额测定费。凡单独设立劳动定额管理机构进行定项测定编制工作，并为企业提供服务的，收费标准从不超过建安工作量的0.3‰～1‰，降低到0.2‰～0.8‰；未单独设立劳动定额管理机构的各级定额管理站，其测定劳动定额只是为编制概（预）算定额服务的，按本文第(7)项降低后收费标准执行；对在测定的基础上单独编制劳动定额，且为企业提供服务的，收费标准从在工程定额编制管理费基础上增加0.3‰～0.5‰的定额测定费一并收取，降低到在第(7)项降低后收费标准基础上增加0.1‰～0.3‰的定额测定费一并收取。

(9) 城市房屋拆迁管理费。收费标准从不超过房屋拆迁补偿安置费用的0.5%～1%，降低到0.3%～0.6%。

二、证照费（3项）

(1) 取水许可证收费。收费标准从每套35元，降低到每套10元。

(2) 统一代码证书费。正本收费标准从每本50元，降低到工本费每本10元，另收技术服务费35元；副本收费标准从每本30元，降低到每本8元。

(3) 监理工程师证书费。收费标准从每套35元，降低到每套10元。

三、许可证费（1项）

核材料许可证收费。对核研究单位收费标准从每个领证单位5000～10000元，降低到每个领证单位2500元。

四、资源费（1项）

无线寻呼系统频率占用费。收费标准从全国范围使用每频点300万元，全省范围使用每频点30万元，地方范围使用每频点6万元，降低到全国范围使用每频点200万元，全省范围使用每频点20万元，地方范围使用每频点4万元。

五、检验检疫费（6项）

(1) 动植物运输工具检疫费。火车收费标准从每厢次20元降低到4元；汽车收费标准从每辆次10元降低到 5 元；集装箱收费标准从每箱次 10 元降低到 4 元。

（2）农业部门国内植物调运检疫费。调整为对国家专储粮调运部分不收费，商品粮调运检疫费标准由按货值的 1.2‰ 降低到 1‰。

（3）国境卫生检疫部门小批量进口食品检验费。收费标准从进口金额的 6‰，降低到 5‰。

（4）商检部门一般商品包装性能鉴定收费。麻袋包装性能鉴定收费标准从每件 0.02 元，降低到每件 0.01 元。

（5）商检部门进出口商品品质检验费。对进口化肥收费标准从商品总值的 2.5‰，降低到 2‰。

（6）交通部门船舶检验费。按《船舶检验计算规定》（[1993] 价费字 119 号）规定的各项收费标准降低 10%。

六、其他（2 项）

（1）条形码服务费。胶片研制费收费标准从 60 元，降低到 48 元，对进出口公司收取的系统维护费收费标准从每年 3500 元，降低到每年 3100 元。

（2）内河航道养护费。收费标准从按运费收入的 8% 收取，降低到 6%。

本通知自 1998 年 1 月 1 日起执行，过去国家计委（包括原国家物价局）会同财政部及国务院其他有关部门制定的收费标准与本通知规定不符的，以本通知为准。

附录10 混凝土温控费用计算参考资料

(1) 大体积混凝土浇筑后水泥产生水化热,温度迅速上升,且幅度较大,自然散热极其缓慢。为了防止混凝土出现裂缝,混凝土坝体内的最高温度必须严格加以控制,方法之一是限制混凝土搅拌机的出机口温度。在气温较高季节,混凝土在自然条件下的出机口温度往往超过施工技术规范规定的限度,此时,就必须采取人工降温措施,例如采用冷水喷淋预冷骨料或一次、二次风冷骨料,加片冰和(或)加冷水拌制混凝土等方法来降低混凝土的出机口温度。

控制混凝土最高温升的方法之二是,在坝体混凝土内预埋冷却水管,进行一、二期通水冷却。一期(混凝土浇筑后不久)通低温水以削减混凝土浇筑初期产生的水泥水化热温升。二期通水冷却,主要是为了满足水工建筑物接缝灌浆的要求。

以上这些温控措施,应根据不同工程的特点,不同地区的气温条件,不同结构物不同部位的温控要求等综合因素确定。

(2) 根据不同标号混凝土的材料配合比和相关材料的温度,可计算出混凝土的出机口温度,如附表10.1。出机口混凝土温度一般由施工组织设计确定。若混凝土的出机口温度已确定,则可按附表10.1公式计算确定应预冷的材料温度,进而确定各项温控措施。

(3) 综合各项温控措施的分项单价,可按附表10.2计算出每 $1m^3$ 混凝土的温控综合价(直接费)。

(4) 各分项温控措施的单价计算列于附表10.3~附表10.7,坝体通水冷却单价计算列于附表10.8。

附表 10.1 混凝土出机口温度计算表

序号	材料	重量 G (kg/m³)	比热 C [kJ/ (kg·℃)]	温度 t (℃)	$G \times C = P$ [kJ/ (m³·℃)]	$G \times C \times t = Q$ (kJ/m³)
1	水泥及粉煤灰		0.796	$t_1 = T+15$		
2	砂		0.963	$t_2 = T-2$		
3	石子		0.963	t_3		
4	砂的含水		4.2	$t_4 = t_2$		
5	石子含水		4.2	$t_5 = t_3$		
6	拌和水		4.2			
7	片冰		2.1 潜热 335			$Q_7 = -335G_7$
8	机械热					Q_8
	合计		出机口温度 $t_C = \sum Q / \sum P$		$\sum P$	$\sum Q$

注 1. 表中"T"为月平均气温,℃。石子的自然温度可取与"T"同值。
2. 砂子含水率可取5%。
3. 风冷骨料的石子含水率可取0。
4. 淋水预冷骨料脱水后的石子含水率可取0.75%。
5. 混凝土拌和机械热取值:常温混凝土 $Q_8 = 2094 kJ/m^3$;14℃混凝土 $Q_8 = 4187 kJ/m^3$;7℃混凝土 $Q_8 = 6281 kJ/m^3$。
6. 若给定了出机口温度、加冷水和加片冰量,则可按下式确定石子的冷却温度:

$$t_3 = \frac{t_C \sum P - Q_1 - Q_2 - Q_4 - Q_5 - Q_6 - Q_8 + 335G_7}{0.963G_3}$$

附表 10.2　　　　　　　　　　混凝土预冷综合单价计算表　　　　　　　　　　单位：m³

序号	项目	单位	数量 G	材料温度（°C）			分项措施单价 M	复价（元） G×Δt×M
				初温 t_0	终温 t_i	降幅 $\Delta t = t_0 - t_i$		
1	制冷水	kg					元/(kg·°C)	
2	制片冰	kg					元/kg	
3	冷水喷淋骨料	kg					元/(kg·°C)	
4	一次风冷骨料	kg					元/(kg·°C)	
5	二次风冷骨料	kg					元/(kg·°C)	
	合　　计							

注　1. 冷水喷淋预冷骨料和一次风冷骨料，二者择其一，不得同时计费。
　　2. 根据混凝土出机口温度计算，骨料最终温度大于 8°C 时，一般可不必进行二次风冷。有时二次风冷是为了保温。
　　3. 一次风冷或水冷石子的初温可取月平均气温值。
　　4. 一次风冷或水冷之后，骨料转运到二次风冷仓过程中，温度回升值可取 1.5～2°C。

附表 10.3　　　　　　　　　　制　冷　水　单　价

适用范围：冷水厂。

工作内容：28°C 河水、制 2°C 冷水＊、送出。

单位：100t 冷水

项目	单位	冷水产量（t/h）					
		2.4	5.0	7.0	10.0	20.0	40.0
中级工	工时	61	30	24	15	8	4
初级工	工时	128	60	54	45	30	18
合计	工时	189	90	78	60	38	22
水	m³	220	220	220	220	220	220
氟里昂	kg	0.50	0.50	0.50	0.50	0.50	0.50
冷冻机油	kg	0.70	0.70	0.70	0.70	0.70	0.70
其他材料费	%	2	2	2	2	2	2
螺杆式冷水机组 LSLGF100	台时	42					
螺杆式冷水机组 LSLGF200	台时		20				
螺杆式冷水机组 LSLGF300	台时			14			
螺杆式冷水机组 LSLGF500	台时				10		
螺杆式冷水机组 LSLGF1000	台时					5	
螺杆式冷水机组 LSLGF2000	台时						2.5
水泵　5.5kW	台时	42	20				
水泵　11kW	台时	84		14	10	5	5
水泵　15kW	台时		40	36	30	10	
水泵　30kW	台时					10	13
玻璃钢冷却塔　NBL—500	台时	4	4	4	4	4	4
其他机械费	%	5	5	5	5	5	5
编号							

* 对不同出水温度机械台时乘系数 K

出水温度（°C）	2	5	6	7	8	9	10	11	12
系数 K	1.00	0.78	0.71	0.65	0.60	0.55	0.51	0.47	0.44

附表 10.4　　　　　　　　　　制 片 冰 单 价

适用范围：混凝土系统制冰加冰

工作内容：用 2°C 冷水制 −8°C 片冰贮存、送出。

单位：100t 片冰

项　　目	单位	片 冰 产 量 (t/d)			
		12	25	50	100
中级工	工时	300	144	72	36
初级工	工时	900	720	504	324
合　计	工时	1200	864	576	360
2°C 冷水	m³	105	105	105	105
水	m³	700	700	700	700
氨液	kg	18	18	18	18
冷冻机油	kg	7	7	7	7
其他材料费	%	5	5	5	5
片冰机　PBL15/d	台时	200			
片冰机　PBL30/d	台时		96	96	96
贮冰库　30t	台时		96	48	
贮冰库　60t	台时				24
螺杆式氨泵机组 ABLG55Z	台时			48	24
螺杆式氨泵机组 ABLG100Z	台时		96	96	96
螺杆式冷凝机组 NJLG30Z	台时	400	96		
水泵　7.5kW	台时	400	96	48	
水泵　15kW	台时		96		24
水泵　30kW	台时			48	48
玻璃钢冷却塔　NBL—500	台时	20	20	20	20
输冰胶带机　B=500　L=50m	台时	200	96	96	48
其他机械费	%	5	5	5	5
编　　号					

附表 10.5　　　　　　　　　冷水喷淋预冷骨料单价

适用范围：2～4°C 冷水喷淋，将骨料预冷至 8～16°C。

工作内容：制冷水、喷淋、回收、排渣、骨料脱水。

单位：100t 骨料降温 10°C

项　　目	单　位	预冷骨料量 (t/h)	
		200	400
中级工	工时	3	2
初级工	工时	3	2
合　计	工时	6	4

续表

项　目	单位	预冷骨料量（t/h）	
		200	400
水	m³	43	43
氟里昂	kg	0.20	0.20
冷冻机油	kg	0.20	0.20
其他材料费	%	10	10
螺杆式冷水机组　LSLGF500	台时	0.36	
螺杆式冷水机组　LSLGF1000	台时	0.72	0.89
水泵　7.5kW	台时	0.36	0.36
水泵　15kW	台时	1.07	1.07
水泵　30kW	台时	1.44	1.25
衬胶泵　17kW	台时	0.72	0.72
玻璃钢冷却塔　NBL—500	台时	0.72	0.72
输冰胶带机　B=1000　L=40m	台时	0.72	0.89
输冰胶带机　B=1400　L=170m	台时	0.36	0.36
圆振动筛　2400×6000	台时	0.36	0.36
其他机械费	%	5	5
编　号			

附表10.6　　　　　　　　　　一次风冷骨料单价

适用范围：在料仓内用冷风将骨料预冷至8～16℃。
工作内容：制冷、鼓风、回风、骨料冷却。

单位：100t骨料降温10℃

项　目	单位	预冷骨料量（t/h）	
		200	400
中级工	工时	4	2
初级工	工时	2	2
合　计	工时	6	4
水	m³	21	21
氨液	kg	0.84	0.84
冷冻机油	kg	0.20	0.20
其他材料费	%	10	10
氨螺杆压缩机　LG20A250G	台时	1.11	1.11
卧式冷凝器　WNA—300	台时	1.11	1.11
氨贮液器　ZA—4.5	台时	1.11	1.11
空气冷却器　GKL—1250	台时	1.11	1.11
离心式风机　55kW	台时	1.11	
离心式风机　75kW	台时		0.56
水泵　75kW	台时	0.56	0.56
玻璃钢冷却塔　NBL—500	台时	0.56	0.56
其他机械费	%	17	17
编　号			

附表10.7　　　　　　　　　　二次风冷骨料单价

适用范围：在料仓内用冷风将骨料预冷至0~2℃。
工作内容：制冷、鼓风、回风、骨料冷却。

单位：100t 骨料降温10℃

项　目	单位	预冷骨料量 (t/h)	
		200	400
中级工	工时	2.0	1
初级工	工时	2.5	2
合计	工时	4.5	3
水	m^3	38	38
氨液	kg	1.50	1.50
冷冻机油	kg	0.40	0.40
其他材料费	%	10	10
螺杆式氨泵机组　ABLG100Z	台时	4	
氨螺杆压缩机　LG20A200Z	台时		2
卧式冷凝器　WNA—300	台时		2
氨贮液器　ZA—4.5	台时	1	2
空气冷却器　GKL—1000	台时	2	2
离心式风机　55kW	台时	2	
离心式风机　75kW	台时		1
水泵　55kW	台时	1	
水泵　75kW	台时		1
玻璃钢冷却塔　NBL—500	台时	1	1
其他机械费	%	5	17
编号			

附表10.8　　　　　　　　　　坝体通水冷却单价

适用范围：需要通水冷却的坝体混凝土。
工作内容：冷却水管埋设、通水、观测、混凝土表面保护。

单位：100m^3 混凝土

项　目	单位	冷却水管间距 (m×m)			
		1×1.5	1.5×1.5	2×1.5	3×3
中级工	工时				
初级工	工时	60	40	30	10
合计	工时	60	40	30	10
钢管（冷却水管）	kg	240	160	120	40
低温水（一期冷却）温升5℃	m^3	120	80	60	20
水（二期冷却）	m^3	700	466	350	120
表面保护材料	m^2	50	50	50	30
其他材料费	%	5	5	5	5
电焊机　交流20kVA	台时	3	2	1.5	0.5
水泵	台时				
其他机械费	%	20	20	20	20
编号					

注　一期冷却和二期冷却是否制冷水，水量及水温由温控设计确定。如用循环水，则应增加水泵台时量。

参 考 文 献

1. 陈全会,王修贵,谭兴华. 水利水电工程定额与概预算. 北京:中国水利水电出版社,1999
2. 李国繁,王修贵,陈全会. 水利水电工程概预算. 郑州:黄河水利出版社,1998
3. 中国水利学会水利工程造价管理专业委员会. 水利水电工程造价管理. 北京:中国科学技术出版社,1998
4. 高竞. 建筑工程定额原理与概预算. 北京:中国建筑工业出版社,1997
5. 杜训. 国际工程估价. 北京:中国建筑工业出版社,1996
6. 胡明德. 建筑工程定额原理与概预算. 北京:中国建筑工业出版社,1996
7. 屈承德等. 水利水电工程概预算编制手册. 西安:陕西科学技术出版社,1995
8. 黄宗壁. 建设项目投资控制. 北京:水利电力出版社,1995
9. Pilcher R. Project Cost Control in Construction. Oxford Blackwell Scientific Publications,1994
10. 何伯森. 国际工程招标与投标. 北京:水利电力出版社,1994
11. 谷冠军. 基本建设技术经济定额制定与管理. 成都:四川科学技术出版社,1989
12. 全国造价工程师考试培训教材编写委员会. 工程造价的确定与控制. 北京:中国计划出版社,2001